大正から昭和へ　100年前から読み直して学ぶ　教養としての科学史

子供の科學

1924－1945

完全読本

小飼 弾
kogai dan

誠文堂新光社

1926年（大正15年）7月号
「有用植物」

有用植物

山田壽雄畫

牧野富太郎選

1927年（昭和2年）10月号
「美しい宝石」

美しい寶石

(1)(2)猫眼石（石英の一種）(3)(4)(5)電氣石 (6)(7)(8)(9)ルビー (10)虎眼石 (16)歴山石（アレキサンドルイシ）(12)ジルコン
(13)(14)エツッナイト (15)スピネル (16)歴山石 (17)蛋白石 (18)金剛石 (19)(20)(21)サファイヤ (25)スピネル
(23)紫水晶 (24)アステリヤ (25)(26)(27)金剛石 (28)ムーンストーン (29)石 英 (30)めなふ (31)縞めなふ
(32)(33)(34)眞珠 (35)橄欖石 (36)ブルツドストーン (37)黄玉 (38)エメラルド (39)ガーネツト (40)(41)緑柱石

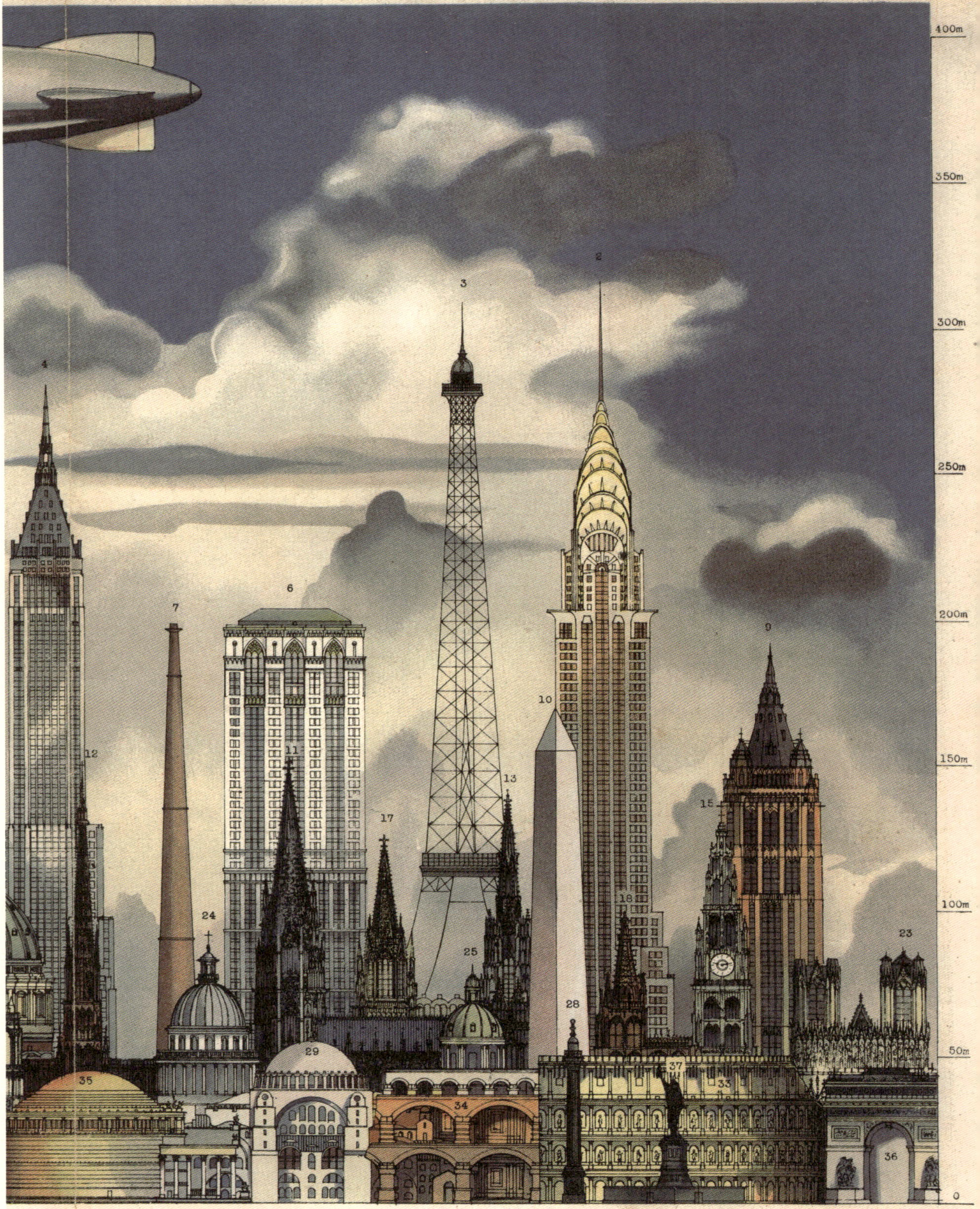

(メートル)

(日,奈良)…… 97
ントン)…… 87
…… 81
…… 79
ユンヘン)…… 78
グラ)…… 70
リ)…… 66
ドン)…… 61
ール)…… 58
…… 55

(メートル)

31. 東大寺大佛殿(日,奈良)…… 52
32. 名古屋城天守閣(日,名古屋)…… 49
33. コロシウム(伊,ローマ)…… 49
34. ローマの水道(佛,ニーム)…… 47
35. パンテオン(伊,ローマ)…… 47
36. エトアール大凱旋門(佛,パリ)…… 46
37. 自由女神像(米,ニューヨーク港)…… 46
38. 東京帝國大學アンテナ用高塔(日,東京)…… 45
39. トラジャン戰勝記念柱(伊,ローマ)…… 44
40. 法隆寺五重塔(日,奈良)…… 33

(メートル)

41. 海上ビルディング(日,東京)…… 30
42. パルテノン(希,アテネ)…… 22
43. アクロン(米,飛行船)…… 239
44. ブレーメン(獨,汽船)…… 284
45. フッド(英,戰艦)…… 261
46. ケオプスのピラミッド(埃,ギゼー)…… 137
47. ケフロンのピラミッド(埃,ギゼー)…… 126
48. (建造中)(英,汽船)…… 310

1933年（昭和8年）1月号「高さくらべ」

高さくらべ

東京帝國大學工學部建築學教室作圖

（高さ・巾・長さ等すべて嚴密な比例による）

（メートル）

1. エムパイヤ・ステート・ビルディング（米，紐育）……379
2. クライスラー・ビルディング（米，紐育）……317
3. エッフェル塔（佛，パリ）……300
4. マンハッタン・トラスト・カムパニー銀行（米，紐育）……281
5. ウールワース・ビルディング（米，ニューヨーク）……232
6. リンカーン・ビルディング（米，ニューヨーク）……204
7. 原の町無線電信塔（日，原の町）……200
8. メトロポリタン塔（米，ニューヨーク）……199
9. ニューヨーク生命保險會社（米，ニューヨーク）……185
10. ワシントン記念碑（米，ワシントン）……168

（メートル）

11. ケルン大寺（獨，ケルン）……152
12. ルーアン大寺（佛，ルーアン）……151
13. 聖ステフェン教會堂（墺，ウィーン）……139
14. 聖ピエトロ大寺（伊，ローマ）……138
15. アントワープ寺院（白，アントワープ）……130
16. アミアン大寺（佛，アミアン）……128
17. ラティスボン寺院（獨，ラティスボン）……126
18. ブルゴス寺院（西，ブルゴス）……109
19. 聖ピーター大寺（英，ロンドン）……109
20. アンヴァリド堂（佛，パリ）……104

21. 東大寺七重塔（現存せず）
22. 米國々會議事堂（米，ワシ
23. ランス大寺（佛，ランス）
24. パンテオン堂（佛，パリ）
25. テアティナー教會堂（獨，ミ
26. タジ・マハール宮（印，ア
27. ノートルダム寺院（佛，パ
28. ロンドン記念碑（英，ロン
29. 聖ソフィア寺（土，スタンフ
30. 斜　塔（伊，ピサ）……

發聲映畫機の實際

本間清人解說並考圖

（禁轉載）

眞空管の發達により、ラヂオ界の一大發展をきたしたと共に、活動寫眞にも革命が起つた。發聲映畫の出產も眞空管あればこそである。音はマイクロフオンを通して電氣振動に變へられ、これがランプに明暗を與へるやうに仕組んだ撮影機でフイルムに濃淡の帶を生ずる。處で映畫機は？　と云ふと、あの光があたると電氣が流れる光電管と云ふ重寶な眞空管があつて、音から出來たフイルムの濃淡を通した光りをこの光電管にあてると光の強い弱いが交互になりしかもそれが初めの音と同じ變化をさせるからこゝにまた原音のまゝの電氣振動を起す。だからこれを眞空管增幅器を通してラウドスピーカーに接續すればこゝに完全な發聲映畫機が出來上る。圖はウエスターンエレクトリツクの機械でフイルム式とレコード式が倂用出來るやうになつてゐる。

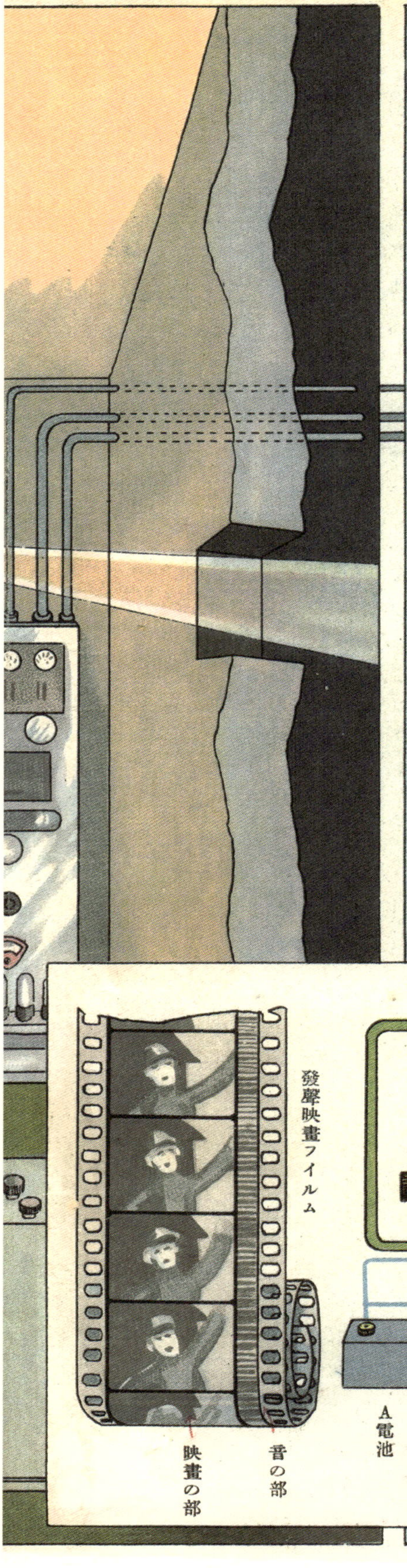
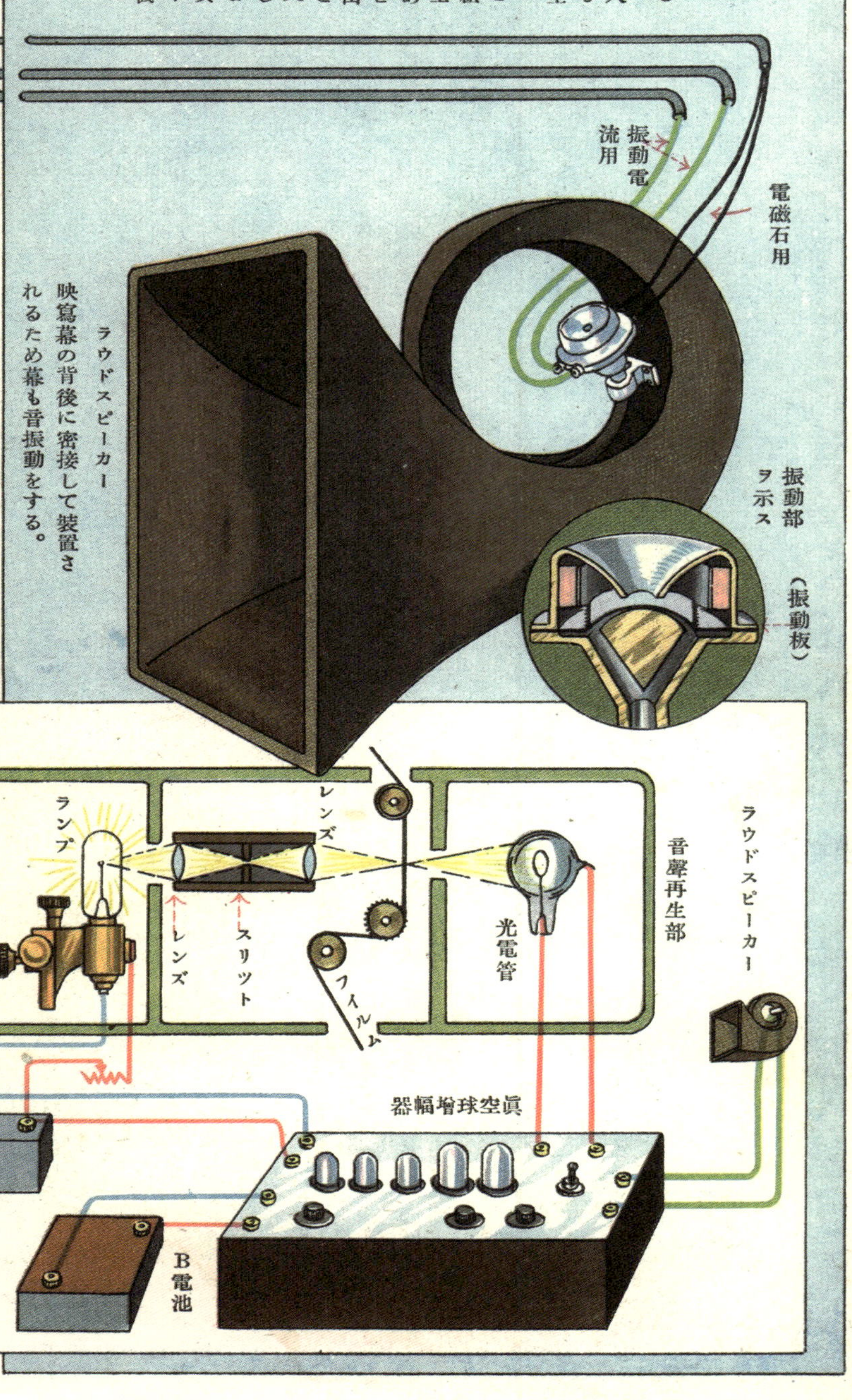

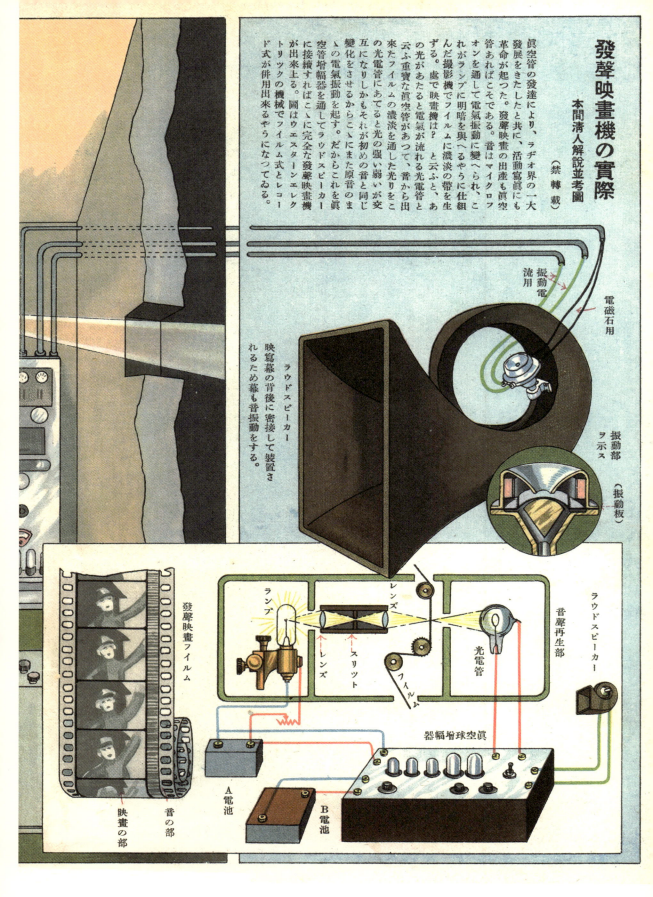

1930年（昭和5年）5月号「発声映画機の実際」

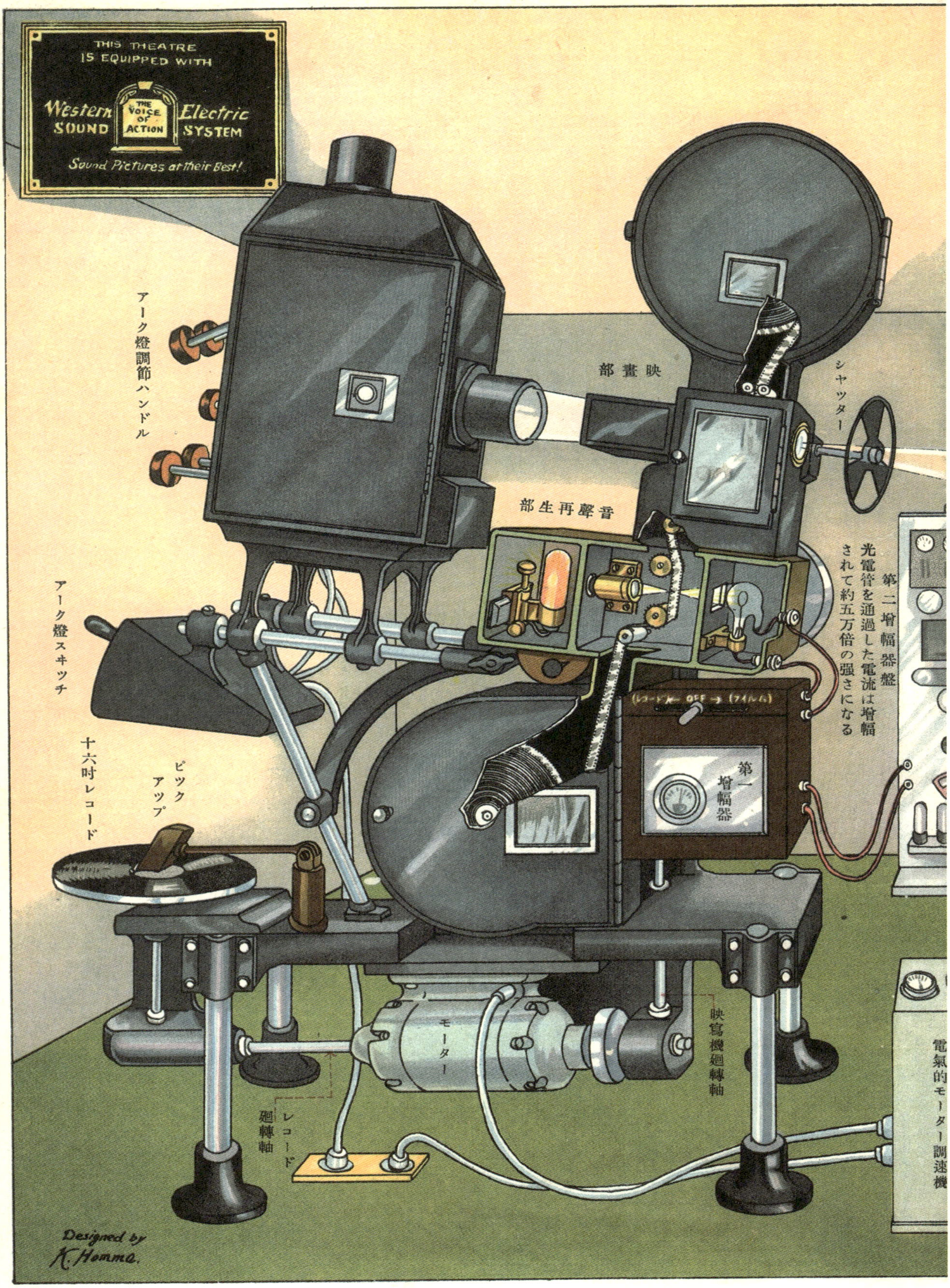
THIS THEATRE
IS EQUIPPED WITH
Western Electric
SOUND SYSTEM
THE VOICE OF ACTION
Sound Pictures at their Best!
アーク燈調節ハンドル
映畫部
シャッター
音聲再生部
第二増幅器盤
光電管を通過した電流は増幅されて約五万倍の强さになる
アーク燈スヰッチ
十六吋レコード
ピックアップ
(レコード) ← OFF → (フィルム)
第一増幅器
映寫機廻轉軸
モーター
レコード廻轉軸
電氣的モーター調速機
Designed by
K. Homma

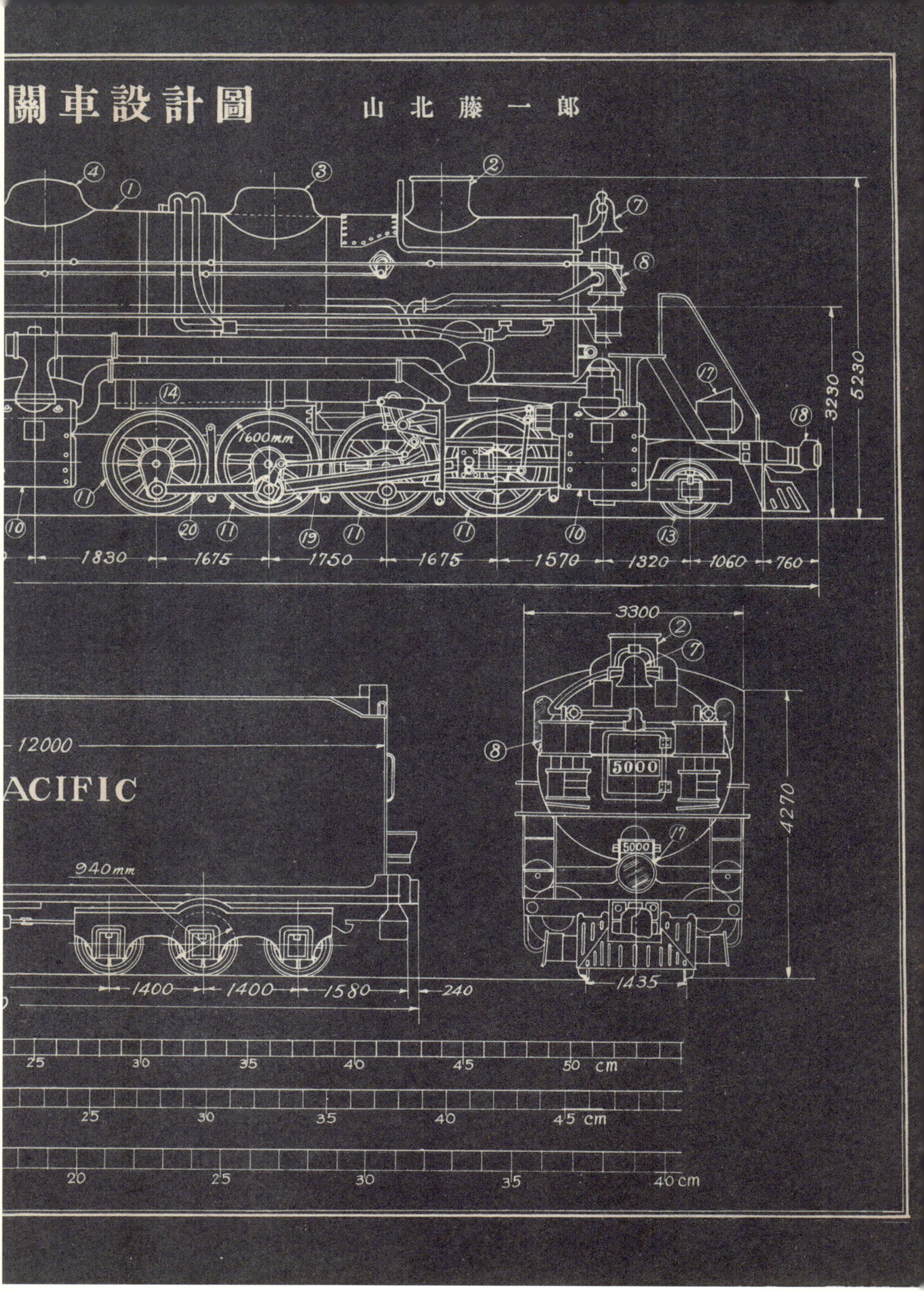

1934年（昭和9年）1月号「世界最大蒸気機関車設計図」

少年技師設計圖（其48）

世界最大蒸氣機

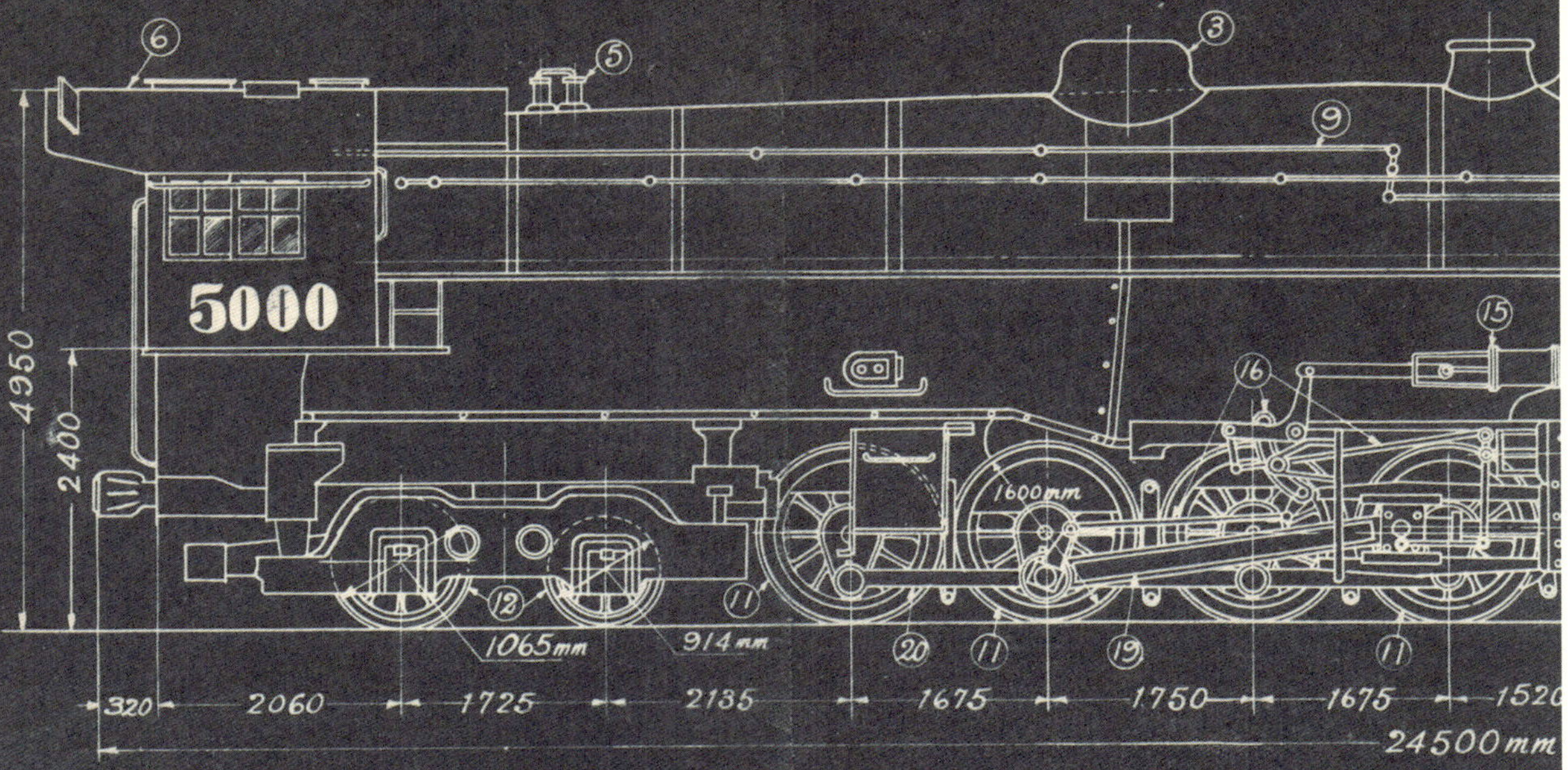

寸法單位＝mm

1	罐胴	11	動輪
2	煙突	12	從輪
3	砂箱	13	先輪
4	蒸氣溜	14	空氣溜
5	安全瓣	15	逆轉器
6	機関手室	16	瓣裝置
7	警鈴	17	前燈
8	空氣壓縮ポンプ	18	連結器
9	蒸氣分開閉杆	19	主連棒
10	蒸氣筒	20	連結棒

DRAWN BY T.YAMAKITA. for Jan. Issue 1934

32分の1縮尺用物指

35分の1縮尺用物指

43分の1縮尺用物指

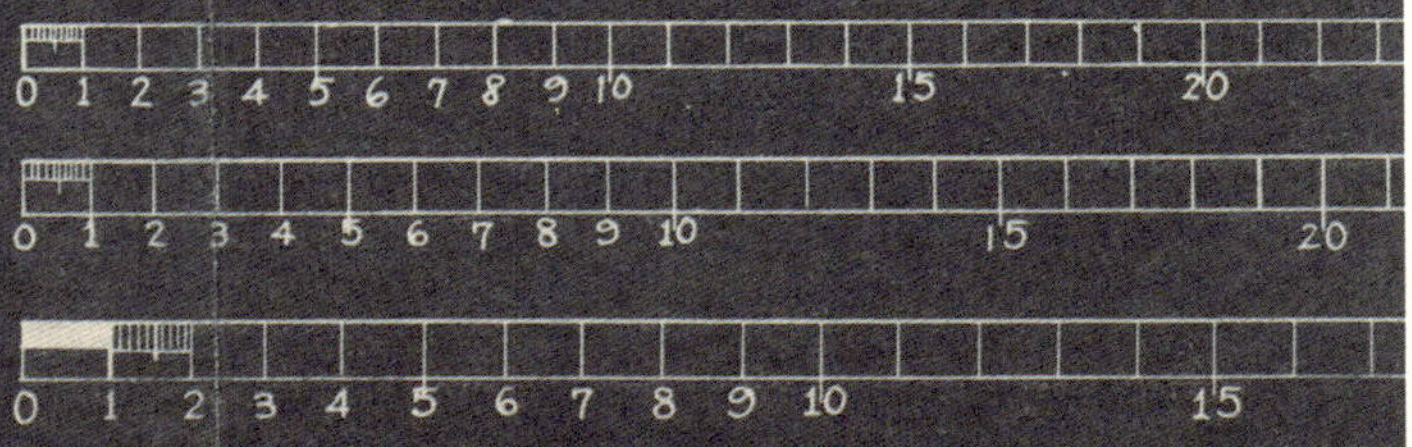

はじめに — The first 21 years

『子供の科学完全読本 1924—1945』を手に取っていただいてありがとうございます。本書では今年創刊百年を迎えた雑誌『子供の科学』の最初の21年の見どころを一冊にまとめたものです。

唐突(いきなり)ですがここで質問です。21年ってどれくらいの長さに感じますか?

実際に本書の発行年である2024年から21年前は2003年。すでに2000(ミレニアム)年は過ぎ21世紀に入って3年目。すでにインターネットもウェブも普及し、「ググる」という動詞すら存在し、Amazonから本が買えました。FacebookとTwitter(後のX)といったSNSこそまだでしたが、ブログで個人が情報発信するのも日常的な光景になっていましたし、スマートフォンやタブレットこそまだでしたが、すでに普及していた携帯電話にはカメラが付いていましたし、通話だけではなく電子メールや写真もやり取りできました。絵文字が現在普及しているのも、その名残です😇。

そしてネットの世界以上にリアルの世界は変わっていない。日本の国境は(外国に実効支配されている部分まで含めて)同じですし、「地震や噴火による隆起や沈降を除けば地理的に2003年の「日本」と2024年の「日本」は全く同じものを意味していると言ってよいでしょう。

良くも悪くも、「最新の21年」は案外と変わってないと筆者は感じています。『子供の科学』の「最初の21年」を目の当たりにしてしまうと。

そもそも「日本」が何を指すのかが刻々変わる。当初は台湾も朝鮮も「日本」で、満州国も形式的には独立国でも実質日本の新領土。そして「大東亜戦争」で一度は広大な領土を得るも数年で敗北し無条件降伏をした結果、「内地」以外の領土をほぼ全て失った「日本」へ…現代人にとっては驚くべきことに、当時の「外地在住」の日本人にとってそこは「国内」であったという感覚は同誌の読者コーナーからひしひしと伝わってきます。これを目の当たりにするためだけにも本書を一読する価値があると申し上げます。

ところでなぜ、21年なのでしょう？
20年でも25年でもなく。
創刊21年目に、『子供の科学』は一度死んだからです。

賢明な読者はお気づきの通り、それは同誌百年の歴史のうち「戦前・戦中」に相当します。日本の現代史において単に「戦」と言えば太平洋戦争を指し、「前」は真珠湾攻撃以前を、「後」は玉音放送以降が暗黙の了解となっていますが、『子供の科学』にとって終戦の１９４５年は特別な意味をもっています。同年、発行元の誠文堂新光社は空襲の影響を受け、同年11月号で「復刊」するまで「休刊」状態にあったのです。現代日本語において「休刊」とは事実上の「廃刊」を意味しますが、同誌はそうはならず見事に「復刊」にこぎつけました。その後の79年はその賜物です。
なぜ、同誌は一度滅んだか。そして蘇ることができたのか。

疾風怒濤の21年に、ようこそ。

Contents

Part 1 未来への憧れ

子供の科學（樂
表紙　アルプス登山
扉　ウエストミンスター・アッ
畫報（主幹說明）
火山の内部は
しろくま
高山植物
三色フオトセツト版
高原の樂園（これからグラヴュア版）
日本アルプス
手に汗を握らせる
珊瑚礁の奇觀
蓄音機のはたらき
英國の大飛行船三十三號
最新ラヂオ畫報
悲壯なるエヴェレス
熊公の白っ子と黒ん坊
未來のニューヨーク
山はどうしてできたか

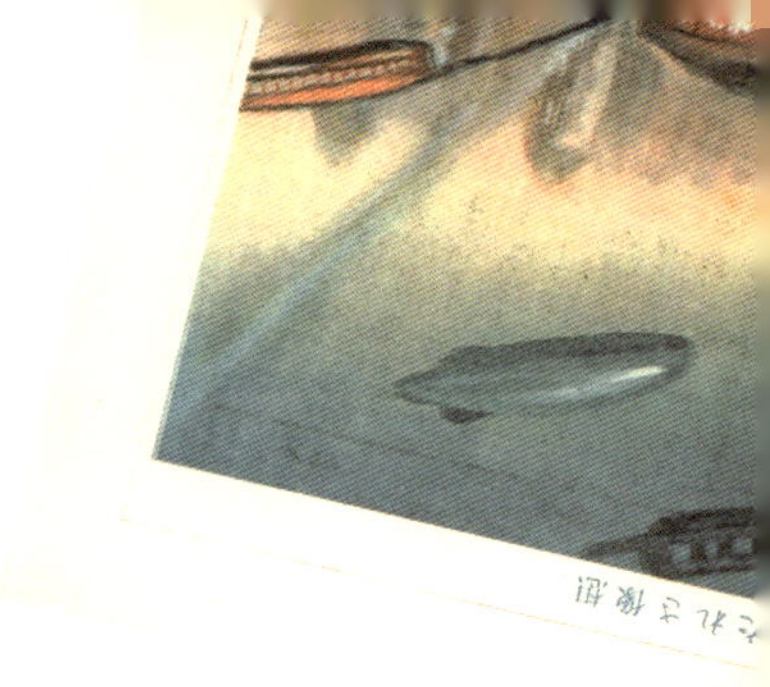

Part 2

戦争と科学

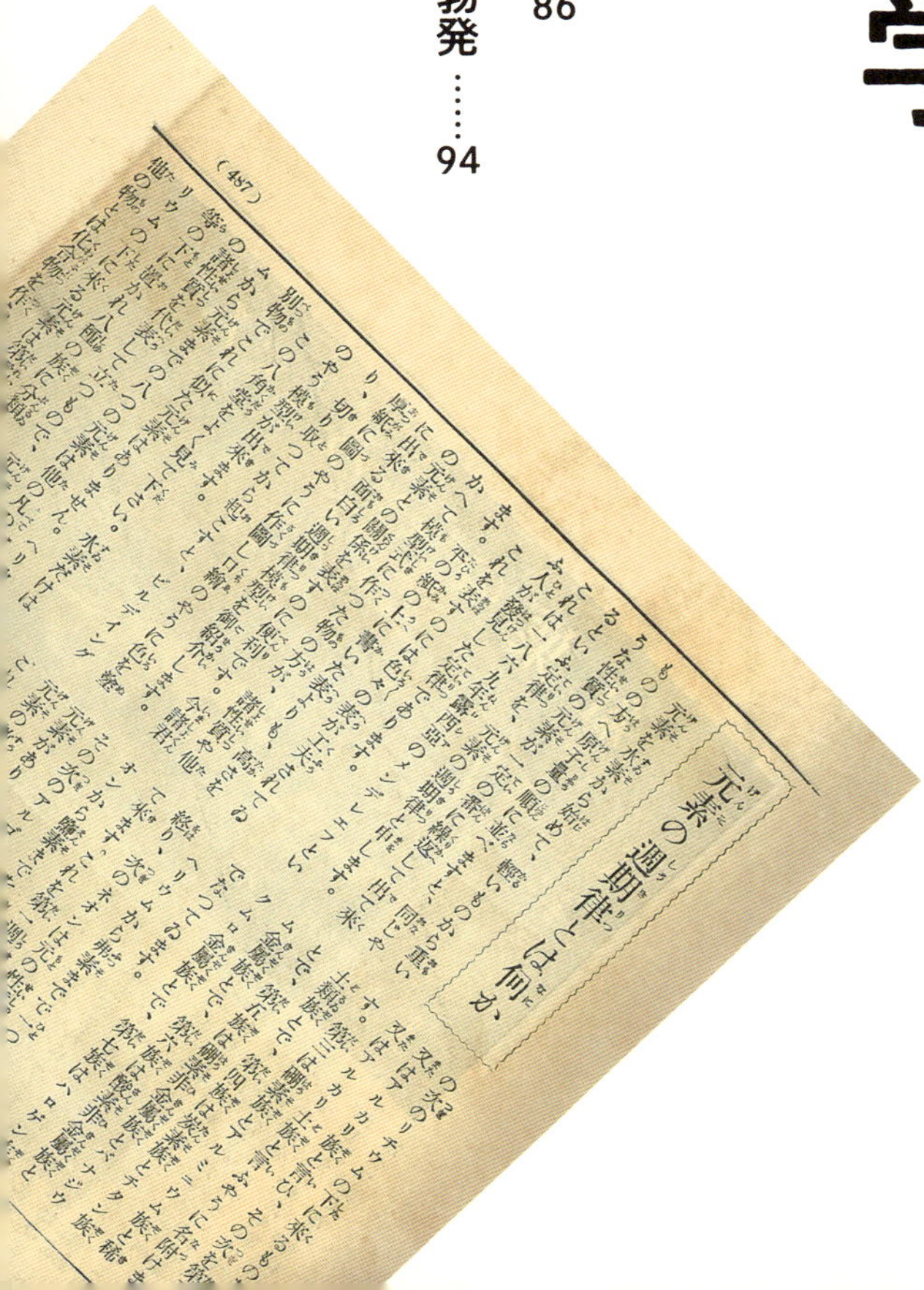

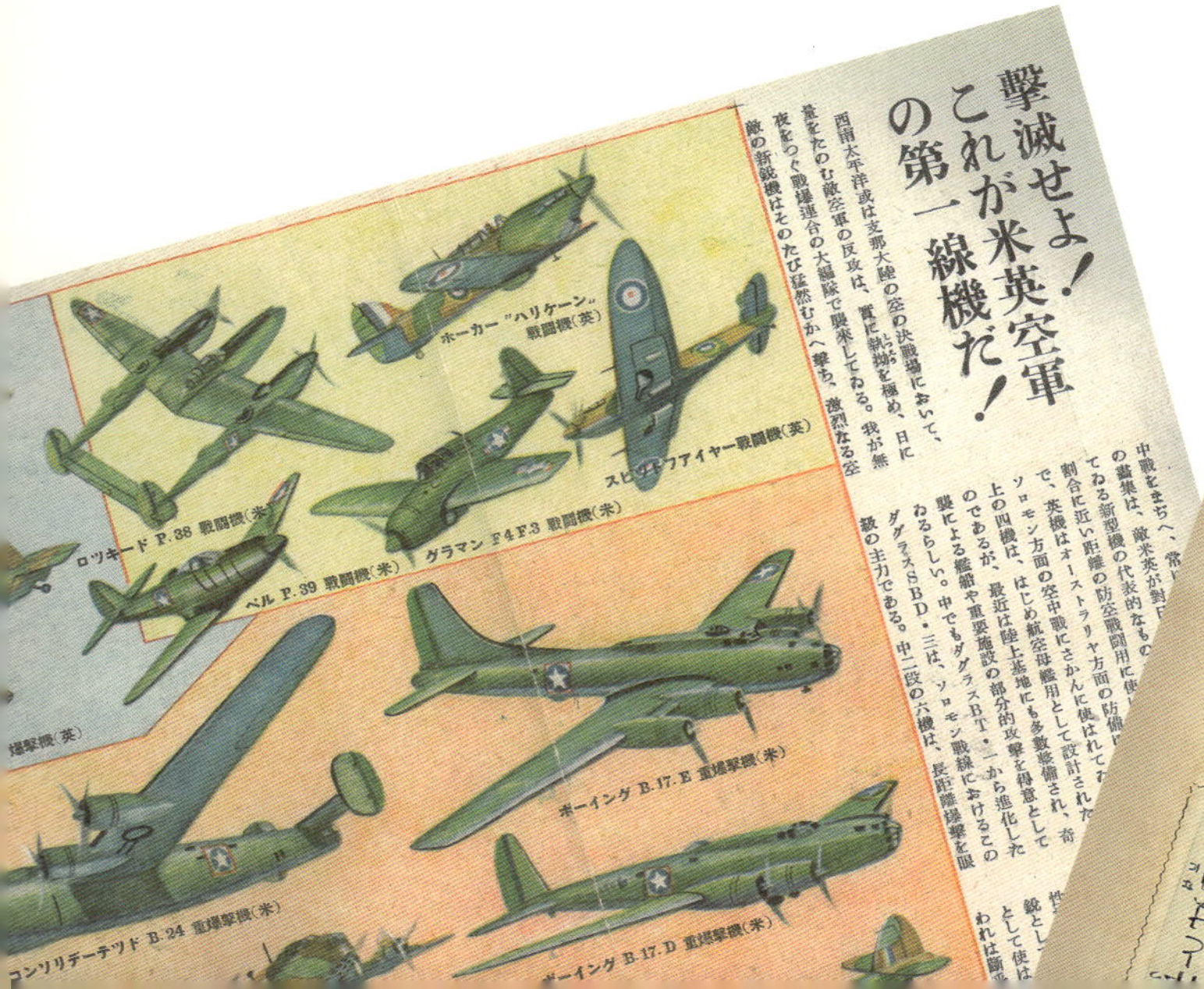

撃滅せよ！
これが米英空軍の第一線機だ！
ホーカー"ハリケーン"戦闘機(英)
スピットファイヤー戦闘機(英)
ロッキード P.38 戦闘機(米)
グラマン F4F3 戦闘機(米)
ベル P.39 戦闘機(米)
ボーイング B.17.E 重爆撃機(米)
コンソリデーテッド B.24 重爆撃機(米)
ボーイング B.17.D 重爆撃機(米)

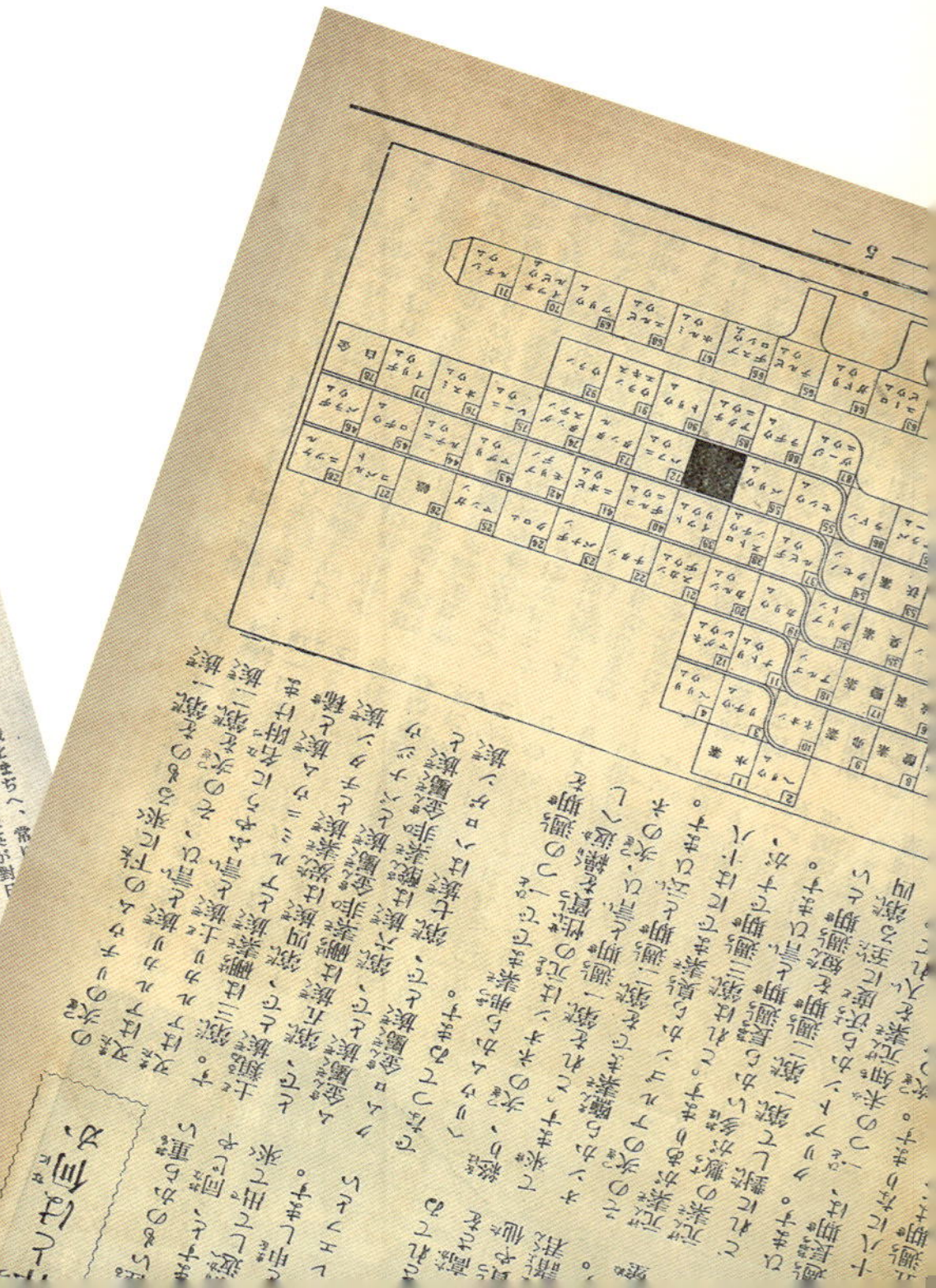

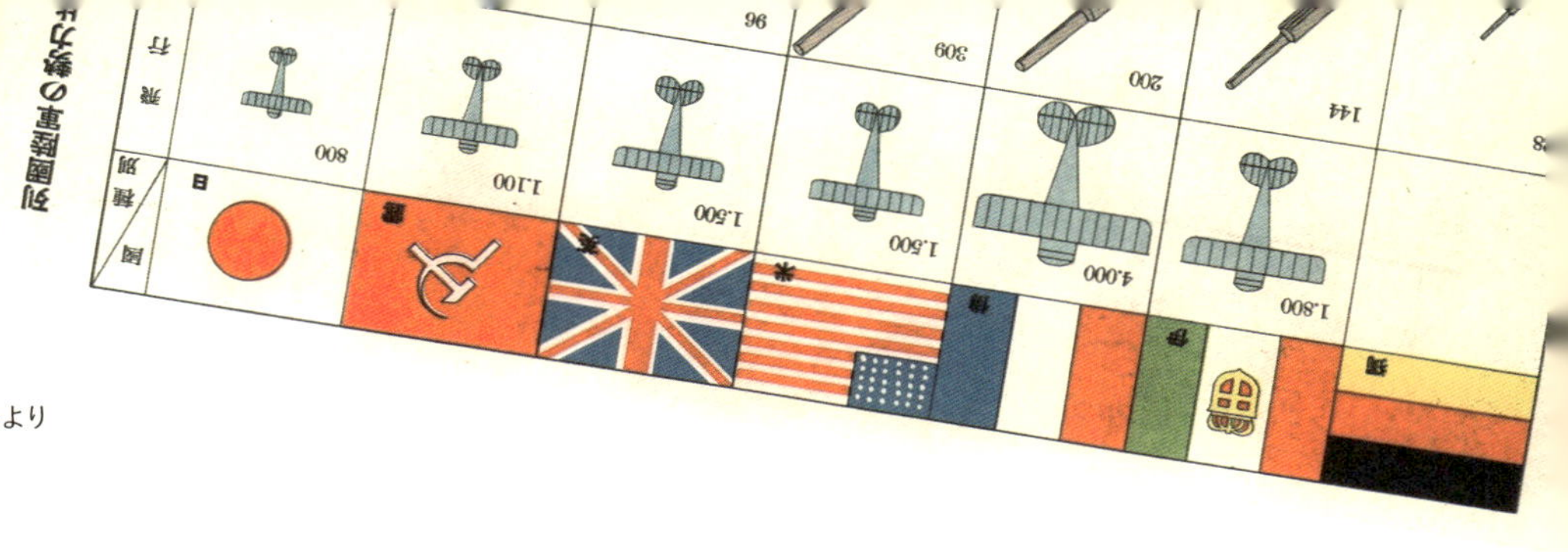

カバー・表紙絵
1934年（昭和9年）9月号より

お知らせ

本書の電子版はオールカラーです。カラフルな図解ページはもちろん、白黒の記事であっても当時の雰囲気がさらによくわかります。
※白黒写真をデジタル彩色しているわけではありません。

Part 1

未来への憧れ

創刊号の1ページ目に書かれた「この雑誌の役目」に
以下のような文章が書かれています。

「およそ天地の間はびっくりするような不思議なことや、
面白いことで満ちているのでありますが、これを知っているのは学者だけで、
その学者のかたは、研究がいそがしいものですから、
皆さんにお知らせするひまがありません。
したがって、多くのかたは、それを知らずに居ります。
そのなかで特に少年少女諸君の喜びそうなことを学者のかたにうかがって、
のせて行くのも、この雑誌の役目の一つです」

未来を想像させる、というのは
今も昔も少年少女の喜びそうな話であります。
その未来から来た私たちは、答え合わせができるというわけです。

themes

想像を膨らませた未来の都市構想

錬金術は実現した?

予想的中! 未来のエネルギー

現実が想像を超えた月世界旅行

ビジネスにならなかった国際無線電話

期待外れに終わった乗り物「飛行船」

想像を膨らませた未来の都市構想

(214)

未來のニューヨーク

上へ上へとひろがつてゆくニユーヨーク市は何十年かの後にはこのやうにならうと想像してかいた畫。

— 44 —

B
1925年（大正14年）8月号
p44「未来のニューヨーク」

たくさんの人が集まり、そこで住んだり働いたりするためには、行き交う手段や建物などのイノベーションが必要になります。国が発展する勢いも感じられるテーマです。

1925年（大正14年）8月号
「楽しき山の号」

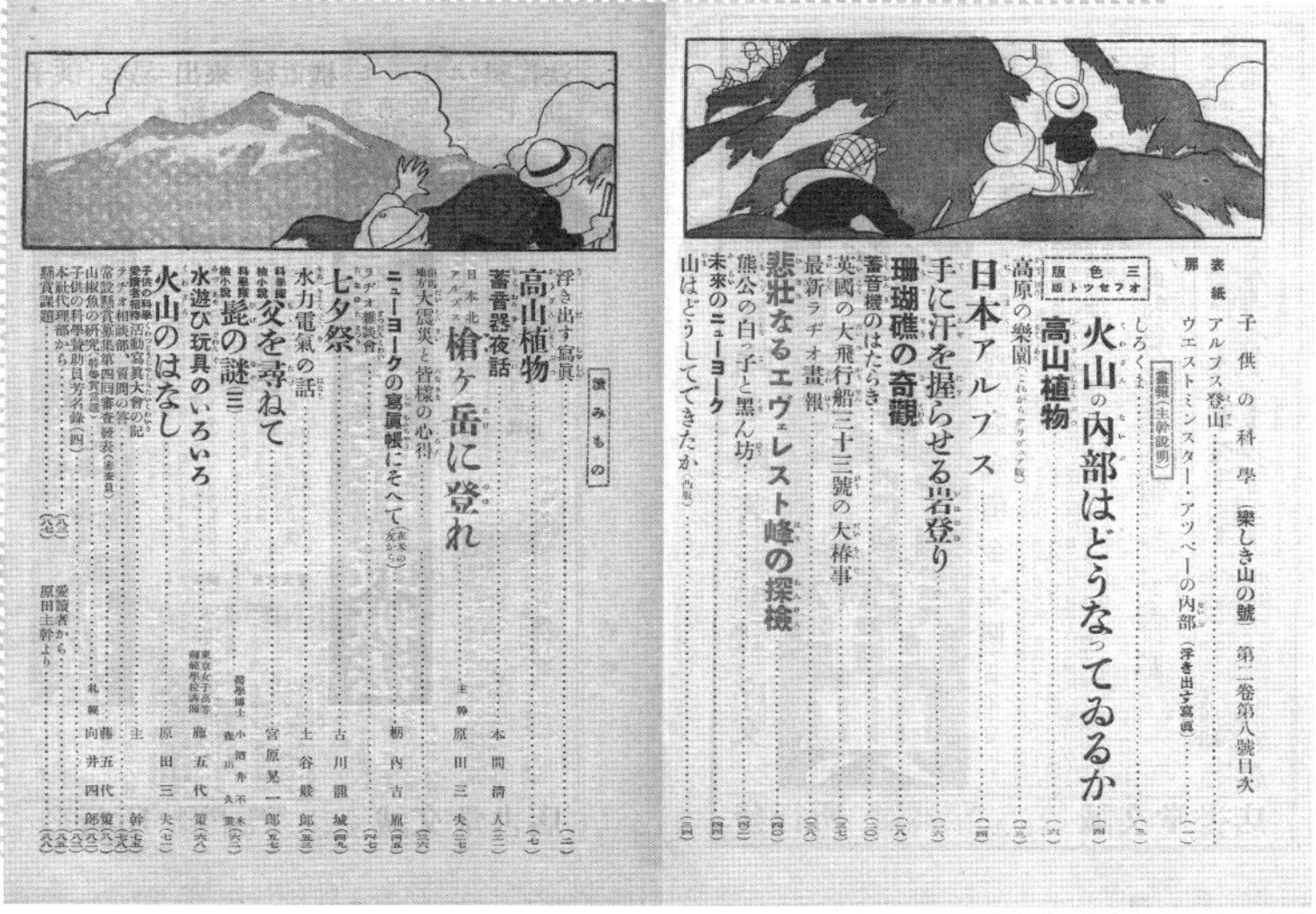

子供の科學（樂しき山の號）第二巻第八號目次

表紙 アルプス登山
扉 ウエストミンスター・アツベーの内部（浮き出す寫眞）
三色版 オフセツト版 高山植物
火山の内部はどうなってゐるか
畫報（主幹說明）
しろくま
高原の樂園（これからグラヴィア版）
日本アルプス
手に汗を握らせる岩登り
珊瑚礁の奇觀
蓄音機のはたらき
英國の大飛行船三十三號の大椿事
最新ラヂオ畫報
悲壯なるエヴェレスト峰の探檢
熊公の白っ子と黒ん坊
未來のニューヨーク
山はどうしてできたか（四版）

讀みもの

浮き出す寫眞 …… 本間清人
高山植物 …… 主幹 原田三夫
蓄音器夜話
日本北アルプス 槍ヶ岳に登れ
地方大震災と皆樣の心得
ニューヨークの寫眞帳にそへて（在米の友から） …… 栃内吉胤
ラヂオ雜談會
七夕祭
水力電氣の話 …… 古川龍城
科學童話 繪小說 父を尋ねて …… 宮原晃一郎
科學探偵 繪小說 髭の謎（三） …… 醫學博士 小酒井不木
水遊び玩具のいろいろ …… 東京女子高等師範學校講師 藤五代策
火山のはなし …… 原田三夫
子供の科學愛讀者招待 活動寫眞大會の記 …… 主幹
ラヂオ相談部・質問の答
常設懸賞募集第四回審查發表 …… 藤五代策
山椒魚の研究 …… 札幌 向井四代郎
子供の科學贊助員芳名錄（四）
本社代理部から
懸賞課題
愛讀者から
原田主幹より

未来の視点で読み直したい百年前の夢と見識

大正時代に起こった重大な出来事といえば、1923年（大正12年）9月1日の関東大震災を外すことはできません。『子供の科学』を創刊した原田三夫は、地震直後に震災の惨状を伝える書籍や雑誌を刊行、そのどれもが飛ぶように売れたことから、子供向けの科学雑誌を発想したと言われています。世間が科学知識の必要を痛感した出来事だったというわけです。

被害が大きかっただけに、その後の震災復興も世界最大規模となりました。内務大臣だった後藤新平が帝都復興院の総裁に就任し、東京の都市基盤の改造を含む復興都市計画を進めていきます。街路や公園といった街並み、道路網、公共施設やインフラが整備されていきました。

『子供の科学』が創刊されたのは翌1924年（大正13年）、ちょうど首都圏が復興事業で盛り上がっていた頃です。そうした背景もあってか、大正から昭和初期の『子供の科学』には、都市計画についての記事がよく出てきます。中でも、未来都市のモデルとして取り上げられることが多いのが、アメリカのニューヨーク。1925年（大正14年）8月号には「ニューヨークの写真帳に添えて」Ⓐという在米著者による高層ビル群の紹介と、そして数十年後のニューヨークの予想図が掲載されています。

「未来のニューヨーク」と現在のニューヨークの一番の違いはビルとビルとを結ぶ橋がないことでしょう。理由はなんでしょう？

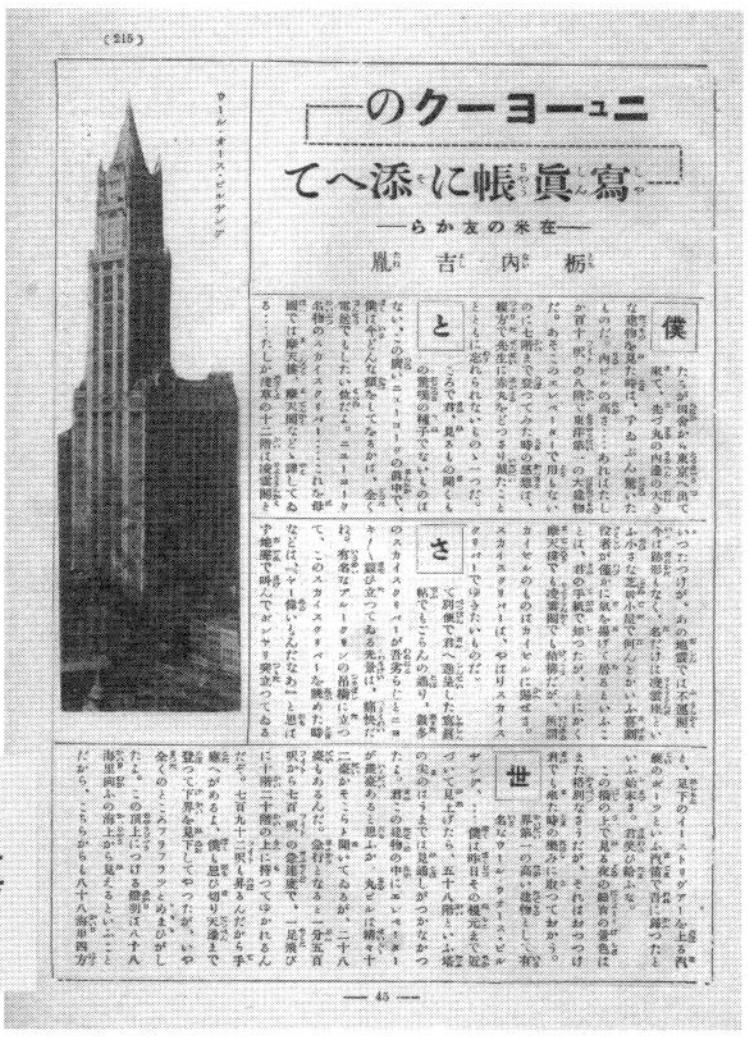

ニューヨークの寫眞帳に添へて
—在米の友から—
栃内吉胤

Ⓐ 1925年（大正14年）8月号
p45「ニューヨークの写真帳に添えて」

「ニューヨークの写真帳に添えて」に写っているのは、マンハッタンに今も建っているウールワース・ビルディングです。1913年に完成したこのビルは57階建てで、高さは241メートル。1930年まで世界一の高さを誇っていました。

「未来のニューヨーク」Ⓑで目に付くのは、空に多数の複葉機、三葉機が飛んでいることでしょう。ジェット旅客機やヘリコプターの姿はありません。また、1926年（大正15年）8月号の「20年後のステーション」でも、飛んでいるのは複葉機や飛行船です。ヘリコプター（現在と同じ単ローター式のVS－300）が登場するのは1939年、ジェット旅客機は1950年代なので、ヘリコプターやジェット旅客機が描かれていないのは当然ですが、これらの図からは大空港というコンセプトが当時の都市計画には存在しなかったこともうかがえます。

現在の主要な国際空港は、基本的に3000メートル以上の滑走路を備えています。実は、これだけの長さの滑走路が必要なのは、ジェット機だから。ジェット機はレシプロ機に比べてずっと離陸速度が高く、長い滑走路を必要とするのです。もっとも、最近のボーイング777やエアバスA350は、もう少し短い、2500メートルくらいの滑走路でも大丈夫にはなっていますが。

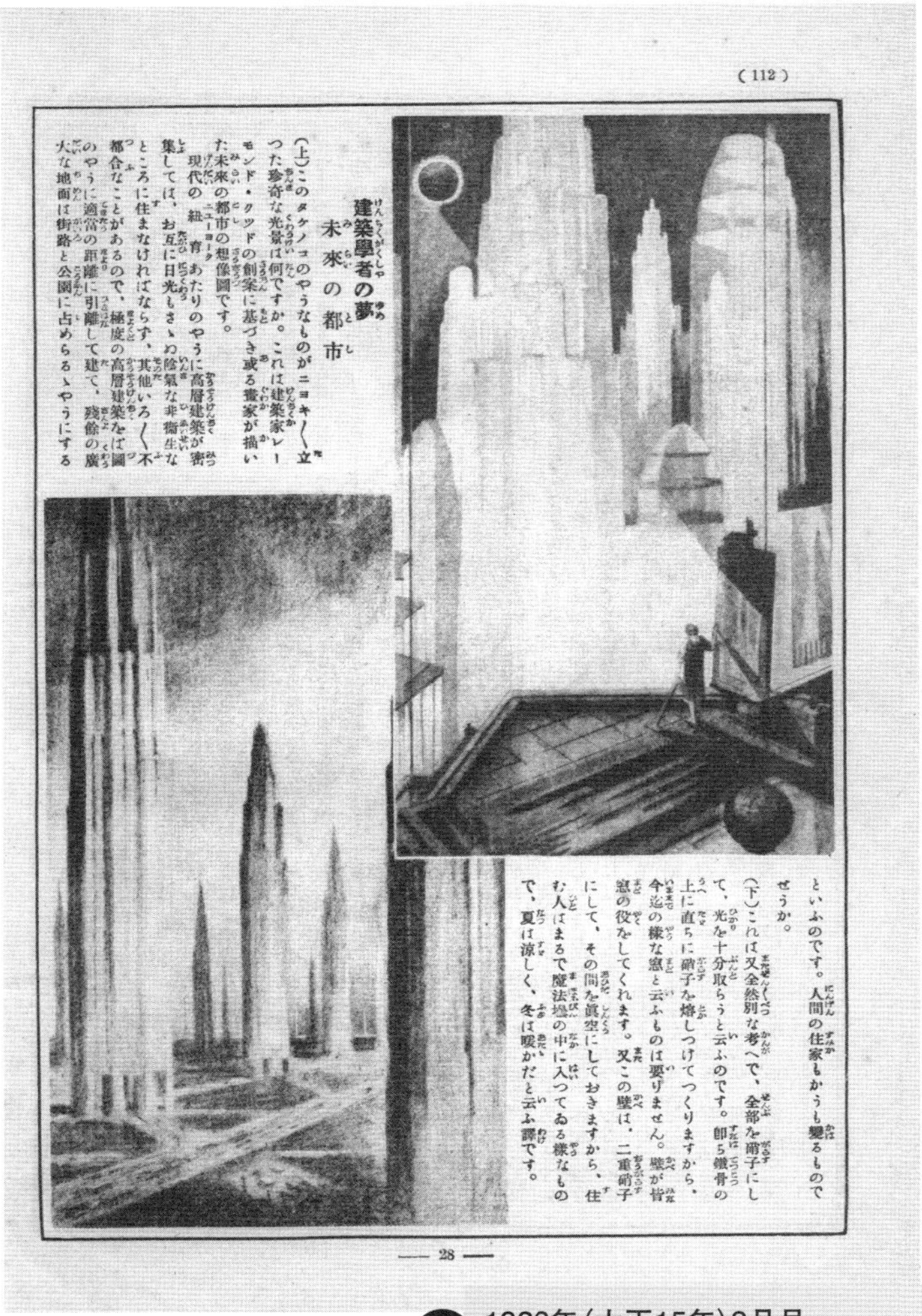
(112)

建築學者の夢　未來の都市

（上）このタケノコのやうなものがニヨキ／＼立つた珍奇な光景は何ですか。これは建築家レーモンド・クッドの創案に基づき或る畫家が描いた未來の都市の想像圖です。

現代の紐育あたりのやうに高層建築が密集しては、お互に日光もさゝぬ陰氣な非衛生なところに住まなければならず、其他いろ／＼不都合なことがあるので、極度の高層建築をば圖のやうに適當の距離に引離して建て、殘餘の廣大な地面は街路と公園に占めらるゝやうにするといふのです。人間の住家もかうも變るものでせうか。

（下）これは又全然別な考へで、全部を硝子にして、光を十分取らうと云ふのです。即ち鐵骨の上に直ちに硝子を熔しつけてつくりますから、今迄の樣な窓と云ふものは要りません。壁が皆窓の役をなしてくれます。又この壁は、二重硝子にして、その間を眞空にしておきますから、住む人はまるで魔法壜の中に入つてゐる樣なもので、夏は涼しく、冬は暖かだと云ふ譯です。

— 28 —

Ⓒ 1926年（大正15年）9月号
p28「建築学者の夢　未来の都市」

1926年（大正15年）9月号の「建築学者の夢　未来の都市」Ⓒでも、ニューヨークをモデルにしたと思われる、高層建築が林立する未来都市が描かれています。ここで描かれているビジョンは、ずばり的中しました。現実のニューヨークでも、1930年5月に77階建てで高さ320メートルのクライスラー・ビルディング、1931年4月には102階建て、高さ443メートルのエンパイア・ステート・ビルディングが竣工するなど、摩天楼は大都市の景超高層ビルはたいてい100年以上の寿命があります。エンパイア・ステート・ビルも90歳を超えて健在です。その一方で赤坂プリンスホテル新館のように30年足らずで取り壊されてしまうものもあります（跡地には東京ガーデンテラス紀尾井町が建てられた）。その違いは何でしょう？

未來の建築

早稲田大學教授 今和次郎

皆さんはどんなに想像しますか

將來、百年も、數百年もの後に、建築はどんな風に發達進歩するものであらうか？　と云ふ疑問は誰でも興味をもつて考へて見ようと、思ふことだらうと考へるのですが、果してどんな風になるものか。或は皆さんの方が一層適確な想像を持たれてるかも知れないが、多少専門的な見地から假りに私は次のやうに綴つて見て參考にまで差上げておく事にいたしませう。

材料と構造

先づ、建築が作られる材料は科學の進歩に伴れてずん〳〵變つて行くにちがひない。つい此頃までは、東京の大地震前までは、石や煉瓦を積み上げた建物が方々にあり、それの工事場も諸方に見られたのでしたが、此頃では煉瓦や石で作る建物は全くなくなつたと云つていゝ。此頃の少し大きい建物は皆鐵骨か鐵筋コンクリート造りで諸方の工事場は、コンクリートを揚げるエレベーターのタワーが煙突のやうにニョキ〳〵立てられてゐて、モーターがうなつてゐる下に、砂利と砂とセメントが運ばれて、それらがガチャ〳〵してゐる光景が見られるでせう。煉瓦や石の建物は地震のとき壊れて大勢の人が死んだりしたからもつと丈夫なものでなければいけないと云ふ事から、此頃では鐵骨なり鐵筋なりを組み立てゝ建物の骨とし或は壁の心にしてそれらをコンクリートで固めるのです。鐵はひつぱる力に持ちこたへる事が強く、コンクリートは壓力に持ち耐へる力が強いから、これら二つの合成で丈夫な建物が作られてゐるわけなのです。

ところで、現在の鐵骨なり鐵筋コンクリートの建物で、改良したい點は、鐵もコンクリートも何も重量があり過ぎると云ふ事です。重ければ工事のとき、色々不便なばかりでなく、重いもので高く作り上げると、その立つてゐる地盤に大變な荷重がかゝる事になり、言ひ換へれば、その建物の底面は大變重いものを背負つてゐる事になつて、基礎工事と云ふものは大變なものになるのです。深く地を彫つて、長い杭を打つたりしてそれの爲に備へなければならないし、また建物の下層部の柱や壁の厚さは相當大きくなければならない事になつてゐるのです。出來上つて建物を外から眺めるとそんな事はちつとも感ぜられないのですが、作る人の側から見れば、不經濟で無駄だと云ふ事をしみ〴〵思はずにはゐられないのです。

だから、鐵やコンクリートに代る材料よりい、材料がないだらうか、と云ふ事は將來の建築の爲の問題となつて來ます。それらに對して今のところ想像し得られる材料は、目方の輕いと云ふ點から鐵に代るべきものとして例へばマグネシユームとアルミニユームの合金のやうなものでせう。あれがもつと研究されて現在の鐵位の價格のものとなつて來るならば、目方の輕い事は申し分がないのですから、當然それが鐵に代るものとなるだらうと思はれるのです。そしてコンクリートと代るものとしては今のところ見當が付けられてゐるのでは目下スウイーデンで研究されてゐるエクスパントコンクリートと云ふもので、それは作り上げてから脹らんで、從つて輕くなつて力の方は減らないと云ふ調法なものなのですが、まあそんなものが多少近き將來に於て實現出來るだらうと見當が付けられるのです。

尚ほその上、現在のところガラスやゴムの類の材料もまだ建築に充分應用されてゐるとは云はれないから、將來益々利用されて來て外觀や室内の光景、窓や戸、其他が一變するやうな時代が來る事でせう。

これらはあきらかに考へ得らるゝ範圍の進

將來のビルディングと街路（步道は二階自動車は一階）

1928年（昭和3年）
1月号
p33「未来の建築」

観を形作っていくことになります。記事では、高層ビルが林立した場合の日照権や公園を配置することにも触れられており、さすがです。

D

1930年（昭和5年）1月号
p55「未来の都市はどうなるか」

△勝手な想像をやめて、科學的に考へると

未來の都市はどうなるか

早稻田大學教授　白鳥義三郎

夢の様な想像はいけない

自動車が街を走つてゐますね。飛行機が空高く飛んでゐますね。が、今から百年前に、馬のない馬車の事を考へたり自由に飛ぶ事の出來る機械の事を想像したりする人がゐたとしたら、世間の人々は何と其人を評した事でせう。きつと白晝に夢を見てゐる人だと云ふたでありませう。でも私達は今、さうした百年前の人達が夢や詩だとしてゐた澤山の事を實現しておるではありませんか。だから諸君！　諸君は出來るだけ想像力を豐富になさい。さういふて或る方々は私達に教へて下さいます。さうです。何事につけても想像力の豐富な事は至極大切であります。それから又生々した想像力でもつて、百年後の物事について考へたり、理想化された世界の事を考へたりする事は、若い日の一番樂しいことでゝもありませう。

が併し其にもかゝわらず、私は今諸君に、「百年後の都市」と云ふ題の私のお話を讀み出してゐらつしやる大多數の諸君に、御期待に背くやうな事を申し上げなければなりません。私達が今どんなに一生懸命になつて考へて見ても、百年後の都市の樣子は到底分りつこないのです。其も只極く大體のところでしたなら、明かにされない事もないでせう。が其時はけつして私なら私一人の理想でもつて勝手に未來の都市を考へ出すと云ふのでなしに、今までの都市の歷史を細かに研究して、善い事なら善い事が、悪いことなら悪いことが、どうして今までの都市におこつて來たのか、そして其が、社會的に變遷につれてどう變つて行くか、どう變つて行かなければならないかを考へて見なければなりません。そこで其場合私達に考へられる事は只極く大まかな、根本的な題目についてのみであつて、細かな事にまで考へて行けば行くだけ分らなくなり、其を無理に繪に畫いて見たりすれば、丁度天國の繪を畫くのと同じ事になつてしまひます。お話に聞く天國があるものとすれば其處はたいへん樂しい處だらうとは想像されますが、其處にどんな種
か、何類の鳥が囀つてゐ
で分りはしないでせう。

お恥づかしい話ですが
と云ふものが發明され
かこう自轉車位の小さ
でもすぐに飛ひ出せるや
り思つてゐました。何百
けて千米も二千米も

1930年（昭和5年）1月号
グラビア「創造された未来の都市」

摩天楼＝超高層ビル自体の技術は当時すでに「未来」ではなくなっていましたが、それを取り巻く環境の方がかなり変わっています。たとえばエンパイア・ステート・ビルディングは飛行船を係留できてもヘリポートはありません。

1930年（昭和5年）1月号
表紙絵は「動け！ 走れ！」

子供の科學 第十一卷第一號 目次 ―昭和五年一月一日―

この記事でもう1つ面白いのが、鉄骨の上に直接ガラスを融かし付けて、外光を取り入れるというアイデア。魔法瓶のようにガラスを二重にして間を真空にすることで、断熱性を高めるというものです。

ただ、現実の高層建築では、ガラスを鉄骨に融かし付けるのではなく、カーテンウォールという構造が使われるようになりました。建物の荷重は柱と梁で支えるようにし、壁には直接荷重がかからないようにしたものです。このカーテンウォールによって、外壁の軽量化や、建物がしなった時の歪みを小さくできるようになり、大きなガラス窓を使えるようになりました。

大きなガラス窓といえば、1920年代、30年代にはすでに垂直引上法やロールアウト法によって、板ガラスの大量生産は可能になっていました。ただし、これらの方法で、歪みがなく透明度の高い板ガラスを作ろうとすると、どうしても後で表面を磨く工程が必要になります。現在のように、大きくて真っ平らな板ガラスを大量生産できるようになったのは、もう少し後、1950年代にフロート法が発明されてからです。融かした錫の上に、融かしたガラスを浮かべて板にするという方法で、現在ではほとんどの板ガラスの製造に使われています。ちなみに、フロート法を開発したイギリスのピルキントン社は、2006年に日本板硝子が買収しています。

また、一口に高層ビルと言っても、工法には大きな違いがあります。エンパイア・ステート・ビルディングなど、昔のニューヨークの摩天楼は基本的に鉄骨造。これに対して、近年の高層ビルは、できるだけ鉄筋コンクリートを使うようになっています。鉄骨造は丈夫ですが、大変に重い上、施工に大変なコストがかかります。鉄筋コンクリート造は、鉄骨造に比べてずっと軽く、コストも安い。マレーシアのクアラルンプールにあるペトロナスツインタワーは88階建てで高さ452メートルですが、これも鉄筋コンクリート造です。地震がなく、地盤のしっかりしたマンハッタン島だからこそ、鉄骨造の高層ビルを建てることができたのです。同じような構造の高層ビルは、現在でも技術的には可能でしょうが、経済的に建築が不可能になってしまいました。

D

1930年（昭和5年）1月号
p59「未来の都市はどうなるか」のつづき

遠い想像よりも眼の前の實際

一般に「百年後の都市」とか「理想の都市」とかを事細かに圖に書いたりする人はたいていは、ヒルバースアイマー氏のやうに、只こうすればもつと便利な都市が出來上るんだとか、こうすればもつと衛生的な都市がつくれるとか云ふ事ばかり考へて、善いにつけ悪いにつけ、現在の都市には現在のやうな都市が出來上らなければならなかつた、根本の原因があるのだと云ふ事が明かにされず、只機械か何かを設計する様な氣持で自分一人の理想で勝手にどうでも造れると思つてゐるのです。が根本の原因をよく研究してゐる人達は、決して未來都市の圖や理想都市の繪を畫いたり致しません。其な事は天國の繪を畫くのと同じで何れも何にもならないのだと云ふ事をよく知つてゐるからです。

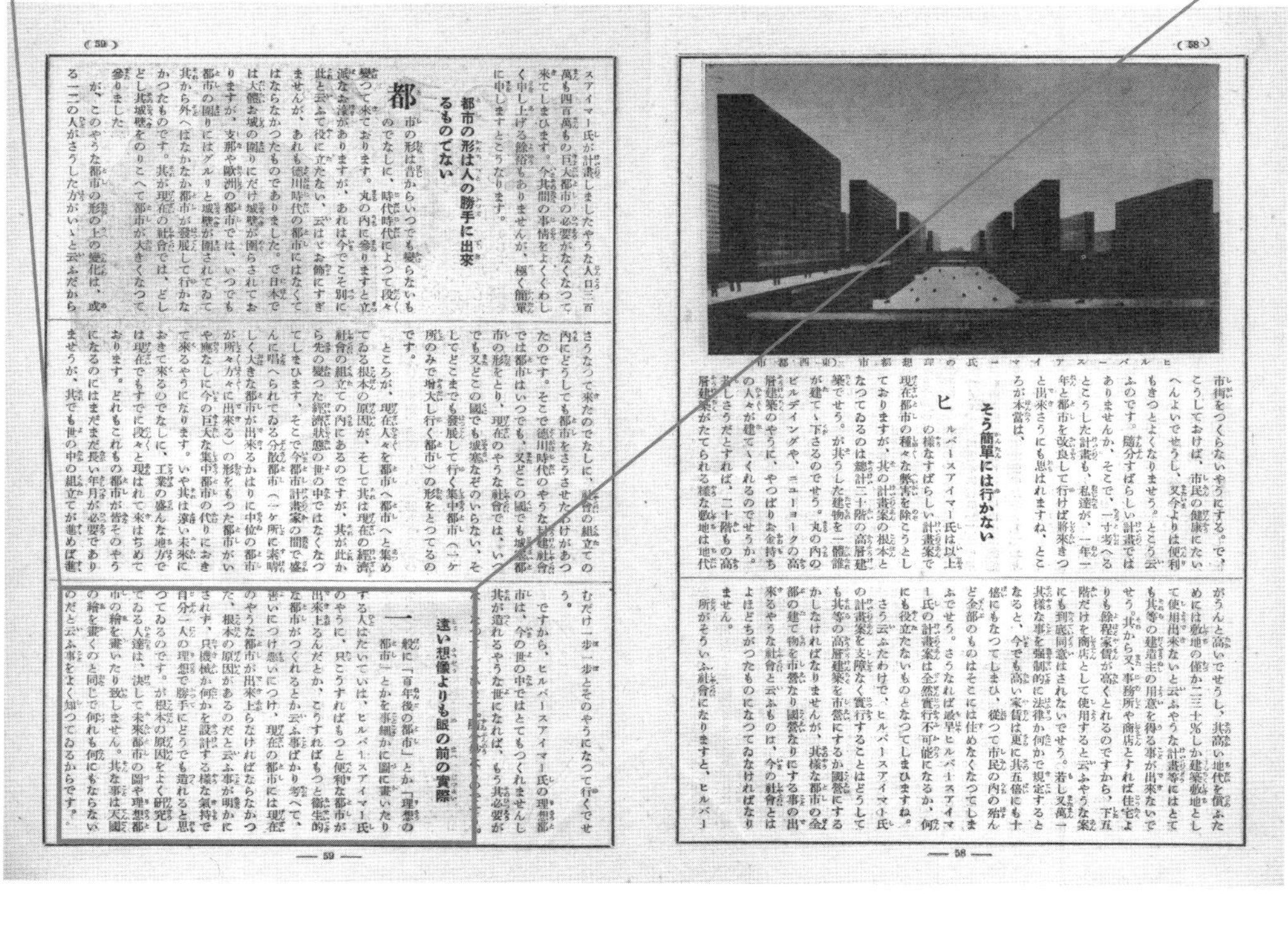

想像を膨らませた未来都市はその後もたびたび記事に登場します。1930年（昭和5年）1月号「未来の都市はどうなるか」Ⓓが取り上げているのは、読者らしき人の描いた2030年の都市です。交通手段が小型飛行機、エネルギー源が空中電気、地下に太陽熱工場といったあたりは外していますが、何階層にもなった地下街の様子などは、なかなかいい線を行っています。

ただし1930年（昭和5年）1月号の「未来の都市はどうなるか」では、一転して夢想的な未来都市のアイデアに対して、大学教授が主に経済的な観点からツッコミも入れています。

「20階もの高層建築がたてられるような敷地は地代がうんと高いでしょうし、その高い地代を償うためには市域のわずか2、30％しか建築敷地として使用できないというような計画等にはとてもそれらの建造主の用意を得ることができないでしょう」

しかし、現実にはオフィスビルやタワマンなど、空間をより効率的に使える高層建築が次々と作られていくことになりました。このような高層建築を可能にするイノベーションや、それらが生み出す経済効果まではさすがに予見できなかったということでしょうか。

ただ、著者は「善いにつけ悪いにつけ、現在の都市には現在のような都市が出来上がらなければならなかった、根本の原因があるのだ」とも指摘しています。この指摘は今でも完全に正しく、世界的に見ても人工都市は往々にして失敗しがちです。頭の中だけで描いた理想的な都市には、雑多なものが少なすぎて、人間にとっては住みにくくなってしまう。小中学生、高校生向けに、こうした視点を提示しているのはさすがの見識でしょう。

コラム

太平洋下の都市

1928年（昭和3年）1月号の「太平洋下の都市2027年の出来事」では、海上都市のビジョンが描かれています。海上に人工の浮島を浮かべる、海上都市のアイデア自体はかなり昔からありますが、実際に都市と言えるようなレベルのものはありません。理由は、コストに尽きるでしょう。浮体を浮かべて人が住めるようにするには、とにかくカネがかかります。結局、普通に埋め立てた方が安上がりということなのでしょう。

採算を度外視して、技術的な観点から言えば、人工浮体を使った海上都市も実現は可能でしょう。今時のクルーズ船は、1万人近くの乗員・乗客を乗せることができるわけで、ある意味、これは1つの街と見なすこともできますから。

1928年（昭和3年）1月号
p38「太平洋下の都市
2027年の出来事」

錬金術は実現した？

(176)

新しい錬金術

わが國の理學の大家なる、東京帝國大學の長岡博士は、數年の間、水銀を金にかへる方法を研究してゐましたが、去る九月、つひに、それに成功しました。何しろ、水銀のやうな、やすいものが、貴い金になるといふのですから、忽ち世間の大評判となり、氣のはやい人々は、今に金の値うちが下つてしまふだらうなどゝいつて騷ぎました。

一たい、長岡博士は、どうして水銀を金にかへたのでありませうか。それには、少しくむづかしいかも知れませんが、元素といふものゝお話をしなければなりません。皆さんは、水が水素と酸素からできてゐることを、學んだでせうが、この酸素水素などは、他のものに變ることのできないもので、かやうに、變ることのできないものは、これまでに九十餘りも發見されました。萬物は、これらが、いろいろに組合はさつてでき、これらは、萬物の元になるものですから、元素と名づけるのであります。

前の號で萬物は分子といふ、顯微鏡で見えないものが、無數に集つてできてゐるといひました。この分子は、また、原子といふ、一層小さいものが、いくつか集まつたものですが、その原子といふものは、それよりも、まだ〳〵小さい電子といふもので成り立つてゐるのであります。この電子といふものも、いかなるものゝ電子でも、皆同じものでありますが、たゞ、ものによつて、その數がちがひ、それがために物の性質のちがひを生ずるのでありま

— 20 —

1924年(大正13年)12月号
p20「新しい錬金術」

A

未来の人間から見れば、水銀→金の錬金術は、今のところ到底コストが釣り合うものではなさそう。「失敗に終わった錬金術」というより「実用化し損ねた錬金術」と言えるかも。

科学者も間違える!?

『子供の科学』は、その誌名の通り、科学的な記事を紹介しています。みなさんも、よく「それは科学的だ」とか「それは非科学的だ」と言ったりすると思いますが、では「科学的である」とはどういうことでしょうか。

よくある誤解は、「科学的＝正しい」ということ、真理を目指して研究を行いますが、それは科学者の言っていることがいつも正しいということではありません。実験方法やデータが間違っていた、論理の組み立てが間違っていた等々、あとから間違いが見つかることはいくらでもあります。だからといって、

1924年（大正13年）12月号
表紙絵は「汽車」

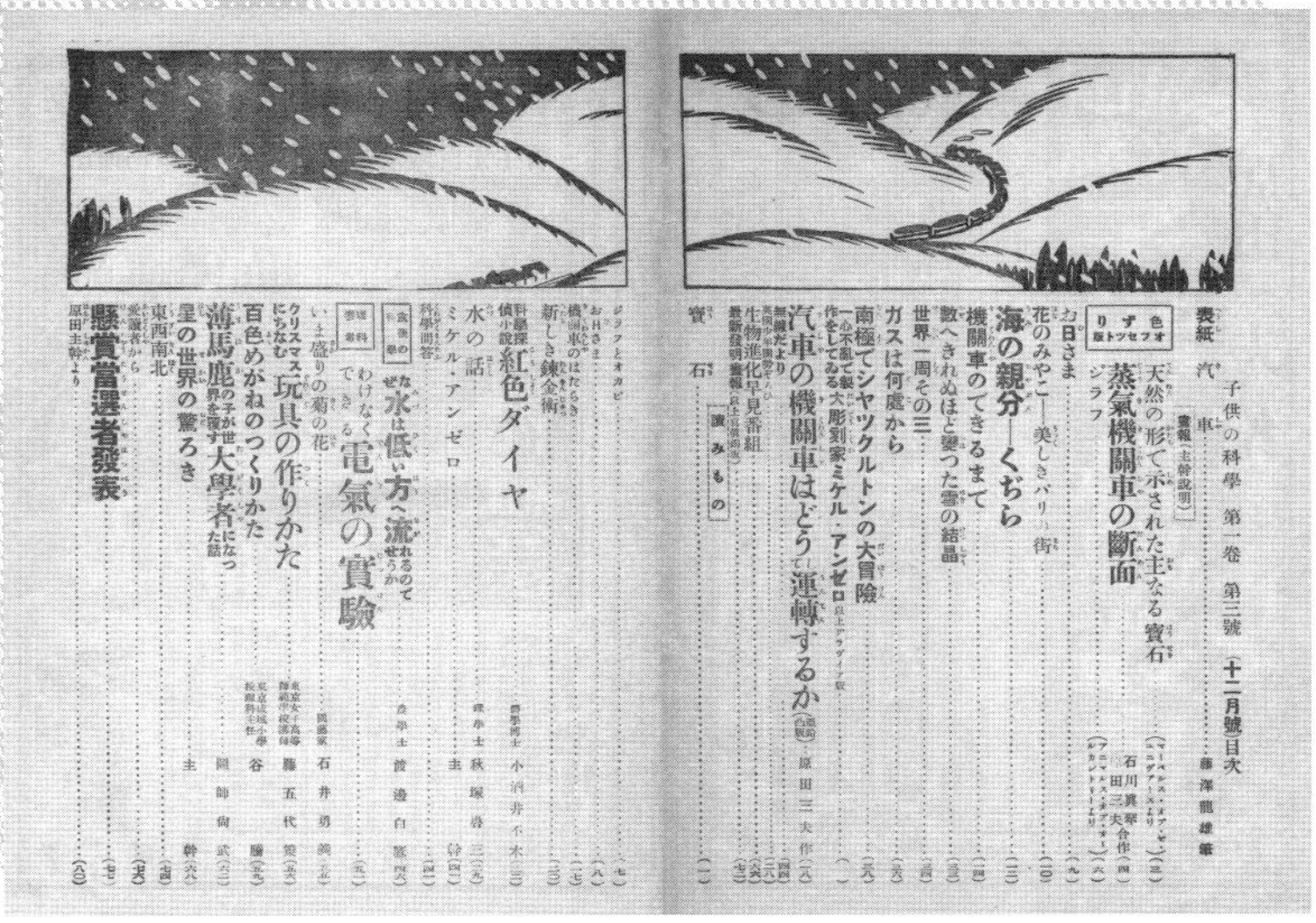
子供の科學　第一巻　第三號（十二月號目次）

表紙　汽車 …… 藤澤龍雄筆

色ずり　オフセット版
天然の形で示された主なる寶石　畫報（主幹説明）
蒸氣機關車の斷面　石川眞琴・田三夫合作
ジラフ
お日さま
花のみやこ――美しきパリー街
海の親分――くぢら
機關車のできるまで
數へきれぬほど變つた雪の結晶
世界一周その三
ガスは何處から
南極でシヤツクルトンの大冒險
一心不亂で製作をしてゐる大彫刻家ミケル・アンゼロ
汽車の機關車はどうして運轉するか　原田三夫作
無線だより
生物進化早見番組
最新發明畫報

讀みもの
寶石
ジラフとオカピ
お日さま
機關車のはたらき
新しき錬金術　　理學博士 小酒井不木
科學探偵小説 紅色ダイヤ　　理學士 秋塚春三
水の話
ミケル・アンゼロ　　主幹
科學問答
なぜ水は低い方へ流れるのでせうか　　理學士 渡邊白鷺
わけなくできる電氣の實驗
いま盛りの菊の花　　園藝家 石井勇義
クリスマスにちなむ玩具の作りかた　　藤五代策
百色めがねのつくりかた　　谷騰
薄馬鹿の子が世界を驚かす大學者になった話　　岡部尚武
星の世界の驚ろき　　主幹
東西南北
愛讀者から
懸賞當選者發表
原田主幹より

それは「科学は当てにならない」ということではありません。間違いに気づいた人が指摘して、それを修正していけばよいだけのこと。ある人の間違いを別の人が正し、それをまた別の人が……。そうやって、「正しい」に近づこうとするプロセスこそが科学的ということなのでしょう。

1924年（大正13年）12月号に掲載された「新しい錬金術」Ⓐは、「科学者も間違える」ことを示す格好の例です。古代から多くの人が試行錯誤してきた錬金術は、鉛などの安い金属を金に変える方法のことですが、それが転じていかがわしい金儲けのことを指すようにもなっています。この記事には、東京帝国大学（現・東京大学）の長岡半太郎博士が、「ある方法で、水銀から余分の電子をとり去って、金にかえたのです」と書かれています。

そんなことができるはずはないと思いますか？

実は、水銀を金に変えるという発想自体はそれほど突飛なものというわけではありません。元素の周期表を見てみると、原子番号79の金（Au）と原子番号80の水銀（Hg）は隣同士。水銀から陽子を1つ取り去ることができれば、金になりそうな気がします。

しかし、そんな処理を実際に行おうとしたら、莫大なエネルギーが必要になります。少し後の1930年代には、グラム単位で水銀を金に変換しようとすれば、超新星爆発のような高エネルギーを発生させるイベントがない限り、無理だということもわかっています。1924年の段階でこれほどの設備があったとは考えられません。長岡はその後も10年ほど研究を続けたようですが、成果は出ず、今では誤りだと考えられています。1940年（昭和15年）3月号の「現代の錬金術・原子の変換」Ⓑでは、長岡の水銀→金変換を肯定的に紹介していますが、長岡自身は誤りだと認めていません。

厄介なことに、長岡半太郎博士は多大な業績を挙げた、優れた物理学者でした。特に有名なのが、電子が原子核の周りを回っているという、土星型原子モデルを提唱したこと。その後に発展した量子力学によって長岡の土星型原子モデルは修正されましたが、このモデルが物理学の発展に大き

							2 ヘリウム	1 水素									
		5 硼素	6 炭素	7 窒素	8 酸素	9 弗素	10 ネオン	3 リチウム	4 ベリリウム								
		13 アルミニウム	14 硅素	15 燐	16 硫黄	17 鹽素	18 アルゴン	11 ナトリウム	12 マグネシウム								
29 銅	30 亜鉛	31 ガリウム	32 ゼルマニウム	33 砒素	34 セレン	35 臭素	36 クリプトン	19 カリウム	20 カルシウム	21 スカンヂウム	22 チタン	23 バナヂン	24 クロム	25 マンガン	26 鐵	27 コバルト	28 ニツケル
47 銀	48 カドミウム	49 インヂウム	50 錫	51 アンチモン	52 テルル	53 沃素	54 クセノン	37 ルビヂウム	38 ストロンチウム	39 イツトリウム	40 ヂルコニウム	41 ニオビウム	42 モリブデン	43 マヅリウム	44 ルテニウム	45 ロヂウム	46 パラヂウム
79 金	80 水銀	81 タリウム	82 鉛	83 蒼鉛	84 ポロニウム	85 アラバーム	86 ラドン	55 セシウム	56 バリウム		72 ハフニウム	73 タンタル	74 タングステン	75 レーニウム	76 オスミウム	77 イリヂウム	78 白金
								87 ヴージニウム	88 ラヂウム	89 アクチニウム	90 トリウム	91 ウランエキス	92 ウラン				

57 ランタン 稀土類元素	58 セリウム	59 プラセオヂウム	60 ネオヂウム	61 イリニウム	62 サマリウム	63 ユーロピウム	64 ガドリウム	65 テルビウム	66 ヂスプロシウム	67 ホルミウム	68 エルビウム	69 ツリウム	70 イツチルビウム	71 ルテシウム

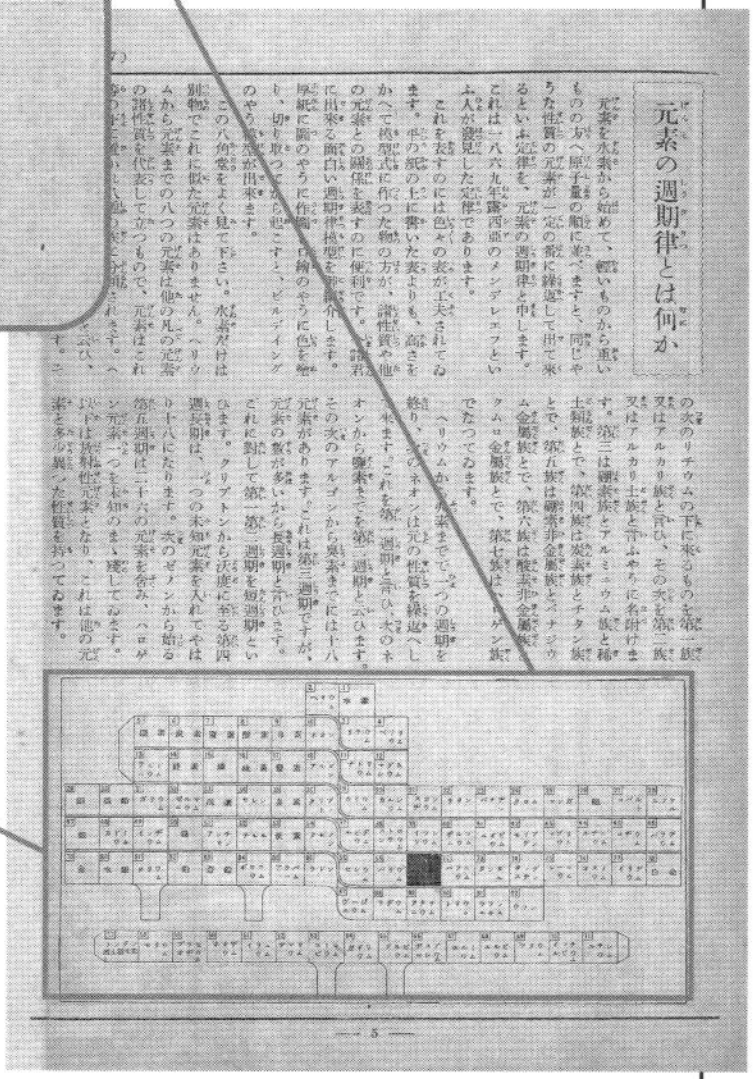

1934年（昭和9年）11月号
p5「元素の周期律とは何か」（アクチノイドなど、現在の周期表とは異なる）

(240)

第一圖　錬金術者の實驗室

＝現代の錬金術＝
原子の變換

理學士　小野一男

錬金術者の夢

鐵から金をつくつたり、水銀から白金をつくりださうといふ考へは、まだ化學のあまりひらけなかつた昔から、多くの化學者の頭を占めてゐた考へでした。この地上にあるすべてのものを金にかへるといふ、いはゆる錬金術は、今日の常識からみて滑稽のやうにすら思はれるものですが、眞面目な錬金術者の絶え間ない努力は、金のかはりに燐などのやうな幾多の新しい元素を發見し、さまざまな物質と物質との間の反應を見出したのでありました。現在の化學は、その錬金術に源を發したといつても誤りではないのであります（第一圖）。

さて、われ〳〵は、あらゆる物質もけつきよくは、いろ〳〵な元素の原子の組合せからなつてゐて、この原子は化學變化の行はれるとき、或る物質の分子から他の物質の分子の方へうつつても、原子そのものの實體をかへたり、反應の途中で消えてしまつたりするものではなく、永久にそのまゝ存在をつゞけるものであるといふことを知つております。すなはち、鐵や水銀の原子は、どこまでも鐵や水銀であつて、これが金や白金にかはることは全くあり得ないといふことが、近頃までのわれ〳〵の化學常識となつておりました。

しかし、日々の化學の進歩は、何時の間にかその常識をうちこはしてゆきます。原子についての考へ方も、これまでとはまるで違つた考へをしなくてはならなくなつて來ております。

放射性元素と放射線

九十二種ほど知られてゐる元素のうち、放射性元素とよばれる、特別な性質をもつ一群の元素があります。この一群には三種類の連鎖があつて、ラヂウム連鎖、アクチニウム連鎖、トリウム連鎖とよばれます。この連鎖に屬する元素の原子は、長い年月のうちに、自然に次から次へと他の元素の原子

— 40 —

43番と87番の名前に注目!43番元素が実際に発見されたのは1937年でテクネシウムと命名される。87番元素の「ヴァージウム」は誤発見で、フランシウムという名前が確定するのは1949年。

B
1940年（昭和15年）3月号
p40「現代の錬金術・原子の変換」

く寄与したのは確かです。偉大な研究者の過ちを批判しづらかったというのは、何となく想像がつきますね。

１９４１年にアメリカ物理学会で発表された論文では、水銀に高速の中性子を照射することで、微量の金に変換できたと報告されていますが、この金はあくまでも不安定な放射性物質でした。

1934年（昭和9年）11月号

1940年（昭和15年）3月号

２０１８年、東京都市大学大学院の高木直行博士らは、「原子炉錬金術」のクラウドファンディングを募集しました。これは、水銀の同位体（原子核に含まれる陽子の数は同じだが、中性子の数が異なる原子）の一種に対して、原子炉を使って中性子を照射し、金に変換するというもの。中性子の不足している水銀の同位体は、中性子を捕獲、さらに崩壊して、金の同位体になると考えられます。高木博士らの試算によれば、（金に変化する可能性のある水銀の同位体は、０・15％程度しか含まれていないため）１リットル（13kg）の水銀に中性子を１年間（！）連続照射して、10g程度の金が得られるということでした（クラウドファンディングは成立せず）。

（241）

にうつりかはつてゆきます。例へば、ラヂウム連鎖のいちばん最初のウラニウムといふ元素の原子は、數種の元素にかはつたのち、ラヂウム原子になり、このラヂウム原子はまた八種の元素にうつりかはつたのち、つひに安定なラヂウムGにまでなります。このラヂウムGは、實は自然にある鉛と殆んど違ひのない物質であります。

このやうに放射性原子は長い年月の間に次第に一つの原子から他の原子へうつりゆくものでありますが、その變換の途中に絶えず放射線を放つております。この放射線には、三種類あつて、α線、β線、γ線とよばれます（第二圖及び第三圖）。α線といふのは陽電氣をおびてゐるヘリウムの原子核の流れで、β線は電子の流れ（第四圖）、γ線は物を透過する力がごく強い波長の短いX線のやうなものであります。

いづれにしても、放射性元素の原子は、これらの線を全部か、場合によつては一部を空中に放射しながら、その實質がかはつてゆくのでありまして、原子の實質は不變なものであり、不滅なものであるといふ從來からの考へ方によれば、自然における特異的な存在として例外視してもよいわけであります。

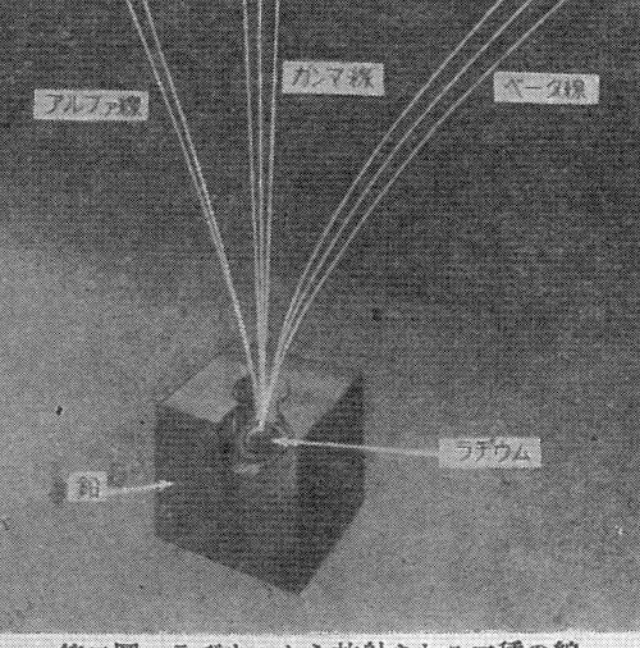

第二圖　ラヂウムから放射される三種の線

原子核と粒子との衝突

皆さんは、從來、物質の最小の單位と考へてゐた原子が、實は原子核とそれを中心にして楕圓軌道をえがいて運行する電子の群とからなつており、原子核は更に陽子とよぶ粒子と電子とから、或は中性子といふ粒子と陽電子と電子とからつくられてゐることを、知つておられるでせう。原子核をつくるこれら粒子の數は、いろ／＼な元素についてはきまつてゐるのであるから、もしもその原子核から、人工的にこれらの粒子を追ひだすことが成功したなら、その原子の實質はかはり、從つて一つの元素から他の元素が生じたことになります。

自然では放射性元素が絶えずこの現象を行つてをりますが、現代の錬金術者はこれと同じことを人工的に行つてみようといふのです。そのためには、非常に大きな速度をもつ

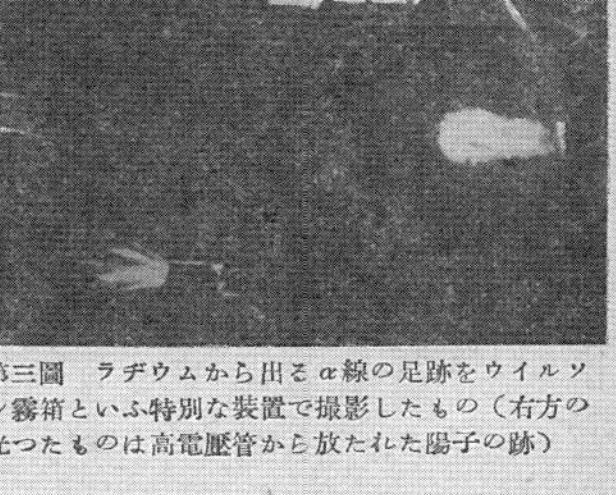

第三圖　ラヂウムから出るα線の足跡をウイルソン霧箱といふ特別な装置で撮影したもの（右方の光つたものは高電壓管から放たれた陽子の跡）

— 41 —

予想的中！未来のエネルギー

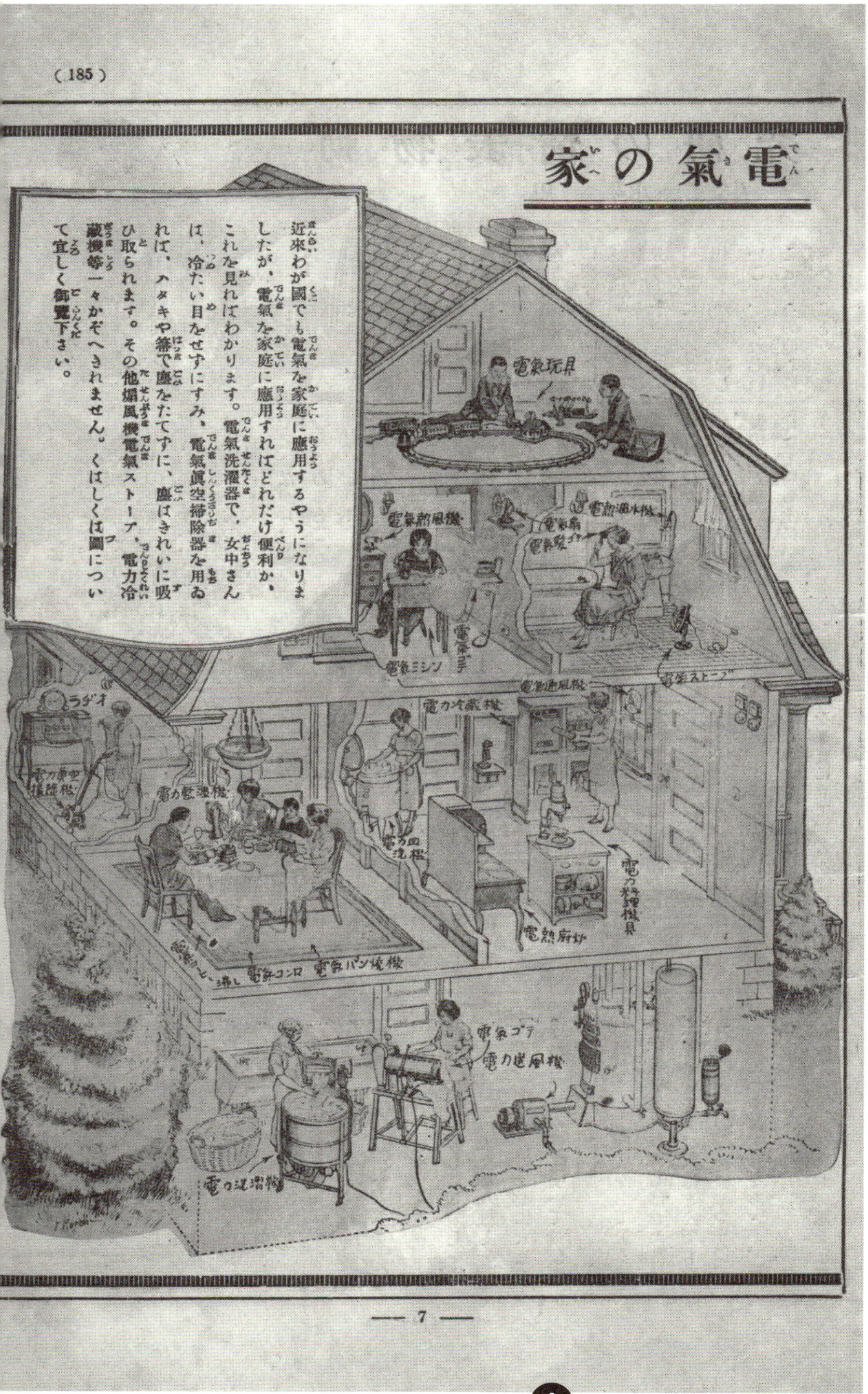
(185)

電氣の家

近來わが國でも電氣を家庭に應用するやうになりましたが、電氣を家庭に應用すればどれだけ便利か、これを見ればわかります。電氣洗濯器で、女中さんは、冷たい目をせずにすみ、電氣眞空掃除器を用ゐれば、ハタキや箒で塵をたてずに、塵はきれいに吸ひ取られます。その他煽風機電氣ストーブ、電力冷藏機等一々かぞへきれません。くはしくは圖について宜しく御覧下さい。

— 7 —

A
1927年（昭和2年）3月号
p7「電気の家」

今の不便を解決したい、こうなったら素晴らしい、そんな風に夢を膨らませているのが伝わるテーマ。答えを知る未来人の視点で読めるのは楽しいものです。

1927年（昭和２年）3月号
表紙絵は「鯨捕り」

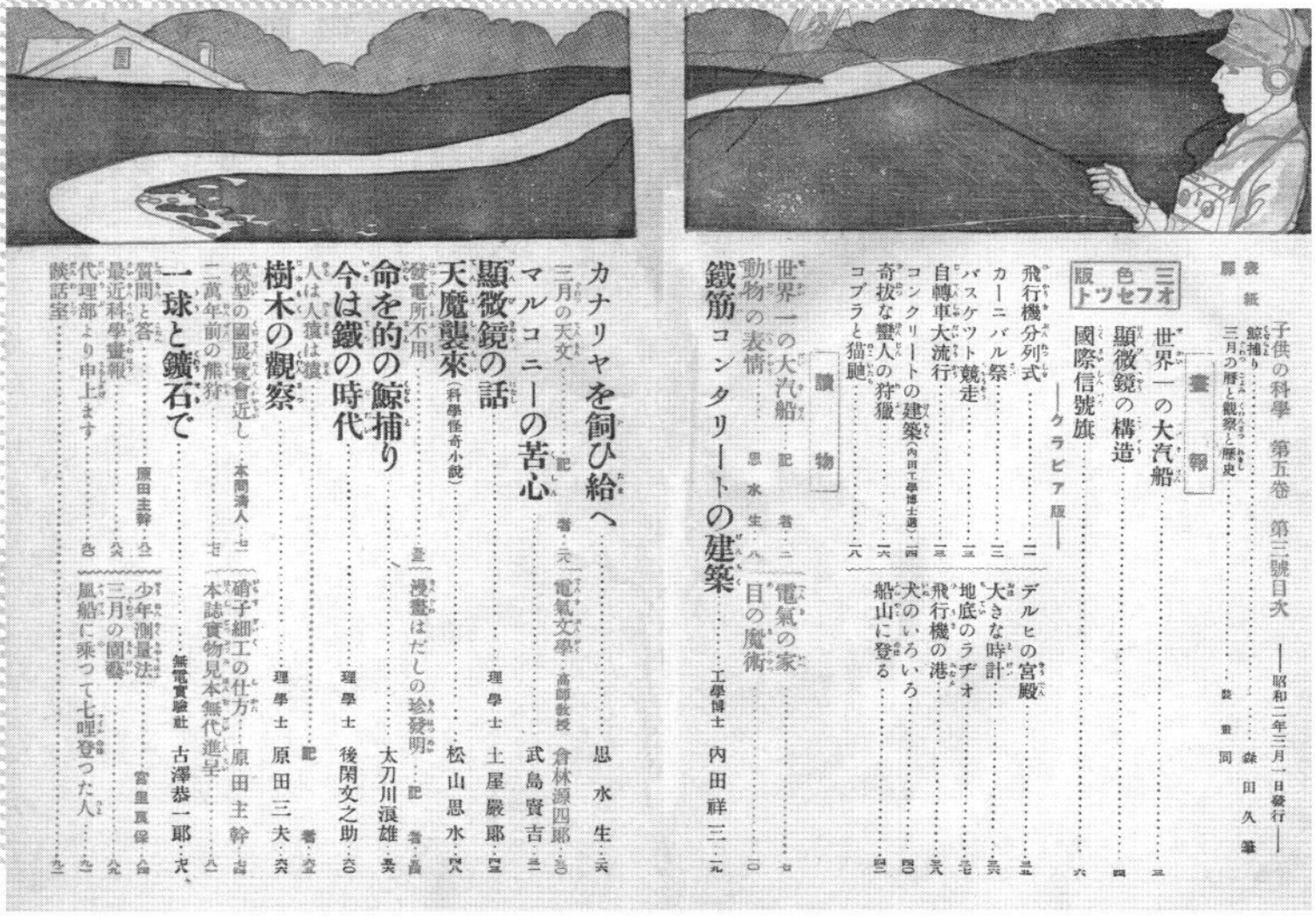

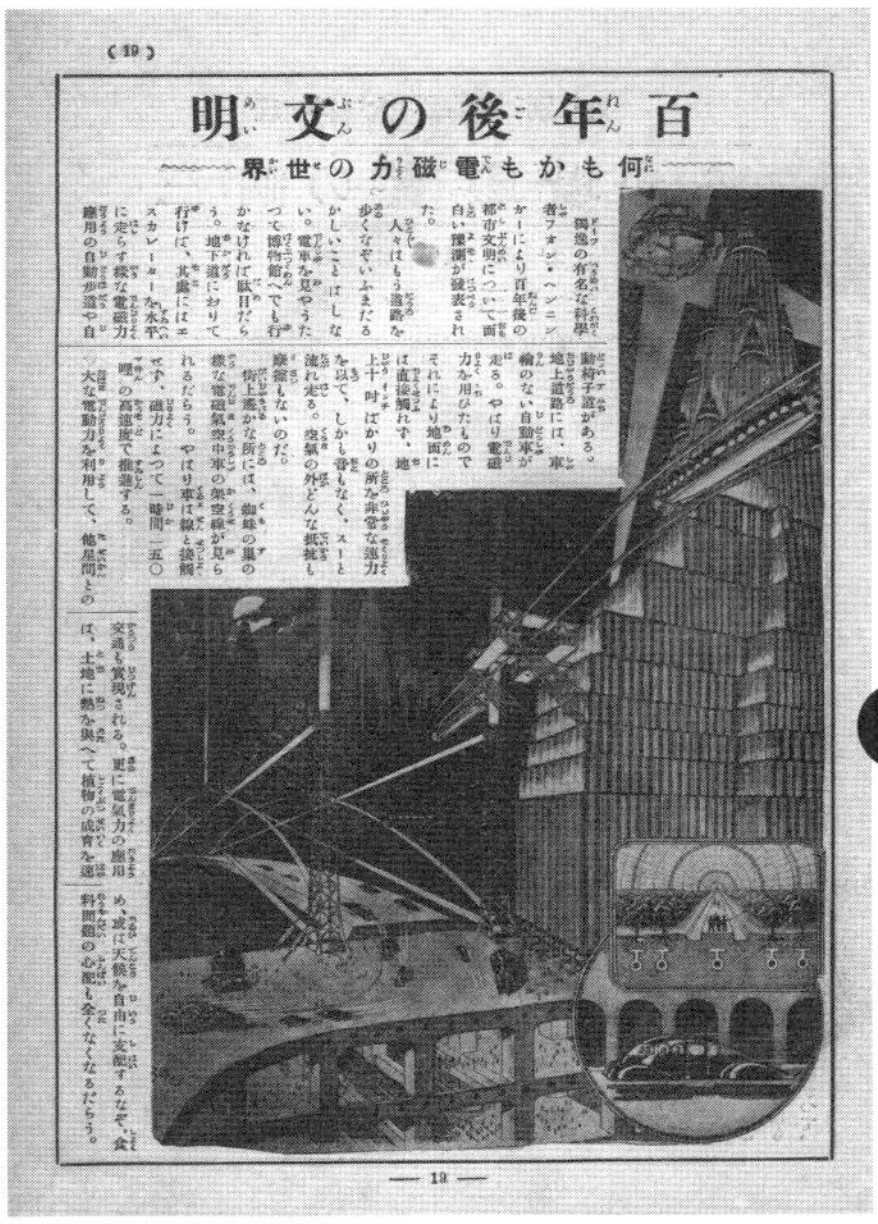
（19）
百年後の文明
何もかも電磁力の世界

B
1927年（昭和2年）7月号
p19「百年後の文明　何もかも電磁力の世界」

電気はエネルギーも伝えますが情報も伝えます。「電気の家」の中に情報機器がラジオしかなく、パソコンやスマートフォンはとにかく当時すでに発明されていたテレビも電話も不在なのが不思議です。

今も発展途上　この分野の夢はまだ続く

大正末期から昭和初期といえば、日本で少しずつ電気が普及し始めた頃。都市部では電灯やラジオが少しずつ家庭に入ってきたという段階ですが、1927年（昭和2年）3月号の「電気の家」Ⓐではすでに「オール電化住宅」が紹介されています。

電気玩具に、電気熱風機（ドライヤー）、電気髪ごて（ヘアアイロン）、電気ミシン、電力冷蔵機、電気通風機、電力料理器具など、ほぼ現代の生活を言い当てています。

あえて「電気の家」が外した点を挙げるとすれば、冷暖房でしょうか。図で描かれている冷暖房に関する家電は、電気ストーブ、電気温水機など、電気を直接熱エネルギーに変換するものばかり。ヒートポンプを使った家電製品は、電力冷蔵機のほかにはなく、エアコンディショナーも描かれていません。

ヒートポンプというのは、大気中の熱を集めて空調などに利用する仕

▲急速な電氣工業の發展

二十世紀は電氣の世界

早稲田大學教授 川原田政太郎

電氣化！ 電氣化！

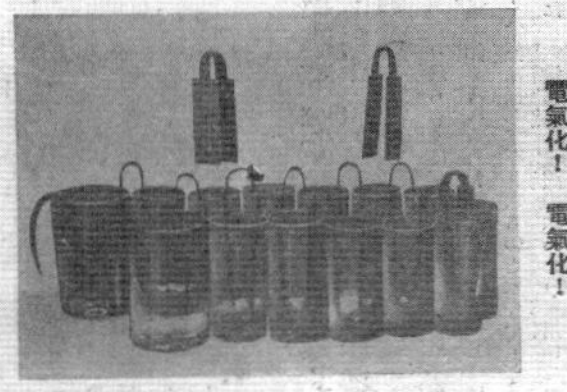
(1) ヴォルタの作つた世界最初の電池

今日は電氣萬能の世である。而して一日一日と非常な勢で發展して行く其將來は全く想像する事すら許さない有樣である。

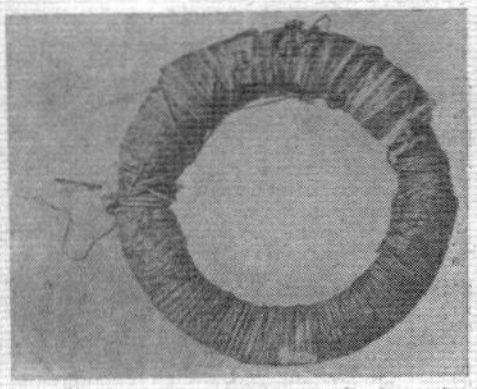
(2) ファラデーが實驗に用ひたもの

近頃「電化」なる言語をよく聞くのである。曰く家庭電化、曰く農村電化、曰く鐵道電化、曰く何々電化と言つた樣な譯で、何でも片つぱしから電化して行かねば止まぬ勢である。現今各工場の動力を初めとして米屋豆腐屋等の動力に到る迄其殆ど全てが電氣である。蒸氣機關車が電氣機關車に代はつたのは最早や珍らしいものでは無くなつた。又商

(3) ファラデー發明の電磁石

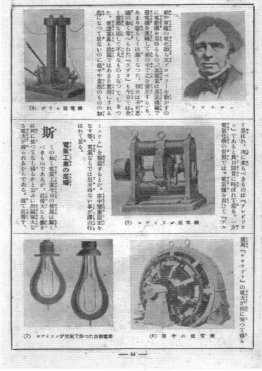

ファラデー

船や軍艦の電化即ち其プロペラーを動かすのに電動機を用ゆるもの、（其電氣は蒸氣機關で發電機を運轉して船の中で之を發生する）も、あまり珍らしくは無くなつた。初めは不可思議の如く考へられた「ラヂオ」も今日では全く當然な而して平凡なものとなつてしまつた。電送寫眞も我國ではあまり實用にされる迄になつて居ないのに最早や當然のものの如く思はれ、次に來るべきものは「テレビジオン」であると異口同音に叫ばれて居る。一方電氣化學の世界では、電氣爐を用ひて「アルミニウム」を製造するとか。空中窒素固定をなす等、電氣ならでは出來得ない事が澤山行はれて居る。

(4) グラム發電機

(5) エディソン發電機

電氣工業の濫觴

斯くの如く電氣工業今日の發展は驚くべきものであるが、此偉大なる働きは何に依つてなし得るかと云ふに勿論強大なる電力が得られるからである。扨て此幾千、幾萬「キロワット」の電力が何に依つて得ら

(6) 現今の發電機

(7) エディソンが竹炭で作つた白熱電燈

れるかと云ふにこれは蒸氣機關なり水車なりに依りて運轉される發電機に依つて得られる

エディソン

(9) フレミングが初めて作つた眞空管

ので今一次電池や摩擦發電器などでは到底得られない大きな電力である。斯くの如く考へて來ると、此發電機の發明は寔に今日の電氣工業を盛大ならしめた源であると云ふ事が出來る。以て少しく此事に就て述べて見よう。

彼の有名なるヴォルタが初めて所謂「ヴォルタ」の電池を發明したのが西暦一七九九年である。（第一圖は「ヴォルタ」が作つた電池である。（即ち今から百二十九年前である。）然し此の樣な電池では如何に數多く用ひて見ても、尚甚だ小さな電力であるから、電氣が工業上に用ひ得る事などは恐らく其當時は想像だにし得なかつた事であ

(8) 自働交換局

(10) 英國ボルヂユー無線電信局

に電弧を飛ばして弧光燈を初めて作つた。勿論これは數多のヴォルタの電池を用ひたものである。

降て一八八一年米國の有名なる發明家であるエヂソンは、竹炭を用ひて白熱電燈を作つた。第七圖はそれである。其後樣々に改良せられ、今日吾人の使用して居るタングステンランプとなり、或は進んで瓦斯入電球となつたのである。

電話の發達

グラハム・ベルは一八七六年米國特許を得たのが電話の始まりである。それが非常な勢で發達して今日となつたのであるが、電話交換局では數多の交換手が忙がしく働いて居る。近頃これが自働的に合手方へ接續される所謂自働交換が行はれる樣になつた。第八圖は此自働交換局の内部を示すもので一人も交換手が居ない。

無線電信の發達

無線電信は一八九六年彼の有名なるマルコニの發明に成るものであるが、是初用ひた檢波器は、コヒーラーと稱するものであつたが、今日では全くこれが用ひられず專ら眞空球が用ひらるゝ通りである。第九圖はフレミングが初めて作つた眞空球でこれは初めて無線電信の用ひられたものである。最近の形は諸君の熟知せらるゝ通りであるから別に寫眞を掲げない。第十圖は初めて大西洋横斷の無線電信を行つた英國ポルヂエー局である。第十一圖は數年前完成せられた最も新しい而して最も大きい無線電信局の一つである巴里大無線電信局の遠影で第十二圖は内部を示すものである。

太平洋横斷飛行の犧牲

後藤飛行士墜落燒死す

太平洋横斷飛行第三練習機の三百四十五號艦上攻撃機オピアライオン四百五十馬力は飛行士諏訪一氏操縦、後藤勇吉氏竝びに教官岡村大尉同乘して、二月二十九日午前八時十分九州大村を出發し、一氣に霞ケ浦さして歸還飛行の途に就いたが、同八時三十分頃佐賀縣藤津郡七浦村立成の上空にさしかゝつた際の濃霧に襲ばれ低空飛行中附近山林の樹木に機體がふれ、ガソリンタンク爆發して火災を起し墜落して後藤飛行士は無慚の燒死を遂げた。諏訪飛行士と岡村大尉は大やけどをした。

後藤氏は民間飛行界の第一人者、壯途を前にして更に嘆息を深くしなければならぬ。

わが太平洋横斷飛行計畫に對する批評は暫く措く。この種の大計畫が、その成功を獲得するまでに、幾多の犧牲を拂はればならぬことは、その當事者竝びに右の計畫を支持する人々の、充分に覺悟して置かればならぬところであらう。

1928年（昭和3年）4月号
p53「二十世紀は電気の世界」

組みのこと。気体の圧縮・膨張を利用することで、電気を直接熱に変換するよりもはるかに効率よく、熱を利用することができます。

日本の一般家庭にエアコンや電気冷蔵庫が普及するのは、第二次世界大戦後、高度経済成長期ですが、実は昭和初期でもヒートポンプを使った空調設備は存在していました。その代表が、戦艦大和です。戦艦大和は「ヤマトホテル」と揶揄されるほど豪華で、冷房完備、ラムネ製造機まで備わっていました。もっとも、これらの設備の目的は、弾薬管理や消火だったのですが。

1927年（昭和2年）7月号の「百年後の文明　何もかも電磁力の世界」Ⓑでも、電気を活用する文明が描かれていますが、こちらは浮上して進む自動車が登場するなど、だいぶ夢想的です。ただ、磁気浮上式の鉄道は中国ではすでに商用運行が行われていますし、日本でも中央リニアのプロジェクトは進んでいますから、半分程度は当たりといえなくもない、というところでしょうか。

大正から昭和にかけて注目されていたのは、内燃機関の自動車ですが、1928年（昭和3年）1月号の「未来の交通文明　空中電気で飛ぶ飛行機と走る自動車」Ⓒでは、すでに電気自動車にも言及しています。

電気自動車のコンセプト自体は目新しいものではなく、1900年頃は電気自動車とガソリン車のどちらが主流になるのかまだわからなかったくらいです。駆動力など走行性能に関していえば、当時であっても、電気モーターを搭載した電気自動車はガソリン車と遜色ありませんでした。

また、「未来の交通文明」Ⓒでは「自動車も電気モーターで動くようになるが、いまの蓄電器のごとき破損しやすいものは入らない。電動機だけで電力は無線で供給されるから、長距離運転でもガソリンの心配無用である」と書かれており、無線送電の自動車や飛行機が紹介されています。これは裏を返せば、電気自動車の弱点は電源だけということ。1990年代にリチウムイオン電池が商用化されたことで、電気自動車は最大の弱点を克服したのです。

バッテリーではなく無線送電についていえば、実用化にはまだ時間がかかりそうです。高速移動するドローンへの無線給電や、（無線ではありませんが）送電コイルと一体化した路面から走行中の電気自動車に給電する技術は、2023年頃からようやく基礎技術の実証実験が始まったところ。

一方、無線給電とは少し違いますが、『子供の科学』によく登場する「空中電気」Ⓓは、ある意味で実用化は近づいていると言えそうです。雷雲から電力を取り出すことはまだ人類の手には負えませんが、太陽電池を使った航空機は登場しています。ソフトバンクなどが進めているHAPS（High Altitude Platform Station）は、太陽電池搭載の無人航空機を基地局として使うというものです。

電気の時代が来るということに関して『子供の科学』の予想は大当たりでしたが、

現代では当然の充電池を電源としたワイアレスガジェットが不在なのは当時はまだ半導体がなかったからかな…。

電気を得る手段、特に再生可能エネルギーについてはどうでしょうか。

　1928年（昭和3年）から1931年（昭和6年）頃の記事を見ると、未来のエネルギーとして太陽熱が大いに期待されていることがわかります。太陽光については言及がありません。光が電気に変わる光起電力効果は19世紀には見つかっており、発電にも成功していますが、発電効率は1パーセントほどにすぎませんでした。1905年にはアインシュタインが光量子仮説を発表しますが、現在のような半導体を用いた太陽電池が登場するのは1950年代に入ってからです。

　また、「未来の都市」などでは都市に地下熱を利用した工場が作られると予想していましたが、現在我々が利用できるのは比較的地表近くにある熱水や蒸気です。こうした地熱貯留層の熱源は火山のマグマ溜まりですから、必然的に地熱発電所は火山地帯に作られることになります。そのため日本ではあまり地熱利用が進んでいませんが、アイスランドでは一般家庭の暖房の9割が地熱で賄われていたり、データセンターの電力として活用されています。この違いは火山のタイプが違うことによるのでしょう。日本の火山のマグマは粘性が高いため、ガスの圧力が蓄積しやすく、大規模な噴火を引き起こしやすい。これに対して、アイスランドの火山は、マグマの粘性が低い、つまりサラサラなので、ボカーンと爆発することが少ないのです。とは言っても、地熱利用についてはもっと活用して欲しいところです。まだ基礎研究の段階ですが、地下数キロメートル、マントル由来の地熱を利用する「超臨界地熱発電」の研究も始まっています。

　予想よりも大規模な発電所が作られるようになったのは、風力発電でしょう。1931年（昭和6年）9月号「風力利用自家発電所」Ⓔでは、コンパクトな自家発電用風車が紹介されていますが、現在の風車は

Ⓒ

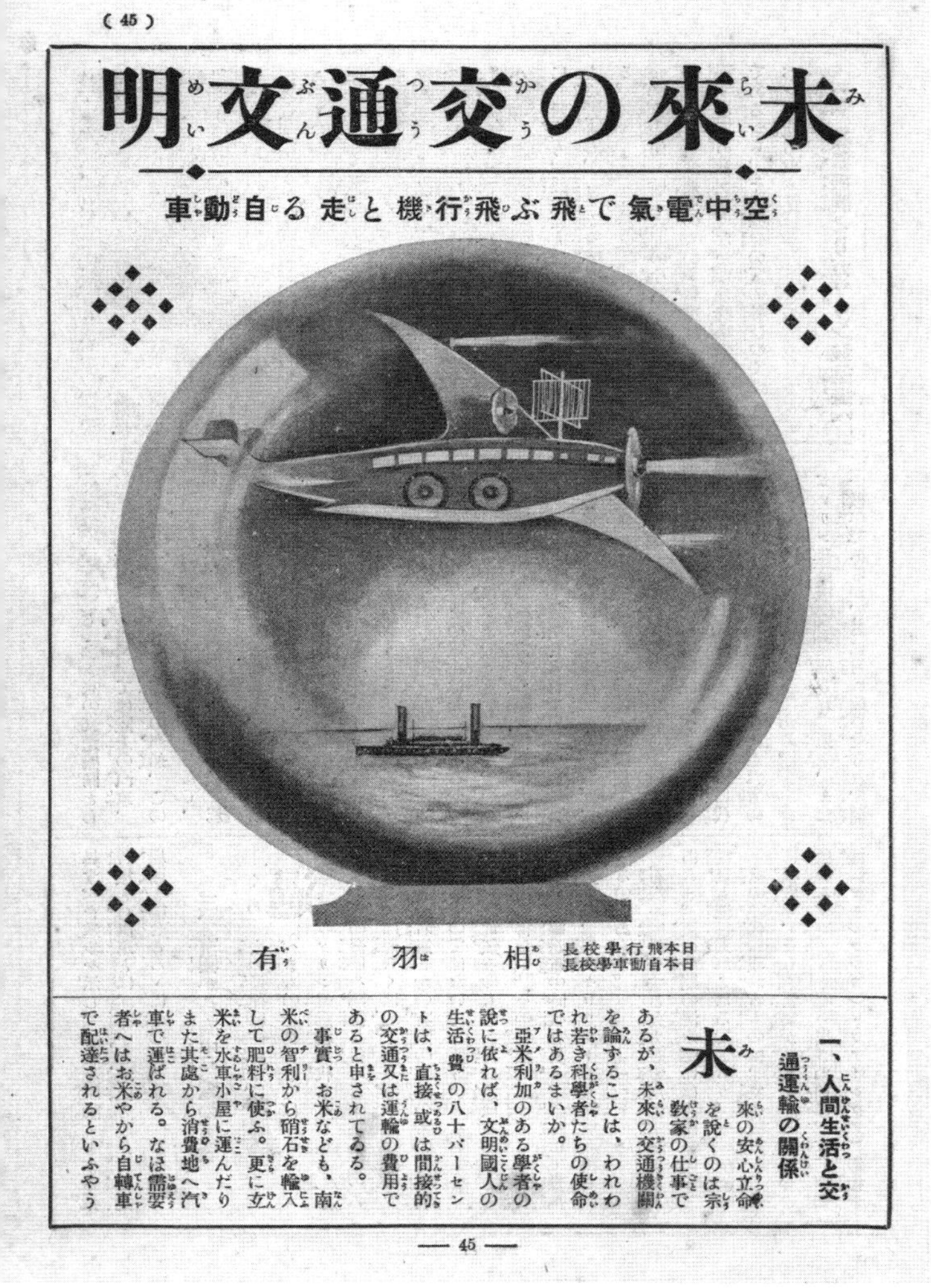
（45）

未來の交通文明

空中電氣で飛ぶ飛行機と走る自動車

日本飛行學校長
日本自動車學校長
相羽有

一、人間生活と交通運輸の關係

未來の安心立命を説くのは宗教家の仕事であるが、未來の交通機關を論ずることは、われわれ若き科學者たちの使命ではあるまいか。

亞米利加のある學者の說に依れば、文明國人の生活費の八十パーセントは、直接或は間接的の交通又は運輸の費用であると申されてゐる。

事實、お米なども、南米の智利から硝石を輸入して肥料に使ふ。更に玄米を水車小屋に運んだりまた其處から消費地へ汽車で運ばれる。なほ需要者へはお米やから自轉車で配達されるといふやう

— 45 —

はるかに巨大です。最新の風車、風力発電用のタービンは1枚の長さが130メートルほどにもなります。風車の直径が大きくなるほど起電力が高まりますし、効率よく風を受けるには高い場所に設置するのが有利。さらに広い羽をゆっくり回すよりも、狭い羽を高速で回転する方が変換効率もよいことがわかっています。こうしたことか

C

1928年（昭和3年）1月号
p45「未来の交通文明 空中電気で飛ぶ飛行機と走る自動車」

（46）

に、幾度も、幾重にも、複雑極まる運送階梯を必要とし、甚しき手數を加へられて居る。

斯くの如くに、人間の生活に密接不離の關係を有する交通そのもの、未來は、如何に變遷するであらうか。なかなか興味のある問題であるから、その想像の翼の伸びゆくまゝにペンを走らせよう。

二、蒸氣機關よりガソリン發動機へ

船も飛行機も空中から電氣をとる

從來の交通機關としては陸上の汽車、海上の汽船、この兩者が主要なるものとして、政府が補助金を與へて其の發達普及を助長し、これを政治上の政策に利用しては我田引鐵などといふ新熟語の生れたのも、最早や古くさい物語りとならうとさへ云はれるに至つた。

その理由は何んであるか。申すまでもない。汽車、汽船の原動力たる蒸氣機關はスチブンソンによつて發明せられて以來、既に百年を經過し、あらゆる改良を加へられたが、高速度機關としては、現在の能力が限度ではあるまいかと云はれて居る。

今日の蒸氣機關としては往くべきところへ行きつまつて了つたかとも思はる。これに代つて高速度の原動力機關として現はれたものは、實にガソリン・モーターである。

ガソリン發動機は、發明されて以來、まだ三十數年であるが、日に月に改良せられ、驚異すべき進歩を示し、これを原動力とする飛行機と自動車とは、空中と地上との二大交通機關と稱せらるゝに至つた。

三、雷雲から空中放電の吸收

過去の道程は、將來にも繰返へさるべきものであるとせば、今日のガソリン發動機に代るべき新らしき何ものかの發明を期待し得らるゝのであるが、これは恐らくは地下より採取すべきガソリンとか石炭とかの有限の自然のものを燃料とするものではないであらう。

然らば電氣そのものゝ外に選ばるべきものが見出し得ない。その電氣的原動力も、今日の如き有線送電の時代と異り、無線にて幾萬馬力でも、何萬キロワットでも送電し得るに至るのであらう。

石炭を燃料とする火力發電所は消滅するであらう。更に冬期の渇水時には大困りの水力電氣も流行遲れとなるであらう。

次の時代に現れるものは、空中放電を巧みに吸收し、そら！雷雲が見えたと云へば、はゆるゴロ〳〵と鳴り出さぬ前に、方向探
機（ダイレクション・ファインダア）の如

— 46 —

D

ワイアレス給電は登場するのにワイアレス通信が出てこないのが実に興味深い。

(621)

太陽熱を動力に應用

小杉秀雄

石炭は缺乏し水力は不充分

今急に石炭が無くつてしまつたらどうなると思ひますか。水蒸氣は造ることが出來なくなり、從つて汽車も汽船も走らなくなります。大工場の機械は忽ち止まつてしまわねばなりません。鐵鋼所の心臓ともいふべき熔鋼爐の火は消えてしまはねばなりません。

1878年に發明された太陽熱吸收器。小さな印刷機を働かす。

石炭が無くなつたら電氣でやればよいではないかといふが、その電氣もやはり石炭を燃やして發動機を運轉さすのではありませんか。發電機を動かすには水力も利用されます。しかし全世界の水力を全部利用しつくした時にはどうなります。ます／＼動力の必要が增して行く機械文明の現代及將來に於いて、現に火力（石炭の力）及水力で得てゐる動力、或ひはそれ以上の動力をたゞ世界の水力だけで得て行かうとすることは到底出來ないことです。

現在に於いても大きな瀧を利用するには可なりの困難が横はつてゐます。例へばあのアフリカのザンベシ河に懸る世界一のヴイクトリヤ瀧からは莫大な水力が利用される筈です。數年前のこと此のヴイクトリヤ水力會社が計劃されました。そこから五百哩の南方にある金鑛へ電力を導かうとするのです。しかしこのやうな長い距離を運ぶためには色々設備上の困難が伴つて遂に實現されなかつたのでした。たゞ將來無電輸送が出來るやうになれば、此の問題は解決されるでせう。

ともかく將來に於いて、火力や水力の外に何か動力の源なるものが必要であることは明かなことで、此のために科學者達は一生懸命研究してゐます。

此の將來利用されべき動力の源として最も有望なものの一つは太陽の熱（エネルギー）であります。廣い意味でいへば、我々が今日利用してゐる動力の源は全部太陽のエネルギーに基づくものです。石炭を燃やすといふが、それは大昔に貯えられた太陽のエネルギーを出すことで、水力の利用の場合を見ても、その水といふのは海水や湖水が太陽に熱せられて蒸發し、雪となり雨となつて降つて來たものです。つまり太陽から來たエネルギーが次々と形を變へて行つたものにすぎませ

― 91 ―

1931年（昭和6年）11月号
p91「太陽熱を動力に応用」

ら現在の風車は巨大で狭い羽を高速に回すことがトレンドになっているのですが、これが可能になったのは軽量で丈夫なCFRP（炭素繊維複合材料）が実用化されたからです。

簡単に実現できそうで、実際にはあまり使われていないのが、潮汐発電や海洋温度差発電。潮の満ち引きを利用する潮汐発電は、原理的には「ちょろい」と言ってもいいほどですが、相手が海水ということがとにかく厄介です。海中にタービンを沈め、その状態で何年、何十年と稼働させるのは工学的に相当に難易度が高いのです。海洋温度差発電は、表層部の温かい海水と、水深800～1000メートルの冷たい海水の温度差で発電するもの。これも実用化する上での工学的な課題は多いですが、模索を続けてもらいたいものです。

再生可能エネルギーというのは、基本的に形を変えた太陽のエネルギー。太陽からの熱や光が、大気を動かして風になったり、潮の満ち引き（潮汐は月と太陽の引力の影響も大きい）になっているわけです。使わなければどこかに散っていくものですから、何とか有効活用したいですね。

1928年（昭和3年）1月号「将来の原動力は無尽　太陽熱・水力・ラヂウム」Ⓕや1929年（昭和4年）10月号「ラヂウム・海水・太陽・電波」Ⓖでは、原子力の可能性についても言及されています。ただし、ここでいう原子力はラジウムの原子核が崩壊する際に放出する、崩壊エネルギーのこと。「ラヂウム・海水・太陽・電波」では、「1グラムのラヂウムから毎時間約80カロリーの熱を出します。1年間の熱量は100馬力カロリーに達します」と書かれており、ずいぶんマイルドな印象を受けます。

現在利用されている原子力は、ウランなどの連鎖反応を利用しており、放出されるエネルギーはラジウムの崩壊エネルギーとは桁違いです。

ちなみに、昔の時計の文字盤には夜光塗料としてラジウムが使われていました。ラジウムの放射線は紙1枚で防げるα線であり、時計のユーザーには影響がありません。しかし、ラジウムを塗る際、作業員は筆の穂先を舐めて整えていたため、体内にラジ

G 1929年（昭和4年）10月号
p14「ラヂウム・海水・太陽・電波」

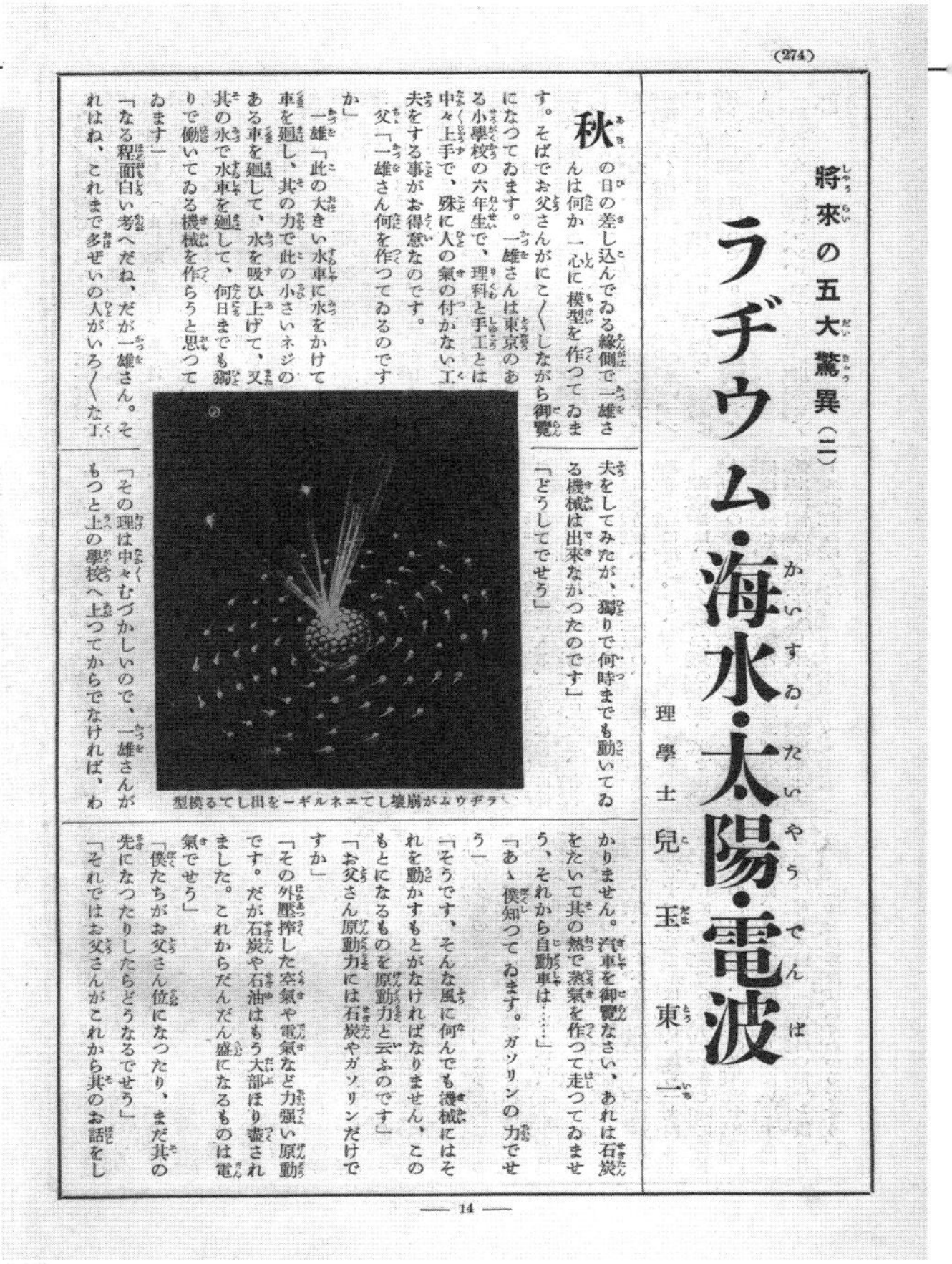
(274)

將來の五大驚異（二）

ラヂウム・海水・太陽・電波

理學士 兒玉東一

秋の日の差し込んでゐる縁側で一雄さんは何か一心に模型を作つてゐます。そばでお父さんがにこ〲しながら御覧になつてゐます。一雄さんは東京のある小學校の六年生で、理科と手工とは中々上手で、殊に人の氣の付かない工夫をする事がお得意なのです。

父「一雄さん何を作つてゐるのですか」

一雄「此の大きい水車に水をかけて車を廻し、其の力で此の小さいネジのある車を廻して、水を吸ひ上げて、又其の水で水車を廻して、何日までも獨りで働いてゐる機械を作らうと思つてゐます」

「なる程面白い考へだね、だが一雄さん。それはね、これまで多ぜいの人がいろ〲な工夫をしてみたが、獨りで何時までも動いてゐる機械は出來なかつたのです」

「どうしてでせう」

「その理は中々むづかしいので、一雄さんがもつと上の學校へ上つてからでなければ、わかりません。汽車を御覧なさい、あれは石炭をたいて其の熱で蒸氣を作つて走つてゐませう、それから自動車は……」

「あゝ僕知つてゐます。ガソリンの力でせう」

「そうです、そんな風に何んでも機械にはそれを動かすもとがなければなりません、このもとになるものを原動力と云ふのです」

「お父さん原動力には石炭やガソリンだけですか」

「その外壓搾した空氣や電氣など力強い原動です。だが石炭や石油はもう大部ほり盡されました。これからだんだん盛になるものは電氣でせう」

「僕たちがお父さん位になつたり、まだ其の先になつたりしたらどうなるでせう」

「それではお父さんがこれから其のお話をし

ラヂウムが崩壞してエネルギーを出してゐる模型

— 14 —

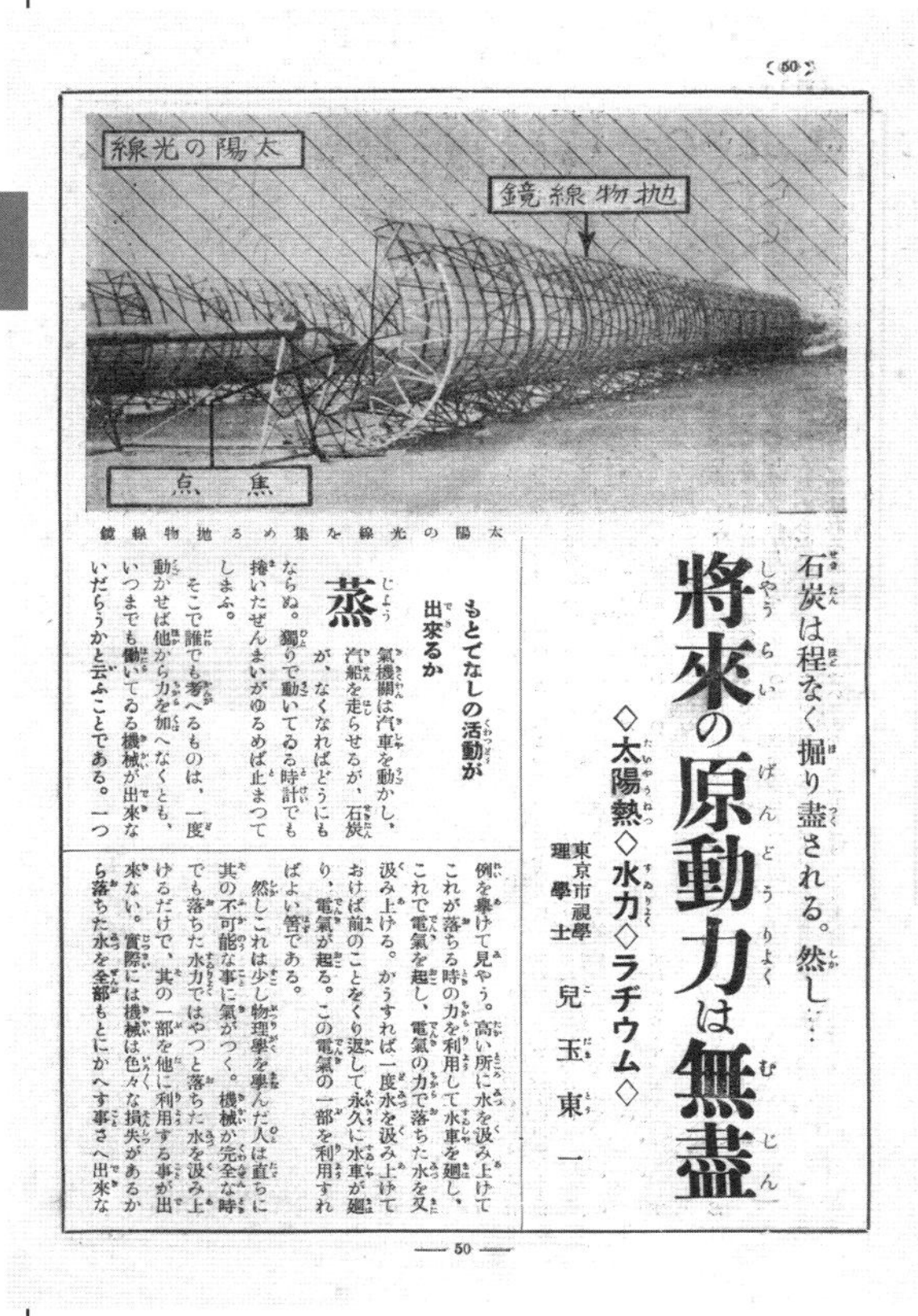
(50)

太陽の光線を集める抛物線鏡

石炭は程なく掘り盡される。然し……

將來の原動力は無盡

◇太陽熱◇水力◇ラヂウム◇

東京市視學 理學士 兒玉東一

もとでなしの活動が出來るか

蒸氣機關は汽車を動かし、汽船を走らせるが、石炭が、なくなればどうにもならぬ。獨りで動いてゐる時計でも捲いたぜんまいがゆるめば止まつてしまふ。

そこで誰でも考へるものは、一度動かせば他から力を加へなくとも、いつまでも働いてゐる機械が出來ないだらうかと云ふことである。一つ例を擧げて見やう。高い所に水を汲み上げてこれが落ちる時の力を利用して水車を廻し、これで電氣を起し、電氣の力で落ちた水を又汲み上げる。かうすれば一度水を汲み上げておけば前のことをくり返して永久に水車が廻り、電氣が起る。この電氣の一部を利用すればよい筈である。

然しこれは少し物理學を學んだ人は直ちに其の不可能な事に氣がつく。機械が完全な時でも落ちた水力ではやつと落ちた水を汲み上げるだけで、其の一部を他に利用する事が出來ない。實際には機械は色々な損失があるから落ちた水を全部もとにかへす事さへ出來な

— 50 —

F 1928年（昭和3年）1月号
p50「将来の原動力は無尽
太陽熱・水力・ラヂウム」

ウムが取り込まれ、放射線中毒になる人が続出。エネルギー源として活用される前に、人体への危険性が明らかになってしまったため、ラジウムを原子力エネルギーとして活用する方向には発展しませんでした。

総じて、『子供の科学』は電気時代の到来についてはほぼ完璧に当てましたが、エネルギー源はけっこう外していますね。また、当然のことながら、この頃には地球温暖化や資源の枯渇に対する問題意識はまったくありません。

実を言えば、温暖化ガスの問題さえなければ火力発電というのは、非常に効率のよい発電方法なんですね。現在の火力発電では、主力は天然ガス、石炭、それで足りないときに石油を燃やすのが一般的です。二酸化炭素以外の有害ガスについてはクリーンにする技術はすでに確立していますから、日本やドイツも本音を言えば安い石炭を燃やして発電したいはず。それでも、地球温暖化はこれからの人類が総力を上げて立ち向かわなければならない課題。やはり、火力発電ではなく、再生可能エネルギーを使う方向に行かざるをえないのです。

E 1931年（昭和6年）9月号
p14「風力利用自家発電所」

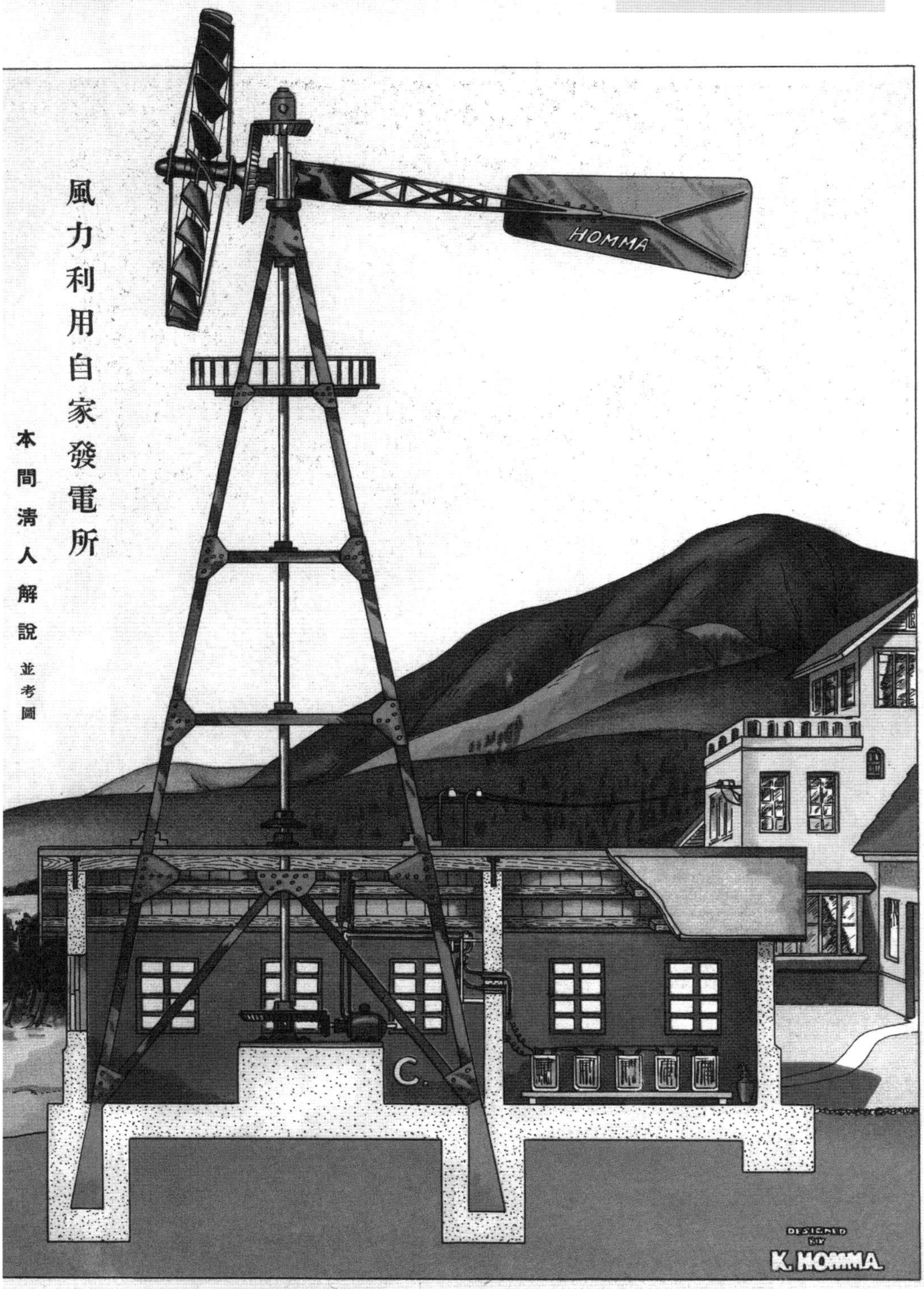

コイルに電氣を流すと中の鐵棒が磁石になることは諸君は已に御承知でせう。處がこの磁石と電氣とは面白い關係のものなので。コイルの中の磁石の强さが變ずると逆にコイルに電氣が流れるのです。これは昔の大先輩フアラデーさんが初めて實驗した事であつて、今の大發電機の元祖となる大事な實驗であつたのです。圖中のAが卽ちこのフアラデーの實驗で、磁石の棒をコイルの中に向つて上げ下げするとその都度コイルに電氣が起ることはメートルがよくそれを説明してくれます。これをやや機械化して考へると圖のBであつて磁石の棒がコイルの間で廻轉するやうに出來てゐるからコイルに對してやはり磁石の力が强く弱く變化をなしここでコイルに電氣が起ることになる。もうこうなると不完全ながら一つの發電機と云つてよい事になる。

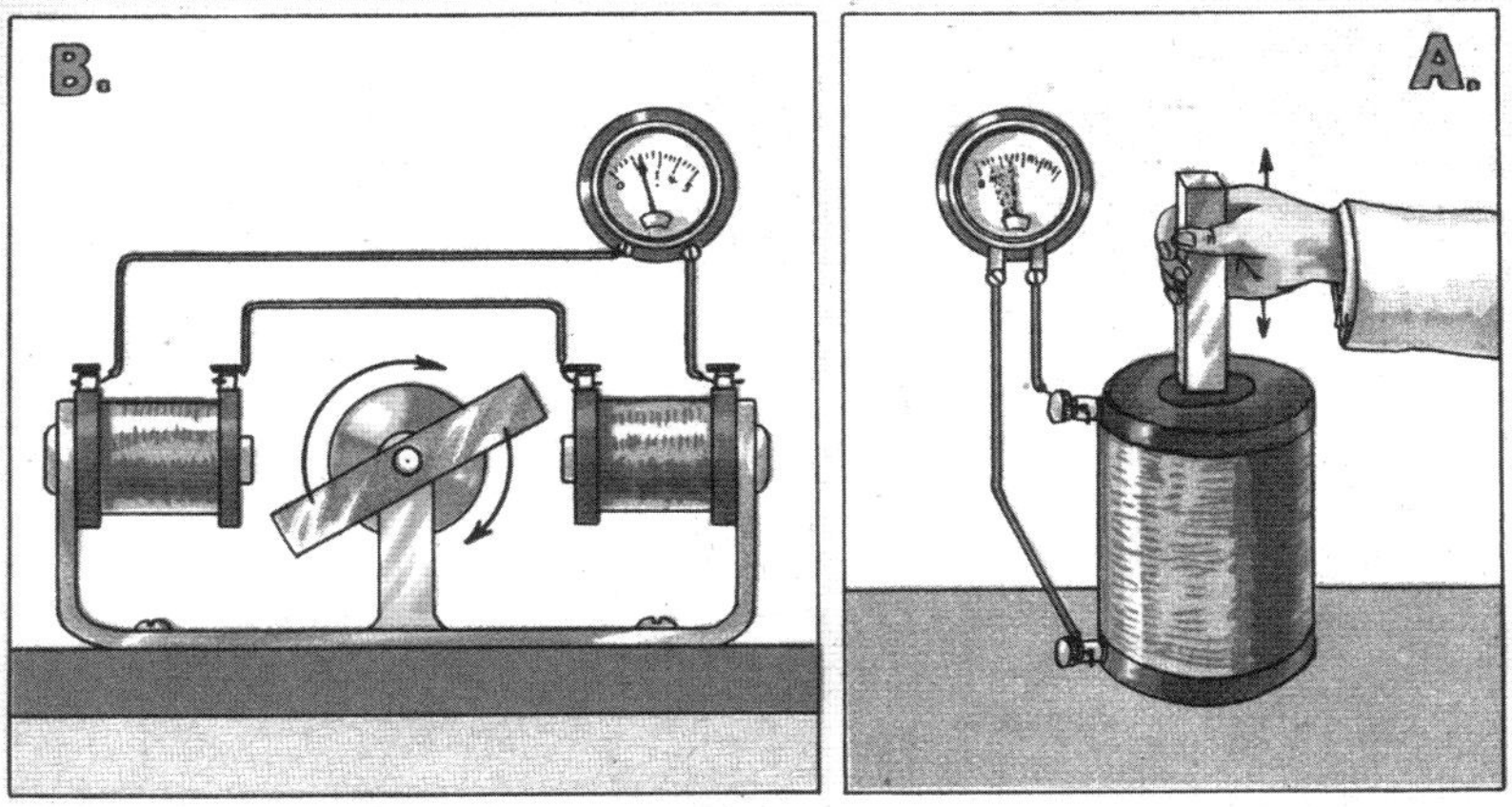

かくして發電機は生れたが其後改良に改良されてつひに現在の發電機とまでなつたのです。磁石を直接に用ひないでも、例へば諸君のモーターと同じ構造のままのもので逆にこれを他の力で廻轉してやるとやはり電氣が起ります。それは廻轉によつて少しでも電氣が起れが自分の電氣で磁氣を起すやうになるからです。廻轉させる方法、それは色々ありませう。蒸氣エンヂンもその一つ、水力も一つ、また風力などもその一つです。ここに示すものは海洋の風を利用した風車式發電所の例です。風車の廻轉はベルギヤーによつて力を移しやがて發電室の發電機を廻轉することになる。發電機に起つた電氣は別室の蓄電池に充電されるやうになつてゐる。だから夜になつてスキッチを切り換えれば蓄電された電池から室内の電燈を點ずることが出來るのです。勿論この風力は力の程度が定まつてゐて火力や水力のやうに自由にその力を大きくすることは出來ない。從つて圖に示すやうにほんの一軒だけに裝置する程度となる。

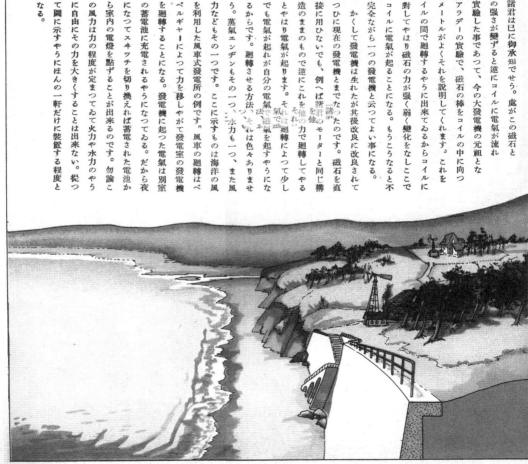

現実が想像を超えた月世界旅行

空に浮かぶ月を見て「あれはなんだ!?」と思う気持ちは、今も昔も科学の入口。次にいつ月へ行けるかが話題になるわけですが、答えが1969年とは思っていなかったようです。

(49)

天體の不可思議

星に若し人類がゐたら

◇引力に就いての面白い話◇

吉松登

どんな物にも引力がある

健康な男子の目方が米粒三個の重さしかない!!と云つたら諸君は戯談もほど〳〵にしろと失笑されるに違ひない。然しそれがやつぱり事實なんだから不思議でせう。そのわけを之から話します。

凡て物に重さがあるのは、地球が眼に見えぬ力でそれを引つぱつてゐるからです。物理學では此の力を引力といひます。そこで物の重さ即ち重力の大小はかうした引力の大小に比例することになります。更に又引力の大小はその引力を働かす物體の質量の大小によるといへるのです。

有名な大科學者ニュートンは、凡て存在してゐる物體は相互に引力で以つて引き合つてゐるものだといふことを發見しました。之に依ると、我々の體は地球に引つぱられてゐるのですが、又逆に地球は我々の體によつて引つぱられてゐるといふことにもなります。かうした引力は地球と我々の體との間ばかりでなく、月と我々の體との間にも働いてゐるといはねばなりません。潮の滿干が月の引力によるものであることは、諸君のよく御存じのことです。

計算によると、地球は約百五十ポンド前後の力で我々を引つぱつてゐるのです。併し同時に月も亦我々を何程かの力で引つぱつてゐるわけでせう。此の月の引力を計算すると、それが丁度米粒三個即ち蠅の目方位にしかあたらぬのです。

輕業なぞはお茶の子さいさい

なぜ月の引力がそんなに小さいかといふに、それは月の質量が地球の十八分の一しかなく、又地球から月までの距離が、地面から地球の中心までの距離の約六十倍も

— 49 —

B 1927年(昭和2年)7月号
p49「星にもし人類がいたら」

1927年（昭和2年）７月号
表紙絵は海底タンク

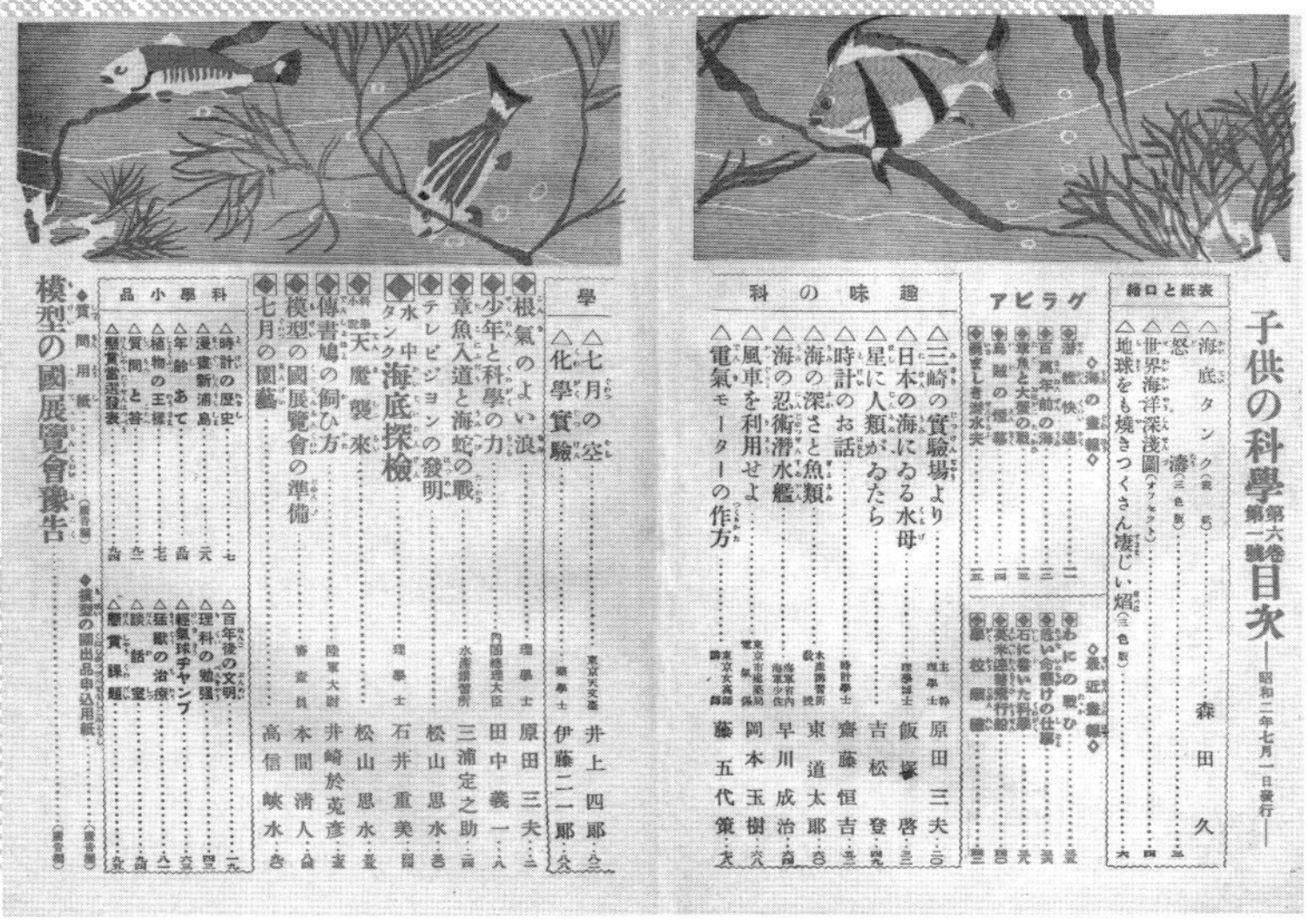

子供の科學 第六卷第一號 目次 ——昭和二年七月一日發行——

表紙と口繪

グラビア

趣味の科

學

科學小品

バカにできない当時の科学と天文知識

主幹の原田三夫は、宇宙旅行について並々ならぬ関心を持っていたようです。創刊号（1924年〈大正13年〉10月号）では「お月さま」Ⓐという月の詳細解説記事を掲載。全80ページほどの誌面のうち、7ページを使って月の解説を行うというかなりの力の入れようです。月面の地形や、どうやってクレーターが作られたか、大気がないこと、自転・公転など、月に関する基本的な情報は、現代の解説書と比べても遜色ありません。

1926年（大正15年）6月号からは、「科学童話　月の世界へ」の連載がスタート。老人の姿をした彗星が少年・少女を月に案内するというファンタジー仕立てのストーリーですが、月の描写は科学的で、空想の生物が登場したりしないところはとても『子供の科学』らしい。SF小説というより、月の解説に重きが置かれています。作者の石井重美は、東京帝国大学理学部出身のサイエンスライター。「月の世界へ」のラストで唱えられる呪文がなぜかラテン語（老人の姿をした彗星は太陽系外から来ているのですが）だったりと、童話と銘打っているにもかかわらず、演出はなかなかハイブラウです。

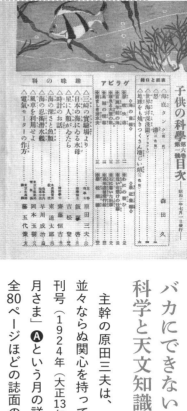

1927年（昭和2年）7月号の「星にも

（41）

お月さま

理學士 内田亨

大さ遠さいくばく

人がまだ野蠻な生活をしてゐた時から、また、どこの大陸でも、どんな小さい島でも、みんな一樣に、月を尊いものとしてうやまつてゐたのは、大空に輝く無數の星の中で、月のみが特別に大きく、その光が美しいからです。しかし、月はあのやうに大きく見えても、實際の大さは、他の星にくらべると、ずつと小さいので、その直徑が三千四百七十キロメートルで、地球の直徑の七分の二よりも小さい程です。また、その表面積は地球の十三分の一で、この體積から云つても、月を五十程、よせ集めなければ地球だけの大さにはなりません。一體どうして月が大きく見えるのかといふと、それは、太陽や他の星より月が一番地球に近いからです。近いと云つても、その平均距離は、三十八萬四千四百キロメートル、即ち、地球の周圍の十倍程の長さです。けれども、月は、地球の周圍を楕圓を畫いて運動しますから、その平均距離に多少の増減が伴ふことは勿論です。

月の模樣

月の表面は、地球から見るといつも同じやうな模樣に見えるのは、月はその運動の關係上いつも同じ側ばかり見えるからです。その模樣について、わが國では昔から兎がゐると云はれ、また、ドイツでは、ある年寄が安息日の日曜日まで、薪をとりにでかけたために、いつも月曜日ばかりで、永久に日曜日のない月の世界に、移されてしまひ、そのために今でも薪を負つてゐる人の形が現はれて

— 41 —

Ⓐ 1924年（大正13年）10月号
p41「お月さま」

—106—

月世界旅行の計畫

主幹理學士　原田三夫

二つの問題

世界には澤山の科學者がありまして、これらがめい〳〵専門の研究をしてをります。實にさま〴〵のことを研究してゐるのでありますが、その中には一ばんの人にとつて、面白いこともあれば、面白くないこともあります。近頃、天体についての研究が、いろ〳〵行はれております中で、最も、一ばんの人にとつて面白いのは、「火星に人がゐるかどうか」といふことゝ「月の世界へ旅行をする計畫」、この二つでありませう。今月は、この月の世界へ旅行をする計畫について、たゞ今、學者が、どんな研究をしてゐるかを御話しませう。

月の遠さ

月は、あらゆる天体のうちで、一番地球に近いものです　他の天体は、月に比べると、ずーつとかけはなれた遠いところにあるのです。それでは、その月までの遠さはどの位かといひますと、里程でいひましても、直ぐ忘れてしまふでせうから、覺えやすいやうにいひますと、丁度、地球を三十列べたゞけのところにあるのです。正しくいふと、その距りは地球の直徑の三十倍あるのです。皆さまは學校で、圓の周りは、その直徑の三倍餘りあることを習つたでせう。そのことから、地球を赤道のところで一周する里程は、地球の直徑の三倍餘であることがわかります。それ故、地球を十周りすれば、丁度、直徑の三十倍の里程、即ち月までの里程を旅行したことになるのであります。

飛行機は落第

若し月までの間を飛行機で飛ばすことができるものならば地球を十周りする里程を無着陸で飛ぶことができるまでに、飛行機が進歩したならば、月世界への旅行も、いとやすいことです。しかし飛行機といふものは、空氣のあるところでなければ、飛ぶことができません。そして、空氣といふものは、地球の表面を薄く包んでゐるものでありまして、地面から五十里も行くと、もうなくなつてしまひます。つまり、飛行機では、月世界へ旅行することができないのです。飛行船も、勿論、空氣なしで飛ぶことはできませんから、落第であります。

子持彈

それでは、どうして月へ行くといふのか。今のところでは彈丸の内に入つて、大砲で打ち出すほかによい工夫はないのです。勿論それは普通の大砲や彈丸では駄目です。普通の大砲の仕かけでは、これまで發明されたどんな強い力の火藥を用ひましても、月の世界まで彈丸を飛ばすことはできないのです。

世界大戰の時に、ドイツは子持彈といふも

— 2 —

C 1927年（昭和2年）9月号
p2「月世界旅行の計画」

アポロ11号から半世紀。人類が未だ月に戻っていないのはなぜでしょう？

し人類がいたら」Bでは、低重力、高重力の環境での人間を解説。火星人の姿が地球人をそのまま大きくしただけになっているのはご愛敬ですが、天体によって重力が違うという現代では常識となっている知識が子ども向け雑誌で当然のように解説されており、当時の科学リテラシーの高さがうかがえます。

　文学史的に見ると、「月の世界へ」の2年後の1928年（昭和3年）には、海野十三が作家デビューしています。海野十三は「日本SFの始祖の一人」とも言われるSF・ミステリー作家。大正末期から昭和にかけてのこの時代は、SF・ミステリー小説の黎明期でもありました。

　1927年（昭和2年）9月号には、主幹の原田三夫自身が執筆した「月世界旅行の計画」Cが掲載されました。この記事は読みどころが多く、月世界旅行を実現する上での課題が科学的に整理されています。

　まず、地球と月の間には空気がないため、通常の航空機で月に行くことはできないということ。この課題を解決するためには、「弾丸の内に入って、大砲で撃ち出すほかによい工夫はない」としていますが、注目すべきは「子持ち弾」でしょう。単純な大砲では月に届かないということはすでにわかっており、弾丸の中に入っている小さな弾丸が飛び出し、さらに子供の弾丸が飛び出す――つまり、現代でいう多段式ロケットが必要であるとしています。

この記事でもう1つ注目したいのは、「ゴダードの試験」について言及されていることです。ロバート・ゴダードは「ロケットの父」と呼ばれる研究者で、NASAが1959年に設立したゴダード宇宙飛行センターも彼にちなんで名付けられました。1926年には世界初の液体燃料ロケットを打ち上げ、このロケットは高度56メートルに達しました。

ある意味、実用化されたロケットは、すべてゴダードの研究をベースにしているのですが、彼が生きている間に研究が評価されることはありませんでした。ゴダードは1920年に発表した論文で、ロケットは真空中を進むことが可能だと述べたのですが、ニューヨークタイムズは社説で彼の研究を徹底的に酷評しました（1969年、アポロ11号の月着陸前に、ニューヨークタイムズはこの社説を撤回・謝罪）。

—197—

月世界旅行の乘り物が打ち出されんとする光景。西洋の有る科學畫家の描いた圖

ので、遠いところからフランスのパリを砲撃しました。これは、大砲から打ち出された彈丸の勢が少し衰へると、爆發して、それから小さな彈丸が飛び出し、かうして順々に子供の彈丸が飛び出して、一の彈丸では到底達することのできぬ遠方まで飛ぶ仕掛です。月世界へ飛ぶ彈丸は、これに似たものです。かういふ仕掛で、月世界へ行くこと

ゴダードの試驗

を思ひ立ち、十年ほど前から、その研究をつゞけてゐるのは、米國のクラーク大學のゴダードといふ先生です。最近は、オーストリーにも、これと同じやうな研究をしてゐる學者が現はれました。ゴダード先生はさういふ彈丸の小型のものを造つて、試みに月を打つて見る計畫を立てゝゐるさうです。この試驗の時、最後に月へ達する彈丸には、爆發する時、非常に強い光を放つ藥品を澤山つめておき、それが三日月の時、月の暗いところにおちるやうな時を計つて打ち出すのださうです望遠鏡で見てゐて、その光が見えたならば、彈丸がとゞいたことがわかるわけです。

ゴダード先生のこの計畫を一ぱんの人は大へん面白がつてゐますが、ある學者はそれは

—3—

「月世界旅行の計画」では、ゴダードの試験を紹介していますが、「ある学者はそれは理屈から考えて到底できないことである。あんなことをいいふらすのは馬鹿か山師だと笑っています」とも書いてあり、ゴダードが大変な逆風を受けていたことも伝わってきます。また、記事では課題として、「弾丸が飛び出すときに中に乗っている人が耐えられないのをどうやって解決するか」「月にどうやって着陸するか」「月から戻ってくるためにどうするか」の3点を挙げ、「私は将来もそういうことができないとはいいません」と締められています。

翌1928年（昭和3年）1月号の「月世界見物」Ⓓでは、地球の引力を突破するための方法として、環状レールを使った投射

1927年（昭和2年）９月号グラビア
「月から見た日蝕」。月世界旅行の想像
をさらに盛り上げる。

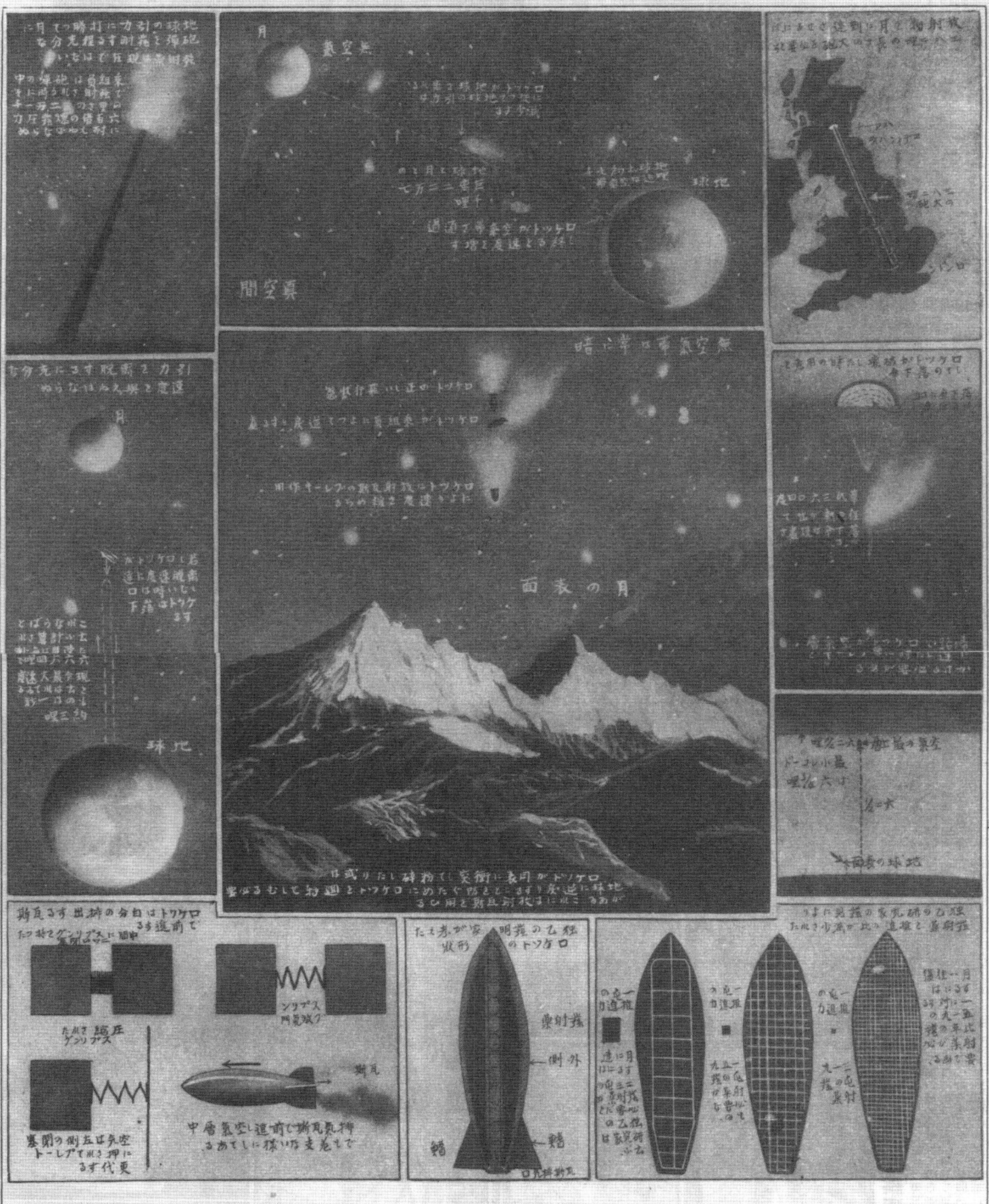

ロケットで月世界へ

天體への飛行は、人間の好奇心を唆る問題で、中でも月世界への渡行は夢想家や小説家達の中心問題であつた。飛行機では空氣のない空間を飛行することは出來ない。それで科學者達が現在頼りうる唯一のものは、火薬爆發の反動力で突進するロケットであるが飛行機の研究で有名なロバート・エスノールト・ペルトリー又は天體との交通の熱心な科學的研究家であるが、彼によると、現在では、地球の引力に打勝つてロケットを月世界まで打ち上げるに充分な火薬はないし、更にロケット打上げの砲身の長さは約三八二哩もなければならず、猶ほ乗組員が、打上げられる時に生ずる非常な壓力に堪え得る様に工夫されなければならないさうだ。恐らくロケットの完全な實現は人間が原子の力を自由にし得る様になつてからであらう。しかし現に佛國天文協會では五千フランの賞金で此の發明を獎勵してゐるし、獨逸でも既に、ヘル・オーペルがロケット式自動車を發明して實驗した位である。

E
1929年（昭和4年）2月号
p11「ロケットで月世界へ」

器のアイデアを紹介。内部を真空にした直径12マイル（約19キロメートル）の環状レール上で滑走車を走らせて、遠心力によって月に物体を放り投げるというもの。乱暴そうに聞こえますが、このアイデアはマスドライバーとして知られており、現在でも米軍やスタートアップ企業によって研究が行われています。ただし、月など地球より低重力の天体で使うならともかく、地球上からの打ち上げは無理だろうというのが一般的な見解です。

１９２９年（昭和４年）２月号の「ロケットで月世界へ」Ⓔでは、火薬では地球の引力を振り切るのには十分ではないとし、ロケットの実用化は原子力を自由に扱えるようになってからとしています。

フィクションの分野では、月世界旅行は非常に人気のあるテーマでした。１９２９年（昭和４年）には、フリッツ・ラング監督による映画『月世界の女』が公開されていますが、登場するロケットが多段式になっているなど、当時最先端の知見が盛り込まれています。

１９２９年（昭和４年）10月号の「宇宙公園となった月世界」Ⓕは、１９６０年に火山が噴火したことをきっかけに、月に空気が生じたという設定の空想記事。資源を巡る各国の競争が描かれています。その資源がラジウムやダイヤモンドだったりする点が時代を感じさせますが、現代においても月資源がどの程度のものかはまだ正確にわかっているわけではありませんから、私たちもそれほど偉そうなことは言えないでしょう。

１９３２年（昭和７年）６月号の「引力の無くなった世界」Ⓖ、１９３０年（昭和５年）１月号の「天界旅行」Ⓗでは、月世界探検に向かうロケットの内部が描かれていますが、このあたりの描写は今の視点でもそれほど違和感がありません。

月世界見物

地球から他の天體へ飛んで行かうと云ふ考は隨分幾多の學者によつて考へられてゐる。一番近い天體は月で平均二十四萬三千哩の距離にある。一秒間五百ヤードの速力ある砲彈なれば八日間で達することが出來る。

けれどもまだ實際的な考案は一つも出來てゐない。地球の引力を突破して引力外に出るには一秒間に一萬五千ヤードの速力を以つて地球を出發すればよい。さうすれば地球からの引力のために、その速力は次第に減じても、全く減じきつて、地球へ引きもどされる前に、地球の引力外に飛び出して、（實は作用しない位微弱にするのである。）他の天體の引力内に飛び込むことになる。

然し實際は七萬八千リーグ（一リーグは約三哩）地球の表面をはなれると、引力の作用を受けなくなるから、一秒間一萬二千ヤードの速力を持つて、地球

— 10 —

1927年（昭和2年）９月号
表紙絵は「天文台にて」

1931年（昭和6年）12月号
表紙絵はオーロラ

ゴダードの前にはさらにツィオルコフスキーという偉人がいて、ロケットの理論は1903年には完成していました。にもかかわらず「そんなの無理」とばかり他の方式を模索していたのは何故なのでしょう…

D
1928年（昭和3年）1月号
p11「月世界見物」

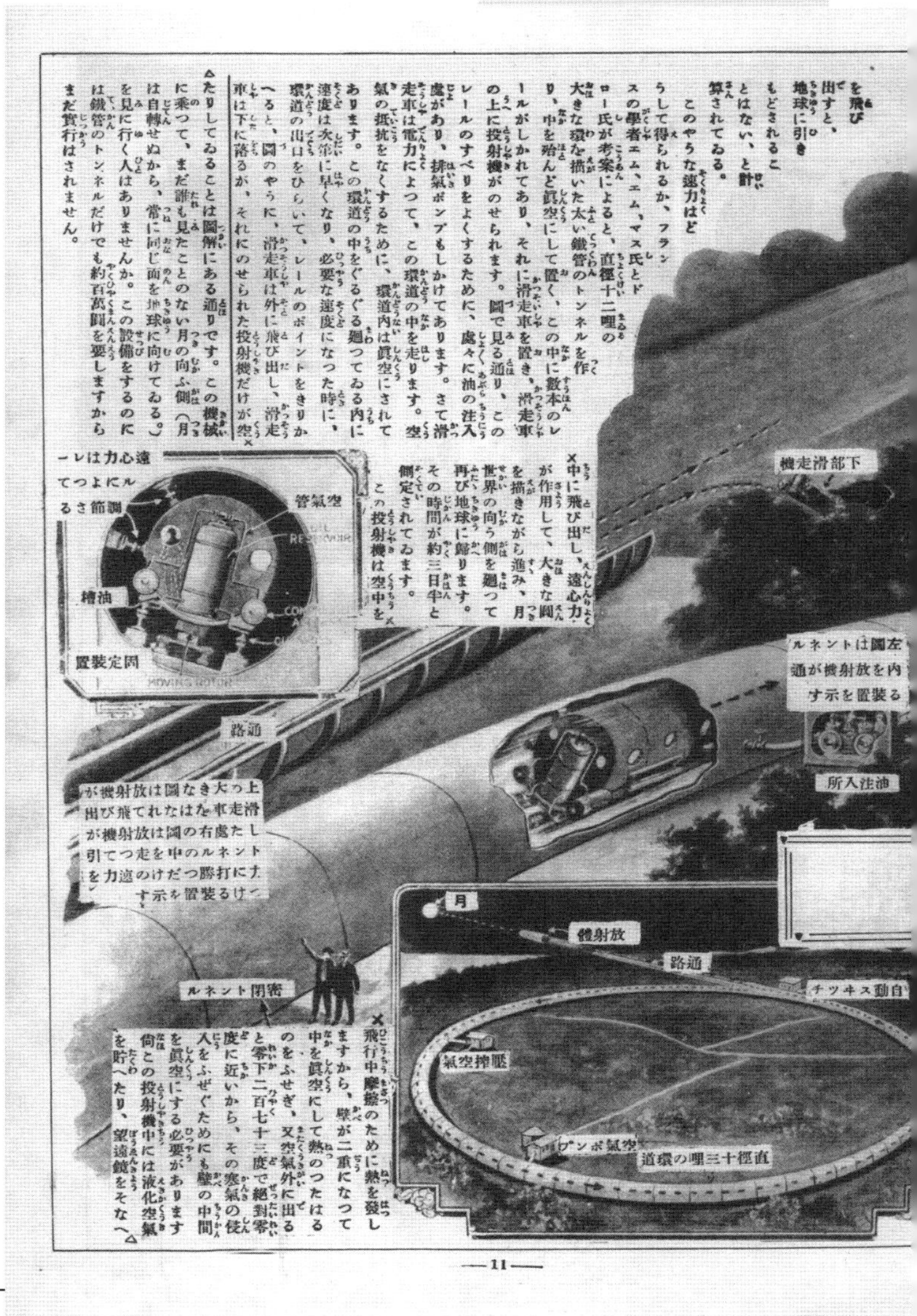
を飛び出すと、地球に引きもどされることはない、と計算されてゐる。

このやうな速力はどうして得られるか、フランスの學者エム、エム、マス氏とドロー氏が考案によると、直徑十二哩の大きな環を描いた太い鐵管のトンネルを作り、中を殆んど眞空にして置く、この中に數本のレールがしかれてあり、それに滑走車を置き、滑走車の上に投射機がのせられます。圖で見る通り、このレールのすべりをよくするために、處々に油の注入處があり、排氣ポンプもしかけてあります。さて滑走車は電力によつて、この環道の中を走ります。空氣の抵抗をなくするために、環道内は眞空にされてあります。この環道の中をぐるぐる廻つてゐる内に速度は次第に早くなり、必要な速度になつた時に、環道の出口をひらいて、レールのポイントをきりかへると、圖のやうに、滑走車は外に飛び出し、滑走車は下に落るが、それにのせられた投射機だけが空×

×中に飛び出し、遠心力が作用して、大きな圓を描きながら進み、月世界の向う側を廻つて再び地球に歸ります。その時間が約三日半と側定されてゐます。この投射機は空中を×

×飛行中摩擦のために熱を發しますから、壁が二重になつて中を眞空にして熱のつたはるのをふせぎ、又空氣外に出ると零下二百七十三度で絶對零度に近いから、その寒氣の侵入をふせぐためにも壁の中間を眞空にする必要があります尚この投射機中には液化空氣を貯へたり、望遠鏡をそなへ△

△たりしてゐることは圖解にある通りです。この機械に乘つて、まだ誰も見たことのない月の向ふ側（月は自轉せぬから、常に同じ面を地球に向けてゐる。）を見に行く人はありませんか。この設備をするのには鐵管のトンネルだけでも約百萬圓を要しますから まだ實行はされません。

—11—

フィクションで人気の月旅行ですが、実現度となると1930年代に入っても1920年代と大した違いはありませんでした。

1931年（昭和6年）12月号の「月世界旅行は実現できるか！」**I**では、改めて課題を整理し直していますが、有望なロケット燃料としてイオン化水素、三重イオン化リチウムを挙げ、「どうしてこれらを動力にかえ、また飛行中貯蔵していくか何人もその方法を知らない」と述べるなど、著者の側も実現性を疑問視しているようです。

1932年（昭和7年）9月号の「人類の宇宙進出　2050年の初秋」**J**では、タイトル通り、月に人間が着陸する時期を2050年としています。なぜ、初秋なのかはよくわかりませんが。

(278)

将來の五大驚異（三）

宇宙公園となった月世界

桂　兎人

各國委任統治になつた月世界

月面の大變動

— 18 —

F

1929年（昭和4年）10月号
p18「宇宙公園となった月世界」

本文では割愛しましたが、「スプートニク・ショック」という言葉を調べると当時の米ソの宇宙開発競争の激しさがわかります。

人類が月に行くのは、早くても21世紀半ばだろう。先端的な情報を提供する科学雑誌ですらそう考えていたわけですが、ご存じのように1969年、アポロ11号でアメリカ人2人が月着陸に成功しました。

　第二次世界大戦で使われたドイツのV2ロケットの開発者、フォン・ブラウンは、戦後アメリカに移ってアポロ計画を主導しています。ベースとなるロケット技術は第二次世界大戦の時点で存在していたわけです。

　アポロ11号を打ち上げた多段式ロケット「サターンV」で使われたのは、原子力でも未知の物質でもなく、石油から作られたケロシンであり、液化酸素でした。それで十分だったのです。

　先述の「人類の宇宙進出　2050年の初秋」に登場するロケットは高さ70メートルですが、実際のサターンVは高さ110メートル。現実は、大方の想像を遥かに超えたスケールで実現されました。

　ただ、『子供の科学』は予想を外したのかといえばそんなことはなく、彼らの予想はある意味、当たりと言っていいと思います。

　彼らが外したのではなく、1960年代のNASA、そしてソ連が凄すぎたのです。テクノロジーの観点からすると、米ソの「冷戦」はまったく冷たくなくて、非常に熱いものでした。アメリカがアポロ計画のために費やした予算は250億ドルに上り、これは現在の6000億ドルに相当すると言われています。

　アメリカはアルテミス計画で再び人類を月に送り込もうとしていますが、アポロ計画がなかったとしたら、今でも月になんか行けるわけがないと思う人の方が多いのではないでしょうか。

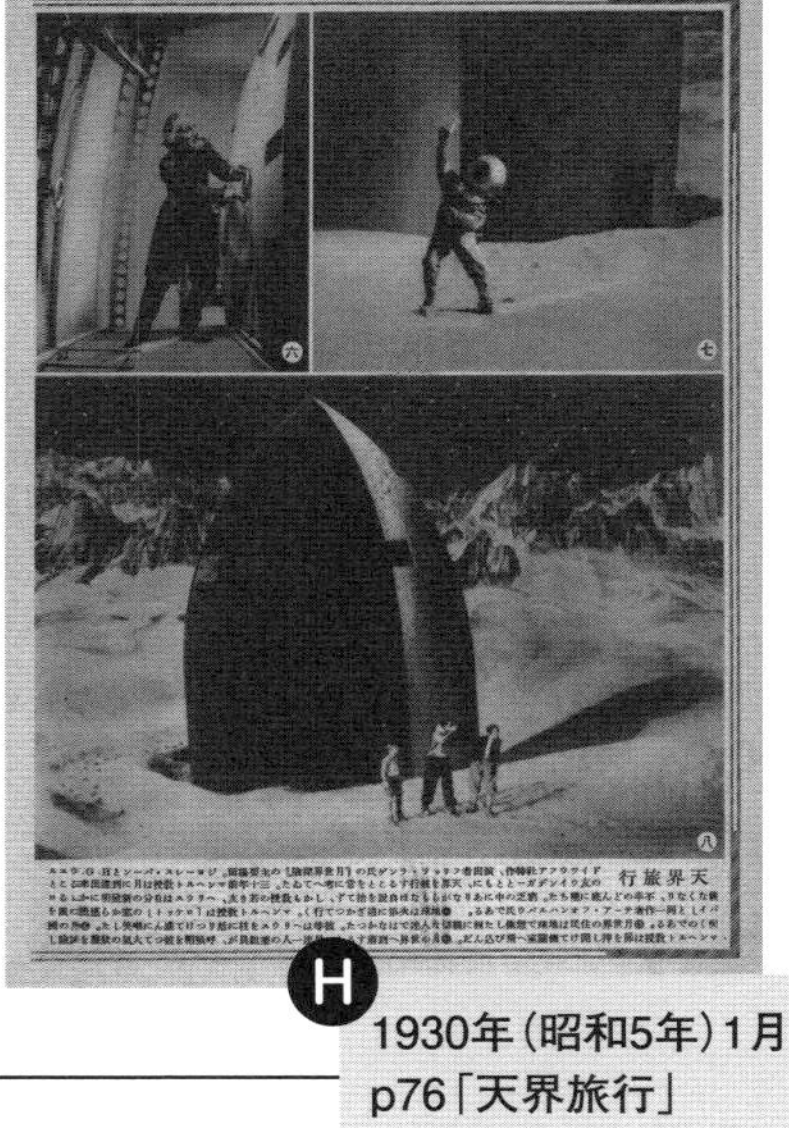

H

1930年（昭和5年）1月号
p76「天界旅行」

引力の無くなつた世界

物が地面へ落ちるのは、地球の引力がこれをひつぱつてゐるからです。つまり物に重さがあるのは此の引力の働きによるのだといえます。引力といふものはたゞ地球ばかりが持つてゐるものではありません。他の天體例へば月でも火星でも太陽でも凡てこれを持つてゐます。それのみか凡ゆる物體はお互の間に此の引力の作用を及ぼしあつてゐるのです。これが所謂ニユートンの『萬有引力』です。今地球の引力に對する場合だけを考へると、地球の中心から遠ざかるほどその引力の作用は及ばなくなつて來ます。そこで將來ロケツト天空船が發達した場合を考へてみませう。そのロケツトが地球を去つてずんずん月へ近づいて行つて或る距離まで來た時地球の引力がほとんど及ばず、又月からの引力も殆んど及ばない所があると假定します。そこではどういふことが起るでせう。引力のなくなることは重さのなくなることであり、そこでは空間に手放した器物はそのまゝ空間に浮いて止まり、人間は左右上下自由自在に動きまわることが出來る筈です。上の圖はそうした場所に達した月世界探檢のロケツト天空船の内部を想像したものです。本文科學小説『天空旅行』を參照なさい。

G

1932年（昭和7年）6月号
p3「引力の無くなった世界」

（695）

宇宙を飛行し、月世界へ旅行するのにはこの成層圏を通過しなければならぬ。その爲めには少くとも一時間一千哩以上の速度で飛行し得るロケットを建造しなければならぬ。ロケットの研究は歐米で盛に行はれ、その試驗飛行もなされてゐる。伯林紐育間を數時間で飛行し得ると云ふこの飛行機は一時間約五百乃至八百哩の速度であるから、月世界への旅行にはまだ〳〵不適當である。

一時間一千哩以上も飛行するロケット動力は現在吾々が使用してゐる石炭、ガソリン、重油、液體酸素或はダイナマイト等よりも何百倍も強力な燃料でなければならぬ。然らばこの燃料をどうして作るか。そして月世界に飛行して行くのに充分な燃料を如何にして貯藏して行くか。月世界に飛行して行くには非常に莫大な勢力を必要とするから、飛行中ラヂオに依つて地球から送達して貰ふ方法に依るか或は新しい燃料を發見しなければならぬ。勿論この燃料は極く小なるもので大なる勢力を有し、機内に貯藏し易いものでなければならぬ。然らば果してこの燃料が地球上或は宇宙に現存してゐるであらうか。

イオン化水素は一瓦に付き十兆エルグ即ち一キロ瓦で二百二十キロワット時の對質量熱力を含んでゐる。また三重イオン化リシウムは一キロ瓦で三千五百キロワット時の勢力を有してゐる。これは同じ質量の石炭の百倍の勢力を有し、三重イオン化リシウムは千六百倍の勢力を有してゐるが、どうしてこれ等を動力にかへ、また飛行中貯藏して行くか何人もその方法を知らない。全然物質を破壞して勢力にすることが可能であると云ふ太陽や諸星の有する勢力の根原を研究してゐる天文物理學者の説に從ふと、一キロ瓦に付き二百二十億キロワット時を供給することが出來る。太陽の内部では、この物質破壞が行はれてゐるから、既に十億年以上も放射して來た莫大な勢力を供給するわけである。

この物質の有する勢力を月世界への飛行の目的に使用したならば驚くべき效果があることを次の例によつて知ることが出來る。即ち(イ)鐵道切符一枚が有する組織的勢力は現存する最大急行列車を數回地球の周圍を運轉せしめることが出來る。(ロ)一息に口から出す空氣が有する組成的勢力はDOX號を一年間着水せずに飛行せしめることが出來る。(ハ)一握の

1931年（昭和6年）12月号
p38「月世界旅行は実現出来るか！」

月世界旅行は實現出來るか！

□●●佐々木民部●●□

1931年にして核融合に着目しているのはすごい一方、燃料と酸化剤を燃焼させるという単純な化学反応をろくに計算もせずにスルーしているのはなぜだろう…

1932年（昭和7年）9月号
p54「人類の宇宙進出　2050年の初秋」

月面の寫眞

人類の宇宙進出

二〇五〇年の初秋

堀内文三郎

航天機出發の放送場

所は東京灣内に設けられた月世界行き航天機の浮ドック式離陸場。

此の歴史的なそれこそ破天荒な人類の壯擧に對し、名譽ある擔當のアナウンサーは、航天機出發の狀況を時々刻々に全世界へ向けて放送してをります。

「こちらは東京灣内航天機離陸浮ドックの現場から五浬を隔てた羽田放送所であります。これから全地球人類の期待を擔つて人類最初の月世界旅行の試みであります我が航天機出發の有樣を全世界の皆樣に放送いたします。離陸場は火藥の爆發による空氣振動の危險をあたりに及ぼさないため特に海上に設けられたのであります。望遠鏡によつて、航天機並びに探空隊一行の動作は、刻々手に取るやうに眼前に展開されます。皆樣の御家庭に備へつけのラヂオ並にテレビジョンにより、私の放送を聞落しなく見落しなく御注意下さい。

航天機は嵐の前の靜けさを宿して、離陸臺の上に其の巨大な砲彈のやうな偉容を見せてをります。高さ七〇米、直徑十五米もありタングステン合金で製られたものであります中には酸素や水や食糧や冷却裝置や煖房裝置等が積み込まれてゐます。機體の下部には數本の火藥爆發孔の先が現はれてゐます。そこから不斷に火藥を爆出し、その反動で航天機は前進して行くのであります。それから機體の前部や側部にある爆孔は、舵を取つたりブレーキをかけたりするために用ひられるのです。

此の航天機の設計は、全く過去數十年間に亘る各國の學者や技師達の研究苦心の結果の總合によるものであることは勿論でありますその根本原理は、今から百二十年も昔既に考へつかれてゐたものであります。そして今私達の眼前にある此の航天機は、申すまでもなく皆樣御承知の通り關根博士及その研究所に於ける各國の技師諸氏の數年間に亘る努力と全世界の皆樣方よりの據金によつて造り上げられたものであります。出發に對する萬端の用意はとゝのひました。もう出發の時刻に間もありません。……

「アッ！　航天機から閃光が發せられてをります。地球人への告別信號です。時刻は唯今

ビジネスにならなかった国際無線電話

現代文明を支えている技術の黎明期を感じられるのも古い雑誌を読み返す醍醐味。特に情報通信分野の進歩は著しい。今読むと胸アツな記事も多いのです。

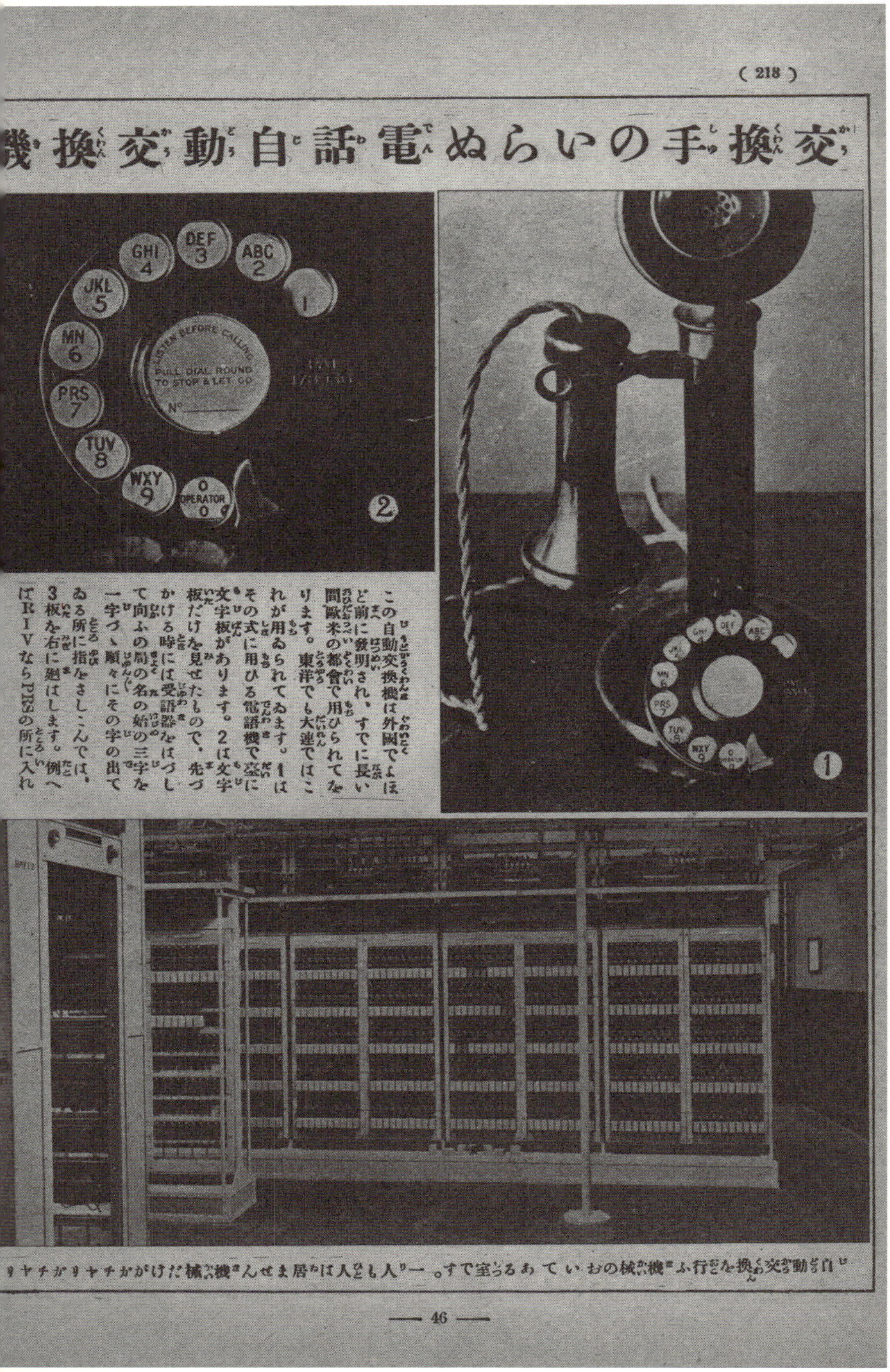

（218）

交換手のいらぬ電話自動交換機

この自動交換機は外國ではよほど前に發明され、すでに長い間歐米の都會で用ひられてなります。東洋でも大連ではこれが用ゐられてゐます。1はその式に用ひる電話機で臺に文字板があります。2は文字板だけを見せたもので、先づかける時には受話器をはづして向ふの局の名の始の三字を一字づゝ順々にその字の出てゐる所に指をさしこんでは、3板を右に廻はします。例へばRIVならPRSの所に入れ

自動交換を行ふ機械のおいてある室です。一人も人は居ません機械だけがカチャリガチャリ

―― 46 ――

A
1925年（大正14年）3月号
p46「交換手のいらぬ電話自動交換機」

1925年（大正14年）3月号
表紙絵「決死のエベレスト探検を撮影する活動写真隊」

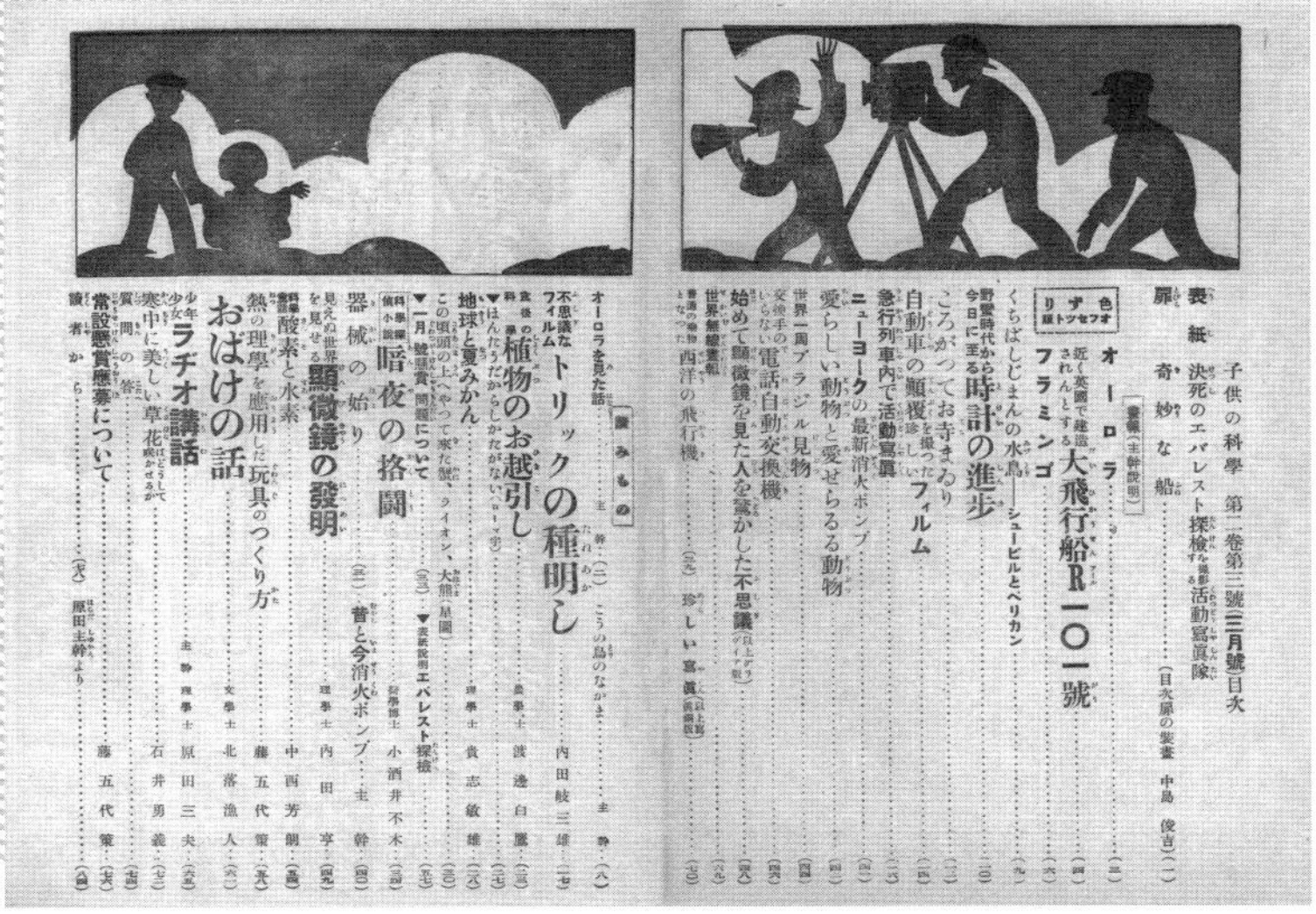

子供の科學 第二卷第三號（三月號）目次

表紙 決死のエバレスト探檢を撮影する活動寫眞隊
扉 奇妙な船 ……（目次扉の裝畫 中島 俊吉）

色ずり オフセツト版 〔畫報（主幹説明）〕
オーロラ
近く英國で建造されんとする大飛行船R一〇一號
フラミンゴ
くちばしじまんの水鳥―シユービルとペリカン
野蠻時代から今日に至る時計の進歩
ころがってお寺まゐり
自動車の顚覆を撮った珍しいフィルム
急行列車内で活動寫眞
ニユーヨークの最新消火ポンプ
愛らしい動物と愛せらるる動物
世界一周ブラジル見物
交換手のいらない電話自動交換機
始めて顯微鏡を見た人を驚かした不思議（以上グラビア版）
世界無線電報
普通の乗物となった西洋の飛行機
珍しい寫眞（以上寫眞銅版）

〔讀みもの〕
オーロラを見た話 …… 主幹
こうの鳥のなかま …… 内田 清之助
不思議なフィルム トリックの種明し …… 主幹
食後の科學 植物のお越引し …… 農學士 渡邊 白鷹
▼はんたうだからしかたがない（ローマ字）
地球と夏みかん …… 理學士 貴志 敏雄
この頭の上へやって來た蠍、ライオン、大熊（星圖）
▼一月號懸賞問題について
▼表紙説明 エバレスト探檢
科學探偵小説 暗夜の格鬪 …… 醫學博士 小酒井 不木
器械の始り
昔と今消火ポンプ …… 主幹
見えぬ世界を見せる顯微鏡の發明 …… 理學士 内田 亨
科學讀物 酸素と水素 …… 中西 芳朗
熱の理學を應用した玩具のつくり方 …… 藤 五代策
おばけの話 …… 文學士 北落 漁人
少年少女ラヂオ講話 …… 主幹 理學士 原田 三夫
寒中に美しい草花はどうして咲かせるか …… 石井 勇義
質問の答
常設懸賞應募について …… 藤 五代策
讀者から …… 原田主幹より

技術革新に立ち会う

『子供の科学』は、創刊間もない頃から、無線や電話などの通信技術を積極的に取り上げています。1925年（大正14年）3月号では、「交換手のいらぬ電話自動交換機」Ⓐを解説しており、「誰でも電話で話ができる時代がもうすぐやって来る！」という興奮が伝わってきます。

初期の電話機にはダイヤルもテンキーもなく、受話器を上げると交換手に繋がるようになっていました。人間の交換手が手作業で回線を繋いでいたわけです。こうした作業を自動化しようとして、ダイヤル式の電話機が発明されました。ダイヤルが回ってカタカタと発せられる信号をカウントして、複数のスイッチを制御する自動交換機による回線接続ができるようになったんですね。デジタル技術を使わずにこういうことを実現しているわけで、今から見ても相当なハイテクです。

余談ですが、「電話を掛ける」ことを中国語では「打个电话」と言います。ダイヤル式電話機が一般に普及するよりも先に、携帯電話の時代に突入したせいか、中国では電話と言えば「打つ」ものなのです。

『子供の科学』で電話を取り上げた記事は多いのですが、その中でも目に留まったのが1933年（昭和8年）3月号の「国際無線電話の開始」Ⓒという記事。現在の国際通信は、ほとんどが海底の光ファイバー経由、一部通信衛星経由となっていますが、そういう形に落ち着くまでにはいろいろと変遷がありました。

1928年（昭和3年）3月号の「海底電信の敷設」Ⓑでは海底ケーブル敷設の流れを解説していますが、日本で海底ケーブルを使った通信が行われたのはそれよりもずっと前、なんと1871年です（長崎↔上海、長崎↔ウラジオストクを繋ぐ国際通信）。その後、1895年にイタリアのマルコーニが無線電信機を発明したことで、無線を使った国際通信に世界の目が向けられるようになります。

初期の段階では多くの国が、巨大アンテナを備えた大出力の通信所を使い、長波で通信することを目指していましたが、19

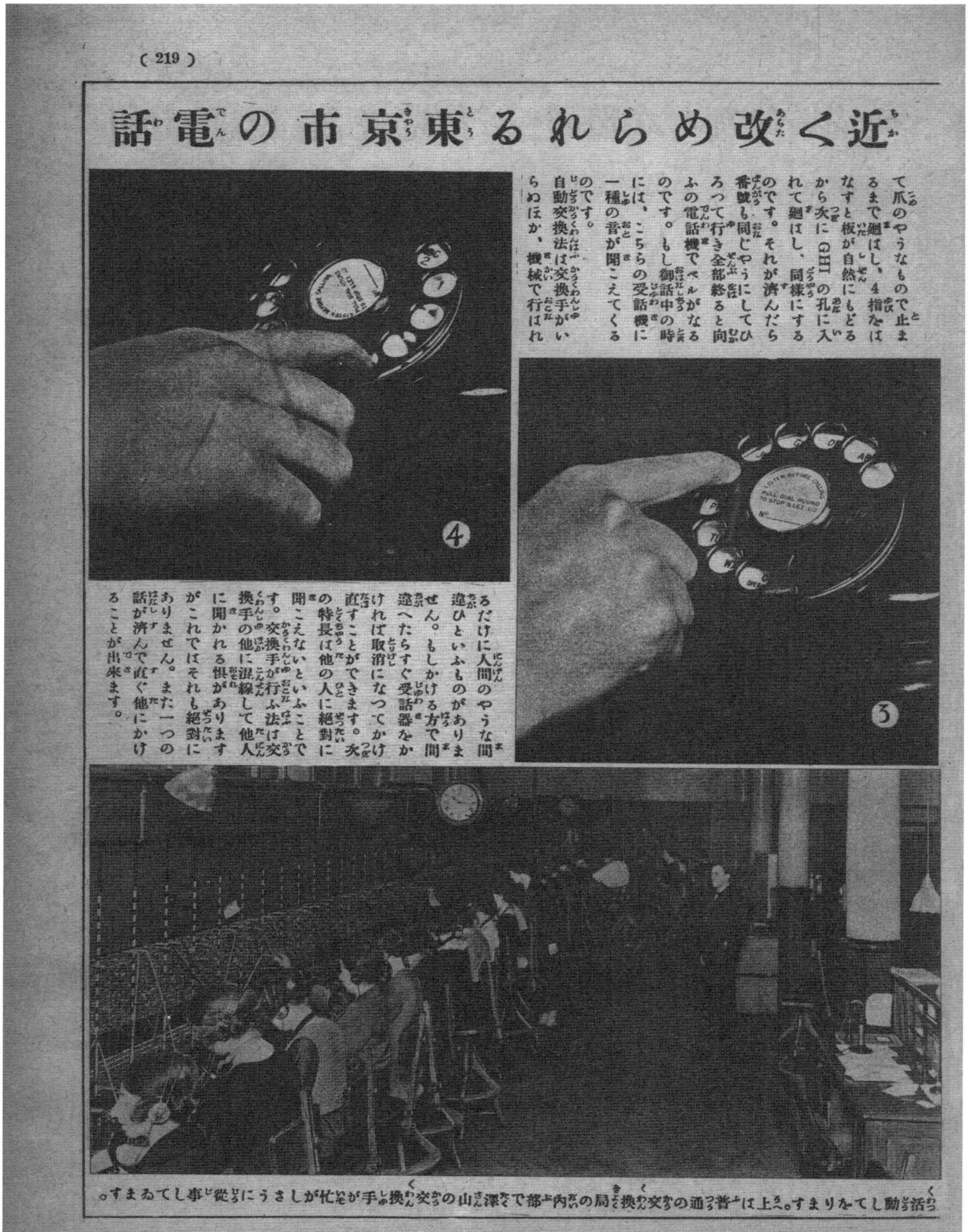

(219)

近く改められる東京市の電話

て爪のやうなもので止まるまで廻はし、4指をはなすと板が自然にもどるから次にGHIの孔に入れて廻はし、同様にするのです。それが済んだら番號も同じやうにしてひろつて行き全部終ると向ふの電話機でベルがなるのです。もし御話中の時には、こちらの受話機に一種の音が聞こえてくるのです。

自動交換法は交換手がいらぬほか、機械で行はれるだけに人間のやうな間違ひといふものがありません。もしかける方で間違へたらすぐ受話器をかければ取消になつてかけ直すことができます。次の特長は他の人に絶對に聞こえないといふことです。交換手が行ふ法は交換手の他に混線して他人に聞かれる惧がありますがこれではそれも絶對にありません。また一つの話が済んで直ぐ他にかけることが出來ます。

活動して居ります。上は普通の交換局の内部で澤山の交換手が忙しさうに從事してゐます。

— 47 —

A

1925年（大正14年）3月号
p47「交換手のいらぬ電話自動交換機」のつづき

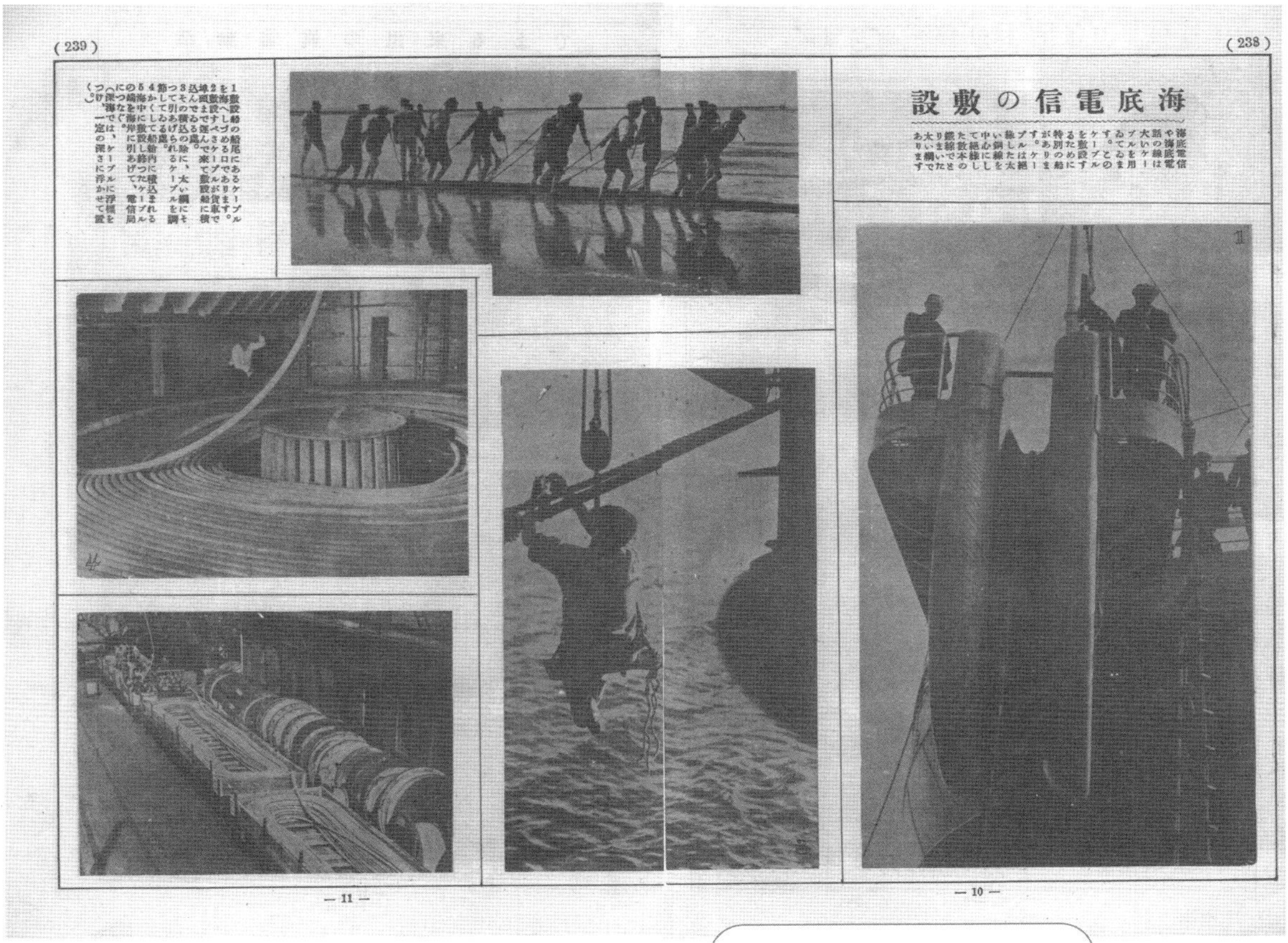

B
1928年(昭和3年)3月号
p10「海底電信の敷設」

この時代の『子供の科学』の電気に関する扱いは、電力が強くて通信が弱い印象なのですが、こちらは希少な通信回。

20年代後半に無線の技術革新が起こります。長距離通信に向かないと考えられていた短波が、電離層（大気の上層にあって電波を反射する層）で反射することで、小さな出力でも遠くまで届くことがわかったのです。

先に挙げた「国際無線電話の開始」Ⓒは、まさにこの短波を用いた国際電話サービスの紹介です。1927年には英米間で国際無線電話が開始されていましたが、1934年には日本の茨城、埼玉とフィリピンのマニラ間でも国際無線電話サービスが開始されています。通話料は3分で100円と、当時の平均収入の1ヶ月分。1930年代中盤には、世界主要地域との通話に無線電話が用いられるようになり、1936年のベルリン・オリンピックのラジオ中継（「前畑がんばれ」の実況が有名）にも国際電話回線が使われました。

□家の中から外國と話のできる□

國際無線電話の開始

國際電話株式會社　宮下義雄

ニューヨーク電話局の國際無線電話の交換室

國際無線電話の生ひ立ち

無線電話が國際通信即ち國と國との間の通信に使用されたのは、一九二七年（昭和二年）一月七日イギリスの郵政廳とアメリカ電話電信會社との協力によつて、ニューヨークとロンドンとを五千メートルの波長で結びつけた大西洋横斷無線電話が初めてゞありました。この電話は非常に成績がよかつたので、歐米各國は我れ勝ちに國際無線電話の開設に務めた結果、昨年の四月迄に四十三といふ澤山のこのやうな無線電話回線が出來るやうになりました。

今日ではこれと有線電話とを接續して、南北兩アメリカと歐洲諸國との間は勿論、歐洲諸國とオーストラリア及び東洋の一部諸國の間に海を越え山を越えて、自由自在に話ができるやうになりました。

我國でこの國際電話の計畫の企てられたのは、英米間に世界最初の無線電話が開始せられた翌年即ち昭和三年五月のことでありましたが、遂に昨年の秋昭和七年十月一日、國際電話株式會社なるものが設立せられて、この國際的大事業が完成されたのであります。

外國との通話方法と通話料

國際電話の送信所及び受信所はなるべく東京附近に建設される筈で、目下適當な土地を建設中であります。そして土地さへきまればすぐに工事にとりかゝり、來年の四月頃まではすつかり出來上る見込であります。從つて來年の春には第一圖に示すやうに世界の主な國々と萬里の海を越え廣漠たる原野を横切つて、市内電話から「モシ〳〵」と呼びかけることが出來るでせう。又太平洋のまん中をサンフランシスコへ向つて行く諸君のお父さんとか、インド洋を越えてマルセイユに向ふ途中のお兄さんとも自由に話が出來るでせう。更に又、この設備の完成によつて諸君はアメリカやヨーロッパ諸國の放送をもつとたび〳〵聞くことが出來るでせう。

ところで外國との通話はどうして行はれる

C
1933年（昭和8年）3月号
p28「国際無線電話の開始」

1933年（昭和8年）3月号
表紙は大洋上の飛行機着離場

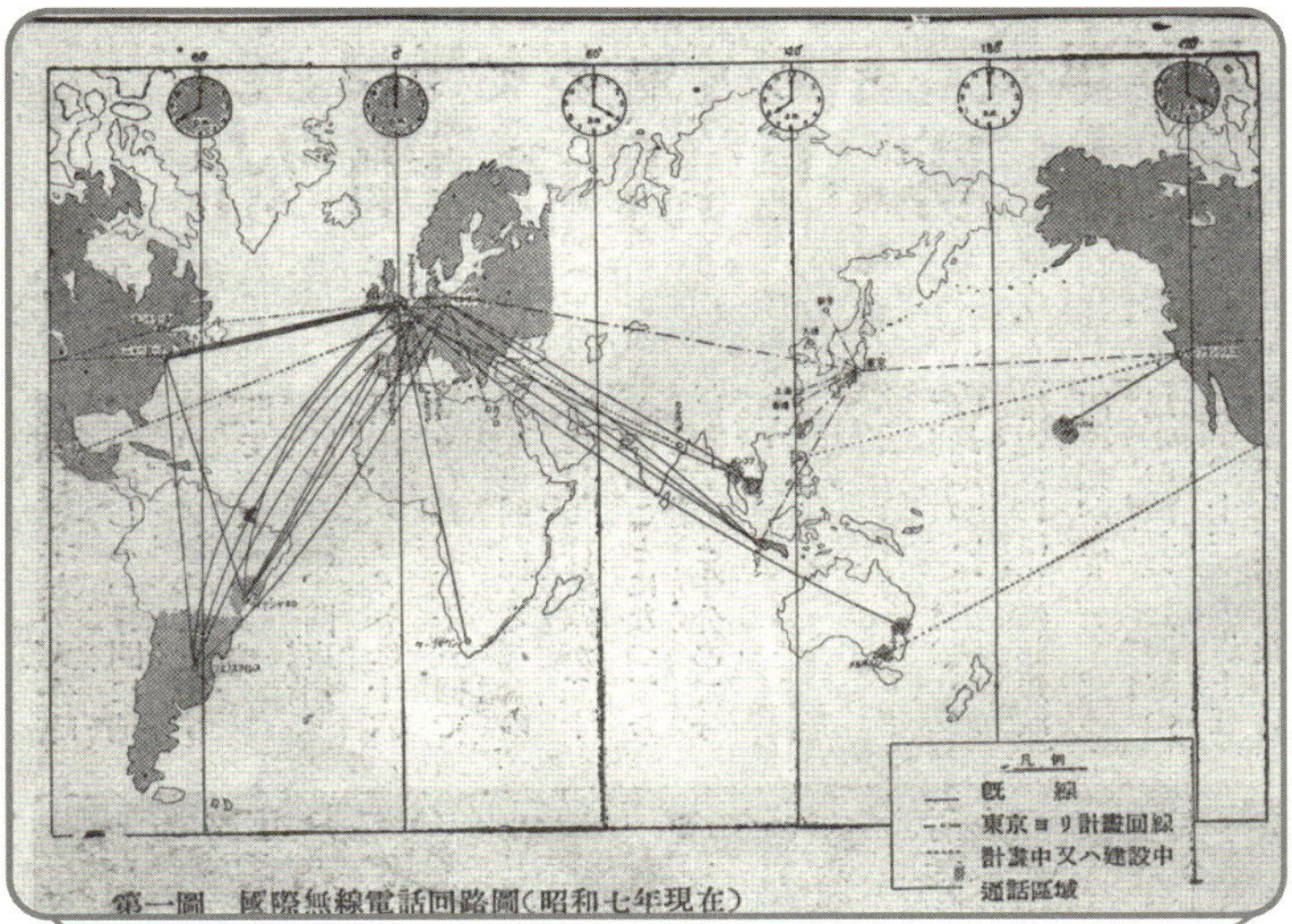

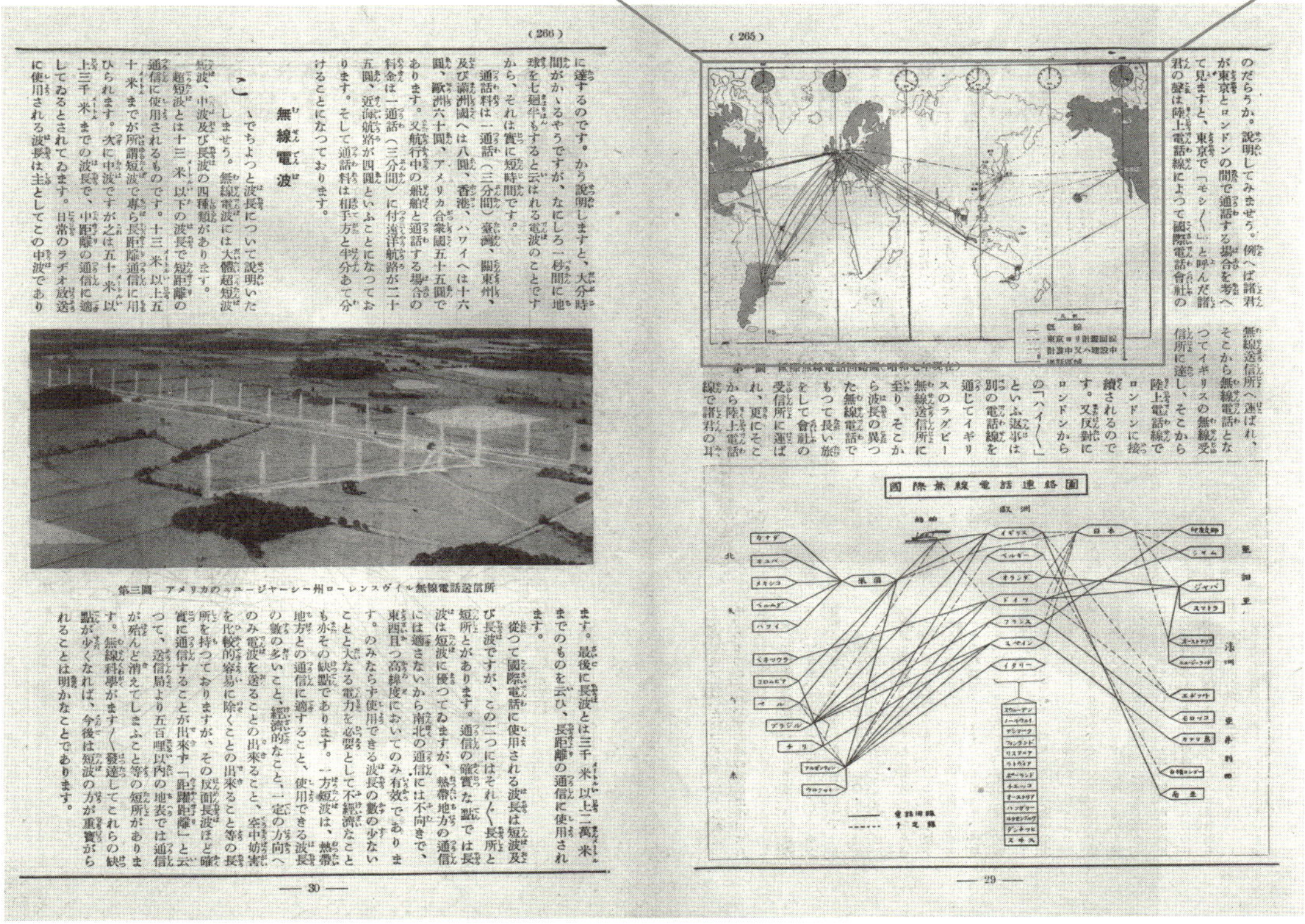

（265）

のだらうか。説明してみませう。例へば諸君が東京とロンドンの間で通話する場合を考へて見ますと、東京で「モシ〱」と呼んだ諸君の聲は陸上電話線によつて國際電話會社の無線送信所へ運ばれ、そこから無線電話となつてイギリスの無線受信所に達し、そこから陸上電話線でロンドンに接續されるのです。又反對にロンドンからの「ハイ〱」といふ返事は別の電話線を通じてイギリスの無線送信所に至り、そこから波長の異つた無線電話でもつて長い旅をして會社の受信所に運ばれ、更にそこから陸上電話線で諸君の耳に

第一圖 國際無線電話回路圖（昭和七年現在）

國際無線電話連絡圖

— 29 —

（266）

達するのです。かう説明しますと、大分時間がかゝるやうですが、なにしろ一秒間に地球を七廻半もすると云はれる電波のことですから、それは實に短時間です。

通話料は一通話（三分間）臺灣、關東州、及び滿洲國へは八圓、香港、ハワイへは十六圓、歐洲六十圓、アメリカ合衆國五十五圓であります。又航行中の船舶と通話する場合の料金は一通話（三分間）に付遠洋航路が二十五圓、近海航路が四圓といふことになつております。そして通話料は相手方と半分あて分けることになつております。

無線電波

こゝでちよつと波長について説明いたしませう。無線電波には大體超短波、短波、中波及び長波の四種類があります。超短波とは十三米以下の波長で短距離の通信に使用されるものです。十三米以上五十米までが所謂短波で專ら長距離通信に用ひられます。次に中波ですが之は五十米以上三千米までの波長で、中距離の通信に適してゐるとされてゐます。日常のラヂオ放送に使用される波長は主としてこの中波であります。最後に長波とは三千米以上二萬米までのものを云ひ、長距離の通信に使用されます。

第三圖 アメリカのニュージャーシー州ローレンスヴイル無線電話送信所

從つて國際電話に使用される波長は短波及び長波ですが、この二つにはそれ〲長所と短所とがあります。通信の確實な點では長波は短波に優つてゐますが、熱帶地方の通信には適さないから南北の通信には不向きで、東西且つ高緯度においてのみ有效であります。のみならず使用できる波長の數の少ないことと大なる電力を必要として不經濟なことも亦その缺點であります。一方短波は、熱帶地方との通信に適すること、使用できる波長の數の多いこと、經濟的なこと、一定の方向へのみ電波を送ることの出來ること、空中妨害を比較的容易に除くことの出來ること等の長所を持つておりますが、その反面長波ほど確實に通信することが出來ず「跳躍距離」と云つて、送信局より五百哩以内の地表では通信が殆んど消えてしまふこと等の短所があります。無線科學がます〱發達してこれらの缺點が少くなれば、今後は短波の方が重寶がられることは明かなことであります。

— 30 —

今ではインターネット経由で無料通話し放題。しかも音声だけでなく画像も。

1933年（昭和8年）3月号。当時東京とロンドンの間で通話するケースを説明している。また通話料は「1通話（3分間）台湾、関東州および満州国へは8円、香港、ハワイへは16円、欧州60円、アメリカ合衆国55円であります」

期待外れに終わった乗り物「飛行船」

１９３７年、ヒンデンブルグ号の大事故で、飛行船が交通機関の１つになる未来は完全に絶たれます。が、『子供の科学』では実に細かに最新事情を追っていたことには驚きます。

(128)

最新飛行船

今のところ世界で一ばん大きい飛行船は、米國のシエナンドアと英國のR三十六號でありますが前者は今年の夏、北極探檢に行くはずでしたが都合で止めになりました。左は格納庫の内、下は北極近くの海の繫留船につながつてゐる同船です。長さ六百八十呎、直徑七十九呎です。

— 50 —

A
1924年（大正13年）11月号
p50「最新飛行船」

交通機関の主役になる！そんな未来が広がっていたが…

「これからは、××の時代だ！」

世界中が熱狂し、莫大なヒト、モノ、カネがつぎ込まれたにもかかわらず、主流になることができずに世界から忘れられてしまう。そうした技術は、昔も今もいくらでもあります。飛行船もそんな技術の１つでしょう。

創刊２号の１９２４年（大正13年）11月号に「最新飛行船」Ⓐが掲載されて以降、『子供の科学』は一貫して「飛行船推し」でした。アメリカ海軍のＺＲ３Ⓑ、英国のＲ１０１号など、多くのページを割いて就航中・建造中の飛行船を写真付きで詳しく紹介。未来の都市を扱った記事でも、必ずと言っていいほど飛行船が登場します。

1924年（大正13年）11月号
表紙絵は藤澤龍雄氏により汽船が描かれている。

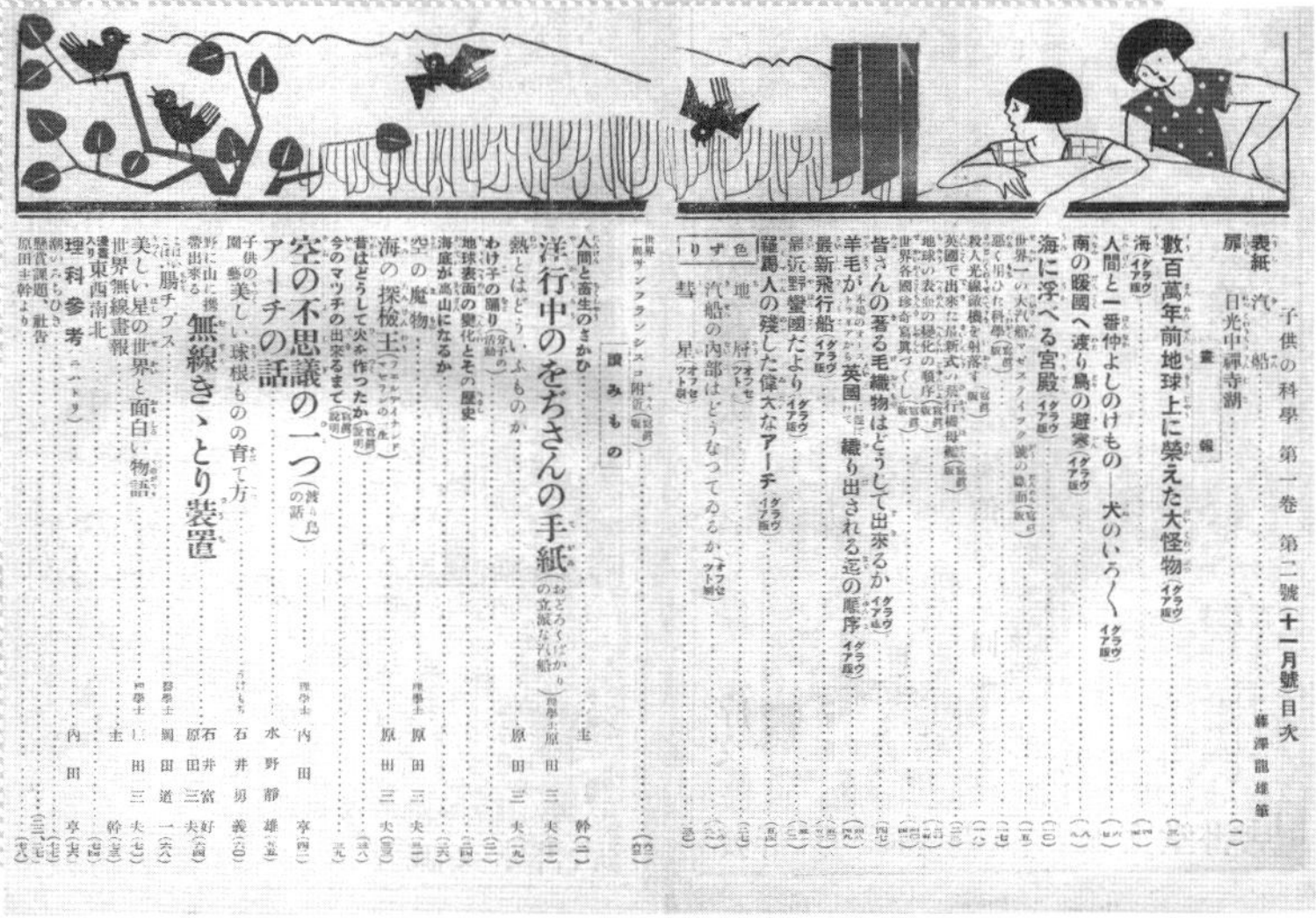

子供の科學　第一巻　第二號（十一月號）目次

表紙　汽船　藤澤龍雄筆
扉　日光中禪寺湖

畫報

數百萬年前地球上に榮えた大怪物（グラヴイア版）
海（グラヴイア版）
人間と一番仲よしのけもの―犬のいろいろ（グラヴイア版）
南の暖國へ渡り鳥の避寒（グラヴイア版）
海に浮べる宮殿（グラヴイア版）
世界一の大汽船マゼスティック號の斷面（寫眞版）
惡く用ひた科學（寫眞版）
殺人光線飛行機を射落す（寫眞版）
英國で出來た最新式の飛行機母艦（寫眞版）
地球の表面の變化の順序（寫眞版）
世界各國珍奇寫眞づくし（寫眞版）
皆さんの着る毛織物はどうして出來るか（グラヴイア版）
羊毛が本場のオーストラリアから英國に運ばれて織り出される迄の順序（グラヴイア版）
最新飛行船（グラヴイア版）
最近野蠻國だより（グラヴイア版）
羅馬人の殘した偉大なアーチ（グラヴイア版）

色ずり

地層（オフセツト刷）
汽船の内部はどうなつてゐるか（オフセツト刷）
彗星（オフセツト刷）
世界一の間サンフランシスコ附近（寫眞版）

讀みもの

人間と畜生のさかひ　主幹
洋行中のをぢさんの手紙（おどろくばかりの立派な汽船）　理學士 原田三夫
熱とはどういふものか　原田三夫
わけ子の踊り（分子の活動）
地球表面の變化とその歴史
海底が高山になるか
空の魔物　理學士 原田三夫
海の探檢王（フエルデイナンド・マゼランの一生）　原田三夫
昔はどうして火を作つたか（官費説明）
今のマッチの出來るまで（官費説明）
空の不思議の一つ（渡り鳥の話）　理學士 内田亨
アーチの話　水野静雄
子供の藝美しい球根ものの育て方　石井勇義
野に山に携帶出來る無線きゝとり裝置　石井富好　原田三夫
これは、腸チフス　醫學士 岡田道一
美しい星の世界と面白い物語　理學士 上田三夫
世界無線畫報　主幹
漫畫入り東西南北
理科參考（ニハトリ）　内田亨
潮のみちひき
懸賞課題、社告
原田主幹より

理學士
原田三夫主幹
最新画報
子供の科學
二月號

米國についた大飛行船ゼット・アール。スリー

この前の號に寫眞や記事でお知らせした米國の新飛行船ゼット・アール・スリーが五千マイルの旅を終へて、十月十五日の朝ニューヨークに近いレークハーストの格納庫に入るところの寫眞。この飛行船は長さが六百六十三尺、ガスの入る容積が二百五十萬立方呎、四百馬力のエンヂン五個で一時間七十五マイルの速力を出すことができます。これについての驚くべき話を二十七ページにローマ字で掲げました。

— 1 —

B

1925年（大正14年）2月号
p1「米国についた大飛行船ZR3」

乗り物の違いは乗り物自体に留まらずその環境も変える。仮に飛行船が空の主役になっていたとしたら、空港はどんな姿になったのだろう、いやそもそもそのような施設は出来たのだろうか…

1927年（昭和2年）4月号では、日本の海軍がイタリアから購入した飛行船N3号を紹介しているのですが、わざわざ別ページの記事で、開発者であるウンベルト・ノビレ少将と『子供の科学』主幹の原田三夫のツーショット（少将の愛犬も含めればスリーショット）を掲載していますⒸ。ノビレ少将は、飛行船設計の権威というだけでなく、探検家としても有名でした。1926

（207）

英國の大飛行船アール三十三號の大椿事

マストにつないであつたＲ三十三號はマストのさきがもぎとられたゝめに吹き飛ばされました。飛行船のさきがひどくこはれたけれども乗組員がおちついて手當をしたゝめに一日半漂つた後安全に歸つて來ました。上はこはれたところを檢査するアール少佐。中はこはれたさまです。下は歸着した飛行船を引き下す有志の人々。

精美堂グラビヤ印刷

— 37 —

1925年（大正14年）8月号
p37「英国の大飛行船アール三十三号の大椿事」

年には、自身が設計した飛行船ノルゲ号で北極点上空を通過して、世界的な名声を博しています。記事からは、憧れの有名人に会えてはしゃいでいる原田の興奮が伝わってきます。

　飛行船のメリットは、推進機関を動かさなくても空中に浮いていられるので燃費が非常によく、飛行機に比べて人や貨物を多く積めたということにあります。1929年8月にはツェッペリン伯号が世界一周を達成しており、『子供の科学』でもこの飛行船の話題はたびたび取り上げられています。また、1931年に竣工した、アメリカのエンパイア・ステート・ビルディングは、尖塔部分に飛行船が係留できるようになっていましたD。

　しかし、飛行船に対する期待は、この頃がピークでした。

　何もしなくても浮かんでいられる飛行船は長距離移動に適していますが、1924年にはアメリカ陸軍がダグラスDWCという飛行艇で世界一周を達成しています。長距離移動は固定翼機でもいいんじゃないかという意見は、少しずつ出てきていました。兵器として見ても、飛行船は図体がデカくてノロマなので、標的にしかなりません。

C

1927年（昭和2年）4月号
p18「ノビレ少将と原田主幹」

1929年（昭和4年）1月号
p37「大西洋横断のツエツペリン飛行船」

1929年（昭和4年）2月号
p9「太平洋横断の旅客飛行船」

1929年（昭和4年）10月号
p68「ツェッペリン伯号の構造」

ツェッペリン伯

は、全長七七六・二四呎、直徑九八・四四呎、瓦斯容量は三七〇八〇四三立方呎。そして地上一一〇五六呎の高空に飛翔することが出來ます。平常の大氣の狀態では、この飛行船が地上から引き揚げることの出來る重量は六〇噸です。ですから、この中から燃料や乘組員などの重量を引き去ると、二十人の旅客と

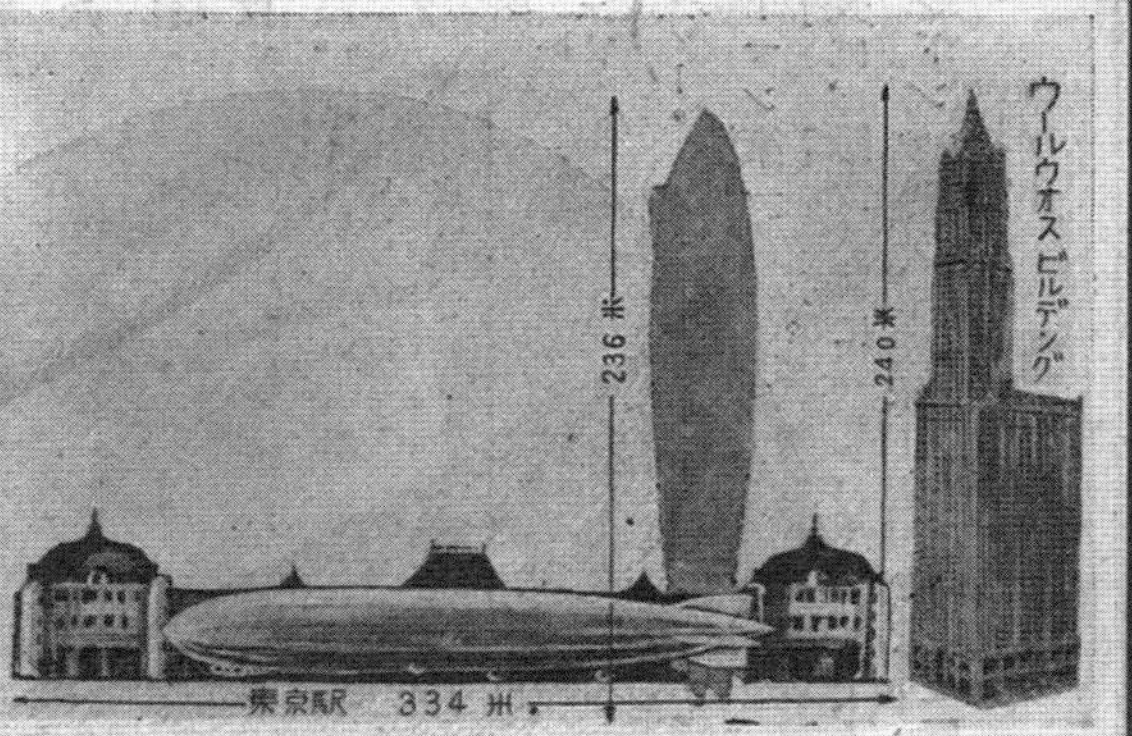

ツェッペリン伯號の大きさ

十二噸の郵便物や貨物を積込んで、六千哩の距離を、平均六十五哩から七十哩の速力で飛航することが出來ませう。

ツェッペリン伯號は硬式飛行船中で最も著明なもので、その骨組となつてゐる金屬の梁をつなぎ合して並べると十哩位の長さになるでせう。葉巻の様な形をしてゐて、その表面を丈夫で輕い木綿織物に金屬粉を漆の様に粘つたものを厚く塗つてあります。さうしてその表面は鑢紙をかけて滑らかにし、出來るだけ空氣の抵抗の少ない様にしてあります。

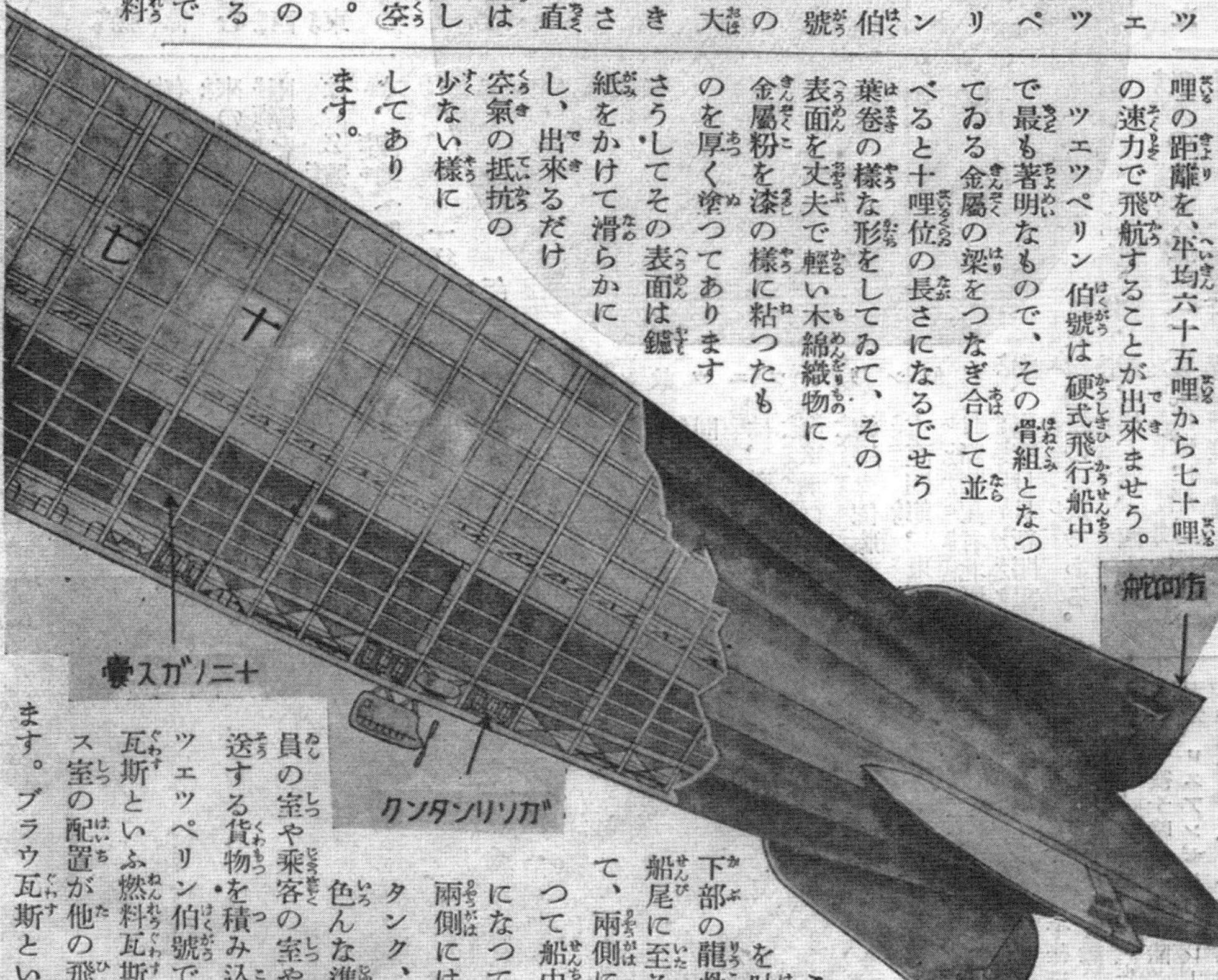

内部は十七の室に分れ、浮昇用の瓦斯を入れる所になつてゐます。これらの瓦斯室にはそれぞれ瓣がついてゐて、降下する爲に船體を重たくしようと思ふ時には、この瓣から瓦斯の一部を吐き出すのです。船體下部の龍骨に沿うて、船首から船尾に至る迄、狹い通廊があつて、兩側に出てゐるわき道によつて船中何處にでもゆける樣になつてゐます。狹い通廊の兩側には、燃料タンク、砂嚢タンク、エンジン倉庫その他色んな準備品、それから乘組員の室や乘客の室や睡眠設備、各地に運送する貨物を積み込む部屋もあります。

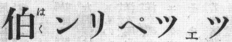

ツェッペリン伯號では、燃料にはブラウ瓦斯といふ燃料瓦斯を使用するので、ガス室の配置が他の飛行船とは非常に違ひます。ブラウ瓦斯といふのは普通に使ふ石

號の構造

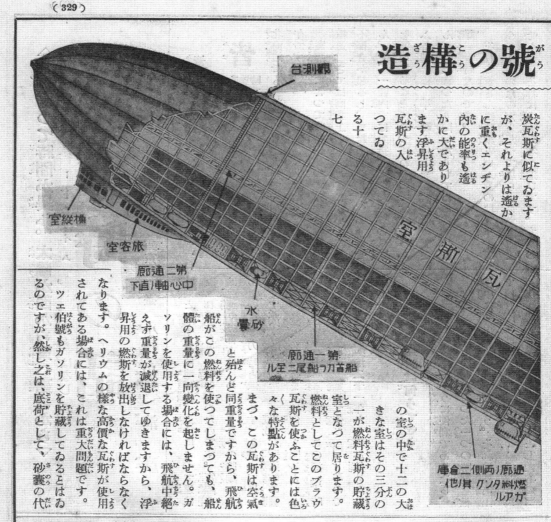

炭瓦斯に似てゐますが、それよりは遥かに重くエンヂン内の能率も遥かに大であります浮昇用瓦斯の入つてゐる十七

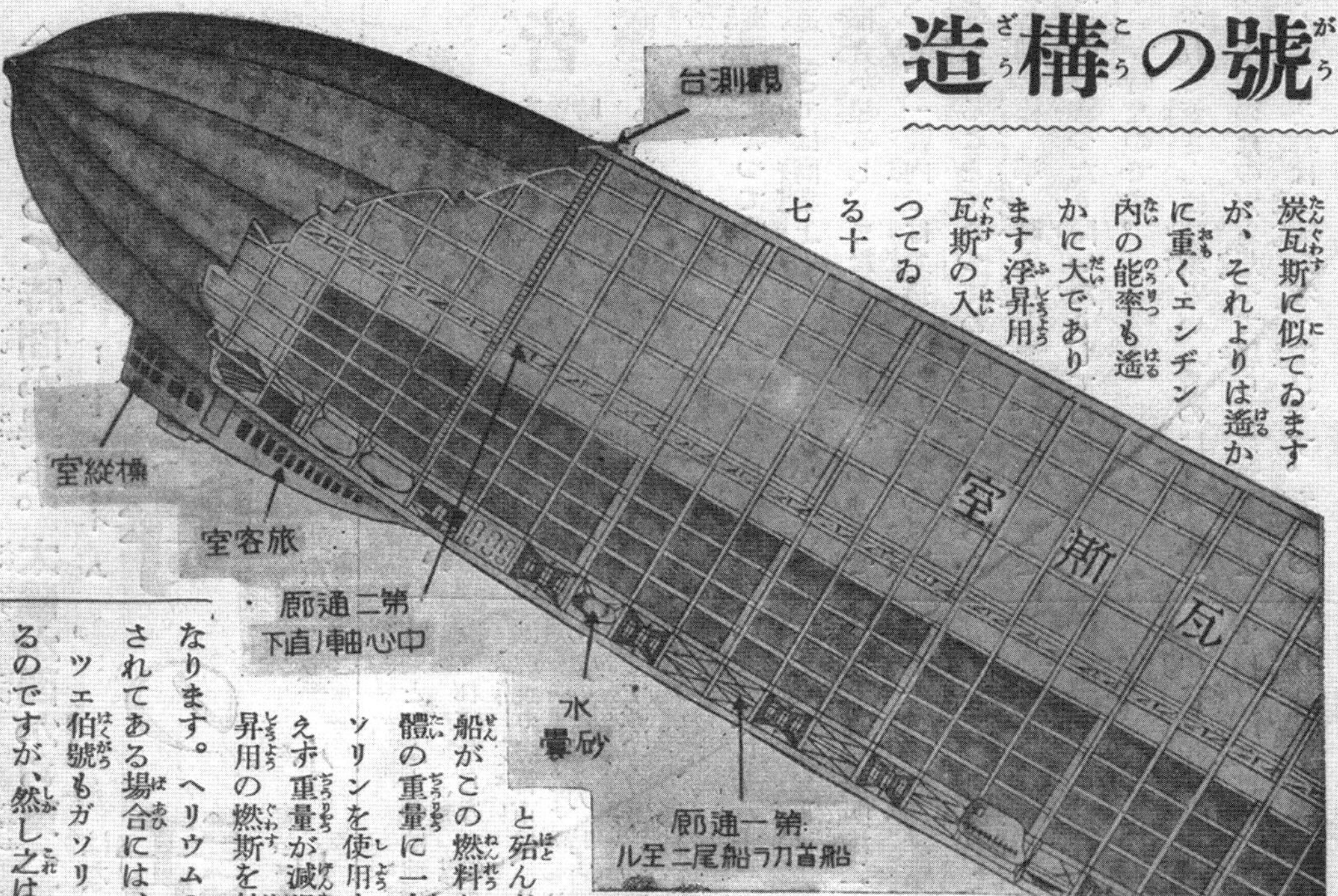

の室の中で十二の大きな室はその三分の一が燃料瓦斯の貯藏室となつて居ります。燃料としてこのブラウ瓦斯を使ふことには色々な特點があります。まづ、この瓦斯は空氣と殆んど同重量ですから、飛航船がこの燃料を使つてしまつても、船體の重量に一向變化を起しません。ガソリンを使用する場合には、飛航中絶えず重量が減退してゆきますから、浮昇用の燃料瓦斯を放出しなければならなくなります。ヘリウムの様な高價な瓦斯が使用されてある場合には、これは重大問題です。ツエ伯號もガソリンを貯藏してゐるとはゐるのですが、然し之は、底荷として、砂嚢の代役をするので、又燃料瓦斯の缺乏の際の用意の爲でもあります。この他、液體燃料の代りに瓦斯體燃料を使ふ事は、重量を大いに減じますから、船體の構造を輕るくするとができ、飛航距離を延ばすとが出來るのであります。

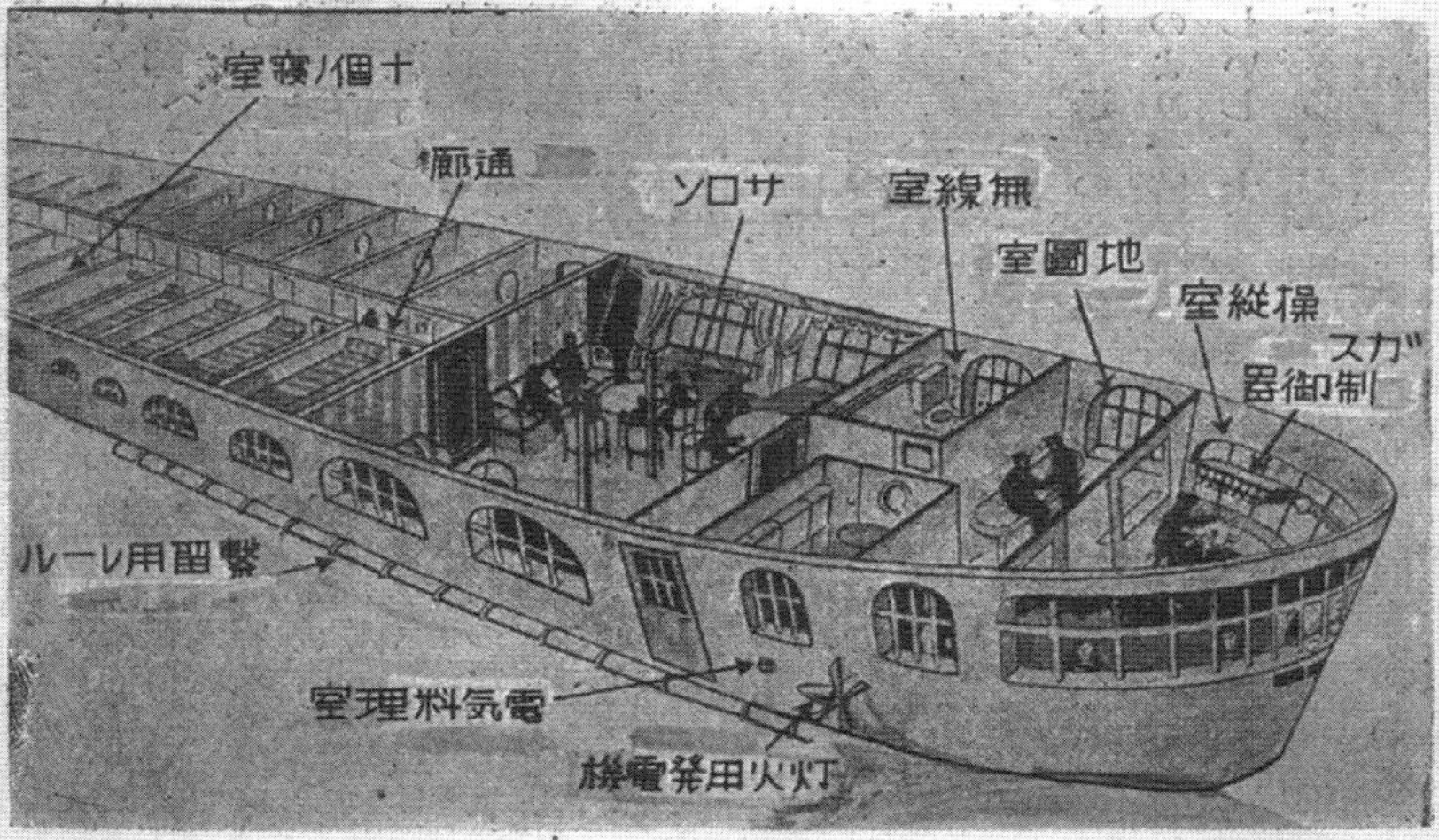

(607)

■世界最高の建築■■■

エンパイヤー・ステート・ビルディング

早稻田大學助教授　佐藤武夫

エンパイヤー・ステート・ビルディングの全景

世界一

何事にも世界一、それは良い事にも、悪い事にも世界一でなくては承知の出來ないアメリカ、本國の面積が先ず世界一

世界一の名瀑布ナイヤガラ、世界一の鐵道網等等皆さんは澤山御存知でせう。其のアメリカに斷然世界一の高いビルディングが今建られてゐます。實に地上一二五〇呎の高さを有つたビルディング、此の素晴らしい摩樓の名

前は、エンパイヤー・ステート・ビルディングと云ふ建物です。場所はニュー・ヨークの第五街。第五街と云ふと諸君の姉様達が夢中になつて追つて居る流行の發祥地、銀座所ではないとても賑やかな大通り、その第五街の三

— 31 —

は作つて居ますが、未だ出來上りません。

エンパイヤー・ビルの骨組だけに使ふ鐵骨の總重量が五八〇〇〇噸、此のビルディングがすつかり出來上つた時の重さは、三〇三〇〇〇噸と云ふ非常な重量になります。此の鐵骨を全部一時に貨物列車に積んだとすると、その列車の長さは十一哩にも成ると云ふもので、全材料、それは鐵骨から鐵筋やセメントや砂や砂利、石其の他あらゆる材料を一時に運ぶとしたら、七十五哩もの長い〳〵貨物列車が必要になるのです。又鐵骨をレールに鑄潰して敷いてみたとすると、東京から京都迄の鐵道線路が出來て仕舞ふのです。

此んな重い建物が未だほかに、ニューヨークには澤山建つて居るのですが、地球上の一點に集中して非常な壓力をかけて居る事になりますから、今にニューヨークは突然ドカーンと大穴が開いたやうに窪んで地球のニューヨークの反對側か、或は又他の地表の弱い所に突然富士山みたいな山が出來るぞと豫言し

成程一面考へられる說で越苦勞なのです。と云ふの高いエンパイヤー・ビル石や砂利が一バイに詰つて居るわけではないので、その重量三〇三〇〇〇噸を石の山に換算してみると僅々四十五呎の小山に相當して了ふのです。ですから此んなビルディングが五十や六十位あつたつて筑波山位に成つて了ふわけでせう。

飛行船繫留塔

挿繪で見るとローソクの様に小さく見える飛行船繫留塔も、實は二〇〇呎——約丸ビルの倍の高さ——もあるのです。ビルディングの上に繫留塔を付けると云ふ世界最初の試みに就いて少し詳しくお話しをしてみませう。

もし今後も萬一戰爭があるものとしたら、それは先ず空中戰から、都市攻撃から始まるだらうとは諸君もお考へになるでせう。その時、都市に強力なツエツペリンの様な飛行船を繫いどいたらどんなに心強いか都市防空の上から重要な事だらうと思ひます。又平和時にあつては、商業用の大飛行船が直接ニューヨークや東京の様な大都市に下る事が出來たらどんなに便利かわかりません。是等將來の華々しい航空機の利用を考へて試みられたのが、エンパイヤー・ビルの繫留塔なのです。

繫留塔の斷面

— 33 —

D
1931年（昭和6年）6月
p31とp33「エンパイヤー・ステート・ビルディング」

係留された飛行船の影になる
土地の地主は苦情の申し立て
出来たのかな…？

1930年代前半に飛行船は廃れ始め、1937年のヒンデンブルグ号の事故で完全にとどめを刺されたと言えるでしょう。ヒンデンブルグ号の事故は、外皮で起こった放電が浮揚用の水素に引火して炎上したためと言われていますⒺ。爆発する可能性の高い水素ガスをなぜヒ

今はなし!! 空の豪華船
"ヒンデンブルグ"號

ドイツが世界に誇る空の宮殿"ヒンデンブルグ"號は五月六日、フリードリヒスハーヘンを出發本年最初の大西洋横斷飛行を見事完成してニューヨーク市の南方レークハースト飛行場に着陸の刹那"謎の原因"で爆破一瞬にして燒失した。"アクロン"號と云ひ、"メーコン"號と云ひ、或は"R一〇〇"號"R一〇一"號と云ひ、いづれも墜落の悲慘な運命をたどつた中に、ひとり"ツエッペリン"のみが、大西洋航空路に或は南米航空路にその優秀と確實な性能を誇つておつたのに、今またこの慘事に遭ふことは、惜しんでもあまりあることである。寫眞①はケルン市上空を飛ぶ在りし日の"ヒンデンブルグ"號③は豪華なサロン②は爆破の瞬間④は骨組のみを殘した無慘な"ヒンデンブルグ"號

E
1937年（昭和12年）7月号
p7「空の豪華船“ヒンデンブルグ”号」

ンデンブルク号は使っていたのか。それは、当時不燃性のヘリウムガスを製造できたのはアメリカだけであり、ナチスが飛行船を軍事利用することを恐れたアメリカが禁輸措置を取っていたからです。第二次世界大戦が始まる頃には、飛行船の時代は終わっていました。

その後、飛行船に期待された大陸間航行の役割は、ジェット旅客機が担うことになります。ゆっくりと長距離を移動する用途は、あまり需要がなかったということですね。逆に、速ければいいというわけではないということも、超音速旅客機コンコルドが示しています。1975年に就航したコンコルドは、燃費の悪さや騒音などの問題から2003年にはすべて退役。飛行船の時代は来ませんでしたが、超音速旅客機の時代も来ませんでした。

ただし近年では、携帯電話の基地局を成層圏に浮かべる、HAPS（High Altitude Platform Station）が注目されています。こうした用途で飛行船が復活する可能性もあるでしょう。

思わずツッコミたくなる記事

未来の人類生活 優生思想!?

20世紀前半における科学の黒歴史

今の私たちからすると、ギョッとさせられる記事も『子供の科学』には掲載されています。例えば以下は、ある記事の文言です。

「よい人間を作ろうとするには、よいお父さんとお母さんがなければならないのであります。丈夫な、遺伝するような病気のない、そして賢明な人、お父さんとお母さんがいなければならないのであります。」

「また、よし結婚しても、そういう解り切った悪い遺伝素質を持ったものは、子供を産まないようにしようとするのであります。」

「私たちは、病人のない家庭がほしいのです。クズのない家庭がほしいのです。病気のない社会がほしいのです。犯罪のない社会がほしいのです。」

いかがでしょう、今の基準からすると「おいおい」とツッコミたくなるのではないでしょうか。この「優れた人間を作り出す優生学」という記事を執筆したのは池田林儀というジャーナリストで、肩書きは「優生運動主幹」となっています。

19世紀後半、イギリスの科学者、フランシス・ゴールトンは「優生学」の概念を提唱しました（ちなみに、進化論を唱えたチャールズ・ダーウィンはゴールトンのいとこです）。ゴールトンは、双子の研究を通じて、身体的な能力だけでなく知能などの心的能力も遺伝すると結論づけました。そして、優秀な人同士の結婚を重ねていくことで優れた人間を生み出し、それによって社会を発展させることができると説きました。

20世紀前半、先進国の知識層は優生学を支持し、優生運動のムーブメントが起こりました。ここで取り上げた『子供の科学』の記事も、まさに優生運動の中で書かれたものです。そして、アメリカや日本を含む、さまざまな国で、障害者に対する強制不妊手術を可能にする法律が作られていくことになります。

中でも悪名高いのが、ナチス・ドイツのアドルフ・ヒトラーでしょう。ヒトラーはユダヤ人や精神病患者などに「劣等」というレッテルを貼って社会から取り除く政策を進め、それがホロコーストへつながっていったのです。ナチス・ドイツの悪行は人々に衝撃を与え、それによって優生学は否定されました。能力と遺伝の関係について言及することもタブーになりました。現在で

1928年（昭和3年）1月号
p64「優れた人間を作り出す優生学」

未來の人類生活

優れた人間を作り出す優生學

優生運動主幹　池田林儀

**◇よい草花を咲かせるには
どんな手數がかゝるか**

『花を愛するものに悪人なし』と申します。人として花を愛しない人はありますまい。人は花を愛するが故に、よいが上にもよい花を作らうといたします。よい花を作らうとするには、先づ以てよい種子を選ばなければなりませぬ。折角よい種子を選び探りましても、そのよい種子を植ゑつける畑が、荒れ土であつては、決してよい花は咲かないのであります。ですから、よい種子を選ぶばかりでなしに、よい畑も選ばなければならないのです。卽ち種子を植ゑつけるによい畑を作らなければならないのです。

よい種子を選び、よい畑を作つて、それだけでよい花が咲くかと申しますと、未だそれだけでは十分でないのであります。よい畑によい種子を蒔いて、さて芽生へて來たものをよく手入れをして、よく育て上げなければならないのであります。それですから、よい花を咲かせようとするには、どうしても、

よい種子　と
よい畑　と
よい手入れ

この三拍子がうまく揃はなければならないのであります。この三拍子が揃つてはじめて、立派な美くしい花が咲き出るのであります。

**◇よい人間を作るにも草花同様
に三拍子が揃はねばならぬ**

丈夫な、賢こい、立派な人間をつくるにはどうしたらよいでせうか。矢張り草花と同じやうに、是非ともうまく揃へなければならない三拍子があるのであります。よい花を咲かせやうとするには、よい種子を選ばなければならないやうに、よい人間を作らうとするには、よいお父さんとお母さんがなければならないのであります。丈夫な、遺傳するやうな病氣のない、そして賢明な人お父さんとお母さんがゐなければならないのであります。これが人間の種子を選ぶことになるのであります。

さうすればこの兩親の間に生れて來る子供はきつと立派な子供であるに相違ありません。しかし、その立派な子供も、腐敗墮落した締りのない社會の中に置きますれば、決してよい人間とはならないのであります。孟子といふ人のお母さんは、孟子が未だ子供の時分に、その住んでゐる近所の人々の人柄や、

は、日本を含むほとんどの国で、本人や配偶者の同意なしに断種することは「人道に対する罪」になっています。

では、ゴールトンは間違っていたのでしょうか？　ゴールトンは遺伝的な研究を行う過程で「平均への回帰」「相関係数」などの概念を提唱し、統計学の基礎を築きました。また、ゴールトン以降も多くの研究者によって双子研究は続けられ、「行動遺伝学」として確立していきます。この行動遺伝学は人間の身体的・心的能力が遺伝によって大きな影響を受けていることを明らかにしました。最近では、大規模な遺伝情報の解析によって、さまざまな能力と遺伝の関係がより精密に示されるようになってきています。

エジソンの絵の描かれたページの下にはこんなキャプションが！「優生学を実行すればエジソンのような偉人でもいくらも産み出すことが出来るでしょう。エジソンは1847年米国オハイオ州の貧しい家に生まれましたが、そののち大発明の数はかぞえきれないほどであります。これはエジソンが自分の発明にとりかこまれているところです」

行動遺伝学者の安藤寿康氏は、次のように述べています。

「かつての優生学に基づいた「遺伝的によくない形質をもっている人間は差別していい、抹殺してもいい」という主張は間違っています。これはいわゆる自然主義的誤謬、つまり「遺伝的にこうだ」という事実命題から「こういう遺伝的形質には価値がない」という価値命題を導いている。だけど、「遺伝だと言うと差別になるから、遺伝ではないことにする」というのも、同様に間違ったロジックです。これを僕は「自然主義的逆誤謬」と呼んでいます。遺伝の影響を認めたうえで、私たちがどのような社会をつくって

1928年（昭和3年）1月号表紙

風俗や行儀などを見て、少しでも卑しい不作法なことがありますと、子供のためにならないといつて、引越して行つてしまひました。三度も引越しをして、やう〳〵、これなら子供を住ましておいてもいゝと信じたところに落ちつきました。これといふのも、よい花はよい畑の中に生ひ立たせなければならぬやうに、よい人間はよい社會の中に生ひ立たせなければならないからのことであります。これほどによく注意して育てましたので、孟子は將來聖人君子とまで言はれるやうな人物になることが出來たのであります。

◇よい兩親よい社會よい教育の三拍子を揃へるのが優生運動

よい兩親によつてよい子供を生み、これをよい社會に育て上げなければなりませぬ。社會がもし腐敗墮落してゐるとか、またはその他色々な缺點がある場合には、これを色々に改良する必要があります。道德法律などを嚴格にして規律あり秩序ある社會にしなければなりませぬ。また衞生設備を完備して、病氣などの流行らない健康な社會にしなければなりません。それからまた、あらゆる文明機關を發達させて、便利な住みよい社會としなければならないのです。これがよい社會を作るための、社會改良の努力であります。

よい子供を、よい社會の中に置いたゞけでは、未だ決して立派な人間が出來上るとは言はれません。草花で言へば、よい種子をよい畑に蒔いて、その上によい手入れをしなければならぬやうに、よい人間を作るには、よい手入れ、卽ち、よい教育をしなければならないのであります。人間はよい教育を受け立派な修養をとげなければ、よい人間となることは出來ないのであります。そこで、これを簡單にまとめて見まするならば、よい人間を作るには、

よい兩親　と
よい社會　と
よい教育

この三拍子を揃へなければならないと言ふことになるのであります。この三拍子を揃へて立派な人間を作り、住みよい社會を實現し、愉快な人生を樂しまうとする學問があります。これを優生學といひます。そしてその學問を實際に應用して學理を實際化しようとする運動を稱して、優生運動と申します。

◇健康にして活動能率高く不老にして長命なる人類社會の實現

優生學は結婚といふことを非常に重く見ます。これは遺傳が結婚によりて行はれるからであります。精神病とか癩病とかいつたやうに、惡い病氣のかゝり易い素質の遺傳があります。ですから、斯ういふ惡い遺傳素質を持つたものは結婚しないやうにしなければなりません。優生學ではかゝる惡い遺傳を持つた者の結婚を禁止するやうな法律制度を設けようといふのであります。

また、よし結婚しても、さういふ解り切つた惡い遺傳素質を持つたものは、子供を產まないやうにしようとするのであります。

かやうにして、生れて來る子供は、すべて健康な素質のよいものばかりにしようとするのが優生學の理想であります。惡い遺傳素質を持つて生れて來るのは、親達も不幸であり子供自身も不幸であり、社會もまた不幸でありますから、この不幸を除きたいといふのであります。素質のよい子供ばかり生れて來ると、人間の活動能率が非常に高まり、社會文化がためにます〳〵向上するといふことになります。

次には社會のことであります。優生學的な社會は、住みよい愉快な社會でなければなりません。まづ第一に村落都會は衞生的に造られなければなりませぬ。水のよい、下水の完備した、交通の便利な、健康的なもので、その外に文明的機關の完備した便利なものでなければならないのであります。次には、公衆道德の發達した、法律制度の確立した、規律あり秩序ある社會でなければなりません。

優生學的な社會には、傳染病といつたやうなものも社會病といつたやうなものも存在しないのであります。例へば、日本人は白米を食つておりますので、白米病に犯されております。白米病の著しいものは脚氣であります。この白米病を治癒することは、わけも

とで、所謂社會醫學の發達によつて撲ことが出來るのでありますが、この社の普及發達といふことも、優生學の一力なのであります。

にこの社會を、法律的に、道德的に、學的に、規律的に、健康的は改良する優生運動なのであります。若し優生學が行はれ優生運動が徹底いたしますならば、將來の社會は、極めて秩序あり規律あり、道義觀念の強い、而して、健康的で、住みよい、愉快な、便利な社會となるに相違ないのであります。いや、さういふ社會を實現せんがために、一心不亂に努力健闘をつゞけてゐるのが優生運動であり、その運動に光明と力とを添へてゐるのが優生學であります。

◇天國のやうな極樂のやうな光榮の日の來るを信じて疑はぬ

之を要するに、優生學の理想が行はれる將來の人類生活なるものは、人間がその天壽を完了して、思ふ存分に人生を享樂して、大往生を遂げる社會の實現に外ならないのであります。

私たちは、病人のない家庭がほしいのです。病氣のないクズのない家庭がほしいのです。

社會がほしいのです。犯罪のない社會がほしいのです。不道德の行はれない社會がほしいのです。誰でも自由に活動し得る社會がほしいのです。誰でも思ふ存分に自己の能力を發揮し得る社會がほしいのです。それから天壽が盡きて枯死するやうな大往生を遂げるやうな健康がほしいのです。住みよい便利な愉快な社會に生存して、この人生を十分に享樂したいのです。

これは一見空想のやうでありますが、若しよく優生學の指導するところに從がつて、その施設實行を怠らなければ、將來必らず斯樣な天國のやうな極樂のやうな人類生活が實現されるのであります。その實現までには、世界のあらゆる人種民族の文化が平均しなければならないのでありますから、相當年月はかかるに相違ないのでありますが、努めて倦むところがなければ、必らずかゝる光榮の日の來ることを信じて疑はないのであります。

いくかを考えなければいけません。」（『運は遺伝する』橘玲、安藤寿康、NHK出版新書）科学的な研究の結果を、社会にどうやって取り入れるか。それは遺伝に限った話ではなく、地球温暖化やAIなどあらゆる分野において、私たちに突きつけられている課題でしょう。

三陸地方の惨害の跡を訪ふ記

記者

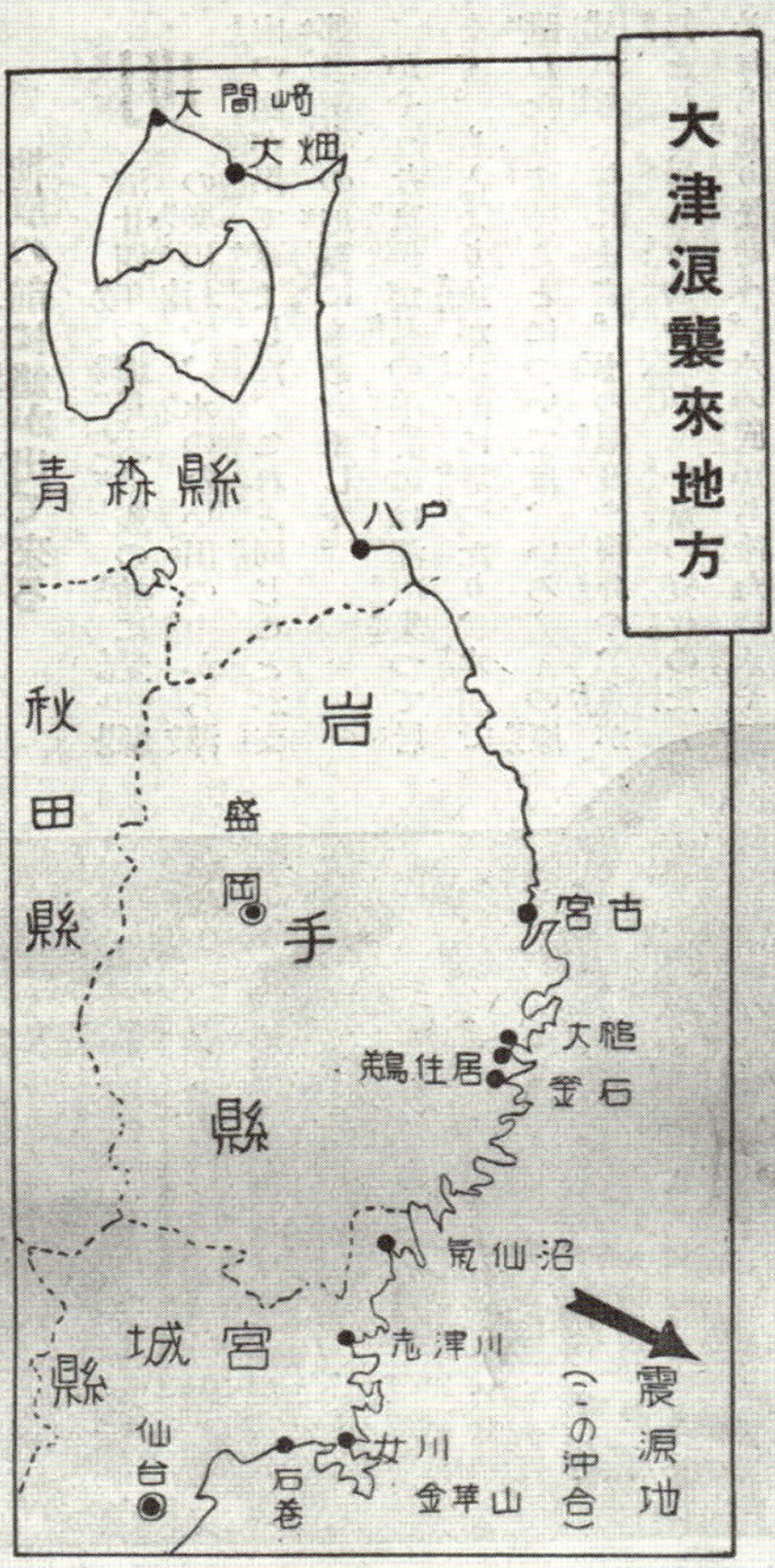

讀者諸君の心を抱いて

昭和八年三月三日の黎明帝都の街々に號外の音が鳴り渡つた。三陸地方の聞くも恐ろしい大津浪の襲來の慘ましい知せである。地震、津浪、火災、次ぎ〳〵に報ぜられる號外は私たちに大正十一年の關東大震災の當時を生々と呼びおこした。忘れやうとしても忘れることの出來ないあの恐ろしい記憶を持つ私たちには「人ごとではない」出來事である。

一報は一報より私たちの胸を打つ。訪づれる人も稀な雪深い北の國の人たちはなんと慘ましく悲しいことだろう。どんなに救ひの手を待ち詫びてゐることだろう。しかし私たちにはなにも出來ない。だが私たちの背後には數萬の「子科」の愛讀者諸君がゐる。諸君の溫かい心を抱いて行つてソッとこの人たちの胸に移してやつたら……そう思ふとジッとしてゐられない。私は即日無言の讀者諸君の支援におくられて慘害の中心地釜石に向け出發した。

東北本線を花卷で岩手輕便鐵道に乘り換へて遠野驛下車、行くこと約一時間で北上支脈が南方に無數の尾根を突き出してその最も險しい所に上り一里下り一里の仙人峠がある。天氣はよいが吹く風が強く積もつた尺餘の雪を捲つて私たちの顏に吹きつける。前日來より急に下つた溫度は零下十度に近い。しかし私の心は緊張してゐる。まだ見ない同胞がこの山の下に震災に打ち碎かれてゐる。たつた一人でも多い方がよい、慰めに來てくれるのを待ち詫びてゐるだらうと思ふとなんとなく

今でも共感しかない記事

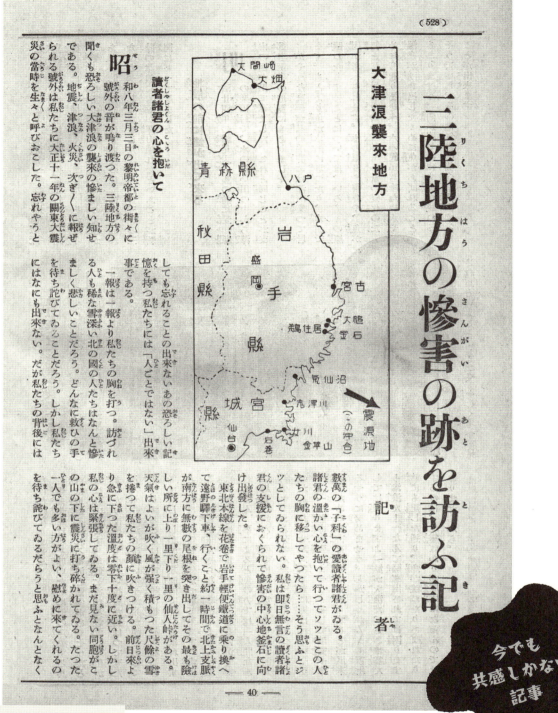

1933年（昭和8年）5月号
p40「三陸地方の惨害の跡を訪う記」

昭和8年3月3日
三陸沖地震発生

1933年（昭和8年）5月号表紙

（530）

六尺もあつたろう。すでに海岸の家屋を呑んだ津浪は家や疊や家財道具をその中に捲きこんで岸を碎き砂をかみ、それに製鐵所の電燈の光をうけて黝黒く光つて押しよせてくるその恐ろしい不氣味な光景と云つたらなかつた。無我無中で裏山にかけ上つたが陸上と云はず海上と云はずものすごい青光りがして、恐ろしい海鳴り、家屋の碎ける音、それと同時に上つた火の手、ほんとにこの世の終りではないかと思つた」と聞くだけでも身の毛のよだつお話である。前日はそれは靜かなよい日和であつた。それに釜石にとつてはめでたい日であつた。多年の懸案であつた商業學校の設立がいよ〱確定されてその地鎭祭がこの校庭で行はれた。釜石の町には上級學校がない。その希望が滿された日だつたが……また何時になつたら實現出來るのやら」

「この學校でも數名の兒童が貴い命を奪はれた一家九名中たゞ獨り殘された哀れな兒童もゐる。家財を奪はれてなにも持たない兒童は五百七十二名である。かうした兒童の教育をこれからどうするか

宮城縣唐桑村只越の慘狀

先生は暗たんたる面持で私に語られた。私には返す言葉がない。しかし私にはなんとなく力強くさゝやくものがあつた。私は數萬の讀者諸君の心を持つて來てゐる。私はかうした困つた人たちや先生の言葉をたゞ諸君に告げればよいのだ。同胞を救ふのは私たちの義務であるから。九時すぎ私は先生の大きな暖かい手に握られてお別れして來た。

時日がなくて慘害の最もひどい殆ど全滅した宮古の附近の田老村や氣仙沼附近の唐桑村をお尋ねなかつたのは遺憾であつたが、どんな模様か土地の人に聞いたら「行つて見てもなにもないだろう。皆んな海にさらはれて洗はれてしまつたから」といふ言葉であつた。思ひ半ばにすぎるものがあるではないか。これでもう十分である。

三陸津浪の歴史

元來この三陸地方は外側地震帶に面した最も地震や津浪の危險のあるところで、その被害の數は今までの記錄に殘つてゐるものでも十もある。即ち次のやうである

一 貞觀十一年（一五二五）陸奥國境大いに震ひ、海嘯襲來六郡の死傷甚大。
二 慶長十六年（二二七一）三陸沿岸大海嘯、仙臺藩のみにて死者一萬二千人。
三 元和二年（二二七六）海嘯釜石大槌鵜住居の死者數百名。
四 延寶五年（二三三七）大地震あり海嘯襲來死者不明。
五 寶永元年（二三六四）相州小田原地方大海嘯、三陸沿岸餘波をうけて死傷あり。
六 寶暦元年（二四一一）地大いに震ふ後海嘯あり、死傷不明。
七 安永三年（二四三四）大地震、南部領箱崎浦にて端午の節句の用意に海草魚介採取中の女子供の死亡多數あり。
八 寛政五年（二四五三）大地震三日に引續きあり後大海嘯、大槌灣の珊瑚島海中に沒す。
九 安政三年（二五一六）大地震後一日に三四度の海嘯襲來海濱にて一丈餘の潮なり（カツコ中の數字は紀元）

— 42 —

（531）

釜石町尾崎神社の焼跡

第十番目が明治二十九年舊五月五日の三陸を一となめにした大海嘯である。この時の死者二萬一千餘人、流失家屋八五二六戸、釜石だけでも死者四〇四一人を出した。當時の釜石町の人口六四八二人であるからその約七分どほりがこの津浪にさらはれてしまつたわけであつて、どんなに恐ろしいものであつたかゞわかる。そして第十一番目が今度の三月三日午前二時三十一分の強震及び約三十分をおいての津浪の襲來である。

今この津浪の襲來した各年の間を計算してみると平均約三十七年に一度といふことになる。そしてこの數字は明治二十九年と今回の津浪との間の年數と不思議に一致してゐる。つまり三陸地方は約三十七年間に一度かうした津浪に襲はれるのだと考へられないこともない。これにはなにかはつきりした科學的に説明出來る根據がなくてはならぬと思ふ。たゞ運命と考へるにはあまりに大きな悲慘な事實である。

釜石町須賀海岸の慘狀

— 43 —

運命と考えるにはあまりに悲惨 なにか科学でできないものか……

1933年（昭和8年）3月3日に発生した昭和三陸地震は、震度5と揺れこそ少なかったものの、マグニチュードは8・1と地震規模は大きく、死者・行方不明者合わせて3000人以上と甚大な被害を東北地方の太平洋側に与えました。同年の『子供の科学』5月号でも、10ページをこの地震関連の記事に当てています。

「三陸地方の惨害の跡を訪う記」に**「町の北寄りの目抜の場所は地震と同時に出た火災で一なめにされている。船がその中で二艘焼けている。生地獄、水地獄をそのままの酸鼻の光景である。」**という生々しい描写があります。

東北地方の三陸沖は歴史的に大地震が頻発する

昭和八年三月三日

三陸強震と津浪の話

氣象臺技師　國富信一

地震は比較的小さかつた

本年の三月三日午前二時三十一分、北は千島から北海道、奥羽地方、關東地方等の殆んど全部、南は小笠原島、西は中部地方の大部分、近畿地方、中國地方の所々下關迄人體に感じた樣な非常に大きな地震がありました。

このやうに廣い面積に亙つて人體に感じたやうな地震は實に稀に見ることで、去る大正十二年九月一日の關東大地震と比較して優りはするとも劣らない位な大地震です。

然し不幸中の幸ともいふべきことはこの地震の震原が岩手縣の釜石町から二百三十粁も離れた沖合に起つたゝめ地震による被害は殆んどありませんでした。併しもしこれが陸上にでも起つたとしたら矢張關東大地震のやうに大被害を起したに違ひなかつたでせう。

地震による被害はこのやうに殆んどなく、岩手縣や宮城縣の海岸で粗惡な壁に龜裂が入つた程度の輕微なものでしたが、震原が海底であつて然も地下淺い所に起つたゝめに、海底面へ多少の變動を與へまして、それが海水に動搖を起して高い浪を生じ、海岸へ津浪となつて押寄せました。

津浪の襲來

此の津浪は青森、岩手、宮城、福島の各縣及北海道の太平洋岸に押寄せましてそれ〳〵多少の被害を與へましたが中でも著しい被害を蒙つたのは岩手、宮城の兩縣でした。

元來三陸地方はその地形から見て津浪の被害を蒙り易い形になつてゐます。卽ち地圖を開いて見ますと、青森縣の南部から岩手、宮城卽ち所謂三陸地方は北上山脈が南北に走つて居る所で、その尾根が櫛の齒のやうになつて太平洋へ沒入して居ます。そうして之等澤山の尾根と尾根との間はV字形をして灣になつて太平洋へ向つて口をあけて並んで居ます。

このやうな特別な形をした海岸を學名でリアス式海岸と名付けて居ます。そうしてこの海岸の特徴としては灣口が廣く開いて居るのに灣内は次第に狹くなり、然も深さも次第に奥にゆくほど淺くなつてゐるのです。そうしてこのやうな狀態が又津浪を受けやすい形なのです。

つまり地震のために遠い沖合に生じた浪は四方に傳はつてゆきますが、その浪の高さは一米か二米位で決して高いものではあり

1933（昭和8年）5月号
p34「三陸強震と津波の話」

宮城県唐桑村只越の写真

岩手県釜石町の写真

（525）

震と地魚

地震の前の面白い魚の行動

帝大地震研究所　武者金吾

ちしんの辨

地震と鯰

昔の人は地震は地面の下に棲んで居る大鯰があばれるために起るもので、その鯰を常陸の鹿島明神が要石と云ふ石で抑へつけて居るのだと考へて居ました。何處の誰が云ひ出したか知りませんが、面白いことを考へたものですね。でも、今日ではコンナ馬鹿げた話を信ずる人は一人もありません。しかし鯰が地震の起る前にあばれたといふ話を私は三つまでも知つて居ます。

地震の前に鯰があばれる

一つは今から七十八年前の安政二年江戸の大地震です。この地震は十月二日の午後十時頃に起つたのですが、その晩に或る人が川へ鰻を捕りに行きますと、鯰が大層あばれて居て鰻が一つも捕れず、反つて鯰を三匹釣り上げました。これは多分地震の前兆だらうといふので、お神さんの笑ふのもきかず、家財道具を庭へ出しておきましたので家は壊れましたけれども、道具は無事だつたといふのです。

次ぎは大正十二年の關東大地震の前の日に

— 37 —

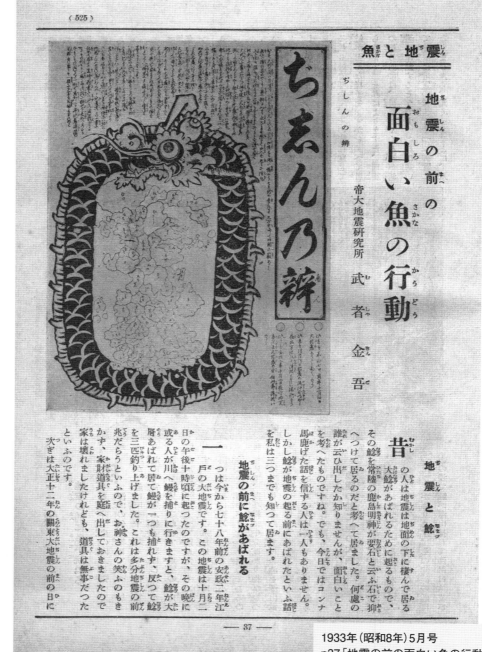

1933年（昭和8年）5月号
p37「地震の前の面白い魚の行動」

地域であり、リアス式海岸で湾が入り組んだ地形になっていることによって、津波での被害をたびたび被ってきました。死者・行方不明者合わせて3000人以上という昭和三陸地震は大変な被害ですが、その37年前、1896年（明治29年）6月の明治三陸地震の被害は、死者・行方不明者合わせて2万人以上。この時の記憶が残っていたこともあって、昭和三陸地震はそれでも被害を抑えられたとも言われます。そして、昭和三陸地震の78年後、2011年3月11日に東北地方太平洋沖地震、いわゆる東日本大震災が起こり、死者・行方不明者1万5000人以上という、すさ

(527)

だつたと云ひます。大正十一年の九州島原半島の地震の前にも鯰が澤山捕れましたが、地震の後は全く捕れなくなりました。その翌年の關東大地震の前にも、房總沖で鯰の大漁がありましたが、やはり地震の後では全く捕れなくなつてしまひました。去る三月三日の三陸の津浪にも鯰が澤山捕れたといふことが新聞に載つて居ました。

地震の前に鰌が出て來る

明治廿四年の濃尾大地震の前に愛知縣の樂田村で、水のない田の中から澤山の鰌が出て來ました。これと同じことが支那雲南省の地震にもありました。

かやうな實例が私の手許には澤山集つて居ます。もとより魚が水面に群つたり、水面で跳ねたりすることについては、いろ〳〵の原因が考へられます。水の温度や鹽分や、魚が餌として居る生物の種類や分量の變化のためにも起りませう。水の底から冷たい水や温泉が湧き出したゝめに魚があばれることもありませう。雨が降る前にも魚が跳ねるそうですし、その他無數の場合を想像することが出來ます。

魚は眞うに地震を豫知するか

しかし地震の前に同じ種類の魚が同じ様な様子を現はしたことが度々繰返されたといふことになると、少しく考へて見なければなりません。

鹿島神社の要石

畑井先生は机を叩いた時に鯰の運動する具合は地殼を流れる電流と關係がありそうだと云はれて居ます。地殼を流れる電流に變化が起つたり、極めて小さい振動が傳はつて來たり、水の底から冷たい水や温泉が湧き出して來たりすることは地震の前に起りそうなことです。しかしかやうな原因で魚があばれ出すとすれば、地震と關係がついて來ます。或はこの外の私が未だ知らない事柄によつて、魚は大昔から地震の豫知をやつて居るのかも知れません。事によると魚の方では「人間なんて馬鹿な奴だ。僕等には地震の起るのが前からチャーンと分るんだぜ」なんて笑つて居るのかも知れません。私も魚に笑はれないやうに、一生懸命勉強しませう。そして地震や津浪のための損害を幾分でも減らすことが出來るやうに努めませう。しかしくれ〳〵も誤解しては困りますよ。「鯰が大漁だ、さあ地震だ！津浪だ！」なんて騷ぎ出されては困ります。前にも記した通り、魚が跳ねたりあばれたりするのは、地震ばかりが原因になるんではありませんから。

— 39 —

あるいはこのほかの私が未だ知らない事柄によって、魚は大昔から地震の予知をやっているのかも知れません。事によると魚の方では「人間なんて馬鹿な奴だ。僕等には地震の起こるのが前からチャーンとわかるんだぜ」なんて笑っているのかもしれません。私も魚に笑われないように、一生懸命勉強しましょう。そして地震や津波のための損害を幾分でも減らすことができるように努めましょう。

まじい被害をもたらすことになりました。

昭和三陸地震を紹介した5月号には、「地震の前の面白い魚の行動」を分析した記事が載っています。

「魚が跳ねたりあばれたりするのは、地震ばかりが原因になるのではありませんから」と冷静にまとめているのはさすがです。それらの記事は現代の観点から見てもまったく古びていない……逆に言えば、我々がまだ地震についていかに無知であるかを思い知らされもするわけですが。

それにしても、大正時代後半から昭和初期にかけて、日本は踏んだり蹴ったりの状況でした。第一次世界大戦（１９１４年（大正3年）〜１９１８年（大正7年））では戦勝国側になったことで景気がよくなったものの、１９２０年（大正9年）には戦後恐慌、そのすぐ後に関東大震災。１９２９年（昭和4年）には世界大恐慌の影響を受けて、１９３０年（昭和5年）〜１９３１年（昭和6年）の昭和大恐慌が起こりました。そこに、昭和三陸地震です。死者・行方不明者は明治三陸地震より少なかったとはいえ、東北地方の農村の疲弊は目も当てられない状況だったうえに、翌年１９３４年（昭和9年）には記録的な冷害――。

日本経済は不調で、農家も食えなくなっている。こうした状況は、日本をさらなる戦争に追いやっていくことになりました。

Part 2

戦争と科学

図書館でこの雑誌をたくさん借りて読んでいた少年時代の話をしたら
(貸出上限を超えてしまうので家族名義も使って読み耽っておりました)
この雑誌のバックナンバーが読めるとしたらいつ頃が読みたいかと聞かれたので
「やはり大戦中!」と即答しました。

想像はしていたけれど、この頃は本当にミリテク記事が多いです。

アメリカをはじめとする戦勝国の科学雑誌には今でもミリテク記事が多数掲載されていますが
日本では一般雑誌からそうした記事はほとんど消えてしまいました。

そんな現代人から見るとびっくりするかもしれません。

それに内容が意外なほど古くないのにも驚きます。

「急降下爆撃機」に「ヘルダイヴァー」ってルビが降ってあったりするんですよ。

時代背景と記事が密接にリンクしてきますから
この章では当時の主な出来事と一緒にご紹介します。

themes

開戰と同時に大増刷！

米英宣戰と時を同じうして——

日本出版文化協會は小社「子供の科學」「學生の科學」「科學畫報」並びに「無線と實驗」を決戰時緊急普及を要する雜誌として用紙の特別大増配を通達して來た。サア驀進だ！國防國家建設を目指して！

新讀者の豫約申込を歡迎す
繪具製造所

近づいてくる戦争の影

1928-1933

その時その時に求められる情報を取り扱う月刊誌を振り返ると、当時の世相がリアルに感じられます。1928年頃からは忍び寄る戦争の足音が聞こえてくるかのようです。

Ⓐ 1932年（昭和7年）2月号
目次「最新科学兵器号」

急速に増える軍事記事 科学を応用するその矛先は…

いつの時代も、子供にとって戦争、特に兵器はやはり人気のコンテンツなのでしょう。1928年（昭和3年）1月号の特集「未来文明の驚異」の「未来の戦争は科学戦」では、航空戦、科学戦が戦争の中心になると予想していますし、1929年（昭和4年）11月号には「空中戦実話　一騎当千」（著者は海軍少佐です）といった勇ましい記事も掲載されています。

こうした単発の戦争関連記事は時々掲載されていましたが、ターニングポイントになったのは、1932年（昭和7年）2月号でしょう。この号は「最新科学兵器号」と銘打っており、誌面の半分以上が兵器の

奉天占領直前に於ける我步兵の射擊

我軍に占領された奉天

Ⓐ

解説記事で占められていますⒶ。記事のラインナップは、「小銃と自動小銃」、「戦車と装甲自動車」(「戦車」には「タンク」とルビが振ってあります)Ⓑ、「火薬の歴史と現今の発達」、「毒ガス及び化学兵器」「空中戦」「弾道の話」など、実に現実路線、かつマニアックです。

この2月号が出た頃、日本はどんな状況だったのか。

そのものズバリ「満州事変写真集」が掲載されていることからわかるように、満州事変です。

1931年(昭和6年)9月18日に、関東軍が南満州鉄道の線路を爆破。この柳条湖事件を皮切りに関東軍は満州全土の占領を進め、1932年(昭和7年)3月1日には満州国が中華民国からの独立を宣言し

Part 2 戦争と科学

1928
治安維持法改正
第二次山東出兵

1929
世界恐慌

1930
ロンドン海軍軍縮条約調印

1931
満州事変

1932
上海事変
満州国建国
五・一五事件

1933
国際連盟脱退
ヒトラー政権成立(独)

1934
ワシントン海軍軍縮条約を破棄
ソ連が国際連盟に加盟

1936
二・二六事件

1937
盧溝橋事件

1938
国家総動員法公布

1939
ノモンハン事件
米の配給制始まる
賃金価格の統制始まる
ドイツ、ポーランドに侵攻

1940
日独伊三国軍事同盟調印
大政翼賛会成立

1941
在米日本人資産凍結
米、対日石油禁輸
真珠湾攻撃
小学校が国民学校になる

1942
ミッドウェー海戦で日本軍大敗
米軍が日本本土を空襲

1943
ガダルカナル島で日本軍大敗
学徒出陣始まる
イタリア降伏

1944
B-29が東京を空襲
大都市学童の集団疎開始まる
中学校の勤労動員決定
砂糖の家庭用配給停止

1945
米軍、沖縄上陸
ドイツ無条件降伏
ポツダム宣言発表
米軍、広島・長崎に原子爆弾を投下
ポツダム宣言受諾　終戦

（152）

戰車と裝甲自動車

陸軍技術本部
陸軍砲兵大尉　齋藤秋雄

戰車の元祖
1915年ソンムの會戰に使用した英軍の戰車

その起源

戰車と裝甲自動車は現代陸戰の花形役者であるのみならず、將來愈々其活躍が期待される爲に、陸軍として缺くことの出來ない重要兵器であることは、茲に管々しく述べる迄もない。古來陸海軍の使用する各種の兵器は、常に其時代に於ける科學の最尖端を歩むものと謂はれて居る。從つて現代科學の遺憾なき應用によつて成り立つた自動車を兵器學者が見逃す筈がなく、戰車や裝甲自動車と云ふ新式兵器となつて戰場に使はれるようになつたのは寧ろ當然のことである。

戰略・戰術・兵器・築城等各方面に亘り大革命を齎らした世界大戰の歴史中でも、戰車の出現は最著明な事柄の一つである。一九一五年九月十五日、佛國の「ソンム」地方に居た英吉利軍側から、突然小山の樣な怪物が物凄い唸り聲をあげて獨逸軍の陣地を目懸けて殺到した。始めて見る怪物の出現に流石開戰以來西に東に連戰連勝を誇つた獨軍も色を失つて仕舞ひ、手の出し樣もなく唯呆然として怪物の蹂躪にまかせるの外なかつた。之が戰場に於ける戰車の最初の活動で、其後英軍は勿論獨佛其他の交戰諸國が何れも澤山の戰車を造つて活躍させた。裝甲自動の初まりは明らかでないが既に大戰前から貨物自動車に裝甲を施し、種々の目的に使用したが、現今の如き働きのある裝甲自動車の出來たのは世界大戰以後のことである。

その役目

然らば戰車や裝甲自動車は戰場で如何なる役目に使はれるかと云ふと、先づ戰爭は鐵條網や鹿砦の如き障碍物を踐み潰し、或は幅の廣い塹壕や高い墻壁の樣なものを躍り超えて、どん〱敵に肉薄して行き、塹壕や銃眼に倚つて射擊する敵兵を掃蕩して、味方の步兵が損害なく前進出來る樣に步兵の進路を開いてやるのが主要な仕事であるが、其他色々な役目に使はれる。

又裝甲自動車は、其大速度を利用して主力の前進に先だつて重要な高地・橋梁の如き要

— 20 —

Ⓑ 1932年（昭和7年）2月号
p20「戦車と装甲自動車」

ます。1932年（昭和7年）2月号が印刷されたのは年頭ですから、まさに関東軍が満州全土を掌握する直前でしょう。

1932年（昭和7年）2月号以降、『子供の科学』には戦争関連の記事が急速に増えていくことになります。同年4月号の「最新海軍兵器」では、「列強の勢力分布」を解説、1933年（昭和8年）1月号からは「軍事科学小説 太平洋制覇」の連載が開始。

世界の情勢を見ると、満州国の建国に抗議した中華民国が国際連盟に提訴したことで、1932年3月にリットン調査団が日本や満州などに派遣され調査を行っています。国際連盟はこの調査を元に、日本の行動は不当と結論づけ、これに反発した日本は1933年（昭和8年）3月に国際連盟を脱退しました。

日本の国際連盟脱退を受けて、1933年（昭和8年）5月号で「非常時日本の科学」を特集。この号は、「帝国陸の生命線 満蒙」「帝国海の生命線 南洋群島」「軍需品に必要な材料とその国産」「国防と科学」Ⓒなど、兵器よりも兵站や勢力図にウェイトを置いた解説になっています。

同年10月号では、「毒ガス用防毒面の作り方」Ⓓが掲載。毒ガスの種類から防毒マスクの原理、実際の作り方まで解説した、何とも『子供の科学』らしい（?）記事です。

戦争に向かう流れは確実に強くなっているのですが、まだこの頃の日本の社会はそれほど窮乏していたわけではありませんし、『子供の科学』の記事にも余裕が見て取れます。

C 1933年（昭和8年）5月号
p16「国防と科学」

國防と科學

陸軍省整備局
陸軍砲兵大尉　八里知道

戰爭手段の移り變り

靜に人類鬪爭の跡を探ねて見ると、大古草昧の世、森林の彼方、岩間の此方各々木片、骨角を手に石を投げつつ皮革に身を固めた人類が、その腕力を賴みに相爭ひつゝある光景は目の邊り見るやうである。これが後には矢を番へ弓を彈き更に金屬を以て刀劍を造り甲冑や楯を以て身を防ぎながら鬪爭を繰り返しつゝあつたのである。

第七、八世紀の頃には火藥の發明があり、第十三世紀の末頃にはヨーロッパ人の手によつて火兵の創造があり、こゝで戰爭手段は科學の發展と相まつて變化したのであつた。殊に歐洲大戰に遭會してその傾向は益々增大し、今迄地上に於て戰つたものが今では地下に水中に空中に立體的に極度な科學戰の形ちを備へて來たといふことが云へるのである。

戰爭の規模

扨又他方面から戰爭の規模に就て考へて見ると、大古の鬪爭は一族或は部落の鬪爭であつたのであるが、之が集團となり種族となり國となり然も最近迄は一國の內の戰爭に任ずる者が武士或は軍人といふ一階級の者に限られて居つたのに、現在は一國國民總てを擧げて戰爭に從事するといふことになつたのである。この事實から考へても國民科學知識の普及、一國科學の進步が將來の戰爭にどんなに重大な役割を演ずるかは豫想することが出來るのである。

戰爭の科學戰化

近代戰史を繙く者が誰しも了解できるのは科學に優秀な國民が如何に戰場に華々しく活躍しつつあるかである。彼の第十九世紀に於ける普墺、普佛兩戰役に於て普軍が赫々たる戰勝を博したことは、墺國の前裝銃、佛國の前裝砲にくらべて優秀な『後裝銃砲』を持つて居つたことにその一因がある機關砲を始めて發明したのは一八六五年米

1932年（昭和7年）2月号
グラビア「列国陸軍勢力比べ」

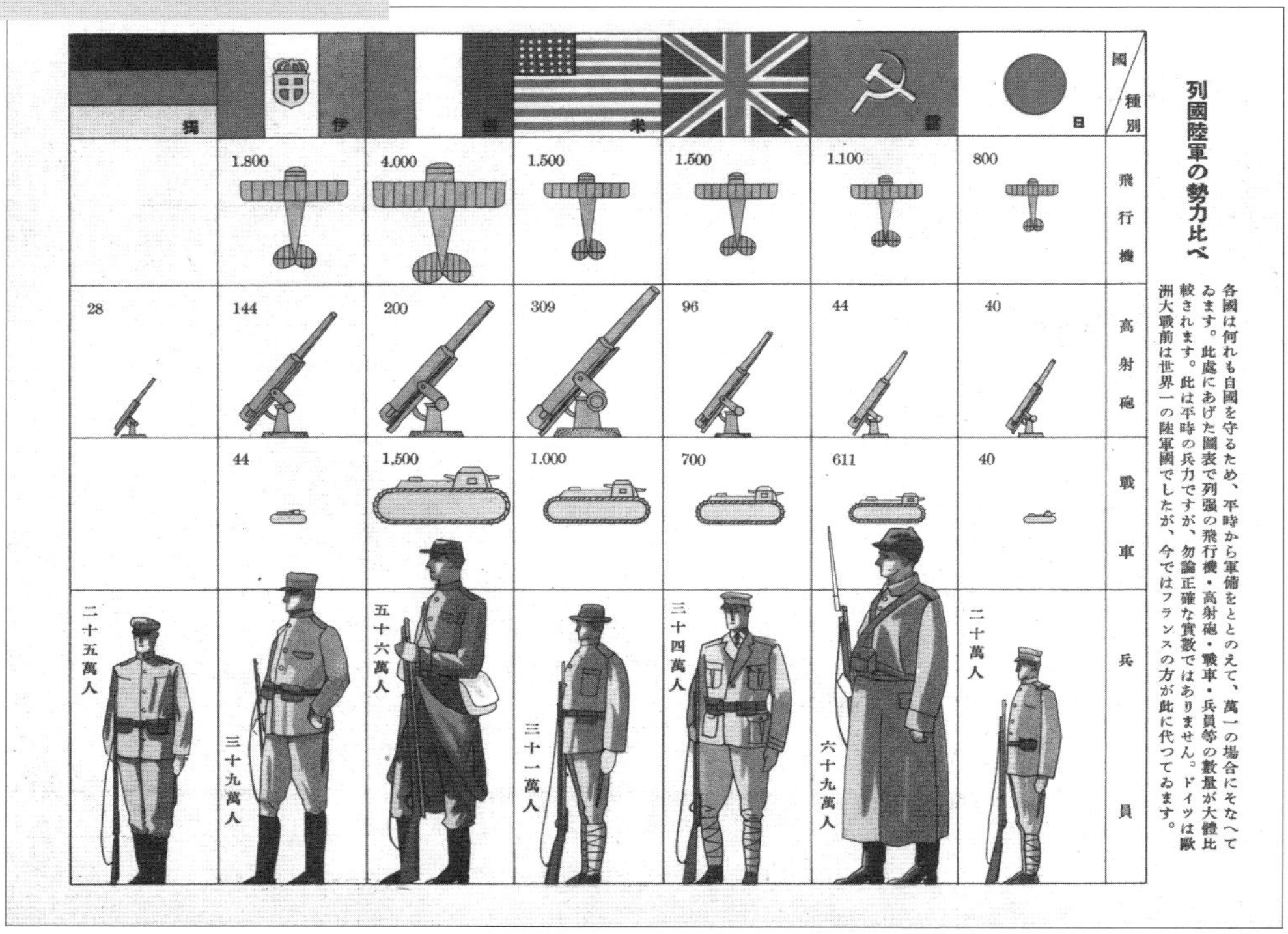

列國陸軍の勢力比べ

各國は何れも自國を守るため、平時から軍備をととのえて、萬一の場合にそなへてゐます。此處にあげた圖表で列强の飛行機・高射砲・戰車・兵員等の數量が大體比較されます。此は平時の兵力ですが、勿論正確な實數ではありません。ドイツは歐洲大戰前は世界一の陸軍國でしたが、今ではフランスの方が此に代つてゐます。

種別 ＼ 國	日	露	英	米	佛	伊	獨
飛行機	800	1.100	1.500	1.500	4.000	1.800	
高射砲	40	44	96	309	200	144	28
戰車	40	611	700	1.000	1.500	44	
兵員	二十萬人	六十九萬人	三十四萬人	三十一萬人	五十六萬人	三十九萬人	二十五萬人

1933年（昭和8年）5月号
p97「作製模型　最新兵器九一式広軌牽引車」

戦車と書いてタンクと読み、防毒面と書いてマスクと読む。これが太平洋戦争末期となると…

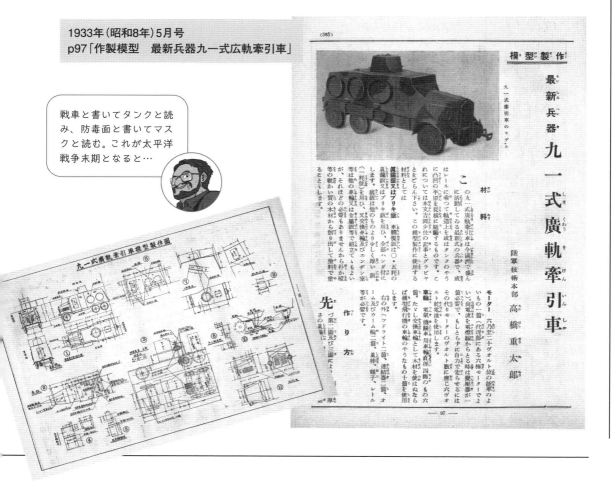

(585)

作製模型

最新兵器九一式廣軌牽引車

陸軍技術本部　高橋重太郎

九一式牽引車のモデル

この九一式廣軌牽引車は今滿洲で盛んに活動してゐる最新式の兵器で、或はレールに乗つて軌道上を或はタンクのやうに凸凹の平原を従横に馳驅するものです。これについては本文吉岡少佐の記事とグラビヤとをごらん下さい。この模型製作に使用する材料としては

材料

眞鍮鈑又はブリキ鈑　車體覆鈑は〇・五粍の眞鍮鈑又はブリキ鈑を用ひ、全部ハンダ付にします。底鈑は他のものより少しく厚い鈑（一粍位）を用ひ、又交換車輪及びエンヂン室等は他の車輪又は金屬鈑等で組立てゝもよいが、それほどの必要もありませんから朴か樅等の軟かい質の木材から削り出して塗料で塗ることゝします。

モーター　六乃至二十ヴォルト位の能率のよいもの一箇（代理部にある六極モーターでよい）。尚電流を電燈線からとる時は變壓器が一箇必要で、もしとらずに自力で走らせるにはその代りモーターのヴォルト數に應じ六ヴォルト乾電池を使用します。

車輪　電氣機關車用車輪直徑四糎のもの六箇。たゞし交換車輪として木材を使はぬならば模型飛行機の車輪のやうなもの十箇を使用します。

右の外ヘツドライト二箇、連結器二箇、オーム及びウーム輪二箇、眞棒、螺子、レール等が必要です。

作り方

先づ第二圖及び三圖によ…
…さの眞鍮鈑で…
…厚さ…

— 97 —

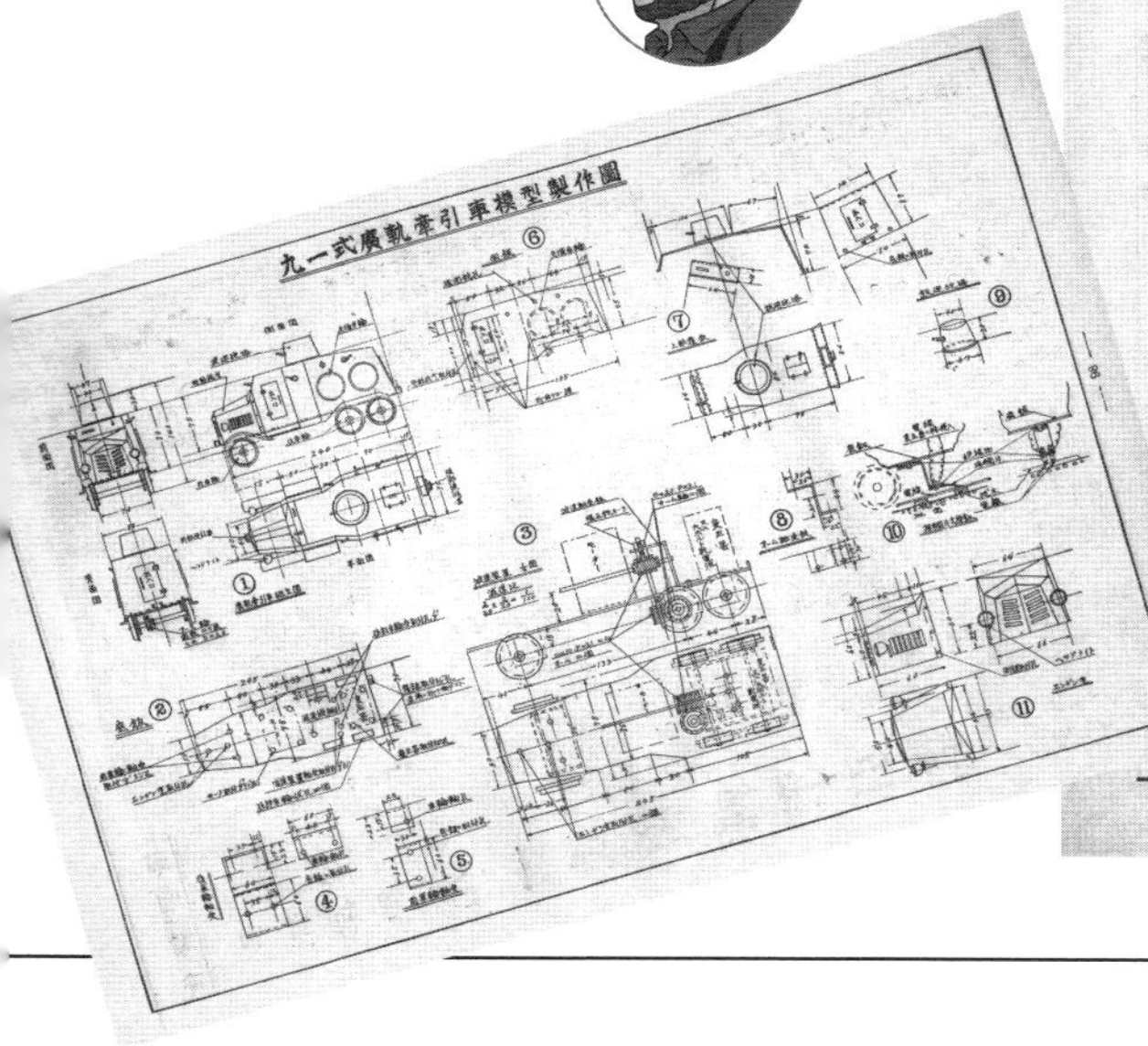

毒ガスと防毒劑

あの八月九日十日にわたる關東の大防空演習、夜の燈火管制の無氣味さは、まさに實際の空襲を思はせる程に市民は一勢にあるものすごさを感じた。しかし爆彈投下の點は、そこが演習だけに、今のは毒ガス彈だといふ申し合せがあるだけで、實の入らぬことおそらく私だけの感じでは無かつたらうと思ふ。むしろラヂオの放送舞臺劇の毒ガスものゝ方が感じが出たと云へる。とにかく人間は實際にやられないと本氣にならない性分でこまるが、もう毒ガスは已に歐洲大戰でさん〴〵やられた事實もあり、且つ科學に出發する私達の常識から申せば、經驗したのと同じ程度にそのおそろしさを思ふことが出來るわけだから、私達は先づころばぬ先の準備があつてよいと思ふ。で防毒面の作り方をお話する前に一應現在までに知れてゐる毒性ガスとその防毒劑を次の表に示して見る。

防毒劑は何を用ひるか

毒ガスの表から見て解る通り、アダムサイトとか、イペリツト、ルイサイトのやうに皮膚をやられるものに對しては、また特別の方法をしなければならないが、一般の毒ガスは肺がやられて苦しくなるものが多い。そしてその防毒劑は殆んど全部を通じて活性炭と曹達石灰の中を通過させることによつて吸收されるから、こゝに出發してその裝置を作れば、それが即ち防毒面である。この曹達石灰と云ふのは消石灰を主劑としたアルカリ性のもので、活性炭とは木炭に水蒸氣

Part 2 戦争と科学

D
1933年(昭和8年)10月号
p127「毒ガス用防毒面の作り方」

E 1932年（昭和7年）2月号
p31満蒙の地勢・地質・風土」

満蒙の地勢・地質・風土

＝その特權と資源＝

川瀬侍郎

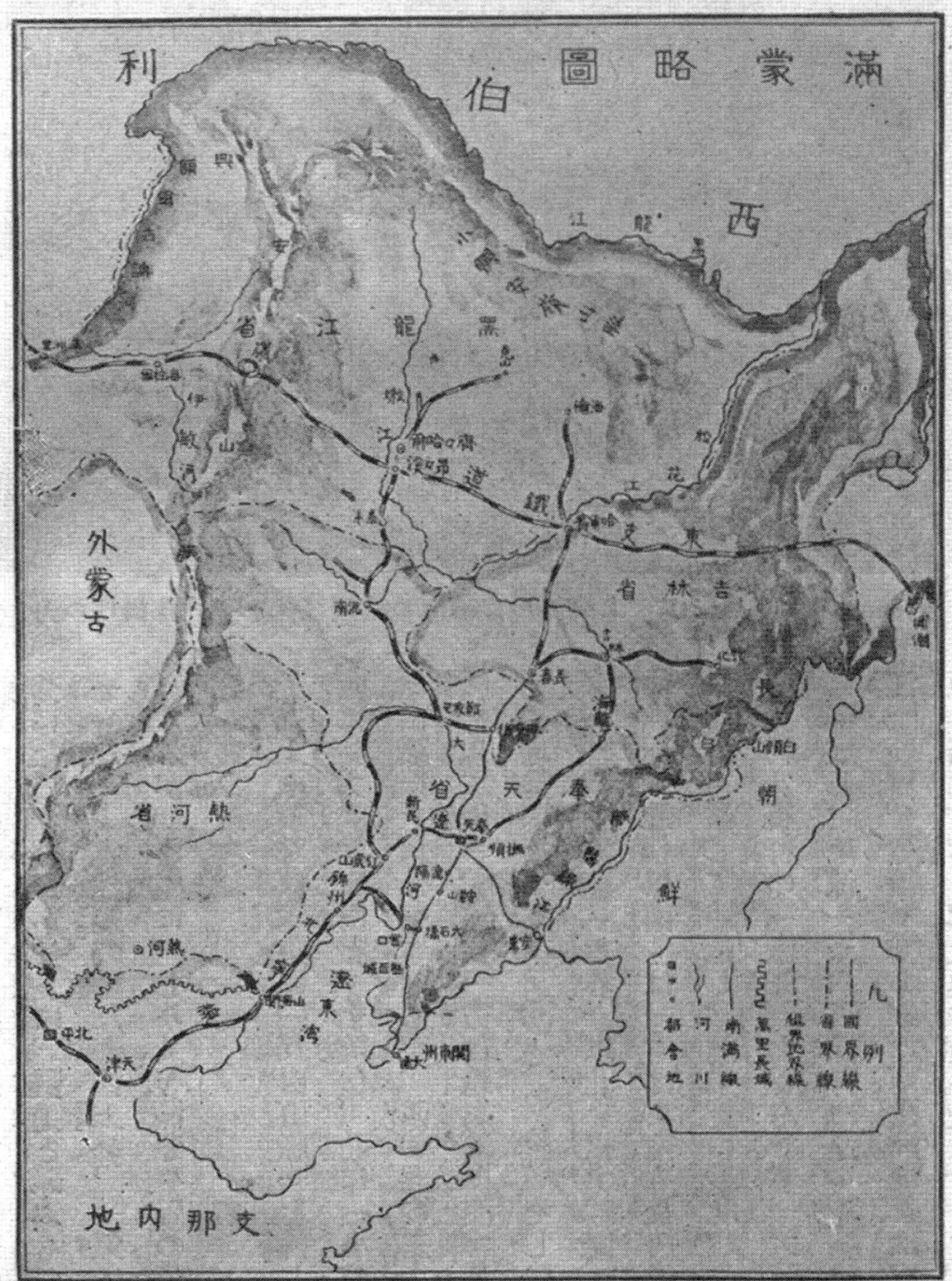

地勢

満蒙の位置及面積　満蒙とは、東徑一一五・四〇―一三五・〇度、北緯三八・四〇―五三・三〇度内にあり、奉天、吉林、黑龍江―所謂東三省―と、熱河省とを指すものであつて、條約上確保された我邦權益の嚴存せる地域である。廣袤七萬四千方里、人口二千八百萬、其の面積に於いて、朝鮮、臺灣、樺太を除いた舊日本の約三倍に當るが、人口は反對にその半數にも滿たない、一方里平均三百七十人の密度である。であるから人口の抱擁力が非常に大きい、土地利用上の餘地と、天與の資源の未だ開けきらないものとは非常に多い。尚未墾「耕地面積」は、約一千三百町歩で、此の廣地が一千二百萬町歩が殘されてゐる。此の廣漠たる滿蒙に開發上にも、交通上にも、重要な役割をなし、恰度大動脈の關係に置かれてゐるのは、云ふ迄もなく、我權益下にある「南滿洲鐵道本線」と、露、支協同の管理下にある、東支鐵道である。此の二線が丁字形に、恰も蜻蛉が稍東北に傾いて、地上に止つた如な恰好を表はしてゐる、此に頭首ができ、手足がつき、更に胴が增え、尾が生えなどして

Ⓔ

北方興安嶺中に棲息する鄂倫春（オロチヨン）族
猛虎狼の如く食人種とさへ稱せらる

風土

氣候 緯度の關係でも分る樣に、溫帶の北部に位し、大陸性で、寒暑共に極端である。秋期より翌春五六月頃にかけ、日出—日沒、日沒—日出、卽ち一晝又は夜の間連續の强風が吹き易い。世に「蒙古風」又は「關門風」と稱へられてゐる、降雨・降雪共に少量で、乾燥帶となす所以である、零下何十度＝攝氏零下二〇—五〇度＝と聞いた丈けで身顫ひがする嚴寒でも、所謂「三寒四溫」＝三日間寒く四日間暖かい＝と稱へられる、氣象循環の自然原則によつて、また凌ぎよい處がある、子供等が喜々として屋外遊戯に餘念がないのも、かうした爲である、一般に我内地に比べて「より以上」の健康地であると、賞揚されてゐるのである。長壽の秘訣を守つてゐる譯でもあるまいが、百四十餘歳や、百六十歳で、尚矍鑠として現存して居る翁の事實を、見聞するに及んで、何かそこに相關聯して居るといふ事が、否定できない。

特權と資源

滿蒙に於けるわが特權といふのは、日清・日露の兩戰役で國運を賭し、二十億の國帑と、二十萬の生靈とを犧牲にして購つた代償である。決して他から漫然と轉げ込んだ代物でもなければ、又、他から一指だつて指される筋合のものでない、といつてその領土をわが物視する沒曉漢とは、全然譯が違ふ、どこ迄も日支の共存共榮、延いては東亞民族の樂土たらしめるといふのが、我國是である。

資源 南滿洲鐵道株式會社＝半官半民會社＝が國是の代表として卒先し、外に民間からの投資額とを併せ、二十億の大資本を以て着々資源の開發に、或は地方の文化に盡してゐるのである。資源の主なるものは

炭鑛＝撫順、埋藏量九億噸—煙臺・埋藏量四千萬噸—本溪湖・埋藏量一億噸、製鐵＝鞍山・鑛量三億噸

森林＝吉林—黑龍江・貯藏木材五十億石其他、砂金、曹達、岩鹽、各種農産物（大豆三千二百萬石、高粱三千萬石、小麥一千六百萬石等）、家畜（熱河省一帶丈けで二百萬頭を算す）、藥材等は非常な數量に上る。

以上の如く、工業化の原動力たる石炭、鐵、更に各種原料を開發する事によりて、我國の將來は充分に自給自足し得るのであるから、滿洲は我生命に對する咽喉である。塞げば窒息する外ない。此でこそ滿蒙の特權擁護に全力を注がねばならぬ理由が分るであらう。

満州について解説している「満蒙の地勢・地質・風土」Ⓔには次のような記述があります。

「満蒙におけるわが特権というのは、日清・日露の両戦役で国運を賭し、二十億の国帑（国家の財産）と、二十万の生霊とを犠牲にして購った代償である。決して他から漫然と転げ込んだ代物でもなければ、また、他から一指だって指される筋合のものでない、といったその領土をわが物視するわからずやとは、全然訳が違う、どこまでも日支の共存共栄、ひいては東亜民族の楽土たらしめるというのが、我国是である。」

関東軍は戦前日本のクソ（失礼！）を煮詰めたような存在ですが、そのきれい事を本気で信じていた人たちも少なからずいたのは確かでしょう。

2024年のロシアやイスラエルの人々もそう思ってるのでしょうか…

中国との戦争が始まった

1937

ここに登場するのはすべて1937年9月増刊号。当時の小中学生に向けて、最新兵器と時局を真剣に解説する姿勢が印象的な一冊です。写真も付録も充実した豪華版であります。

(1186)

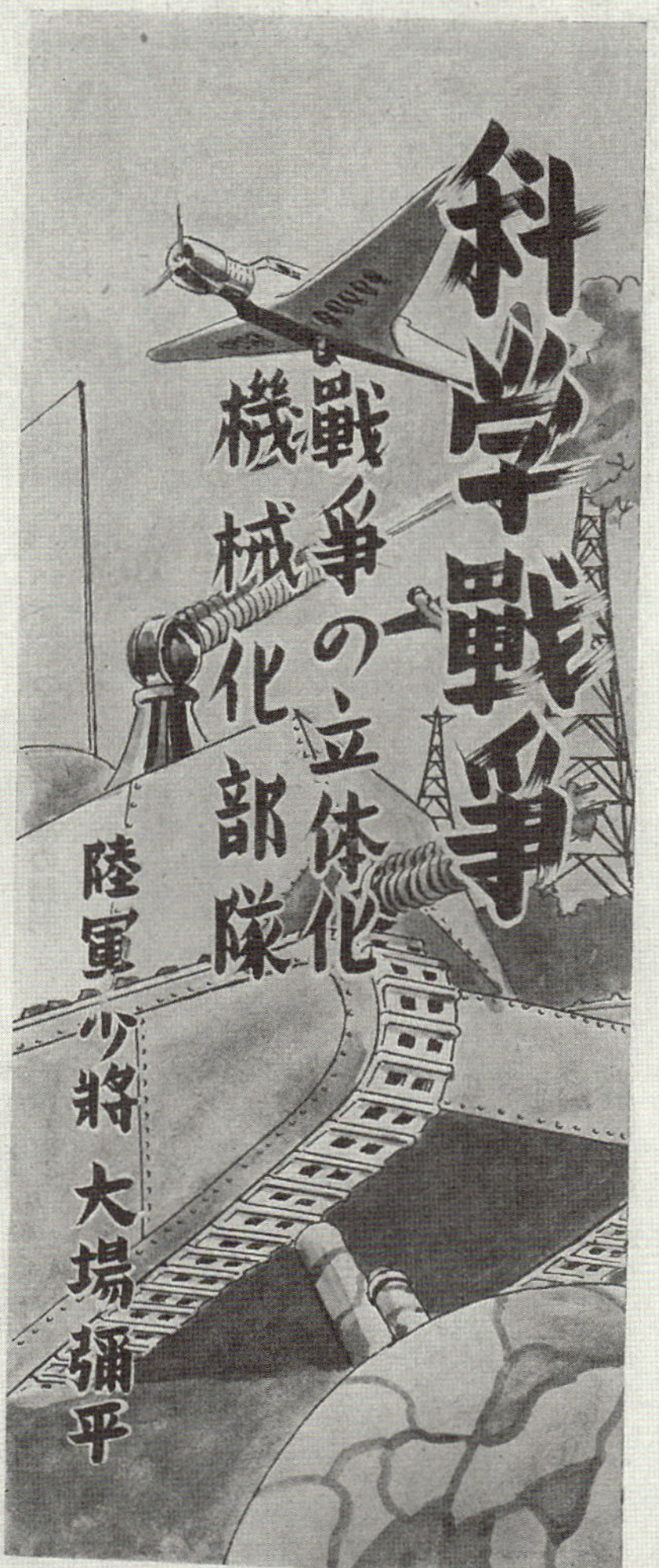

戰爭の立體化

昔の戰爭と今の戰爭

戰爭の立體化——といふと、むづかしさうに聞えるが、一體それはどんなことだ。

人間が戰爭をやり出してこのかた、何千年といふ長い間、數へきれないほどたくさん戰をやつてるが、それはみな、野原や山、谷、湖、海の上といつたやうに、われ〳〵人類の住んでゐる地球の表面といふ一平面の上ばかりで、斬つたり斬られたり、撃つたり撃たれたり、進んだり逃げたり、攻めたり攻められたりしたにすぎなかつたのだ。

そして、その戰爭をする人たちは、一歩でも地べたを離れなかつたし、離れることもできなかつたのだ。すなはち一平面上で踊る跳ねるの戰爭だつたのである。

ところで今日の戰爭はどうだ。

飛行機といふ魔物が飛び出し、地上で鎬をけづつてゐる戰爭に、空から襲ひかゝるではないか。

その飛行機は、銀翼を大空に輝しなが

B
1937年（昭和12年）9月増刊号
p16「科学戦争　戦争の立体化　機械化部隊」

日中戦争開始2ヶ月後に戦争特集の増刊号発売

日本の歴史を語る際、「戦前」「戦中」「戦後」という用語がよく使われます。では、日本の「戦中」とはいつからでしょうか？　それは、1937年（昭和12年）7月7日からということになります。

中国北部において、日本軍と中華民国（中華人民共和国ではありません）の中国国民党軍が衝突し、盧溝橋事件が勃発。こうして始まったのが日中戦争（支那事変や日華事変とも言われます）です。

この戦争の始まりを『子供の科学』はどう伝えたのか。

特集記事どころか、1937年（昭和12年）9月に「戦争と科学」という1冊丸ごと戦

1928
治安維持法改正
第二次山東出兵

1929
世界恐慌

1930
ロンドン海軍軍縮条約調印

1931
満州事変

1932
上海事変
満州国建国
五・一五事件

1933
国際連盟脱退
ヒトラー政権成立（独）

1934
ワシントン海軍軍縮条約を破棄
ソ連が国際連盟に加盟

1936
二・二六事件

1937
盧溝橋事件

1938
国家総動員法公布

1939
ノモンハン事件
米の配給制始まる
賃金価格の統制始まる
ドイツ、ポーランドに侵攻

1940
日独伊三国軍事同盟調印
大政翼賛会成立

1941
在米日本人資産凍結
米、対日石油禁輸
真珠湾攻撃
小学校が国民学校になる

1942
ミッドウェー海戦で日本軍大敗
米軍が日本本土を空襲

1943
ガダルカナル島で日本軍大敗
学徒出陣始まる
イタリア降伏

1944
B29が東京を空襲
大都市学童の集団疎開始まる
中学校の勤労動員決定
砂糖の家庭用配給停止

1945
米軍、沖縄上陸
ドイツ無条件降伏
ポツダム宣言発表
米軍、広島・長崎に原子爆弾を投下
ポツダム宣言受諾　終戦

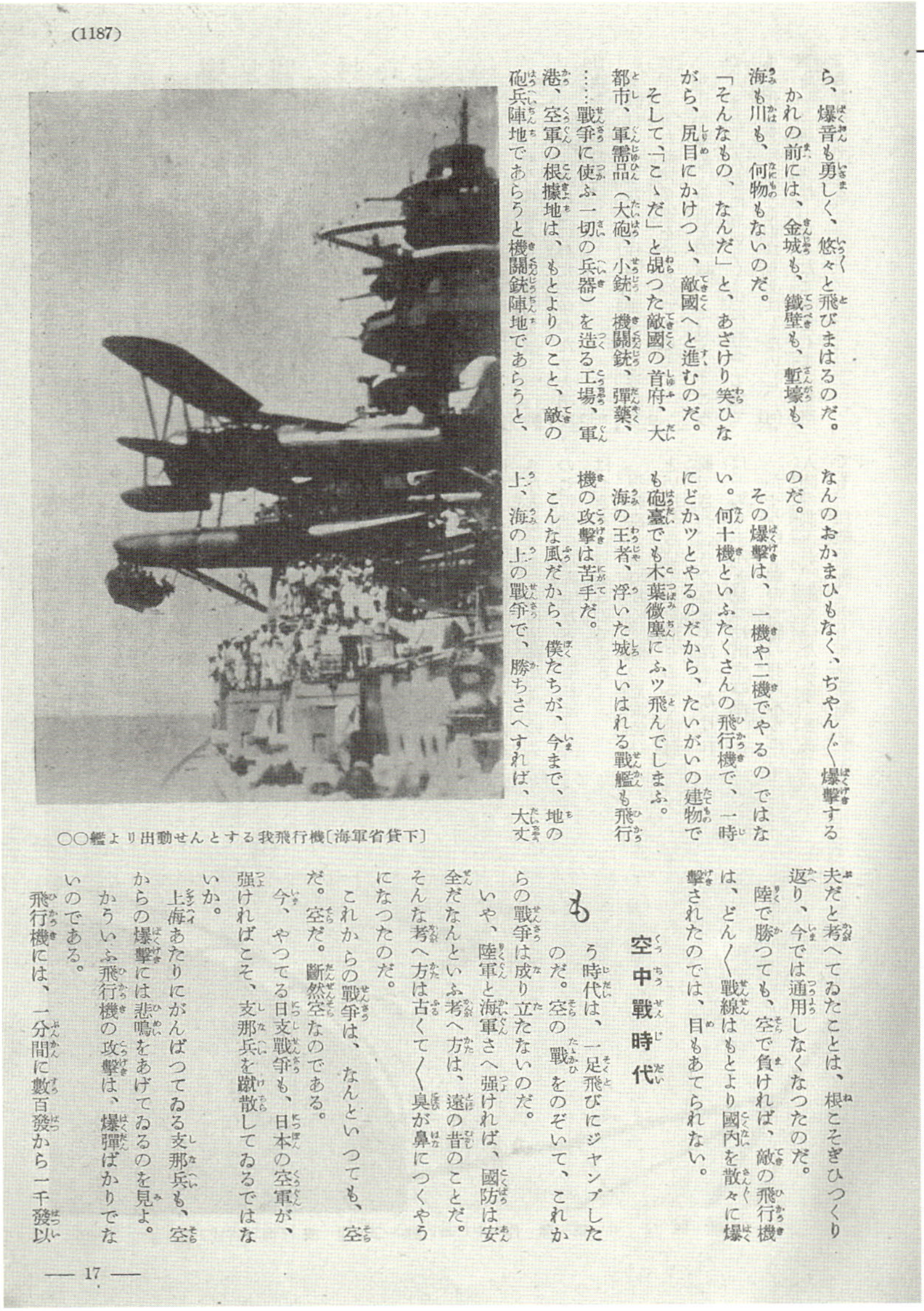
(1187)

ら、爆音も勇しく、悠々と飛びまはるのだ。

かれの前には、金城も、鐵壁も、塹壕も、海も川も、何物もないのだ。

「そんなもの、なんだ」と、あざけり笑ひながら、尻目にかけつゝ、敵國へと進むのだ。

そして「こゝだ」と覘つた敵國の首府、大都市、軍需品（大砲、小銃、機關銃、彈藥、……戰爭に使ふ一切の兵器）を造る工場、軍港、空軍の根據地は、もとよりのこと、敵の砲兵陣地であらうと機關銃陣地であらうと、なんのおかまひもなく、ちやん／＼爆撃するのだ。

その爆撃は、一機や二機でやるのではない。何十機といふたくさんの飛行機で、一時にどかッとやるのだから、たいがいの建物でも砲臺でも木葉微塵にふッ飛んでしまふ。

海の王者、浮いた城といはれる戰艦も飛行機の攻撃は苦手だ。

こんな風だから、僕たちが、今まで、地の上、海の上の戰爭で、勝ちさへすれば、大丈夫だと考へてゐたことは、根こそぎひつくり返り、今では通用しなくなつたのだ。

陸で勝つても、空で負ければ、敵の飛行機は、どん／＼戰線はもとより國內を散々に爆撃されたのでは、目もあてられない。

○○艦より出動せんとする我飛行機〔海軍省貸下〕

空中戰時代

もう時代は、一足飛びにジャンプしたのだ。空の戰をのぞいて、これからの戰爭は成り立たないのだ。

いや、陸軍と海軍さへ強ければ、國防は安全だなんといふ考へ方は、遠の昔のことだ。そんな考へ方は古くて／＼臭が鼻につくやうになつたのだ。

これからの戰爭は、なんといつても、空だ。空だ。斷然空なのである。

今、やつてる日支戰爭も、日本の空軍が、強ければこそ、支那兵を蹴散してゐるではないか。

上海あたりにがんばつてゐる支那兵も、空からの爆撃には悲鳴をあげてゐるのを見よ。かういふ飛行機の攻撃は、爆彈ばかりでないのである。

飛行機には、一分間に數百發から一千發以

— 17 —

A 1937年（昭和12年）9月増刊号 表紙

争の増刊号を刊行していますA。

記事の中心はやはり兵器解説ですが、グラビアページでは「北支戦線に活躍する皇軍」「山岳戦にあがる凱歌」「無敵皇軍の活躍」、また「南京爆撃行」という兵士のインタビューなど、戦意高揚の記事が目立ちます。

「支那事変と列国の態度」という論説記事では、欧米の姿勢に対する反発が書かれていますが、ヒステリックな精神論は抑えられていて、「鬼畜米英」といった表現も見られません。「科学戦争 戦争の立体化機械化部隊」といった記事に見られるように、いかに戦争を科学的に進めるかがこの増刊号のテーマになっています。

そもそも日本は日露戦争でロシアの機関銃で痛い目を見ており、それ以降、軍備の近代化を至上命題としていたわけです。もっとも、戦争の進行に伴って、近代兵器は払底し、竹槍を国民に持たせる羽目になるわけですが。

9月増刊号の編集局だよりⒻには、次のように書かれています。

「今度の事変において、私たちが痛切に身にしみたことは、勿論この聖戦に当たって断乎敵を撃つ、勇敢無比の皇軍の奮闘によって、この輝かしい勝利を将来したのでありますが、また一面には文明国の非文明国に対する圧倒的勝利であり、科学の非科学的なものに対する断然たる制覇であります。

「飛行機、機械化部隊、理化学兵器あるいは光学兵器等、ほとんど現代戦を決定する精鋭な武器がその国の科学力の水準と平行し、将来如何にますます科学の発達に相俟（あいま）つかということは、今更云うまでもないことでしょう。」

「科学の使命が、お互の人間相撃つところの手段の生産でないことは勿論でありますが、しかもなお戦争の絶えないかぎり、科学は私たちの安寧や正しいものを主張し護るところの最大の武器となります。支那事変のたけなわな今日、この『戦争と科学』を皆さんに贈ることのできるのを喜びたいと思います。」

「科学戦争の立体化」Ⓑで「これからの戦争は、なんといっても、空だ。空だ。断然空なのである」と書かれているように、増刊号の兵器解説はほとんど飛行機関連で占められています。

第一次世界大戦（1914年（大正3年）7月28日〜1918年（大正7年）11月11日）が始まった頃、飛行機の役割は偵察などの補助的な任務が主で、その後拳銃で操縦士が撃ち合う「空中戦」や手投げでの「爆撃」が行われていました。それが1937年（昭和12年）の増刊号では、子供向けに空中戦の方法が解説されるようになっているわけですⒸ。

ただ、この頃の機体は、太平洋戦争の頃に比べるとまだまだ発展途上です。「邁進する〝空中要塞〟」Ⓓでは、新鋭機としてターボチャージャーを搭載した米空軍のB―17爆撃機が紹介されていますが、この機体は密閉式ではありませんでした。つまり、せっかくのターボチャージャーで高空を飛行できたのに、乗員は防寒装備が必要だったということです。ちなみに、B―17が実戦に投入されるのは第二次世界大戦（1939年（昭和14年）9月1日〜1945年（昭和20年）9月2日）のヨーロッパ戦線なので、日本には来ていません。

また、「邁進する空中要塞」という記事タイトルからわかるように、この時点ではアメリカはまったく敵国扱いされていないことにも注目してください。

日中戦争は始まったものの、「未来戦の兵器」Ⓔのように空想的な要素の入った記事も見られます（筆者は陸軍少将）。新兵器として挙げられているのは、第一次世界大戦ですでに使われた毒ガスのほか、怪力線、無線操縦、電気砲、不可超音波兵器、テレビジョン、不可視光線兵器、ノクトビジョン（暗視装置）、飛行タンクなど。原理のよくわからない怪力線やすごい装甲を備えた飛行タンクはともかくとして、ほかは実現可能性の高い兵器が並んでいます。電気砲というのは、電磁気を使って弾体を加速する、いわゆるレールガンですね。

この時点では、誌面にも悲壮さはなく、「科学兵器で戦争に勝つ」という高揚感が伝わってきます。

(1210)

空中戰の方法

陸軍少將　大場彌平

空中戰の二つの方法

飛行機の役割は今まで述べたやうに實に大きい。だからこれからの戰争で、空をわがものにし、大手を振つて横行濶歩するやうにならなければ駄目だ。たとひ、地上の戰で勝つても、空で負ければ、敵の大空軍は、忽ちにして戰線を飛び越え、海を飛び越え、襲ひ來るのだ。そしてそこに目も當てられない惨状が起るのである。

だから、敵機を、一機でも多く撃ち落とすことは、ごく大事なことである。

そのため、わが空軍は、敵の空軍根據地を爆撃するのだが、やつて來る敵機を撃ち落とす方法には(1)高射砲、高射機關銃といつた地上の防空火器でやるもの、(2)飛行機で空中戰闘をやり、そして落とすものと、から二つがある。

ところで、地上火器でやる方法は、敵機が、その上に來なければ駄目だし、また非常に高い空から、或は雲の上を飛んで來たとき

—40—

C 1937年（昭和12年）9月増刊号
p40「空中戦の方法」

D 1937年（昭和12年）9月増刊号
グラビア「邁進する“空中要塞”」

Part 2
戦争と科学

1937年(昭和12年)9月増刊号折込
「近代的戦線の攻防」

た．飛行機，戰車，裝甲自動車等の機械化部隊，堅固な地下要塞，さては地下飛行場等，地上の戰闘は一變して空中と地
その國の兵器を見れば分るとさへ云はれるが，國家と國家とが各自の最高水準の科學力を傾到して戰はれる近代戰が，ど
端を示したもので，地上に空中に或は地下要塞のやうなトーチカに，華々しい立體戰を描いたものである．

近代的戰線の攻防 科學と人智の進步發達は近代の戰爭を，從來のそれと比較して，全く一變させた．飛行機，
下とに擴充され，ものすごい立體戰を演ずるやうになつた．一國科學の發達はその國の兵器
なに複雜で，戰慄すべきもので激烈なものであるかは，凡そ想像するにとまらない．圖は近代戰における攻防の一端を示したも

E

1937年（昭和12年）9月増刊号
p104-107「未来戦の兵器」

(1274)

未來戰の兵器

●科學の力は將來、ど●
●んな兵器を生むか？●
●空中、地下タンクや●
●空、陸、水中飛行軍●
●艦や新動力の發明等●

陸軍少將　佐藤榮樹

はしがき

歐洲戰爭がはじまる直前まで、誰があの戰車の出現を豫想し、毒ガスの猛威を想像し、あれほど、偉大な働きをした飛行機の効用を期待したものがあつたらうか。全く科學兵器は時代文化の尖端をゆく感があり、一戰爭あるごとに想像もつかぬ新鋭武器が現はれることは、近代戰爭の常則である。

こゝに未來戰の武器として、筆者が想像をたくましくして描いた兵器も、或は明日の戰場に現はれないとも限らない。或ひは又、既に某々國の作戰本部では、この種の武器の製造を開始してゐるかも知れない。しかしあくまで可能性ある範圍内での想像の未來戰兵器である點に留意せられたい。

一般に近代戰は鐵と火藥と液體燃料と光學ガラスと電氣との、五大要素からなりたつてゐると稱せられる。しかし、この他に毒ガスなどの武器も考へられる。

いろ〳〵な新しい兵器

毒ガス

毒ガスは現代戰の花形であり、ヘーグ條約の有無にかゝはらず、未來戰には必ずやその猛威を揮ふことであらう。ドイツ軍がイープルの野に、これを使用して佛軍を悩ましてから、催涙ガス、窒息性ガス等といふ生易しいガスから、いよいよその殘忍性を増し、糜爛性ガス、中毒ガスと發達したが、將來は催眠性麻醉ガスとい

(1275)

ふもの〻出現が想像される。敵兵に肉體的障害を及ぼさずして麻醉狀態に陷らして、その陣地を占領し、武裝を解除することが出來れば、これは又一面最も人道的武器と稱することが出來やう。

猛威をふるふ毒ガス戰

怪力線

一名殺人光線ともいふこの不可思議な放射線は、それが超短波の電波であるか、高周波の音波であるか、或ひは又高壓電流の無線放射であるか、又は超熱線の放射か、一切を謎のベールに隠して、各國共その研究には相當の努力を費してゐると思はれる。そして今や、人馬、その他一切の生物を殺傷し、自動車、飛行機等の發動機を止め、遠方の火藥を爆發せしめる。不可視不聽音のこの怪力線は學理的には全く可能合理的であることが證明せられて、たゞ目下の處は、實用圏内に踏み出さないだけである。

無線操縦

人命尊重の意味から、強力な無電波により、操縦者の乗つてゐない航空機、戰車、艦船、水雷等を自由自在に操縦せんとするのが、この無線操縦である。一九〇五年簡單なものがフランスで成功して以來、大戰末期には、既に實用に適する程度に發達した。その後最も困難とされる飛行機の無線操縦も英獨等で成功し、我國でも陸海軍ともに種種の試驗を行つて居る。將來戰に於て、無人のタンクが戰線を蹂躙し、無人の爆彈機が敵の中心都市を襲つて、毒ガス彈、燒夷彈、細菌彈、破壞爆彈を雨と降らせる光景を想像すれば、その慘禍には慄然たらざるを得まい。特に魚雷は無線操縦によつて、その無航跡魚雷の面目を遺憾なく發揮し、その命中率は非常に高まり、しかもその射程は延伸して、恐るべき海戰兵

怪力線で飛行機を撃つ

(1276)

器となるであらう。同時に空中を飛ぶ有翼魚雷は、當然その巨大な爆藥實質を以て數百粁の空中を無線操縦せられて、敵の樞要地帶を襲ふことであらう。

電氣砲

この考案の代表的なものとしてはフランスのヴィユブレイ氏の案がある。これは「フレーミング」の法則即ち磁場内にある導體に電流を通ずる時、その物體は吸引力の作用を受けて、その位置を移動するといふ原理によつたものである。無煙無音の大砲であり、火藥なしに初速秒三千米、射程八百粁を得られると稱されてゐる。この砲も小銃試驗等では相當の成果を擧げてゐるが、大きな大砲になると、電氣容量や、各種の電氣障害等でまだ實現の運びにいたつてゐない。しかし、必ずしも不可能ではないのだから、將來戰には大いに活躍するであらう。

不可聽音波兵器

我々の聽き得る音の振動數は、毎秒十六より最大二萬回位のものであるが、これ以上の音波も存在し、また發生することもできる。この音波は人の耳にきこえないのであるから、秘密通信に用ひられ、又短電波の如く指向性を與へ得るので、潜水艦の港灣侵入偵察、水中通信、水深測定、航空機の高度測定に用ひられる。前述の怪力線の一說として高周波の音波を用ひるといふのは、振動數毎秒三十萬乃至四十萬のもので、水中の小魚等が死ぬのは事實であるが、果して殺人能力があるか否かはまだ判明しない。

電視（テレビジョン）

電送寫眞はすでに實用に供されて、事變寫眞の電送に活躍しゐるが、テレビジョンも、もはや殆ど實用の域に達しやうとしてゐる。紀元二千六百年の紀念祝典までには、我が國でもこれが實用化に乗り出さうといふ話しであるが、誠に結構なことである。今や軍司令官がゐながら、戰場から送られるテレビジョンによつて、親

(1277)

しく戰場の狀況を視察しつゝ、軍命令を下し得る時代は、正に近きにあるといふことが出來るのである。

不可視光線兵器

不可視光線には、紫より波長の短い紫外線と、赤より波長の長い赤外線がある。そして紫外線は、螢光板、光電池、寫眞乾板等によらなければ檢出できないし、赤外線は、熱電椎、燐光板、光電池等によらなければ檢出できない。この特性を利用して通信機や、寫眞機や、候敵機がそれぞれ應用工夫されてゐる。赤外線回光通信機は既に實用に供され、又光電話は研究が着々進んでゐる。赤外線寫眞は又、暗中目標の發見、煙幕濃霧中の透視、並に望遠寫眞、偽裝の曝露等軍事上頗る用途が廣い。赤外線候敵機は投光機より赤外線を射出し、これを光電管で受けて、この中間に遮斷物體が現はれた時には、直に警報を發し、又は鐵砲を發射する仕掛けで、誠に妙である。

暗視（スクトビジョン）

暗中透視であり、これはテレビジョンの一層進歩したもので、赤外線を暗中の目標に投射して、その反射光線を、暗視機に受けて、それを可視の現像とする考案である。目下學理的には實驗の方法があるけれども、たゞしその距離が短い憾みがある。將來これが進歩した時には、暗夜や濃霧を透して、敵の行動を、白晝のやうに見ることが出來るので、かの探照燈の如きは無用の長物となるわけである。

有毒針彈

各兵士が持つ自動式火器は、相當優秀なものが現はれるであらうが、現代の如くニッケル被甲の彈丸によつて、敵に生理的傷害を與へるといふものよりも、傷口はごく小さく、針でついたやうな輕傷だが、その針の尖につけた猛毒結晶體の作用によつて、痛みもなく昏睡狀態より死に陷るやうな武器が生れることは不可能事だらうか。このやうな輕小な彈丸が、散彈となつて無數に射出されたならば、恐らく兵士は面をむける術も知らぬであらう。

飛行タンク

飛行機が電氣推進になることは吾等の理想である。蓄電池の重量輕減の問題さへ片づけば、これは可能なことである。その曉、マグネシユーム輕合金より更に輕い、しかも強靱な合金の完成によつて、裝甲を嚴重にした飛行機こそ、とりも直さず飛行タンクなのである。しかも空中停止、垂直昇降が可能となれば、實にすばらしい人智の極致である。そしてその時こそ地球一週二十四時間の速力が、成層圏の征服によつて可能となつてゐることだらう。東京よりニューヨークまで往復二十餘時間といふ

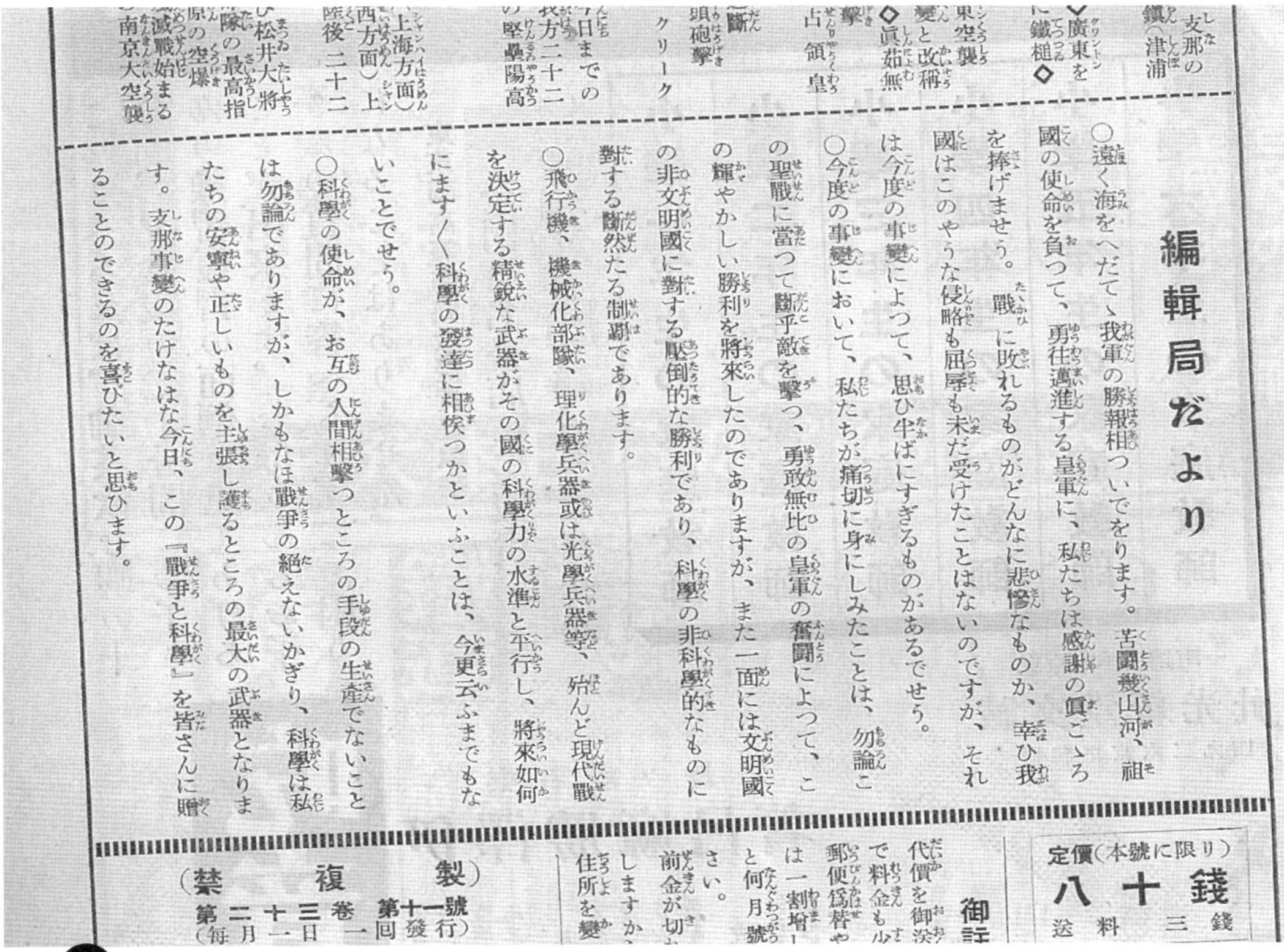

支那の鎭（津浦
◇廣東をに鐵槌◇
東空襲變と改稱◇眞茹無
擊占領皇
斷頭砲擊クリーク
今日までの我方二十二の堅壘陽高
上海方面）西方面）上陸後二十二
び松井大將隊の最高指原の空爆滅戰始まる南京大空襲

編輯局だより

○遠く海をへだて、我軍の勝報相ついでをります。苦鬪幾山河、祖國の使命を負つて、勇往邁進する皇軍に、私たちは感謝の眞ごゝろを捧げませう。戰ひに敗れるものがどんなに悲慘なものか、幸ひ我國はこのやうな侵略も屈辱も未だ受けたことはないのですが、それは今度の事變によつて、思ひ半ばにすぎるものがあるでせう。

○今度の事變において、私たちが痛切に身にしみたことは、勿論この聖戰に當つて斷乎敵を擊つ、勇敢無比の皇軍の奮鬪によつて、この輝やかしい勝利を將來したのでありますが、また一面には文明國の非文明國に對する壓倒的な勝利であり、科學の非科學的なものに對する斷然たる制覇であります。

○飛行機、機械化部隊、理化學兵器或は光學兵器等、殆んど現代戰を決定する精銳な武器がその國の科學力の水準と平行し、將來如何になりますか〳〵科學の發達に相俟つかといふことは、今更云ふまでもないことでせう。

○科學の使命が、お互の人間相擊つところの手段の生産でないことは勿論でありますが、しかもなほ戰爭の絕えないかぎり、科學は私たちの安寧や正しいものを主張し護るところの最大の武器となります。支那事變のたけなはな今日、この『戰爭と科學』を皆さんに贈ることのできるのを喜びたいと思ひます。

（禁　複　製）
第二十三卷　第十一號
（每月一日　一回發行）

御註
代價を御送
で料金も少
郵便爲替や
は一割增し
と何月號
さい。
前金が切
しますか
住所を變

定價（本號に限り）
八十錢
送料　三錢

F

1937年（昭和12年）9月増刊号
p157「編集局だより」

(1307)

時局豆知識

支那の地名の讀み方

わが海軍航空部隊が暴風雨をおかして、粉碎した支那空軍の根據地や、陷落させた支那の陣地の讀み方をお知らせ致しませう。平假名は日本讀みで、片假名は上海讀みです。同じ支那語といつても上海語は特別ですし、北支那と南支那ではそれ〴〵讀み方が違つてゐます。

虹橋	ほんきよう	ホンヂヤヲ
南翔	なんしよう	ナンジヤン
龍華	りゆうげ	ロンホア
寛橋	けんきよう	チエンチヤオ
紹興	しようこう	シヤオシン
杭州	こうしゆう	ハンチヨウ
南昌	なんしよう	ナンチヤン
吳淞	うーすん	ウースン
虹口	ほんきう	ホンキウ
黃浦江	こうほこう	ホアンプキヤン
北四川路	きたしせんろ	ポスチエロ
碼頭	まとう	マトウ
閘北	ざほく	ヅアポ
江灣	こうわん	キヤンワン
寶興路	ほうこうろ	パオシンロ

上海の溫度は？

上海は北緯卅一度十四分廿九秒十分の一に所在し、日本のちやうど薩摩大隅の南部に相當し、氣候的にみても日本人の居住に適してゐますが、大陸的であるため、溫度の急激な高低があります。最近四十四年間の平均を見ますと、七月の最高溫度八九度六、平均溫度八〇度三、最低七四度五、八月は最高九〇度、平均八〇度（大阪の平均は八一度）最低七四度三、九月最高八二度四、平均七三度、最低六六度九、六月から九月にはサマー・モンスーンといふ西南の季節風が吹き、七、八月の暑い時には最高百度にも達します。また雨の多いのは六月で、雨天の日は一年に約百三十日もあります。

北支の地勢

北支の戰線は文字どほり北支の奧、長城線に沿つた峨々たる山嶽地帶に移り、南口陷落につぐ旬餘の激戰の後、遂に天下の要嶮、居庸關もわが軍の占據するところとなり、張家口北平間の列車も再び開通することになりました。

北支の地勢は大體、大高原と大平原から成り、激戰の南口――居庸關の地帶は、大高原性斷層地帶をなしてゐます。即ち海拔千米から二千五百米の大行山脈の北に岐れた五台山脈が更に延びて南口山脈となり、八達嶺に及んで一大分水嶺を形成してをります。その嶺々を縫ふてかの萬里の長城が走つてゐるのです。そして八達嶺は標高千九百尺、居庸關には更にこれより胸つき八丁の羊腸たる急坂が約一哩の距離にわたつてゐます。

居庸關は山々相せまり、僅に一條の溪流の通ずるところに堡壘が構築してあり、これより三哩の上流にも一小城があつて、これを上關と稱し、俗に南口、居庸、上關の三つを總稱して居庸の三關と呼び、天嶮の要害を誇つてゐます。

しかし一夫を以て萬夫に當るべきこの天下の險も、わが軍の猛擊にあつては、一たまりもなく、今日では昔の夢物語になつてゐます。

海軍の高角砲とは

米船プレジデント・フーバー號に不法爆擊を加へた血迷へる支那軍飛行機に對し、わが軍艦は高角砲を以て、これを擊退したことが發表されてゐます。

高角砲とは、陸軍の高射砲とその目的を一つにするもので、敵の航空機射擊に用ひる軍艦の備砲のことです。十年前頃までは、高角砲は三吋砲が一番大きかつたのですが、近年では列國共に四・七吋砲、又は五吋砲を普通とし、また從前のものは手働式であつた爲に發射速度が遲く、快速な飛行機を射つには餘り適しませんでしたが、最近のものは總て自働式となつてゐるため、射擊速度も非常に增進し、舊來のものに比べ、高度において約二倍、また危害範圍においては約六倍となつてゐます。

— 137 —

1937年（昭和12年）9月増刊号
p137「時局豆知識」

現代もなお実現していない光線兵器や電気砲が列挙されている一方、無線操縦→ドローンや暗視はどんぴしゃりで実現しています。暗視にノクトビジョンというルビを振っている点に至っては脱帽。

Part 2
戦争と科学

まだ他人事だった!? 第二次大戦勃発

1939

「この大戦は日本に有利か」「好影響を受ける産業とは」そんな記事が並んでいる1939年。その5〜6年後の日本の惨状が想像できないほど平和な空気感です。

Ⓑ 1939年(昭和14年)10月号
『兄弟誌 小学生の科学』10月特大号広告

今や再び、世界大戦の火蓋は切られた

日本と中国の二国間戦争だった日中戦争が拡大していく一方、ヨーロッパではドイツによるポーランド侵攻、そしてイギリス・フランスへの宣戦布告によって、第二次世界大戦(1939年(昭和14年)9月1日〜1945年(昭和20年)9月2日)が始まります。

これを『子供の科学』でどのように紹介したかといえば、「他人事」でした。

1939年(昭和14年)10月特大号「編集局だより」Ⓐでは、次のように言及しています。

「空は青く高く澄みわたり、秋は日一日と深まってまいりました。燈火に親しむべき秋の長夜を、読書に、思索に、研究

1928
治安維持法改正
第二次山東出兵

1929
世界恐慌

1930
ロンドン海軍軍縮条約調印

1931
満州事変

1932
上海事変
満州国建国
五・一五事件

1933
国際連盟脱退
ヒトラー政権成立（独）

1934
ワシントン海軍軍縮条約を破棄
ソ連が国際連盟に加盟

1936
二・二六事件

1937
盧溝橋事件

1938
国家総動員法公布

1939
ノモンハン事件
米の配給制始まる
賃金価格の統制始まる
ドイツ、ポーランドに侵攻

1940
日独伊三国軍事同盟調印
大政翼賛会成立

1941
在米日本人資産凍結
米、対日石油禁輸
真珠湾攻撃
小学校が国民学校になる

1942
ミッドウェー海戦で日本軍大敗
米軍が日本本土を空襲

1943
ガダルカナル島で日本軍大敗
学徒出陣始まる
イタリア降伏

1944
B29が東京を空襲
大都市学童の集団疎開始まる
中学校の勤労動員決定
砂糖の家庭用配給停止

1945
米軍、沖縄上陸
ドイツ無条件降伏
ポツダム宣言発表
米軍、広島・長崎に原子爆弾を投下
ポツダム宣言受諾　終戦

A 1939年（昭和14年）10月号
p106「編集局だより」

（1062）

編輯局だより

○空は高く澄みわたり、秋は日一日と深まつてまゐりました。燈火に親しむべき秋の長夜を、讀書に、思索に、研究に、心ゆくまで過すことの出來る、絶好の季節です。ヨーロッパでは、ドイツとポーランドとの開戰に次いで、イギリスとフランスとが宣戰布告をなし、今や再び、世界大戰の火蓋は切られたのであります。

○我が日本は、直接それに關係はないやうですが、この大戰の影響は甚大であることを覺悟しなければなりません。たとへ、戰爭が文明を破壞するとしても、そのために文明は退歩するものではなく、文明の進歩、科學の發達は、寧ろ、戰爭といふ試練のために、ます〳〵その駿足を速めることと思はれます。

○さあ、この張り切つた十月特大號をごらん下さい。特輯としましては、例月の二つの設計圖のほかに、三十二頁に亘る「少年グライダー讀本」があります。皆さんが、劍道や柔道を習得なさると同樣に、グライダーを製作し、操縱し、またグライダーの知識を有つことは、世界先進國の國民として當然なことです。この讀本によつて、外國の少年たちに負けない、立派な「グライダー日本」を、皆さんの手でうち建てゝ下さい。

○口繪もグラビアもダブルトンも、夏の暑さを物ともせず、皆さんの期待を双肩に擔つて活躍した編輯部が、自信をもつて提供する「子科」獨自の素晴らしい内容です。

○吉永少佐の「對戰車砲の話」、白石大尉の「飛行機の無線通信」、西原少佐の「ノモンハン附近の空中戰」、この三つは、いづれも戰時下に相應しいお話で、思はず手に汗を握つて、壯烈な戰場を腦に描くことが出來ます。

○更に、中央氣象臺の三浦先生が富士山に於ける「高山氣象觀測の話」をして下さいました。珍らしい寫眞と珍らしいお話が、全頁に漲つております。また高瀬先生の「將來のテレヴィジョン」や山北先生の「東洋一の大變壓器」、それに科學映畫ニュースの「水鳥の生活」も、私たちが知りたくて堪らなかつたものです。

○「航空讀本」も「宇宙旅行」も、この戰時下、この季節を迎へて、ます〳〵充實し、木々先生の「綠の日章旗」は、海水着を着せられて、海岸に連れられ、ボートに乘つた千鶴子は、忽ち潮に流されて、海中に落ちこんでしまひました。そして、不思議にも、弟の進少年に會つたのです。その場所は、綠の日章旗國の潛水艦の中です。しかも、この潛水艦は、飛行機でもあるといふのです。そして、進少年と共に空に飛び上つた千鶴子は、一體どうなることでせう。次號を御期待下さい。

○「學習のペーヂ」と「製作のペーヂ」は他の雜誌の追隨を許さないものだけあつて、いつものやうに皆さんの喝采を博するものだと確信しております。模型製作こそ、將來の日本を背負つて立つ科學戰士としての、最も手輕な近道であり、最も實際的な勉强であります。

定價
本號に限り
六十五錢
送料四錢

新規定による豫約申込は、前金で
一年分　六圓二十錢
半年分　參圓十五錢
本誌は滿洲・支那・朝鮮・臺灣・樺太の組合の公定したる別示賣價を認む。

御註文のしかた

代價を御送り下さる方法は振替貯金が一番確かで料金も少しですみます。郵便爲替や切手代用でもよろしいが、切手代用は一割増しで願ひます。何れにしても住所氏名と何月號からといふことをはつきりかいて下さい。前金が切れると袋に『前金切れ』といふ印をおしますから直ぐ代金をお送り下さい。住所を變へたらすぐお知らせ下さい。

昭和十四年九月九日印刷納本
昭和十四年十月一日發行
編輯人　松下卓朗
東京市神田區錦町一丁目五番地
發行人　小川菊松
印刷人　小坂孟
東京市牛込區市谷加賀町一丁目十二番地
印刷所　大日本印刷株式會社
東京市神田區錦町一丁目五番地
發行所　誠文堂新光社
電話神田 二二六・二二七・二二八・二二九
振替口座 東京 六二二九四番

（禁　複　製）
第二十五卷　第十號
（毎月一日一回發行）

― 106 ―

1939年（昭和14年）10月号 表紙

に、心ゆくまで過ごすことの出来る絶好の季節です。ヨーロッパでは、ドイツとポーランドの開戦に次いで、イギリスとフランスとが宣戦布告をなし、今や再び、世界大戦の火蓋は切られたのでありま す。」

「我が日本は、直接それに関係はないようですがこの大戦の影響は甚大であるこ

1939年（昭和14年）
11月号 表紙

とを覚悟しなければなりません。たとえ、戦争が文明を破壊するとしても、そのために文明は退歩するものではなく文明の進歩、科学の発達は、寧ろ、戦争という試練のために、ますますその駿足を速めることと思われます。」

「さあ、この張り切った十月特大号をご覧下さい。特集としましては、例月の二田の設計図のほかに、三十二頁にわたる「少年グライダー読本」があります。〜」

同じ号には、兄弟誌『小学生の科学』の広告が掲載されていますB。特集1は「世界の陸海軍」ですが、キャッチは「本誌お自慢の美しい特集です」「世界に戦雲みなぎる頃ぜひ一読あれ」。特集2は「海外に活躍する日本人」で、「涙ぐましい日本人の海外発展こそ日本の未来だ」となっており、悲壮さはかけらもありません。

同年の11月号「時局講座」Cでは、「ヨーロッパ大戦」が日本の産業に与える影響を考察しています。

「好影響を受ける産業と、さほどでもない産業とが、相並んで存在していることを知っておくことが大切です。」

「何よりも困るのは、資源と石油が容易に手に入らなくなることです。」

と資源に関しては不安要素を指摘しつつ、

「支那事変を控えている日本として、これらのものに不自由することは、重工業の発展に非常な困難をきたすわけですが、その内に大陸の開発が進めば、この問題にも自ずから解決がつくことになります。」

と非常に楽観的な結論を出しています。

ちなみに、第二次世界大戦勃発の3ケ月前、7月号では、「ニューヨーク万国博覧会」Dを紹介している記事もあり、アメリカはまったく敵国として扱われていません。

ただ、こうした状況の裏で、国際関係は緊張感を増していました。たとえば、ワシントン海軍軍縮条約です。第一次世界大戦後の1922年（大正11年）、戦勝国の連合国側（日本も連合国側でした）は予算抑制のため、戦艦や航空母艦の保有を制限するワシントン海軍軍縮条約を結びました。しかし、この条約は1930年代はほとんど形骸化しており、日本も1933年に条約破

C

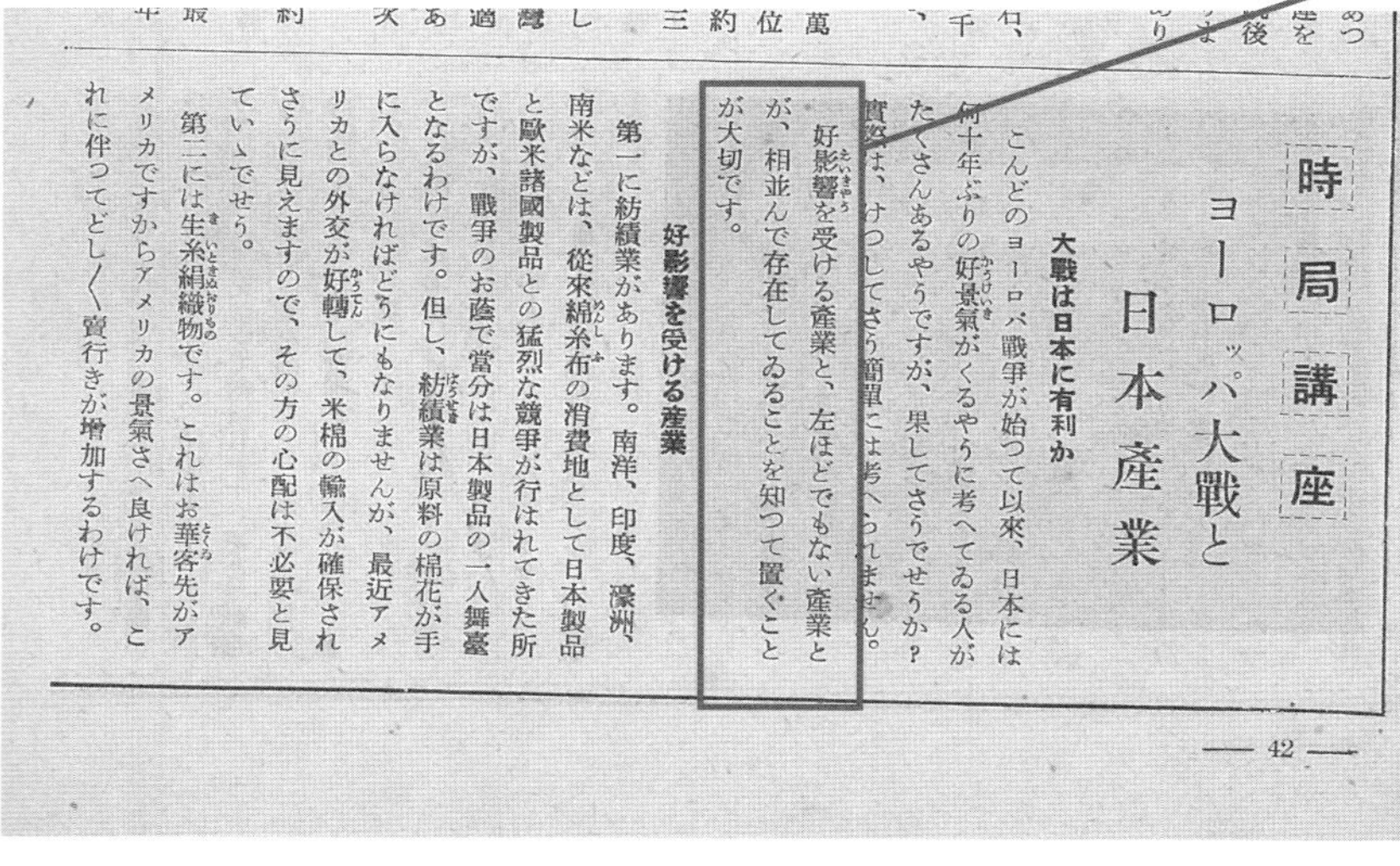
時局講座

ヨーロッパ大戰と日本產業

大戰は日本に有利か

こんどのヨーロッパ戰爭が始つて以來、日本には何十年ぶりの好景氣がくるやうに考へてゐる人がたくさんあるやうですが、果してさうでせうか？實際は、けつしてさう簡單には考へられません。

好影響を受ける產業と、左ほどでもない產業とが、相並んで存在してゐることを知つて置くことが大切です。

好影響を受ける產業

第一に紡績業があります。南洋、印度、濠洲、南米などは、從來綿糸布の消費地として日本製品と歐米諸國製品との猛烈な競爭が行はれてきた所ですが、戰爭のお蔭で當分は日本製品の一人舞臺となるわけです。但し、紡績業は原料の棉花が手に入らなければどうにもなりませんが、最近アメリカとの外交が好轉して、米棉の輸入が確保されさうに見えますので、その方の心配は不必要と見ていゝでせう。

第二には生糸絹織物です。これはお華客先がアメリカですからアメリカの景氣さへ良ければ、これに伴つてどしどし賣行きが增加するわけです。

— 42 —

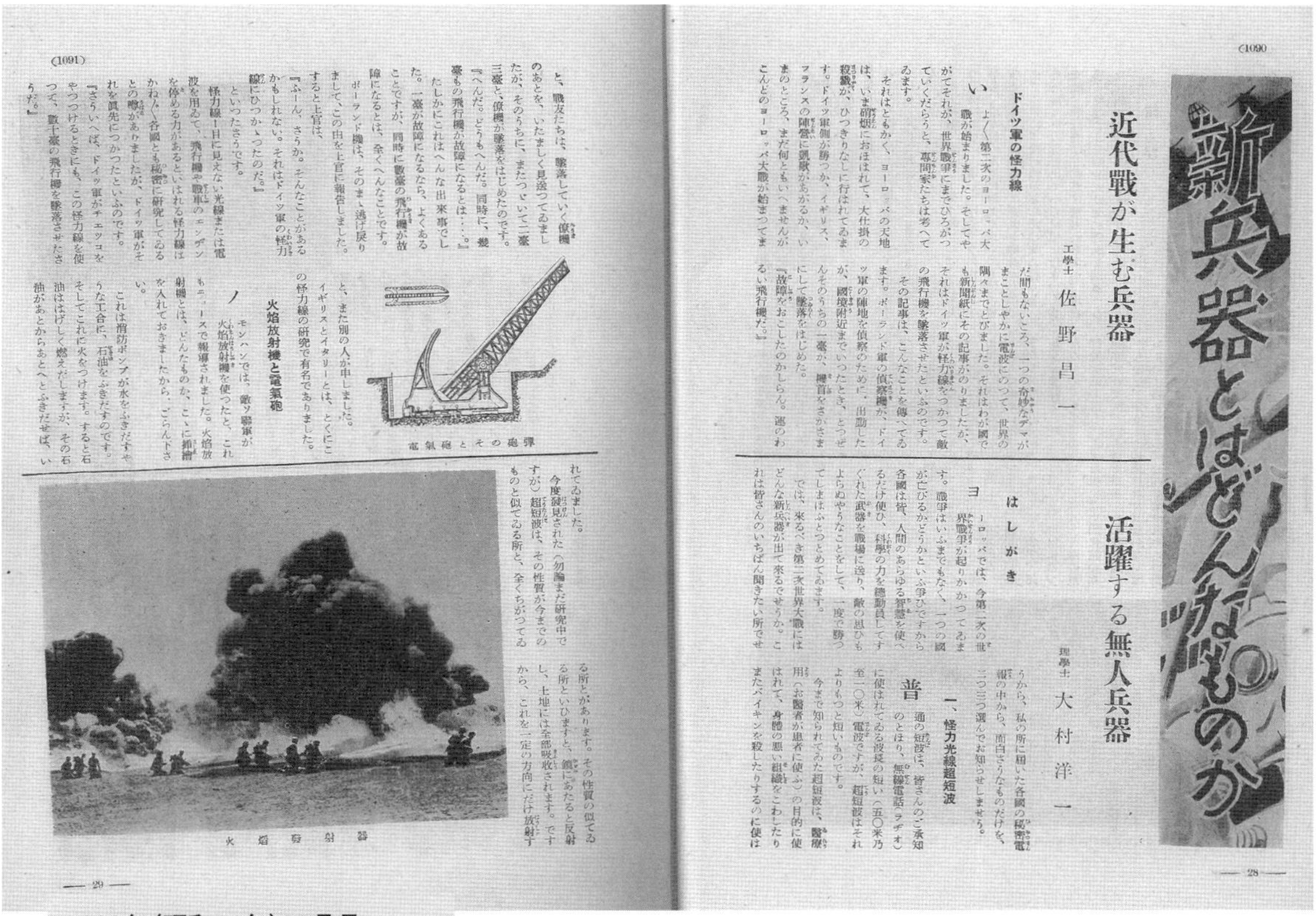
新兵器とはどんなものか

近代戰が生む兵器

工學士 佐野昌一

活躍する無人兵器

理學士 大村洋一

1939年（昭和14年）11月号
p28「新兵器とはどんなものか」

本誌のルビを見ればいかに本誌が米国萌えだったか隠しようがありません。厨二病かお前は（笑）

C
1939年（昭和14年）11月号
p142「時局講座　ヨーロッパ大戦と日本産業」

今度もヨーロッパの戰爭でアメリカは沸返るやうな景氣ですが、果して生糸の値段は一俵につき三百圓も跳ね上りました。

このほか、人絹、雜貨類、罐詰その他の食料品なども、以上のやうな理由によつて輸出が增大し、その製造工業は一齊に好況に向ふことになります。たゞ、こゝで考へなければならないことは石炭と電力の不足です。この不足がちな原動力を用いてどれほどの生產擴充が成し遂げられるか。こゝに日本の大戰景氣の一つの鍵があります。

惡影響を受ける產業

何よりも困るのは、鋼鐵と石油が容易に手に入らなくなることです。この二つは從來ほとんどアメリカから供給を仰いでゐるのですが、ヨーロッパ戰爭勃發と同時に、その方面からの需要が急增し、從つて價格が暴騰して今後容易なことでは入手できないことになるのではないかと思はれます。さらにイギリス、ドイツその他のヨーロッパ諸國から輸入してゐた、機械類は全然入手することができなくなりました。支那事變を控へてゐる日本として、これらのものに不自由することは、重工業の發展に非常な困難をきたすわけですが、その內に大陸の開發が進めば、この問題にも自づから解決がつくことになりませう。

以上に見るとほり、今度の大戰は、日本にとつて決して有利一方のものではないといふことを、はつきりと記憶して頂きたいのです。〔山本　健〕

— 43 —

棄を通告しています。1934年に、ワシントン海軍軍縮条約は完全に無効化され、それ以降各国は無制限に戦艦や空母を作り始めていきます。

D

1939年(昭和14年)7月号グラビア
「ニューヨーク万博博覧会」

明日の世界を物語る
ニューヨーク萬國博覽會

二十世紀文明の明日のアラビヤンナイトを物語るニューヨーク萬國大博覽

會は、去る四月末絢爛としてその豪華繪卷をくり擴げた。寫眞右上は同博覽會の夜景、左は博覽會の中心地帶を眞上から見たもので、尖塔はまた日時計の役目もしてゐる。寫眞は正に午前十一時を示してゐるもので、右上寫眞では、この附近が左後方に輝いてみえる。下は、この博覽會に參加したアメリカ航空母艦“レインヂヤー”の飛行甲板で、博覽會に航空母艦を出品するのは、如何にもアメリカらしい。

いよいよ日米開戦
1941-1943

本格的な戦争時代に突入。記事はもちろん、広告や編集後記からも開戦直後の勢いが伝わってきます。この時代に成長する子供たちには戦時下の覚悟が求められ始めます。

新しい年の始めに
皆さんと誓ひませう
聖戰第六年のお正月を迎へました。日本はいま、肇國以來の理想を世界に押しひろめる爲に、既に五年もの戰ひを續けてゐるのです。然し戰爭はまだまだこれからです。
幾十年かゝつても、石に噛りついても、どうしても成し遂げなければならない聖戰は、本當に皆さんのやうな少國民の力で、その目的が達成されるのです。皆さんは心からこのことを覺悟しなければなりません。
過ぎた一年の間、皆さんは色々良い事をして來ました。然し新しい昭和十七年には、皆さんはもつともつと勉强をして、更に益々お國の爲につくさなければなりません。新しい年を迎へるに當つて、皆さんはお友達と一緒になつて是非共左のことを固く心に誓ひ合はうではありませんか。
一、早寢早起、規則正しい生活をして、一分の時間でも生かして使ひませう。
二、無駄遣ひを止めて、一錢でも多く貯金しませう。
三、物を粗末にせず、一枚の紙でも大切にしませう。
四、よく運動して、強い日本の少國民になりませう。
大政翼贊會
明治製菓株式會社・献納廣告

A
1942年（昭和17年）1月号
表２広告「大政翼賛会」

緊張感はまだ薄いが着実に物不足になっていく

日本人にとって、1939年（昭和14年）に勃発した第二次世界大戦は、あくまでヨーロッパの戦争でした。この状況が大きく転換したのは、1941年（昭和16年）12月8日未明の真珠湾攻撃、そしてこれに続く、太平洋戦争の宣戦布告です。アメリカとイギリスを敵国として、太平洋戦争が始まりました。

1942年（昭和17年）1月号の『子供の科学』は、表紙をめくるといきなり「大政翼賛会」の一面広告が目に飛び込んできますA。

「聖戦第六年のお正月を迎えました。日本はいま、肇国以来の理想を世界に押し

1928
治安維持法改正
第二次山東出兵

1929
世界恐慌

1930
ロンドン海軍軍縮条約調印

1931
満州事変

1932
上海事変
満州国建国
五・一五事件

1933
国際連盟脱退
ヒトラー政権成立（独）

1934
ワシントン海軍軍縮条約を破棄
ソ連が国際連盟に加盟

1936
二・二六事件

1937
盧溝橋事件

1938
国家総動員法公布

1939
ノモンハン事件
米の配給制始まる
賃金価格の統制始まる
ドイツ、ポーランドに侵攻

1940
日独伊三国軍事同盟調印
大政翼賛会成立

1941
在米日本人資産凍結
米、対日石油禁輸
真珠湾攻撃
小学校が国民学校になる

1942
ミッドウェー海戦で日本軍大敗
米軍が日本本土を空襲

1943
ガダルカナル島で日本軍大敗
学徒出陣始まる
イタリア降伏

1944
B29が東京を空襲
大都市学童の集団疎開始まる
中学校の勤労動員決定
砂糖の家庭用配給停止

1945
米軍、沖縄上陸
ドイツ無条件降伏
ポツダム宣言発表
米軍、広島・長崎に原子爆弾を投下
ポツダム宣言受諾　終戦

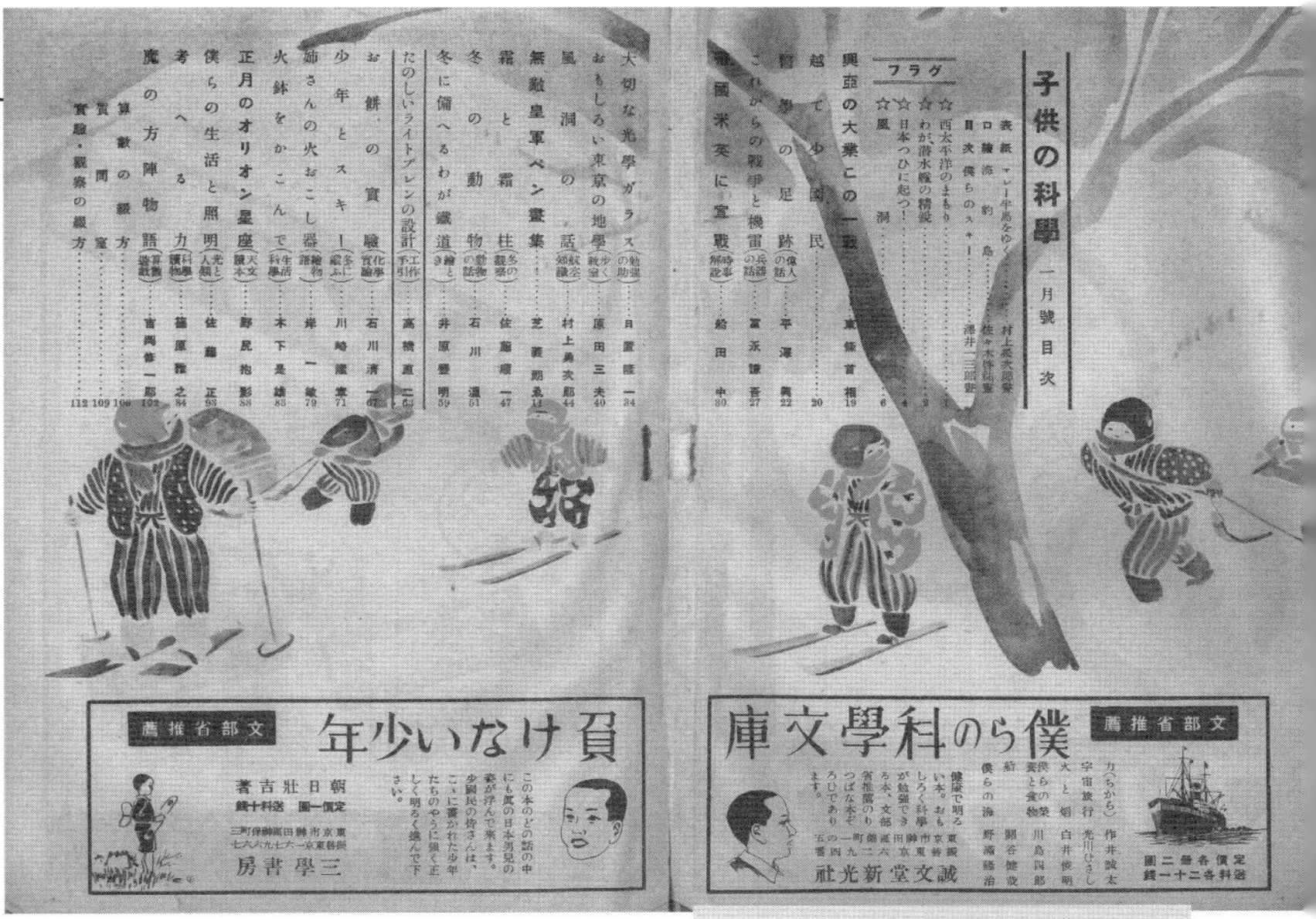

1942年（昭和17年）1月号目次

1942年（昭和17年）1月号 表紙

ひろめる為に、既に五年もの戦いを続けているのです。然し戦争はまだまだこれからです。」「幾十年かかっても、石に嚙りついても、どうしても成し遂げなければならない聖戦は、本当に皆さんのような少国民の力で、その目的が達成されるのです。皆さんは心からこのことを覚悟しなければなりません。」

大政翼賛会とは、1940年（昭和15年）10月に設立された政治団体。あらゆる政党が自発的に解散して大政翼賛会に合流し、全国民を戦争に駆り立てました。

この広告には注目すべき点がいくつかあります。

まず、「既に五年もの戦いを続けている」ということですから、1937年（昭和12年）の盧溝橋事件からカウントしていることがわかります。「物を粗末にせず、一枚の紙でも大切にしましょう」とあるように、物質が不足しています。そして、一番下にある「明治製菓株式会社・献納広告」。明治製菓は定期的にキャラメルの広告を出稿していましたが、民間企業が大政翼賛会に忖度し、このような広告に協力しています。全国的に物が不足していたはずですが、

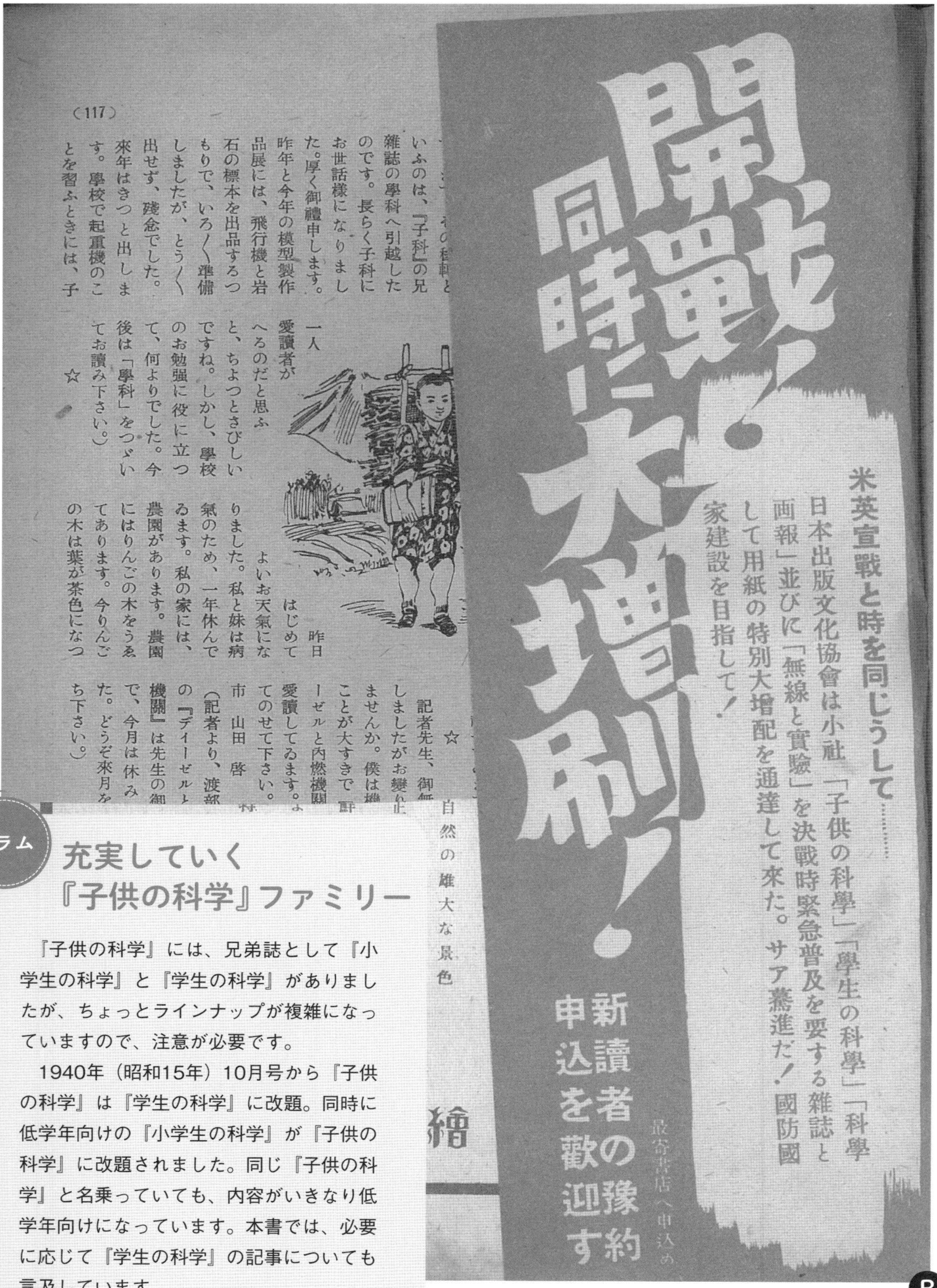
（117）

いふのは、『子科』の兄雑誌の學科へ引越したのです。長らく子科にお世話様になりました。厚く御禮申します。

昨年と今年の模型製作品展には、飛行機と岩石の標本を出品するつもりで、いろ〳〵準備しましたが、とう〳〵出せず、殘念でした。來年はきつと出します。學校で起重機のことを習ふときには、子

一人愛讀者がへるのだと思ふと、ちよつとさびしいですね。しかし、學校のお勉强に役に立つて、何よりでした。今後は「學科」をつゞいてお讀み下さい。）

☆

昨日はじめてよいお天氣になりました。私と妹は病氣のため、一年休んでゐます。私の家には、農園があります。農園にはりんごの木をうゑてあります。今りんごの木は葉が茶色になつ

☆

記者先生、御
しましたがお變
ませんか。僕は機
ことが大すきで
ーゼルと内燃機關
愛讀してゐます。よ
てのせて下さい。
市 山田 啓
（記者より、渡部
の『ディーゼルと
機關』は先生の御
で、今月は休み
た。どうぞ來月を
ち下さい。）

自然の雄大な景色

開戰！同時に大増刷！

米英宣戰と時を同じうして……

日本出版文化協會は小社「子供の科學」「學生の科學」「科學画報」並びに「無線と實驗」を決戰時緊急普及を要する雜誌として用紙の特別大増配を通達して來た。サア驀進だ！國防國家建設を目指して！

新讀者の豫約申込を歡迎す

最寄書店へ申込め

B

1942年（昭和17年）1月号
p115「開戦！ 同時に大増刷！」

コラム

充実していく『子供の科学』ファミリー

『子供の科学』には、兄弟誌として『小学生の科学』と『学生の科学』がありましたが、ちょっとラインナップが複雑になっていますので、注意が必要です。

1940年（昭和15年）10月号から『子供の科学』は『学生の科学』に改題。同時に低学年向けの『小学生の科学』が『子供の科学』に改題されました。同じ『子供の科学』と名乗っていても、内容がいきなり低学年向けになっています。本書では、必要に応じて『学生の科学』の記事についても言及しています。

この号の『子供の科学』には「開戦！同時に大増刷！」Ⓑという勇ましいオビが付いています。

「米英宣戦と時を同じうして……日本出版文化協会は小社「子供の科学」「学生の科学」「科学画報」並びに「無線と実験」を決戦時緊急普及を要する雑誌として用紙の特別大増配を通達してきた。サア邁進だ！国防国家建設を目指して！」

要するに、戦争に協力する代わりに紙を優先的に回してもらったということですね。

編集主幹だった原田三夫の自伝には、

「日本が闇打ちで真珠湾を攻撃し、続いて英艦を撃沈して成果を誇った時、戦争をやれば日本が負けると予言していた。私にある人が「原田さんどうです」と言ったが、私は日本の武士道は一体どうなったのかと言ってやった」

という記述があります。当時の『子供の科学』編集部はインテリ層でしたから、開戦には前向きではなかったのでしょう。

太平洋戦争が始まったとはいえ、1942年、1943年の段階ではまだ誌面にも余裕があります。

Ⓒ 1942年（昭和17年）6月号
p108「編集だより」

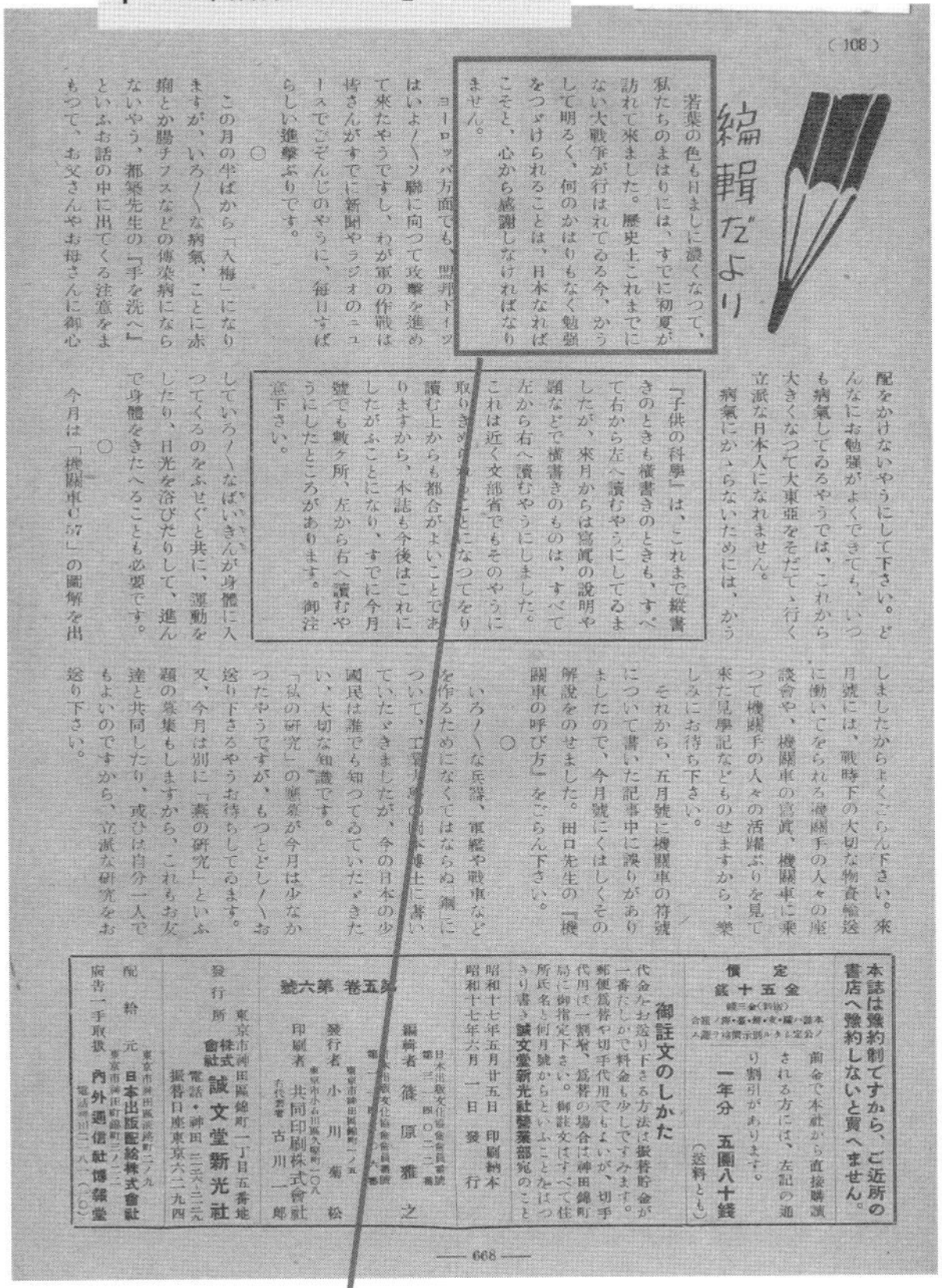

1942年（昭和17年）4月18日には、アメリカ軍のB—25爆撃機によって初めて東京が空襲され、39人の死者が出ました。しかし、同年6月号『子供の科学』の「編集だより」Ⓒには、

「若葉の色も日ましに濃くなって、私たちのまわりには、すでに初夏が訪れてきました。歴史上これまでにない大戦争が行われている今、こうして明るく、何のかわりもなく勉強をつづけられることは、日本なればこそと、心から感謝しなければなりません」

と書かれていて、あまり緊張感がありません。

また、1943年（昭和18年）『学生の科学』5月号には、「大東亜戦争に現れた敵機の模型（その3）」として、「「空の要塞」ボーイングB—17Eの作り方」Ⓓという記事が掲載されています。

「一メートル半もある大型模型が砂煙を上げて、地上滑走から離陸し、翼を左右に振りながら上昇していく縮尺模型機の勇姿は質感を味わうに充分です。」

と、こちらも気楽な内容になっています。

太平洋今や戰場となる

日本つひに起つ

米英の暴戻

今や断じて許しがたし！

一億の日本國民が火の玉となつて、米英を撃滅すべき時はつひに來たのだ。

決然とたち上つた神國日本の實力を見よ！

開戰早々十二月八日未明、アメリカ太平洋艦隊の前進基地ハワイを空襲したわが海軍航空部隊は

戰艦二隻轟沈

戰艦四隻大破

戦艦二隻轟沈
戦艦四隻大破
大型巡洋艦約四隻大破
飛行機多數撃墜
の大戦果をあげ、さらに南太平洋においても次々に大勝利を得てゐるのだ。

この地圖はアメリカ空軍の基地を示したもので、敵基地からの距離は卽ちわが空軍の敵基地に至る距離に等しい。

今やわが艦船、荒鷲は全力をあげて敵軍撃滅に向ってゐるのだ。

少國民諸君！

われらの父が、兄が祖國の運命をかけて戦ふ、この太平洋を見守れ！

1942年（昭和17年）1月号グラフ
「日本つひに起つ」

世界中を驚かせた
わが海軍のハワイ攻撃

十二月八日早朝。

對米英宣戰と同時に、わが無敵海軍は立ちあがつた。

わが海鷲の大編隊は、米國艦隊の前進基地とたのむハワイの奇襲作戰を敢行、おどろきあわてる敵艦や軍事施設にむかつて、決死の

1942年（昭和17年）1月号グラフ
「世界中を驚かせたわが海軍のハワイ攻撃」

作戦を敢行、おどろきあわてる敵艦や軍事施設にむかつて、決死の大空襲を試みたのである。

見よ、死をも恐れず敵艦めがけて突入するわれらの空の勇士の、雄々しくも氣高き姿を！

思へ、忠勇無双のその勇戦ぶりを！

忽ちにして敵戦艦ウエストヴアージニア（三一、八〇〇トン）とオクラホマ（二九、〇〇〇トン）アリゾナ（三二、六〇〇トン）及び航空母艦エンタープライス（一九、九〇〇トン）は撃沈され、他の戦艦四隻、大型巡洋艦四隻を大破してしまつた。

わが日本を距たることはる〳〵四千數百キロのハワイまで、わが海軍が進攻し得ると今まで誰が考へたらうか。

これぞ、わが無敵海軍にして、はじめてなし得る大作戦であつて全世界のおどろくのも無理はないのである。

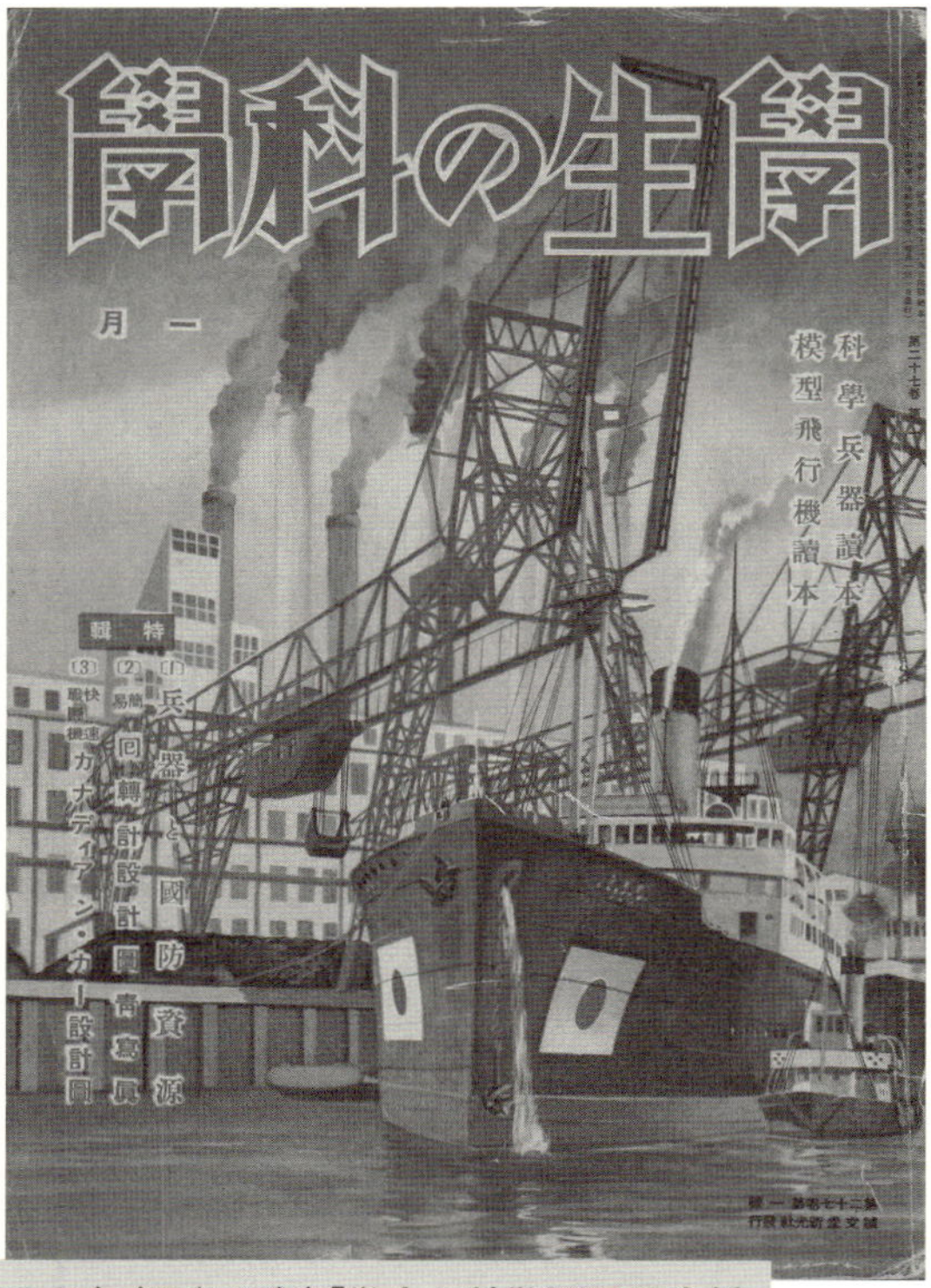

1941年（昭和16年）『学生の科学』1月号表紙

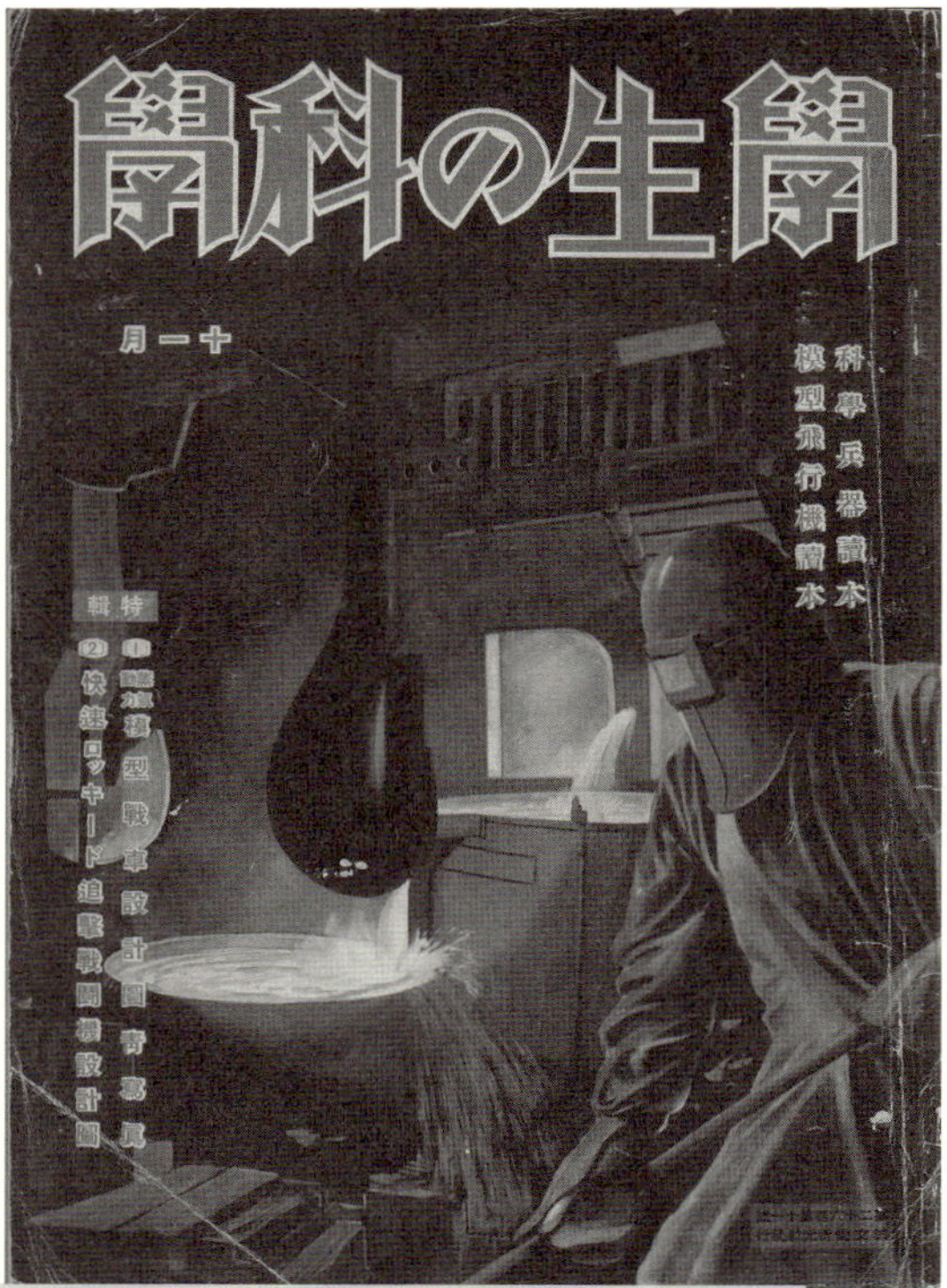

1940年（昭和15年）『学生の科学』11月号表紙

1943年（昭和18年）『学生の科学』5月号表紙

1942年（昭和17年）『学生の科学』1月号表紙

D 1943年（昭和18年）『学生の科学』5月号 p61「空の要塞 ボーイングB-17Eの作り方」

大東亞戰爭に現はれた敵機の模型（その3）

「空の要塞」ボーイングB-17Eの作り方

古城　弘

まへがき

模型飛行機も大物になると一日や二日ではとても出來ませんが、とつ〳〵と二、三ケ月もかゝつて作ると、苦勞しただけに立派なものとなりますが、さてこれを飛ばせるとなると、またなか〳〵技術を要します。

翼幅一メートル半ぐらゐの單發型縮尺模型機でも齒車を五個も入れて五聯のゴム動力機などになると大人三人で、一人はゴムを捲き他の二人は機體を保持するやうにして、やつと飛ばすことができるくらゐです。

それが双發型或は四双型などのやうなものになると、それ以上大掛りです。

しかし一メートル半もある大型模型が砂煙を上げて、地上滑走から離陸し、翼を左右に振りながら上昇してゆく縮尺模型機の勇姿は實感を味ふに充分です。

このやうな大型のものはゴム動力とはいへ翼荷重三十五グラム毎平方デシメートルにもなり、從つて速度も相當に出ますし、その構造とくに

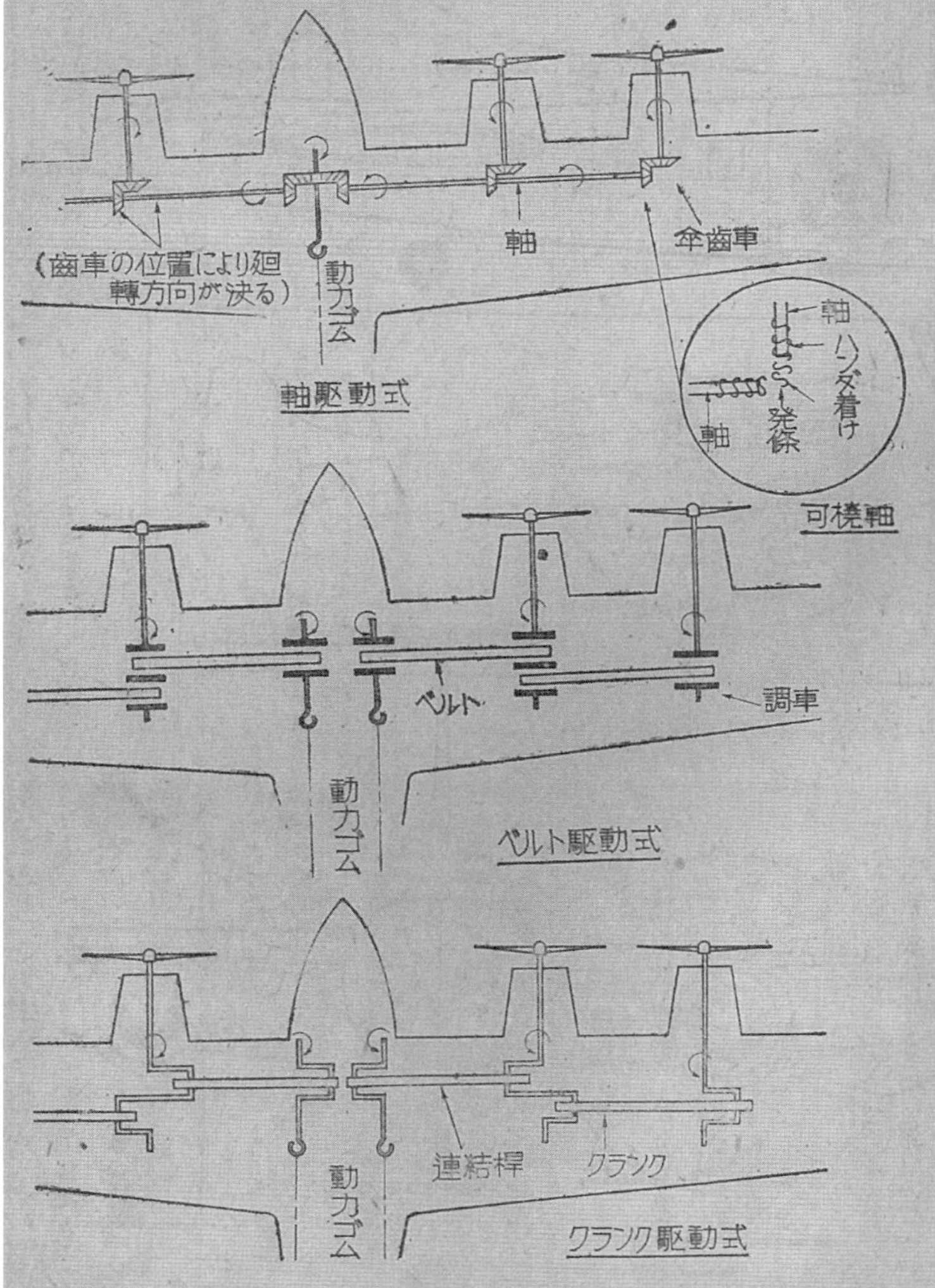

動力ゴムを胴體內に裝置した多發型模型の動力傳導法

Part 2 戦争と科学

D

(62)

ボーイング B-17E 重爆撃機設計圖

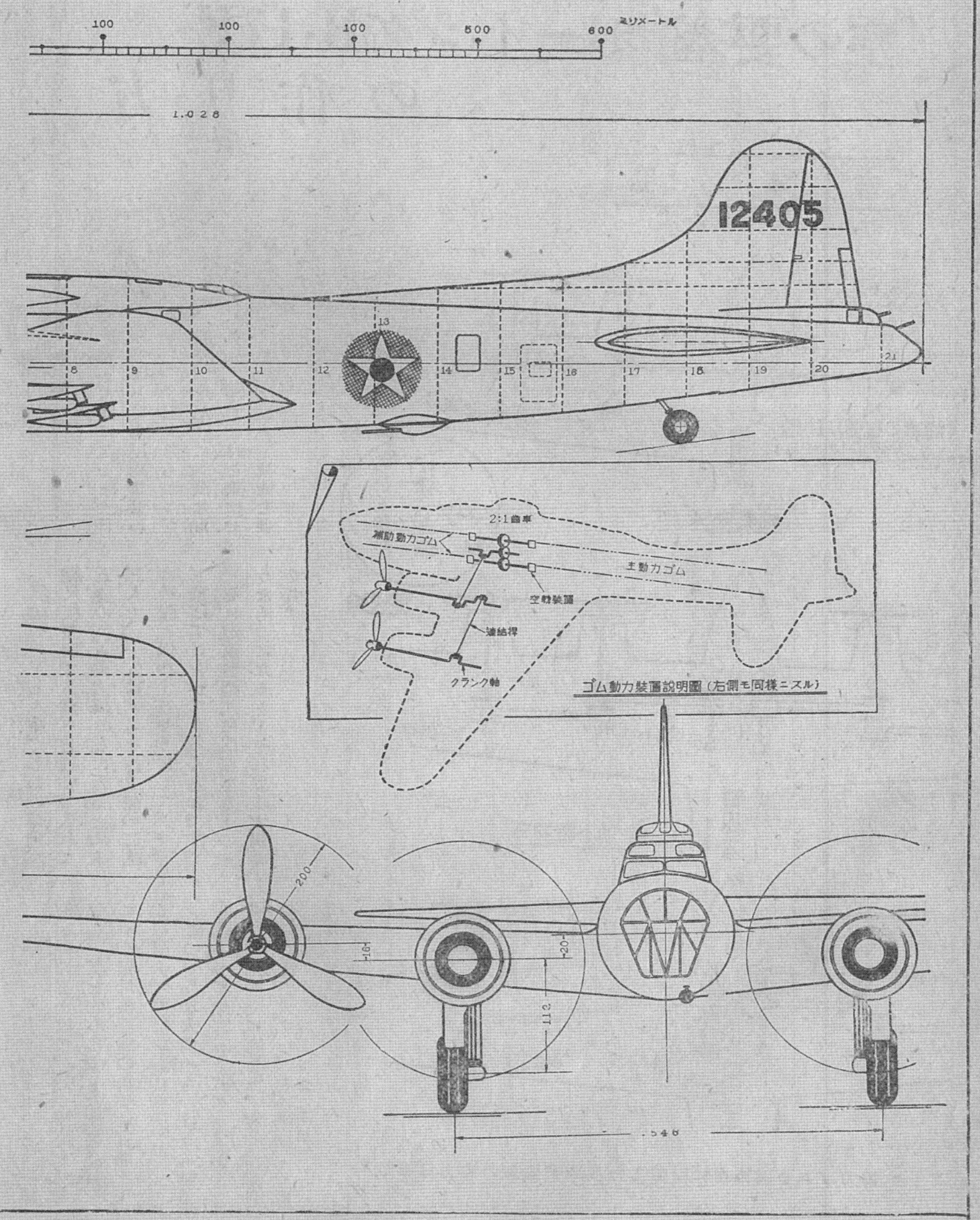

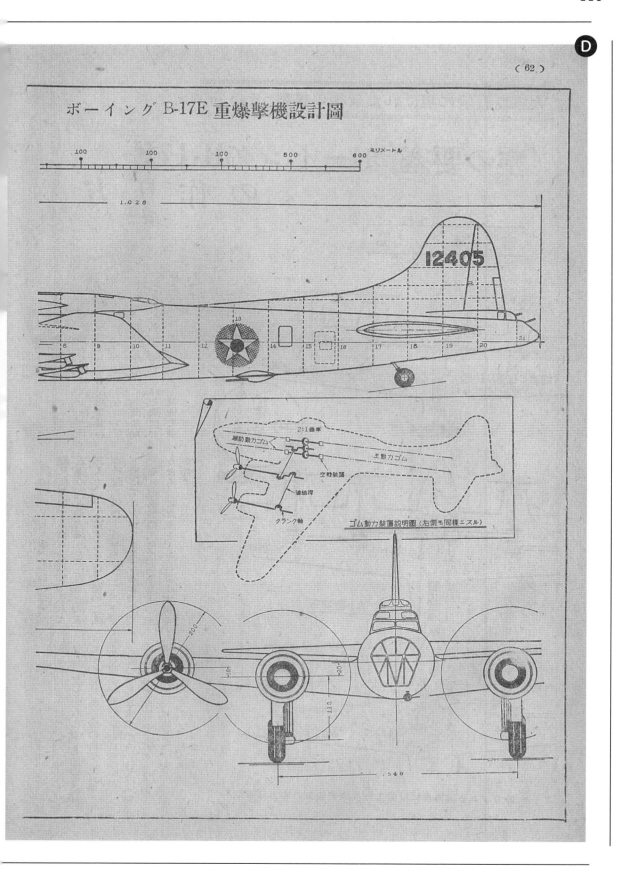

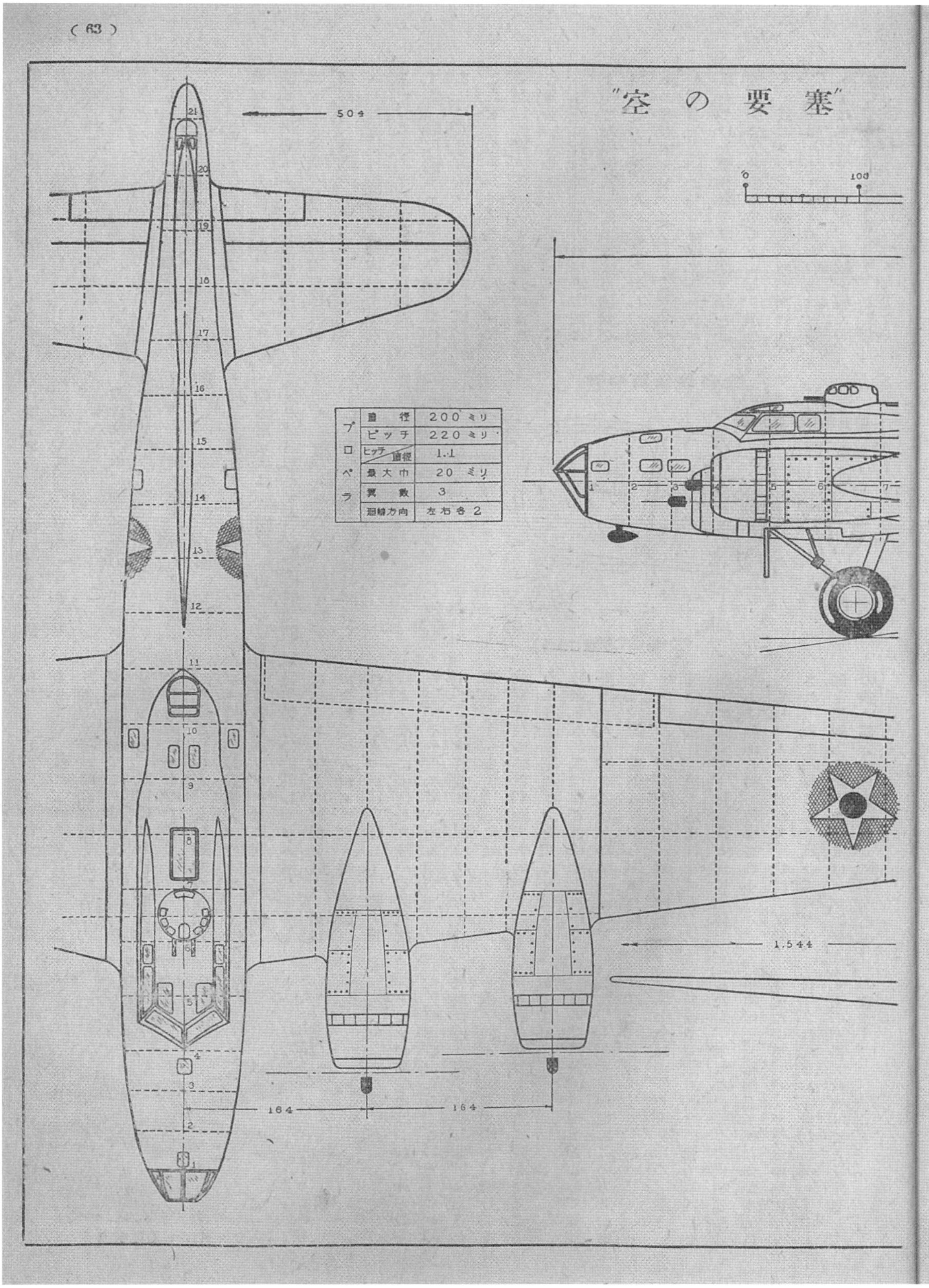

プロペラ		
	直径	200 ミリ
	ピッチ	220 ミリ
	ピッチ／直径	1.1
	最大巾	20 ミリ
	翼数	3
	廻轉方向	左右各 2

満州と海外移民

1932-1939

遠い外国へ移民として渡ったり、日本が植民地にした近隣諸国に日本人として暮らすことになったり……。この時代の読者の背景にはさまざまな家庭環境が見えてきます。

(120)

滿洲だより

佐藤潤平

(1)は高粱と滿洲の農夫です。八九月頃滿洲を汽車で旅行するとあたりは滿目高粱の原です。その廣いことは口でいへないほどです。(2)は高粱と共に滿洲人の常食となつてゐる、タウモロコシの穗を山と積んだところです。(3)は長さ六尺許りの棒のさきに二尺五寸位の棒を自由に廻轉するやうに結びつけ高粱やタウモロコシの果粒を果軸から打ちはなすところ。山になつてゐるのは打ちはなしたタウモロコシの果粒。(4)わが國では米と殼とを分けるのに唐箕を用ゐるが滿洲ではシャベルで空中にはじき上げ風で輕い殼を飛ばします。(5)は挽臼。石の臺に道路修繕用のローラーのやうな物をロバにひかせて右の果粒を粉にしてパンを作つてたべる。

— 36 —

A 1926年（大正15年）9月号
p36「満州だより」

読者からのハガキは海を越えて

日本が満州国という傀儡国家を建国したことが日中戦争の原因になったわけですが、『子供の科学』からは当時の満州国での暮らしぶりがよく伝わってきます。

最初に満州の記事が掲載されたのは、1926年（大正15年）9月号の「満州だより」A。この記事は満州人の農作業や食生活が紹介されているものの、あくまで外国としての扱いです。

1932年（昭和7年）に満州国が建国されると、日本政府は満州や内モンゴルへの入植を進め、終戦までに全部で27万人の移民が送られることになりました。日本にはもう全員を食わせられるだけの農地はな

1928
治安維持法改正
第二次山東出兵

1929
世界恐慌

1930
ロンドン海軍軍縮条約調印

1931
満州事変

1932
上海事変
満州国建国
五・一五事件

1933
国際連盟脱退
ヒトラー政権成立（独）

1934
ワシントン海軍軍縮条約を破棄
ソ連が国際連盟に加盟

1936
二・二六事件

1937
盧溝橋事件

1938
国家総動員法公布

1939
ノモンハン事件
米の配給制始まる
賃金価格の統制始まる
ドイツ、ポーランドに侵攻

1940
日独伊三国軍事同盟調印
大政翼賛会成立

1941
在米日本人資産凍結
米、対日石油禁輸
真珠湾攻撃
小学校が国民学校になる

1942
ミッドウェー海戦で日本軍大敗
米軍が日本本土を空襲

1943
ガダルカナル島で日本軍大敗
学徒出陣始まる
イタリア降伏

1944
B29が東京を空襲
大都市学童の集団疎開始まる
中学校の勤労動員決定
砂糖の家庭用配給停止

1945
米軍、沖縄上陸
ドイツ無条件降伏
ポツダム宣言発表
米軍、広島・長崎に原子爆弾を投下
ポツダム宣言受諾　終戦

（121）

(6)は支那の味噌がめで、このやうに雨ざらしにしてある。なほ詳いことは別にかきます。(7)満洲の支那人で盛に栽培されるミサンザシで秋になると赤い果實がなる。甘酸ばいものでこれに飴をぬり圖の如く賣りあるく。(8)支那人の子供は喜んで食べる

— 37 —

1926年（大正15年）9月号表紙

いから満州に行け、ということです。

満州移民のうち、1938年（昭和13年）から募集が始まったのが、（数え年で）16歳から19歳の青少年を開拓民として送り出す「満蒙開拓青少年義勇軍」で、終戦までに8万6000人が送り出されました。こちらの満蒙開拓青少年義勇軍については、ロ

往時の人々の「日本」は現代の「日本」とは明らかに違います。朝鮮半島や台湾も明らかに「日本」だし、満州も「実質日本」、インドシナ半島も「もうすぐ日本」だったことが本誌を含め当時の刊行物からうかがえます。その一方、戦後しばらくは沖縄は日本ではありませんでした。「日本」とは固定観念ではなく、そのことを実感できるのも本誌のバックナンバーの魅力かもしれません。

のびよ日本・世界にのびよ！

わが日本は四面海にかこまれてゐるので國民はむかしから海にしたしむやうになり、どん〱海外へもすゝみ出て、遠い外國で日本の名を大いにかゞやかしてゐる人々もたくさんあります。特輯の『海外で働く日本人』にはそのお話をのせましたが、こゝには日本人の活躍ぶりの寫眞をお目にかけます。①南米サンパウロの原始林をひらくために木々をやいてゐる日本移民。②同じく

1939年（昭和14年）『小学生の科学』10月号グラフ

牛のいろいろ

理學博士 福井玉夫指導・佐々木啓祐畫

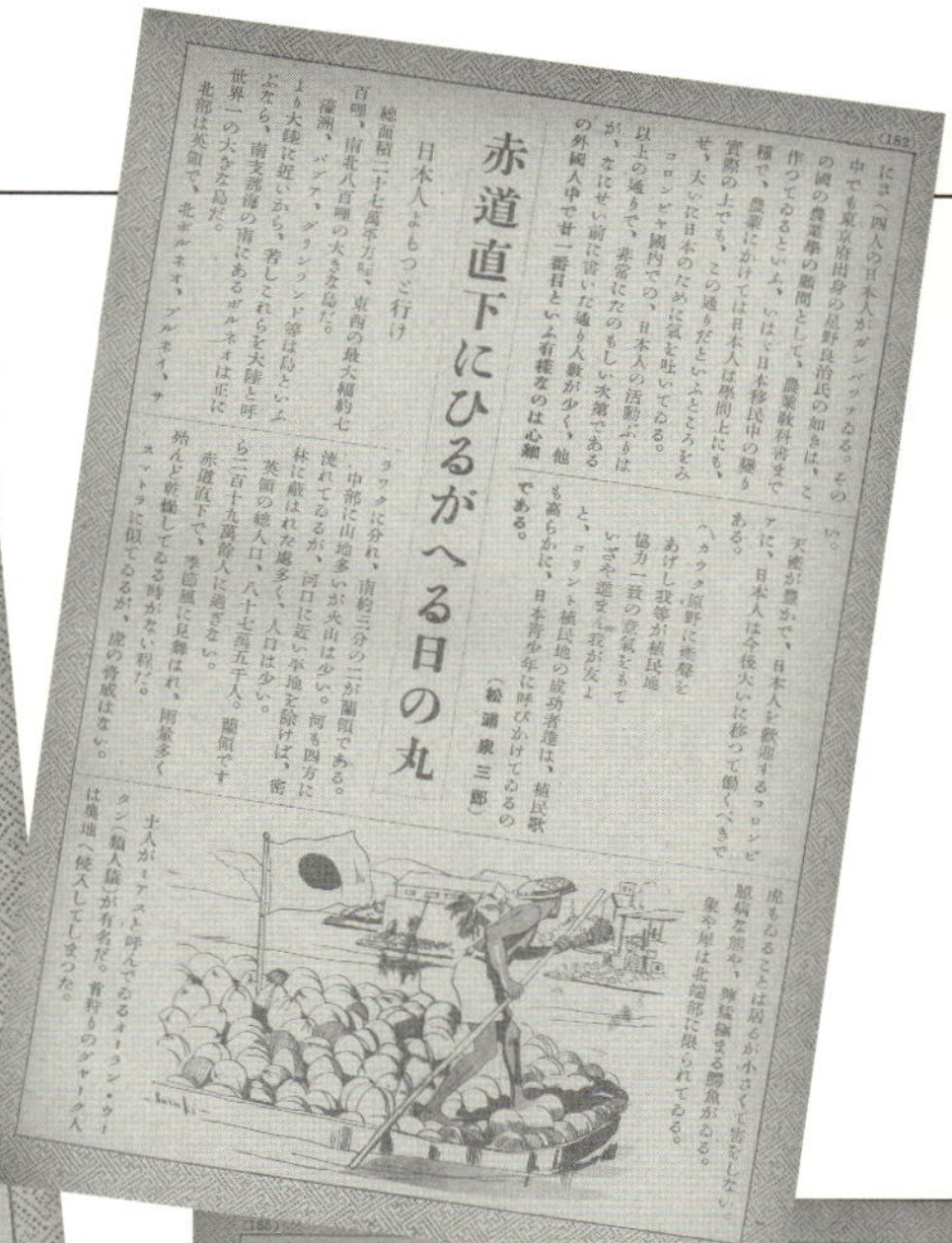

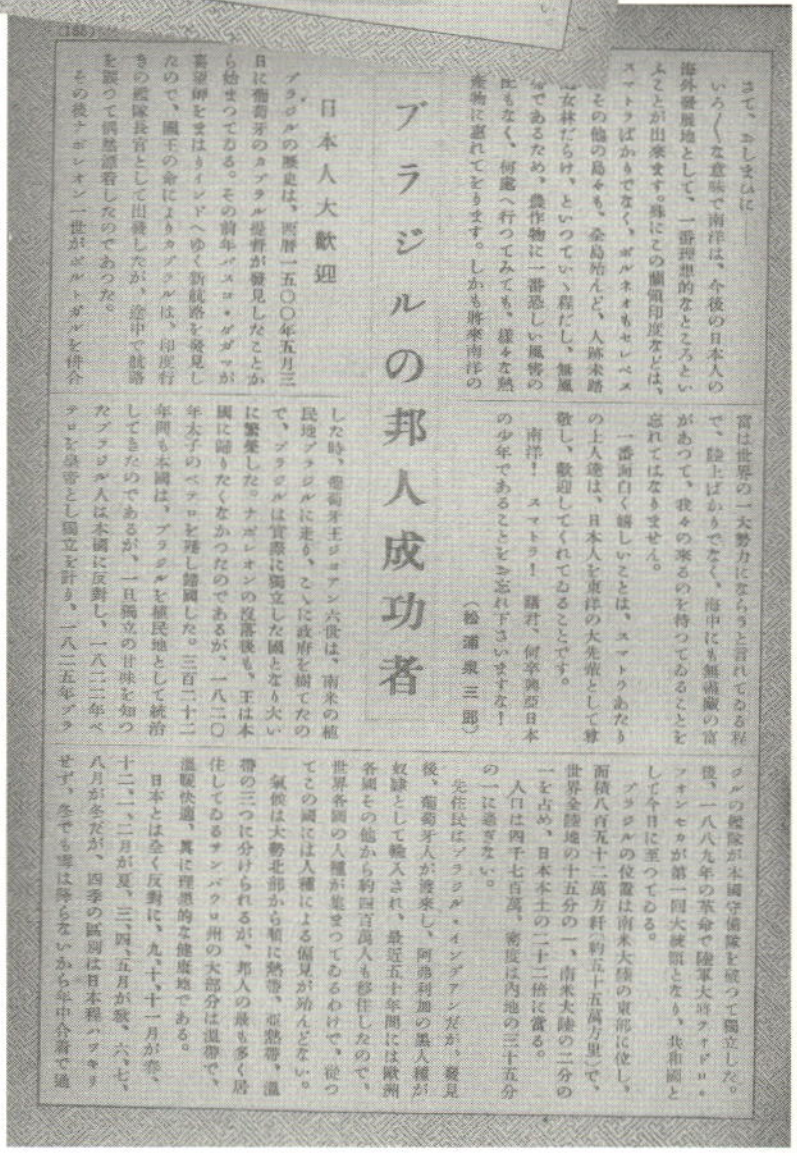

1939年（昭和14年）『小学生の科学』10月号
「海外に活躍する日本人」
p182タイ（シャム）の日本ゴム園
p182 赤道直下にひるがへる日の丸
p185 ブラジルの邦人成功者
Ⓒ

減らしのためというより、お国のために尽くそうという、いわば「意識高い系」青少年が対象であり、高等小学校の成績優秀者が行くことが多かったようですね。当時の少年にとって、満州は憧れの新天地だったのです。

読者投稿欄の「談話室」Ⓑには、満州のハルビン市や朝鮮（当時は日本領）の京城府、樺太、台湾からのお便りやプレゼントの当選者が日本国内からのものと並んで掲載されています。この時点で、多くの日本人にとって満州は日本の一部、郵便も日本国内と同じように均一料金で利用でき、『子供の科学』も入手できました。

ただ、実を言うと、満州に行った人達の国籍は曖昧でした。満州移民といっても、国籍は日本のまま。満州国民になったわけではありません。当時も日本は二重国籍を認めておらず、満州国民になったら、日本国民ではなくなって、日本とのつながりが絶たれてしまう。そういう観点からしても、満州国は国ではなくて、やはり日本の植民地だったのです。感覚的に例えるなら、アメリカ人にとっての（1867年にロシアから購入したばかりの）アラスカというところでしょうか。

この頃の『子供の科学』および兄弟誌の『小学生の科学』では、満州に限らず、ボリビアやペルー、ブラジルといった南米諸国で活躍する日本人が頻繁に取り上げられています©。農家の次男坊、三男坊が海外に移民することは珍しくありませんでした。

当時の『子供の科学』は、上流階級の子弟だけでなく、小学校を卒業してすぐに働き始める人たちにも愛読されていたそうです。成績がよくても家庭の事情で進学できなかった人が新しい知識を得たり、職業選択のオプションを知ったりするために、『子供の科学』を熱心に読んでいたのでしょう。

そうはいっても、現在よりもはるかに、貧富の格差が大きい時代。談話室の投稿にも、その格差が反映されています。

（1060）

談話室

規定　用紙はハガキのこと。文末に住所姓名を明記すること。取捨撰擇は編輯部にお任せ下さい。

★ハルピンの友より

○談話室及びオール「子科」愛讀の諸兄姉元氣で活躍中の事でせう。此の頃の談話室はさつぱり元氣がないですぞ。女性も遠慮する事はない。昨年八月號誌上の大阪の燎子さんの心臓ぶりを見給へ。我が輩は國防第一線ハルピン中學の上級生ですが、談話室は始めてだからどうぞよろしく願ひます。近く當地の中等學生の創案品展があるので今から苦心してゐる。が安心し給へ。神經衰弱にはならぬ。これからは涼風吹く秋ですからしつかり張切らう。さてオール愛讀者に告ぐ。なつかしき祖國の諸兄姉様！　今からでも遅くはない。老若まして男女の別なくどし〳〵なつかしい日本内地のお便りを下さい。ではお體を大切に。（ハルピン市南崗龍江街十三ノ一　大崎守一）

○記者先生並びに愛讀者の皆さんお元氣ですか。僕は昭和十三年の八月からの愛讀者です。今度始めて談話室に入れさせてもらひます。僕は、模型飛行機及び電氣機關車の製作が好きです。九月號のコードロン・ティーフォンや一六ミリゲージの電氣機關車は全く素晴しかつたです。直ぐ模型飛行機の製作にかゝつて居ります。御禮申します。終りに、記者先生並びに愛讀者の皆さんの御健康と「子科」の發展を祈ります。さよなら。（東京市淺草區松葉町四十二番地　萩原芳一）

○初めて談話室へ入れて頂きます。記者先生談話室の皆さんお元氣ですか。まだ讀み始めてから、ほんのわづかですが、これから長い間讀者にならうと思ひます。九月號の中里先生の「小型感應コイルの作り方」と齋藤先生の「電話機の作り方」はすてきですね。兩先生にお禮申上げます。僕の趣味は無線ですから同志の方はお便り下さい。では「子科」の隆昌を御祈りします。（京都市伏見區深草六反田町一　大北伊佐夫）

○記者先生並びに談話室の諸君元氣でやつてゐるでせうね。僕は四年前から「子科」を愛讀してゐますが、談話室に入るのは初めてです。機械に趣味を持つてゐます。今まで數回懸賞に當選し、その度毎に立派な賞品をお送り下されたのに對して、お禮も言はずに來ましたのでこゝであらためてお禮を言ひます。（福島縣郡山市麓山町一四二　石川敏雄）

○「子科」の諸君よ、御元氣ですか。僕は昭和十一年からの愛讀者ですが今度始めて談話室へ入門です。僕は動植物學の研究と模型飛行機の製作が大好きです。終りに望んで「子科」の隆昌發展を祈ります。（東京市小石川區カゴ町二　鹽野谷景紀）

○初めて談話室に入れていたゞきます。記者先生初め愛讀者諸君お元氣ですか。僕は「子科」を取り始めて丁度一年目に當選し、世界風俗寫眞大觀をいたゞき有難うございます。福井の阪川君、今度見事海軍少年航空兵に合格されたとの事、ほんとうに、おめでたうございます。東亞新秩序建設の爲大いに頑張つて下さい。さようなら。（大分縣日田郡日田町　森淳）

★グライダーに乘つて

○やあ、愛讀者諸君元氣ですか。初めて談話室へ御目見得させてもらひます。僕は此の夏はグライダーに乘つてすごしました。「子科」の「航空讀本」のおかげで大いに助かりました。僕の趣味は「天文」です。同好の皆さん御便り下さい。僕も一つ科學日本の爲に役だつ國民として、大陸への日本の大使命を諸君と共に果したいと思ひます。では「子科」が益益發展するやう、祈ります。（朝鮮京城府榮町七　小西英男）

○皆樣御元氣ですか。僕は「子科」第二十二卷からの愛讀者です。趣味は模型鐵道と天體です。今家では模型電車モハ三二が音を立てて走つて居り、沿線にはシグナルが心地よく點滅して居ります。鐵道ファンの人は御手紙を下さい。年は十七歳です。では、最後に「子科」の發展と記者先生の御健康を祈ります。（東京市蒲田區原町一三三　萩正明）

○愛讀者のみなさん、僕は縣立のある學校の給仕をしてゐます。今年の七月號からの「子科」黨で、學校の先生もこれは良い本だとおつしやつてゐます。なにしろ新米ですから、記者先生皆樣どうぞよろしくお願ひ致します。（石川縣金澤市上野町八四　瀬戸外吉）

○談話室の皆樣お元氣ですか。僕はまだ中學一年の新米ですからお導き下さい。今迄は「子科」の弟雜誌である「小科」を愛讀しておりました。趣味として植物採集、ソリッドモデル等です。今後貴社の益々さかえんことをお祈りいたします。（東京市淀橋區西大久保三ノ三五　平松美之）

○長らく談話室から離れてゐました。諸兄の中に熱心なる航空マニヤがおられると思ひます。小生も大好きで大いにやつてゐます。ずつと以前から設立して行つてゐました御影航空研究會が益々擴張してゐますが、同好の諸兄の中で何卒おたより下さい。會報も出す計畫を立ててゐます。主に航空で他に模型飛行機、海軍機もやります。どうぞ御遠慮なくおたよりを。（兵庫縣御影町城ノ前一四五四ノ一　酒井勝治）

○談話室の諸君お元氣ですか。靜岡縣の松浦君お葉書有難う。僕は今度「山陽科學會」をつくりました。主に無線の研究です同好の士よ入會せられよ。では皆さん、さようなら。（岡山市東田町三八　沼本滿夫）

★毎日火星を見る

○一昨年の六月號から「子科」をとつておきながら、今度初めて談話室のドアーをノックするなんて、全くしようのない僕ですがどうか諸君、机の下でもいゝから入れて呉れたまへ。僕は中學三年ですが、この頃毎日火星ばかり四十倍望遠鏡で見てゐます。僕は航空の事が大好きです。運がよいのか、こ

— 104 —

B 1939年（昭和14年）10月号
p104「談話室」

投稿欄の「談話室」Ⓑをよく見てみると、例えば、大連に住んでいる阿南君は、「僕は、電気・写真・昆虫・ラジオが好きです 今製作中の物は六月の写真引伸機と電話の二つです。ラジオは鉱石を二つ作りました。電気機関車も作りました」。

朝鮮京城府の小西君がハマったというのはグライダー。模型を作って飛ばしたのかと思いきや、「僕はこの夏はグライダーに乗ってすごしました（中略）僕も一つ科学日本のために役立つ国民として、大陸への日本の大使命を諸君と共に果たしたいと思います」

東京の宮下君は、「僕は中学3年ですが、この頃毎日火星ばかり四十倍望遠鏡で見ています」。

なかなかのブルジョアぶりが伝わってきます。

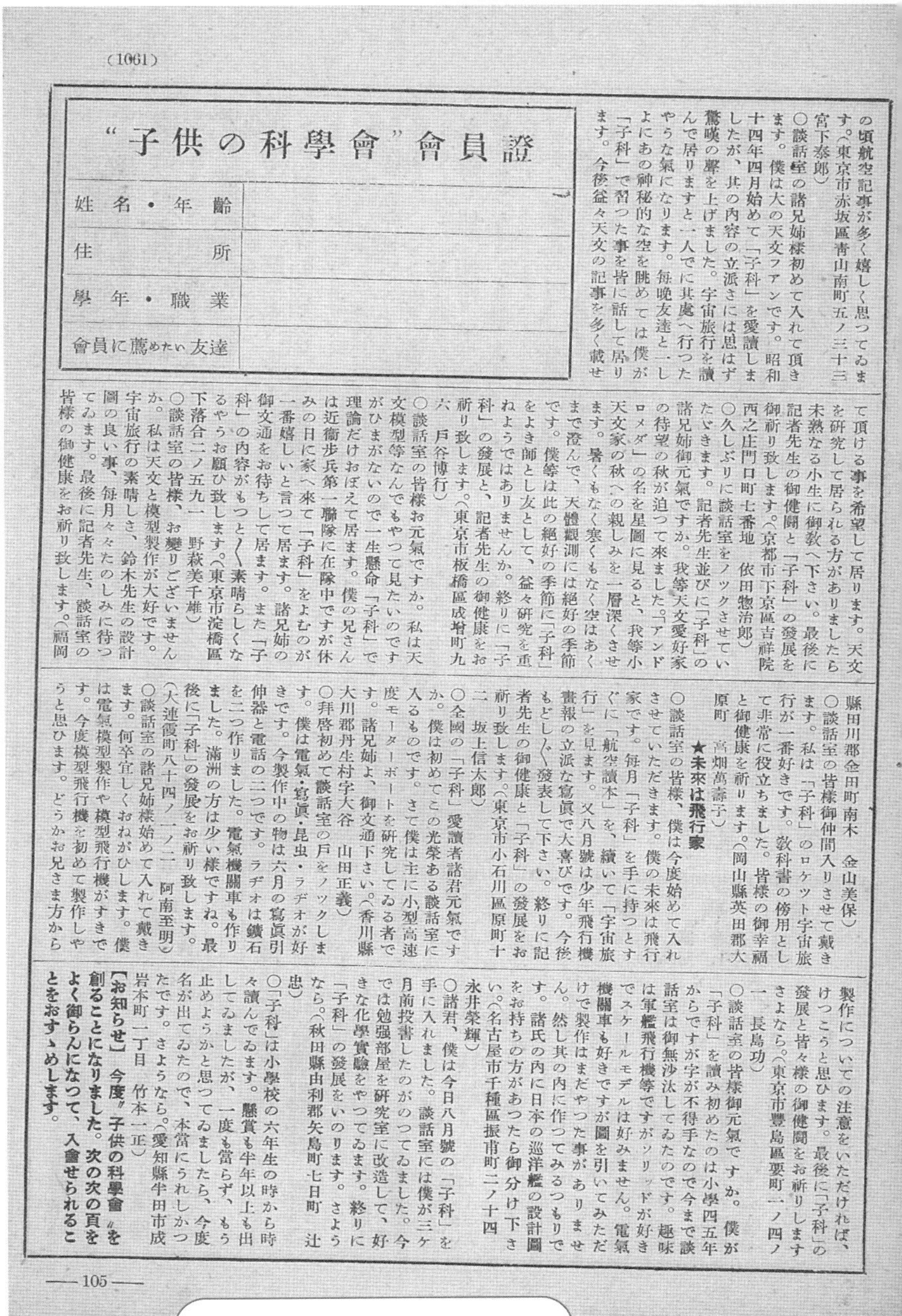

（1061）

"子供の科學會"會員證

姓名・年齡	
住所	
學年・職業	
會員に薦めたい友達	

の頃航空記事が多く嬉しく思つてゐます。（東京市赤坂區青山南町五ノ三十三　宮下泰郎）

○談話室の諸兄姉樣初めて入れて頂きます。僕は大の天文ファンです。昭和十四年四月始めて「子科」を愛讀しましたが、其の內容の立派さには思はず驚嘆の聲を上げました。宇宙旅行を讀んで居りますと一人でに其處へ行つたやうな氣になります。毎晩友達と一しよにあの神秘的な空を眺めては僕が「子科」で習つた事を皆に話して居ります。今後益々天文の記事を多く載せて頂ける事を希望して居ります。天文を研究して居られる方がありましたら未熟なる小生に御教へ下さい。最後に記者先生の御健鬪と「子科」の發展を御祈り致します。（京都市下京區吉祥院西之庄門口町七番地　依田惣治郎）

○久しぶりに談話室をノックさせていたゞきます。記者先生並びに「子科」の諸兄姉御元氣ですか。我等天文愛好家の待望の秋が迫つて來ました。「アンドロメダ」の名を星圖に見ると、我等小天文家の秋への親しみを一層深くさせます。暑くもなく寒くもなく空はあくまで澄んで、天體觀測には絶好の季節です。僕等は此の絶好の季節に「子科」をよき師とし友として、益々研究を重ねようではありませんか。終りに「子科」の發展と、記者先生の御健康をお祈り致します。（東京市板橋區成增町九六　戸谷博行）

○談話室の皆樣お元氣ですか。私は天文模型等なんでもやつて見たいのですがひまがないので一生懸命「子科」で理論だけおぼえて居ます。僕の兄さんは近衛歩兵第一聯隊に在隊中ですが休みの日に家へ來て「子科」をよむのが一番嬉しいと言つて居ます。諸兄姉の御文通をお待ちして居ます。また「子科」の內容がもつと〳〵素晴らしくなるやうお願ひ致します。（東京市淀橋區下落合二ノ五九一　野萩美千雄）

○談話室の皆樣、お變りございませんか。私は天文と模型製作が大好です。宇宙旅行の素晴しさ、鈴木先生の設計圖の良い事、毎月々々たのしみに待つてゐます。最後に記者先生、談話室の皆樣の御健康をお祈り致します。（福岡縣田川郡金田町南木　金山美保）

○談話室の皆樣御仲間入りさせて戴きます。私は「子科」のロケット宇宙旅行が一番好きです。教科書の傍用として非常に役立ちました。皆樣の御幸福と御健康を祈ります。（岡山縣英田郡大原町　高畑萬壽子）

★未來は飛行家

○談話室の皆樣、僕は今度始めて入れさせていたゞきます。僕の未來は飛行家です。毎月「子科」を手に持つとすぐに「航空讀本」を、續いて「宇宙旅行」を見ます。又八月號は少年飛行機畫報の立派な寫眞で大喜びです。今後もどし〳〵發表して下さい。終りに記者先生の御健康と「子科」の發展をお祈り致します。（東京市小石川區原町十二　坂上信太郎）

○全國の「子科」愛讀者諸君元氣ですか。僕は初めてこの光榮ある談話室に入るものです。さて僕は主に小型高速度モーターボートを研究してゐる者です。諸兄姉よ、御文通下さい。（香川縣大川郡丹生村字大谷　山田正義）

○拝啓初めて談話室の戸をノックします。僕は電氣・寫眞・昆虫・ラヂオが好きです。今製作中の物は六月の寫眞引伸器と電話の二つです。ラヂオは鑛石を二つ作りました。電氣機關車も作りました。滿洲の方は少い樣ですね。最後に「子科」の發展をお祈り致します。（大連霞町八十四ノ一ノ二　阿南至明）

○談話室の諸兄姉樣始めて入れて戴きます。何卒宜しくおねがひします。僕は電氣模型製作や模型飛行機がすきです。今度模型飛行機を初めて製作しやうと思ひます。どうかお兄さま方から製作についての注意をいただければ、けつこうと思ひます。最後に「子科」の發展と皆々樣の御健鬪をお祈りしますさよなら。（東京市豐島區要町一ノ四ノ一　長島功）

○談話室の皆樣御元氣ですか。僕が「子科」を讀み初めたのは小學四五年からですが字が不得手なので今まで談話室は御無沙汰してゐたのです。趣味は軍艦飛行機等ですがソリッドが好きでスケールモデルは好みません。電氣機關車も好きですが圖を引いてみただけで製作はまだやつた事がありません。然し其の內に作つてみるつもりです。諸氏の內に日本の巡洋艦の設計圖をお持ちの方があつたら御分け下さい。（名古屋市千種區振甫町二ノ十四　永井榮輝）

○諸君、僕は今日八月號の「子科」を手に入れました。談話室には僕が三ケ月前投書したのがのつてゐました。今では勉强部屋を研究室に改造して、好きな化學實驗をやつてゐます。終りに「子科」の發展をいのります。さようなら。（秋田縣由利郡矢島町七日町　辻忠）

○「子科」は小學校の六年生の時から時々讀んでゐます。懸賞も半年以上も出してゐましたが、一度も當らず、もう止めようかと思つてゐましたら、今度名が出てゐたので、本當にうれしかつたです。さようなら。（愛知縣半田市成岩本町一丁目　竹本一正）

【お知らせ】今度〝子供の科學會〟を創ることになりました。次の次の頁をよく御らんになつて、入會せられることをおすゝめします。

—105—

日本における「文系」と「理系」の定義は、明治時代に旧制高校が由来だとか。実験装置などでお金がかかる方を理系、紙と鉛筆だけで何とかなる方を文系、と。戦前の「子供の科学」に通底するブルジョワ臭はそこに起因するのかもしれません。

戦況悪化と窮乏する世間

1942-1944

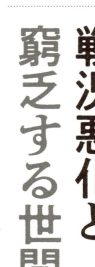

1942年以降、米はもちろん、味噌やしょう油、そして砂糖も配給制に。そんな世の中の流れが誌面にもはっきり表れるようになってきました。

(13)

學生の科學・十月號

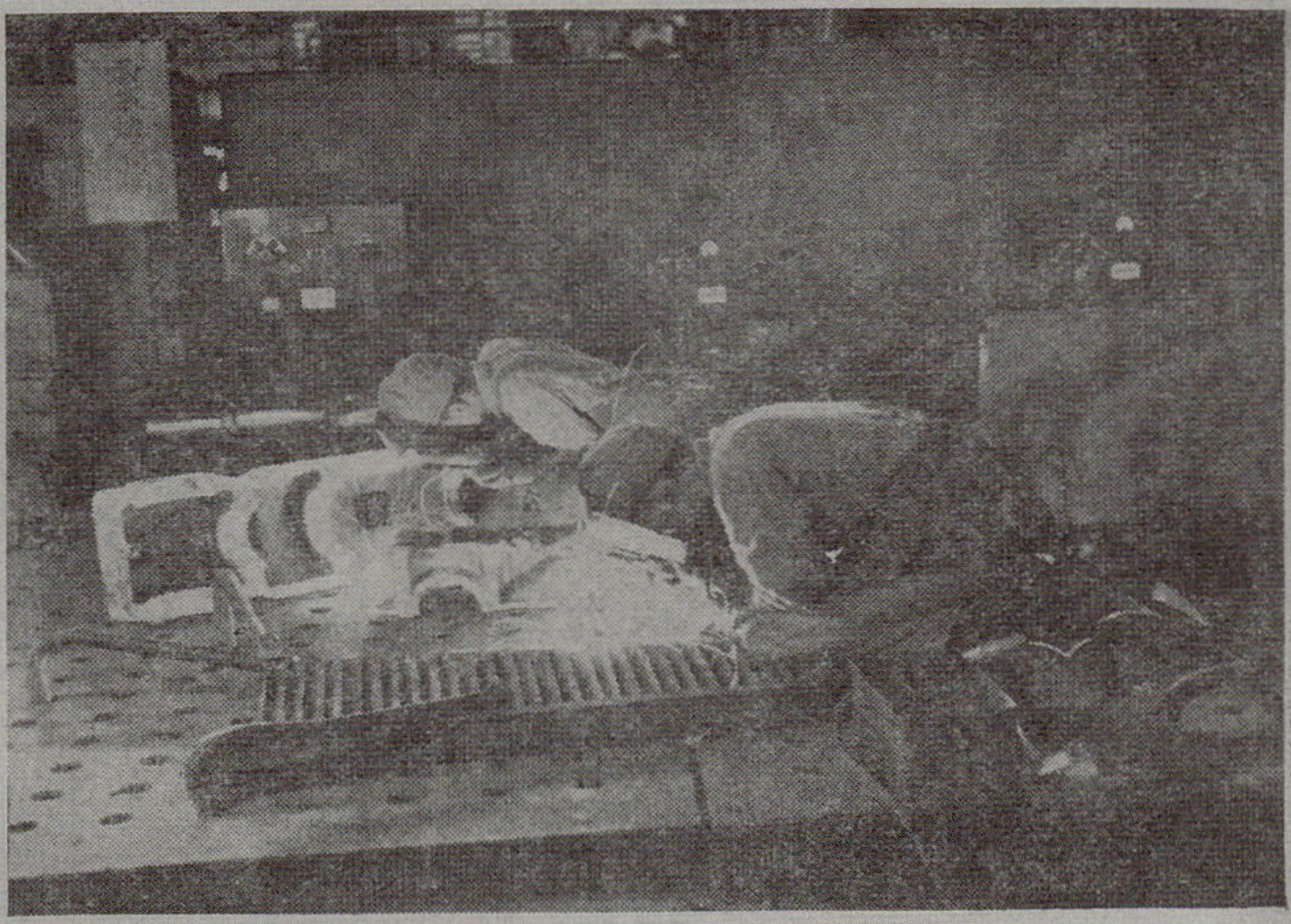

敵國の思想謀略を粉碎せよ

願望せよ。悠久三千年、光輝ある歴史を背負うて無窮の未來へ榮え行く崇高なる神國日本の姿を。

そこには乘ずべき間隙もなく、挑むべき弱點もないではないか。連綿たる皇統を奉戴し、血縁的信仰的統體として和合結束せるわれら日本國民に對しては、思想謀略に長けたる英米と雖も施すべき術策はないであらう。しかも今や皇臣一億悉くが起つて東亞全土にわたり決戰的配置の位置についてゐる。

敵性謀略破壞の方途は唯各自が命ぜられたる部署を死守して、ひたすら大君に忠誠を捧げまつるにあるのみだ。これが敵國の思想謀略を粉碎する唯一にして無二の方途であることを更めてお互の心に銘記しておかう。

(寫眞は決戰下邁進するわが兵器製作陣)

1943年(昭和18年)『学生の科学』10月号
p1「敵国の思想謀略を粉砕せよ」 A

交換制になれど情報源として大事にされる雑誌

1942年(昭和17年)6月のミッドウェー海戦で日本海軍は米海軍に大敗し、これが転機となって、形勢は米軍が優勢になっていったと言われます。しかし、『子供の科学』や『学生の科学』では、というより日本国内のメディアでは、ミッドウェーでの敗戦は伝えられていませんでした。南方戦線で石油を手に入れたこともあり、1943年(昭和18年)の中頃までは、『子供の科学』や『学生の科学』の誌面構成にも余裕が見られます。

しかし、1943年(昭和18年)終盤以降、日本軍の不利な状況を受けて、誌面にもかなりヒステリックな記事が目立つようにな

1928
治安維持法改正
第二次山東出兵
1929
世界恐慌
1930
ロンドン海軍軍縮条約調印
1931
満州事変
1932
上海事変
満州国建国
五・一五事件
1933
国際連盟脱退
ヒトラー政権成立（独）
1934
ワシントン海軍軍縮条約を破棄
ソ連が国際連盟に加盟
1936
二・二六事件
1937
盧溝橋事件
1938
国家総動員法公布
1939
ノモンハン事件
米の配給制始まる
賃金価格の統制始まる
ドイツ、ポーランドに侵攻
1940
日独伊三国軍事同盟調印
大政翼賛会成立
1941
在米日本人資産凍結
米、対日石油禁輸
真珠湾攻撃
小学校が国民学校になる

1942
ミッドウェー海戦で日本軍大敗
米軍が日本本土を空襲

1943
ガダルカナル島で日本軍大敗
学徒出陣始まる
イタリア降伏

1944
B−29が東京を空襲
大都市学童の集団疎開始まる
中学校の勤労動員決定
砂糖の家庭用配給停止

1945
米軍、沖縄上陸
ドイツ無条件降伏
ポツダム宣言発表
米軍、広島・長崎に原子爆弾を投下
ポツダム宣言受諾　終戦

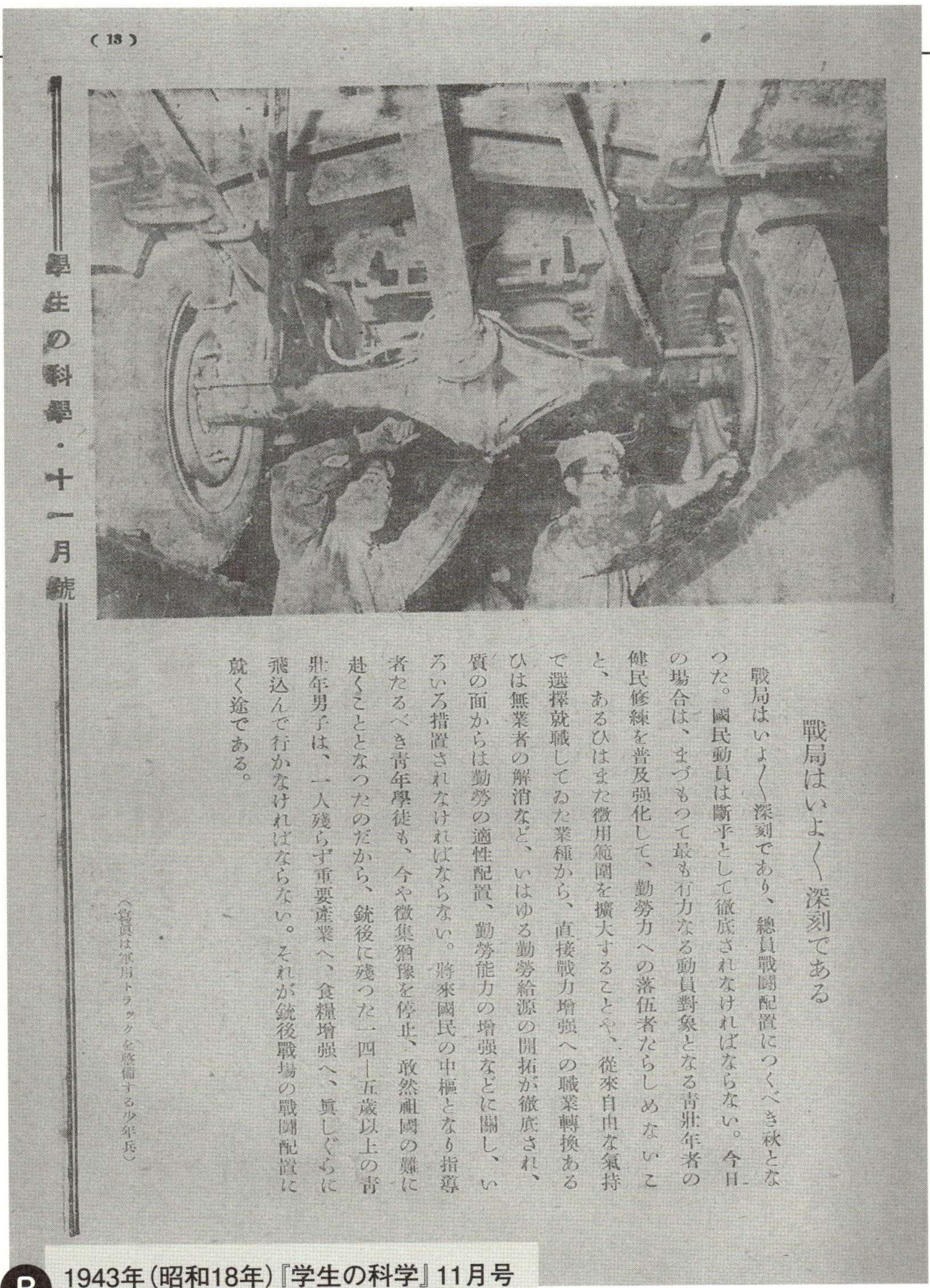

（13）

學生の科學・十一月號

戰局はいよ〳〵深刻である

戰局はいよ〳〵深刻であり、總員戰鬪配置につくべき秋となつた。國民動員は斷乎として徹底されなければならない。今日の場合は、まづもつて最も有力なる動員對象となる青壯年者の健民修練を普及强化して、勤勞力への落伍者たらしめないこと、あるひはまた徵用範圍を擴大することや、從來自由な氣持で選擇就職してゐた業種から、直接戰力增强への職業轉換あるひは無業者の解消など、いはゆる勤勞給源の開拓が徹底され、質の面からは勤勞の適性配置、勤勞能力の增强などに關し、いろいろ措置されなければならない。將來國民の中樞となり指導者たるべき青年學徒も、今や徵集猶豫を停止、敢然祖國の難に赴くこととなつたのだから、銃後に殘つた一四―五歲以上の青壯年男子は、一人殘らず重要產業へ、食糧增强へ、眞しぐらに飛込んで行かなければならない。それが銃後戰場の戰鬪配置に就く途である。

（寫眞は軍用トラックを整備する少年兵）

Ⓑ 1943年（昭和18年）『学生の科学』11月号
p1「戦局はいよいよ深刻である」

っていきました。

1943年（昭和18年）9月号『子供の科学』には「決戦下 日本の少国民」、「一億敢闘」Ⓓ、同年10月号『学生の科学』では「敵国の思想謀略を粉砕せよ」Ⓐ、同じく11月号には「戦局はいよいよ深刻である」Ⓑ……。

ただそうはいっても、『子供の科学』や『学生の科学』の読者層は比較的ゆとりがありましたから、戦況の悪化をそれほど深刻に捉えていない人もいたかもしれません。

誰の目にも戦況が「ヤバい」ことが明白になってきたのは、1944年（昭和19年）、それも後半になってからでしょう。

1944年（昭和19年）になると、『子供の科学』はどんどんペラペラになっていきました。特に7月号では「ゴミの戦力化」

1944年（昭和19年）7月号表紙

この太平洋戦争中の本誌の変遷、いやはっきりいうとしょぼくなっていく様子は一目見なくとも「一触り」で明らかなのですが、それをお伝えできないのがいささか残念です。

1944年（昭和19年）7月号
p50「編集だより」

…な穂を出しま
寺尾博先生にも
をおつしやつて
の實驗觀察
究」に出す
。
竹内 修
尾先生から
希望者に差
の春まき種
に育つたと
…が、竹内君
にもまだたくさ
なります。これ

編輯だより

皇軍將士の勇戰もむなしく、サイパン島は敵の土足にふみにぢられた。しかし、敵にかくしきれぬほどの大損害をあたへ、日本人の意氣を世界に示した純忠の勇士たちの奮戰は、强く銃後一億の國民の心をゆりうごかし、火の玉となつて米英を打倒せんとの復讐の誓ひを固めさせた。

讀者諸君！　敵は間近に來た。しかし、これからがほんとうの戰ひだ。世界無比の國體を護りぬくために、一億が老も若きも男も女も全力を國に捧げるのだ。

君たちに與へられた仕事は、全力をもつてこれをなせ。勉强も體錬も勤勞奉仕も、全力をつくしてやるのが、勝ちぬく唯一つの道だ。

さあ、共にがんばらう。戰ひはこれからなのだ。

○

新刊雜誌を買ふには、古雜誌と引きかへになつた。古雜誌は再製紙の原料となるのだから、そのつもりで役立てることにしよう。

しかし「子供の科學」を買ふ場合は、なるべく他の雜誌の古いのを利用して、「子科」は出さぬやうにお願ひしたい。といふのは「子科」は讀み捨てる雜誌でなく、毎月とぢておいて古い雜誌も讀みかへすことにより、一そう諸君の力がつくやうに編輯してある。創刊以來毎月頁の下に「新年號から續けた頁」をつけておくのも、諸君がめいめい合本の目次をつくつて舊號も一そう利用していただきたいからである。（篠原）

本誌は豫約制ですから、ご近所の書店へ豫約しないと買へません。本社直接申込はおことわりします

賣價五十三錢（送料二錢）
定價（停）五十錢　特別行爲税三錢

昭和十九年六月廿五日　印刷納本
昭和十九年七月一日　發行

第7巻第7號
編輯人　田村榮
發行人　小川菊松
印刷人　大橋芳雄
（東京一二二）共同印刷株式會社

東京都神田區錦町一丁目五番地
發行所　株式會社 誠文堂新光社
電話・神田二二二六—二二二九

東京都神田區淡路町二ノ九
配給元　日本出版配給株式會社

東京都神田區錦町三ノ二三
廣告一手取扱　内外通信社博報堂
電話神田二二八一（一〇）

— 446 —

Ⓔといった記事が掲載されただけでなく、「編集だより」Ⓒ（いつも最後のページにあるコーナー。この号はなんと50ページ目）に次の

一億敢闘
——油断はならぬ　みんな死力をつくせ——
船田中
ビルマの獨立
東條首相より贈られた日本刀をながめるバーモウ國家代表と愛息
イタリヤの政

一億敢闘
決戰生活の徹底
海軍甲種豫科練習飛行兵の檢査場

D
1943年（昭和18年）9月号
p2-3「一億敢闘-油断はならぬ　みんな死力をつくせ」

ように書かれています。

「新刊雑誌を買うには、古雑誌と引きかえになった。古雑誌は再生紙の原料となるのだから、そのつもりで役立てることにしよう。」

「しかし「子供の科学」を買う場合は、なるべく他の雑誌の古いのを利用して、「子科」は出さぬようにお願いしたい。というのは「子科」は読み捨てる雑誌でなく、毎月とじておいて古い雑誌も読みかえすことにより、一そう諸君の力がつくように編集してある。創刊以来毎月頁の下に「新年号から続けた頁」をつけておくのも、諸君がめいめい合本の目次をつくって旧号も一そう利用していただきたいからである。」

勝手な言い分ではありますが、編集者としての誇りを感じさせます。

『子供の科学』は、1944年（昭和19年）は1月号から12月号まで発行されました。しかし、同年の終盤には空襲が激しくなり、1945年（昭和20年）には誠文堂新光社の印刷所も被災。再び発行できたのは、11月号からでした。

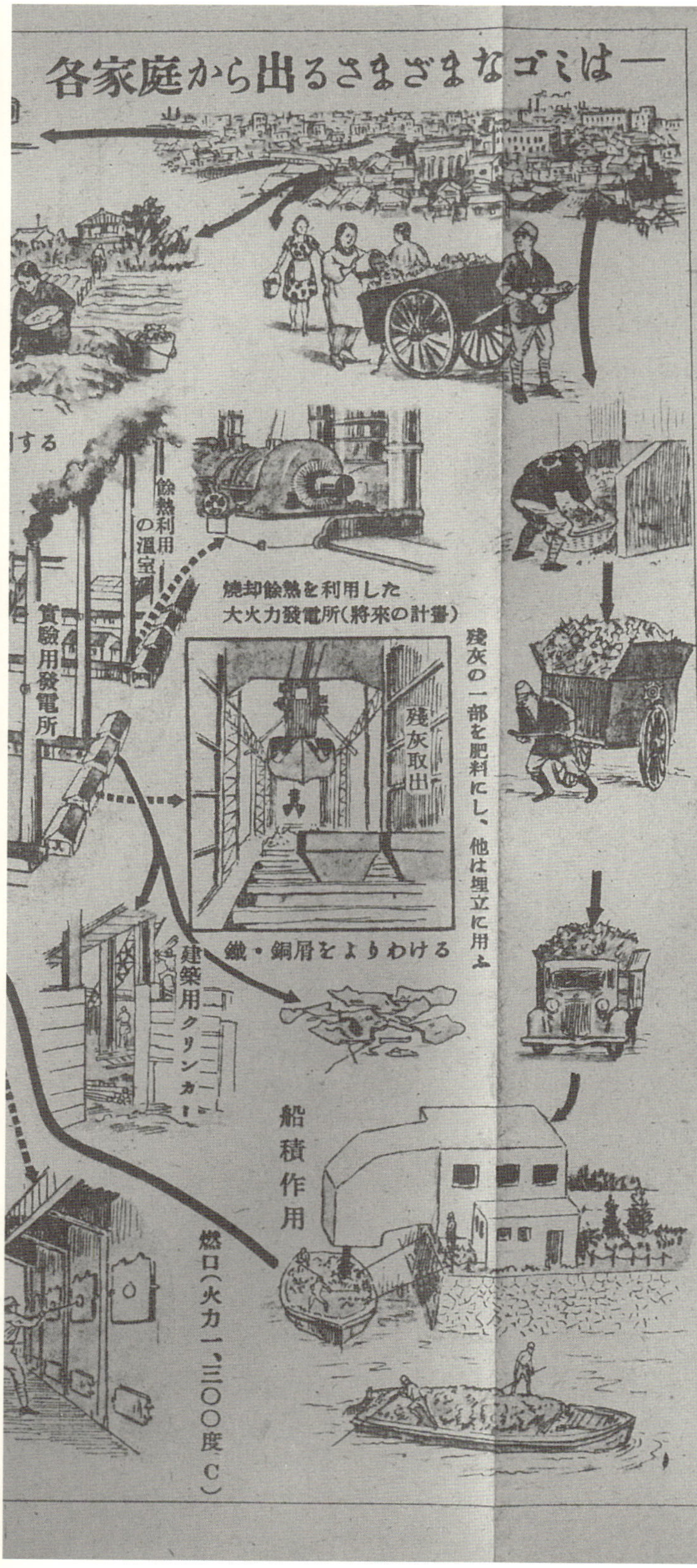

ゴミの戰力化

一軒の家から出るゴミは、それほどの量ではありませんが、何千何萬といふ家が集つてゐる都會地のゴミは、實にすばらしい量になります。たとへば東京都では數年前まで一日に六十五萬貫のゴミが出るといはれ、最近では隣組農園などの肥料として利用することも多いのでいくらか減つてゐますが、それでもなほ何十萬貫といふ大量のゴミが出てゐるのです

これらのゴミは、ゴミ屋さんの手で集められて、車や船で塵芥處理工場（東京都のは深川にある）に送られ、ここでよりわけられた上、さまざまの用途に利用されてをります。ここに集るのは最近では一日に約六萬貫で、そのうちの臺所ゴミの一部は、豚の飼料とされ、一部は露天で乾燥して堆肥をつくり、食糧増産に奮闘する農家への援軍となつてゐます。また紙クズやボロなどは紙の原料すなはちパルプをつくるとか、鹽酸とか硫酸とかの酸を作用させて砂糖液をつくり、さらに酵母菌を作用させてアルコールもつくられてゐます。臺所ゴミつまり食物の殘りをふつうの方法で堆肥にすると、熟するまで半年や一年はかかり、しかも相當臭ふのですが、ここではコンクリートの大きな箱に空氣が自由に入る仕掛になつてをりますので、臺所ゴミを入れて一月ぐらゐたつと、あまり臭みのない乾いた堆肥ができます。これを粉碎機にかけて細かくすればなほ上等です。これは窒素約一・五〇%、燐酸約一・〇〇%、加里約〇・九四%をふくみ、下肥の三倍から四倍の効めがあります。

臺所ゴミ以外のゴミで、紙クズ、ボロ、金屬クズなどをよりわけた殘りは、燒却釜に入れて燒かれ、その灰の一部は肥料とします。この場合、非常な高熱で燒きますので、燃えカスが大きな石のやうな塊（クリンカーといふ）となりますから、これを碎いてふるひにかけ、粒をそろへて道路舗裝や建築材料とし、また煉瓦もつくります。それらをとりつくした殘りカスは埋立用に使はれます。

深川塵芥處理工場に送られる六萬貫のほかに、各地區で集められて豚や鷄の飼料となるのが一日に約八萬貫、紙の原料となる紙クズやボロが一日に約四萬貫あります。さらに一部のゴミは、東京都内の國民學校の學校給食の燃料或は浴場の燃料となり、それも莫大な量に達します。

東京都では、燒却餘熱を利用する火力發電所をはじめ、ゴミ利用のさまざまな計畫が立てられてゐますが、東京都ばかりでなく全國各地で、現在でも以上のやうにゴミが戰力化されて、大東亞戰爭を勝ちぬくために動員されてゐることを忘れないで下さい。

E

1944年（昭和19年）７月号折込
「ゴミの戦力化」

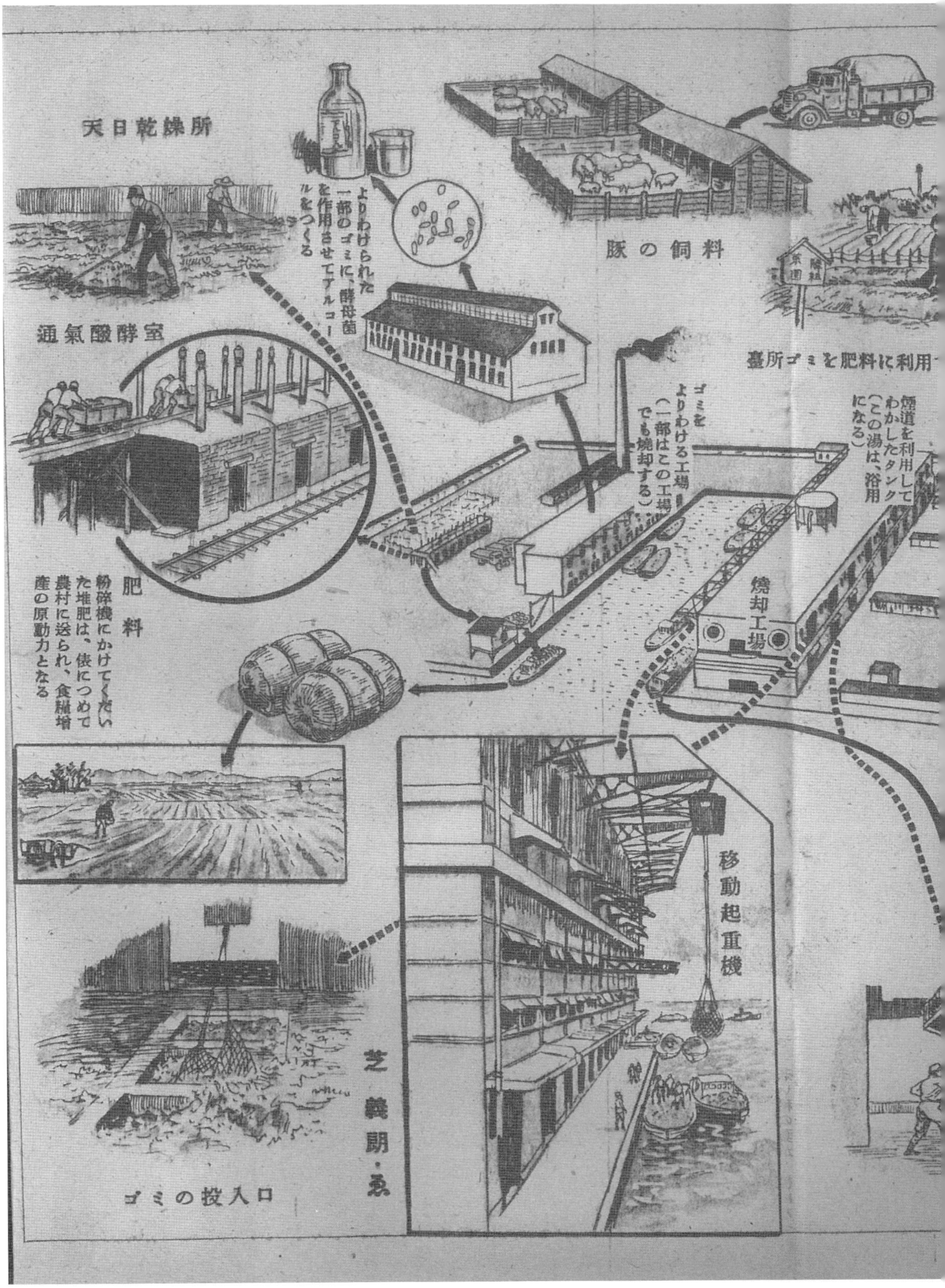
臺所ゴミを肥料に利用
天日乾燥所
よりわけられた一部のゴミに、酵母菌を作用させてアルコールをつくる
豚の飼料
通氣醱酵室
ゴミをよりわける工場（一部はこの工場でも焼却する）
煙道を利用してわかしたタンク（この湯は、浴用になる）
焼却工場
肥料
粉砕機にかけてくだいた堆肥は、俵につめて農村に送られ、食糧増産の原動力となる
移動起重機
ゴミの投入口

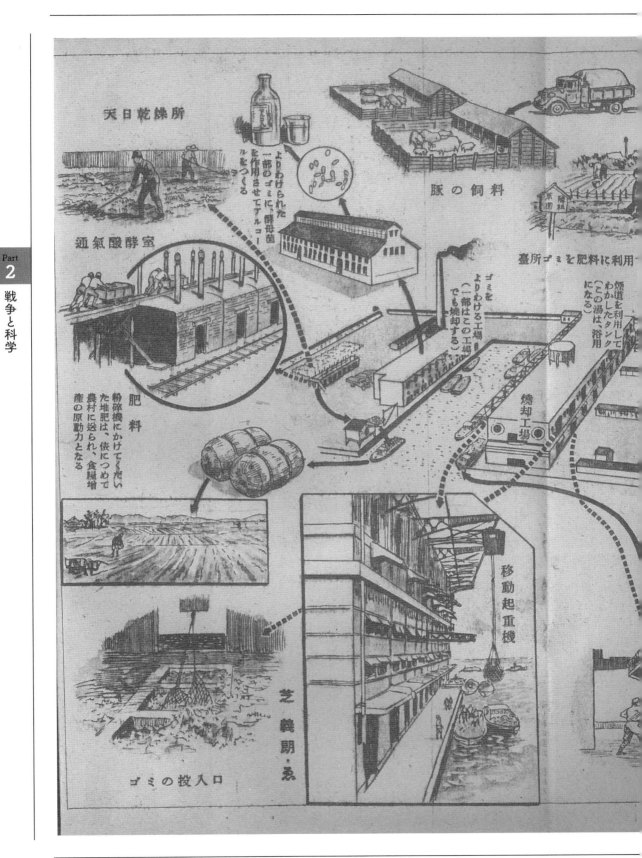

B—29と空襲

1944-1945

敵は皇土の近くまで迫っている——。普通の暮らしの中に空襲があった頃です。その主役である米軍の戦闘機について、多くの人がその名や姿かたちを知っていました。

敵機の知識について意外なほど解像度高く

本土空襲に使われたこともあって、日本人から恐れられた爆撃機「B—29 スーパーフォートレス」。初飛行は1942年（昭和17年）9月ですが、実戦投入は1944年（昭和19年）5月からと、第二次世界大戦もかなり末期になってからです。B—17がヨーロッパでのみ使われたのに対し、B—29は太平洋戦争でしか使われていません。

B—29の何が画期的だったかといえば、過給器（ターボチャージャー）と与圧装置を搭載したことにあります。ターボチャージャーというのは、排気ガスの流れを利用して空気を圧縮する装置。これを使うことで、より多くの空気をエンジンに供給すること

A
1944年（昭和19年）7月号
p16「B29撃墜の現場を訪ねて」

B29擊墜の現場を訪ねて

本誌特派記者 加藤芝

ボーイングB29は、敵アメリカが超空の要塞と名づけて、その性能を世界に誇り、これによつて日本本土の大空襲を行ひ、日本を屈伏させるのだと自慢して盛に大量生産をつづけてゐるといはれてゐた最新鋭の重爆撃機である。

このB29が盛に製作されてゐるといふことはアメリカの當局も自慢顔に宣傳してゐたやうであるが、廣い大東亞戰場には、これまでほとんど現はれなかつたのである。

ところが、六月十六日の午前一時頃、不敵にもB24をまじへて、北九州の要地爆擊を企てて來襲し、わが無敵制空部隊の猛攻にあつて、その目的を果さなかつたばかりでなく、爆彈を抱いたまま若松市外の高須附近に擊墜され、敵アメリカが科學の粋を集めたといふさしものB29も、わが新鋭戰鬪機の前に完全に屈伏したのである。

そればかりではない。今まで祕密を守りつづけてゐた、超空の要塞とはかやうなものであるといふ研究の材料を惜しげもなく提供して、擊墜をまぬかれた何機かは命からがら支那の基地へ逃げかへつたのである。

實に痛快なことである。記者はこの報を手にすると、直ちに鹿兒島行の急行列車に飛び乘つて、B29擊墜の現場へと急いだ。

B29擊墜の現場

敵機は明らかに、北九州の工業地帶に徹底的な打擊を與へてやらうと考へてきたにちがひないのである。その主目標が世界的に有名な八幡製鐵所の爆擊にあつたことはいふまでもあるまい。

「制空部隊及び地上軍事施設にほとんど損害なし。」といふ大本營發表をきいて安心はしたものの、汽車が八幡驛を通過して、目の前にすさまじい勢で活動してゐる熔鑛爐の姿を見るまでは、何かしら不安な氣持がとりされなかつた。

しかし一切は取越苦勞だつた。八幡製鐵所のみでなく、汽車が關門トンネルを出てから博多驛につくまでは、いはゆる北九州の工業地帶を通過するのであるが、車窓の左右を注意深く見つめてゐた記者の目に、爆擊の跡らしきものすら見ることができなかつた。

博多驛に下車した記者は、さつそく西部軍司令部を訪ねて、敵機擊墜の現場の視察するについてのいろいろな御指示をいただいた。

西部軍報道部の筑紫大尉は語る——

「敵は最新鋭機をもつて、自信たつぷりでやつてきたことは事實である。それも一擧に押よせたのでなく二機三機づつに分れて、相當の時間をおいて、波のやうにやつてきたのである。

そのため、零時三十分に空襲警報が發令されてから夜あけ近くまで戰鬪が續けられたのであるが、わが精鋭なる戰鬪機隊と地上部隊との目覺しい活動と、民防空陣の適切な協力が効を奏して、大本營發表にもあるやうに、B29擊墜七、擊破三といふ見事な戰果をおさめることができたのである。擊墜された場所はいづれも山とか畑とかである。爆彈を落したあとを見ても、いづれも重要地點をはづれて場末の方に盲爆をしたに過ぎない。

〇〇部隊の木村准尉がおとしたB29などは、爆彈をもつたまま高須附近に落ちたといふことから考へても、いかに我が戰鬪機が猛烈に活躍したかといふことは想像できるだらう。盲爆のあとの視察がすんだら、〇〇部隊を訪ねて、生々しい實戰の模樣を聞くこともいいだらう。」

と、特に〇〇部隊に連絡していただいて西部軍司令部を辭した。

小倉や枝光の盲爆のあとを訪ひ、米鬼擊たずばやまじの怒がむらむらと起るのを覺えた記者は、車を走ら

— 412 —

1928
治安維持法改正
第二次山東出兵

1929
世界恐慌

1930
ロンドン海軍軍縮条約調印

1931
満州事変

1932
上海事変
満州国建国
五・一五事件

1933
国際連盟脱退
ヒトラー政権成立（独）

1934
ワシントン海軍軍縮条約を破棄
ソ連が国際連盟に加盟

1936
二・二六事件

1937
盧溝橋事件

1938
国家総動員法公布

1939
ノモンハン事件
米の配給制始まる
賃金価格の統制始まる
ドイツ、ポーランドに侵攻

1940
日独伊三国軍事同盟調印
大政翼賛会成立

1941
在米日本人資産凍結
米、対日石油禁輸
真珠湾攻撃
小学校が国民学校になる

1942
ミッドウェー海戦で日本軍大敗
米軍が日本本土を空襲

1943
ガダルカナル島で日本軍大敗
学徒出陣始まる
イタリア降伏

1944
B-29が東京を空襲
大都市学童の集団疎開始まる
中学校の勤労動員決定
砂糖の家庭用配給停止

1945
米軍、沖縄上陸
ドイツ無条件降伏
ポツダム宣言発表
米軍、広島・長崎に原子爆弾を投下
ポツダム宣言受諾　終戦

ができます。ターボチャージャーのおかげで、空気の薄い成層圏（高度約10〜50キロメートル）を安定して飛行できるようになりました。天候の安定した成層圏を飛行できれば燃費も節約できますし、高射砲などからも狙われにくくなります。さらに、与圧装置によって高空でも通常の飛行服で行動可能、冷暖房完備と至れり尽くせりでした。

とはいうものの、B—29も無敵ではありませんでした。例えば、1944年（昭和19年）6月16日には、北九州に襲来したB—29が日本の戦闘機に撃墜され、同年7月号の『子供の科学』にも「B29撃墜の現場を訪ねて」Ⓐという取材記事が掲載されています。

「ところが、六月十六日の午前一時頃、不適にもB24をまじえて、北九州の要地

Ⓐ

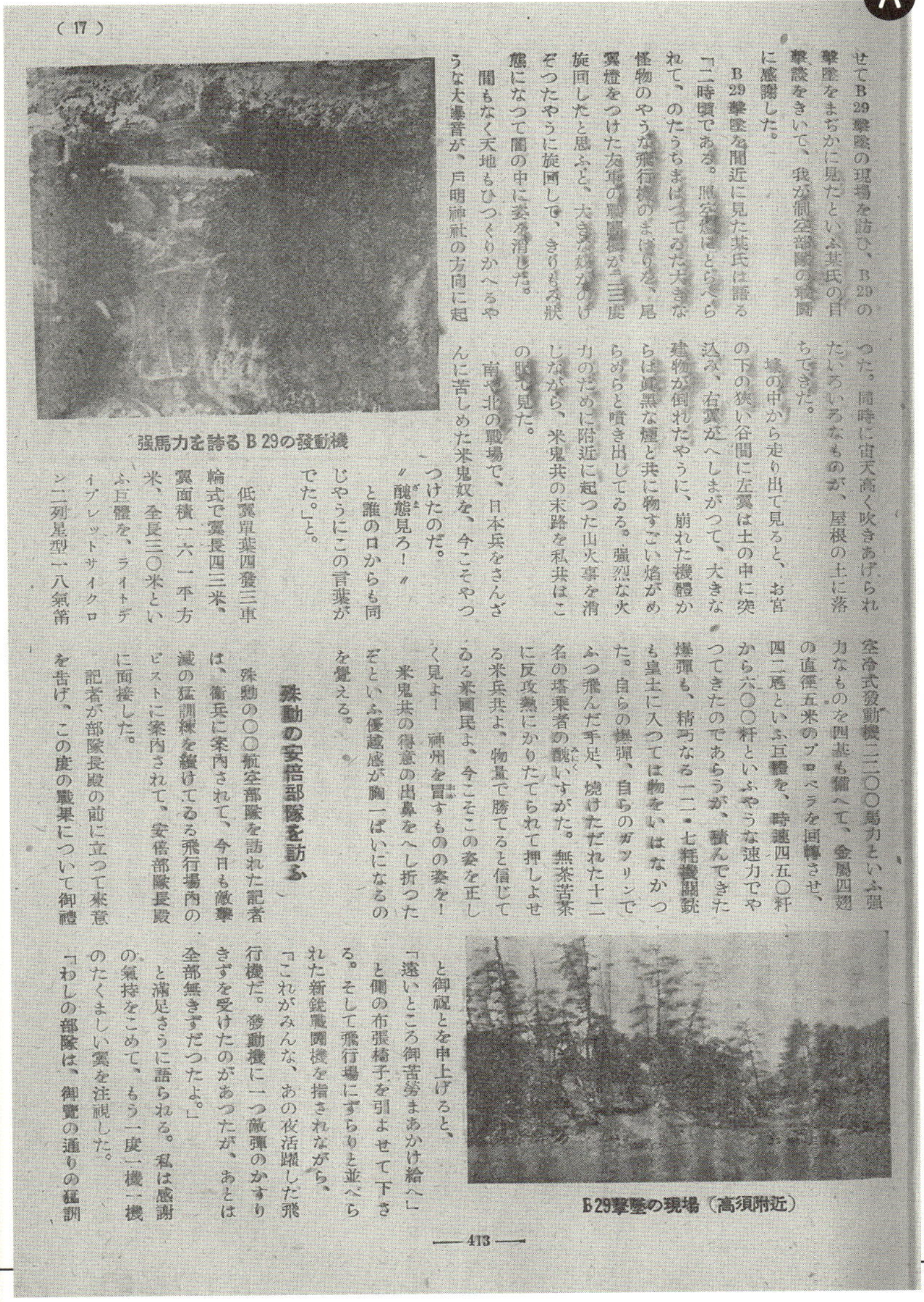

（17）

せてB29撃墜の現場を訪ひ、B29の撃墜をまぢかに見たといふ某氏の目撃談をきいて、我が制空部隊の敢闘に感謝した。

B29撃墜を間近に見た某氏は語る

「二時頃である。照空燈にとらへられて、のたうちまはつてゐた大きな怪物のやうな飛行機のまはりを、尾翼燈をつけた友軍の戰闘機が二三度旋回したと思ふと、大きな奴がよけぞつたやうに旋回して、きりもみ狀態になつて闇の中に姿を消した。

間もなく天地もひつくりかへるやうな大爆音が、戸明神社の方向に起つた。同時に宙天高く吹きあげられたいろいろなものが、屋根の土に落ちてきた。

壕の中から走り出て見ると、お宮の下の狭い谷間に左翼は土の中に突込み、右翼がへしまがつて、大きな建物が倒れたやうに、崩れた機體からは眞黒な煙と共に物すごい焔がめらめらと噴き出してゐる。強烈な火力のために附近に起つた山火事を消しながら、米鬼共の末路を私共はこの眼で見た。

南や北の戰場で、日本兵をさんざんに苦しめた米鬼奴を、今こそやつつけたのだ。

〃醜態見ろ！〃

と誰の口からも同じやうにこの言葉がでた。」と。

強馬力を誇るB29の發動機

低翼單葉四發三車輪式で翼長四三米、翼面積一六一平方米、全長三〇米といふ巨體を、ライトデイブレットサイクロン二列星型一八氣筩空冷式發動機二二〇〇馬力といふ強力なものを四基も備へて、金屬四翅の直徑五米のプロペラを回轉させ、四二瓲といふ巨體を、時速四五〇粁から六〇〇粁といふやうな速力でやつてきたのであらうが、積んできた爆彈も、精巧なる一二・七粍機關銃も皇土に入つては物をいはなかつた。自らの爆彈、自らのガソリンでふつ飛んだ手足、焼けただれた十二名の搭乗者の醜いすがた。無茶苦茶に反攻熱にかりたてられて押しよせる米兵共よ、物量で勝てると信じてゐる米國民よ、今こそこの姿を正しく見よ！　神州を冒すものの姿を！

米鬼共の得意の出鼻をへし折つたぞといふ優越感が胸一ぱいになるのを覺える。

殊勳の安倍部隊を訪ふ

殊勳の〇〇航空部隊を訪れた記者は、衛兵に案内されて、今日も敵撃滅の猛訓練を續けてゐる飛行場内のピストに案内されて、安倍部隊長殿に面接した。

記者が部隊長殿の前に立つて來意を告げ、この度の戰果について御禮と御祝とを申上げると、

「遠いところ御苦勞まあかけ給へ」

と側の布張椅子を引よせて下さる。そして飛行場にずらりと並べられた新鋭戰闘機を指されながら、

「これがみんな、あの夜活躍した飛行機だ。發動機に一つ敵彈のかすりきずを受けたのがあつたが、あとは全部無きずだつたよ。」

と滿足さうに語られる。私は感謝の氣持をこめて、もう一度一機一機のたくましい姿を注視した。

「わしの部隊は、御覽の通りの猛訓

B29撃墜の現場（高須附近）

―413―

敵機は必ずやつてくる！　私たちは全力をあげて國土を守らう。

爆彈の威力と防護

爆彈にはどんな種類があり、その爆發の力はどんなものか。どうすれば被害を少くできるか？

陸軍築城本部
陸軍兵技中尉　伊丹康夫

まへがき

敵米英の空襲は軍事施設や重要施設を破壞するばかりでなく、一般民衆をも殺傷して、戰力を根源から壞滅させ、國民の戰意を喪失させて一擧にその國を崩壞させる偉大な威力を發揮することを狙つてゐるやうです。

しかしながら、敵が空襲にどんなものを使用しようとも、われ〳〵は十分な備へが出來てゐなければなりません。防空に必要な資材を整へることも大切ですが、誰もが等しく防空の知識を學んで、いざといふときは總力で防空活動をすることが必要です。

空襲の際に飛行機から投下する外國の投下彈には、爆彈、燒夷彈をはじめいろ〳〵のものがありまして、敵の豫想もしない珍奇な物を投下して當惑させることもあるのです。

たとへば「モロトフのパン籠」といつて、大きなお母さんの爆彈のお腹にたくさんの子供の爆彈や燒夷彈が入つてゐて、空中でお母さんのお腹が割れると中に入つてゐるたくさんの子供の爆彈や燒夷彈が同時に落ちて來るやうなものや、落下傘をつけて落ちて來る爆彈で、木の枝とか電線にふれると直ちに爆發する空中地雷といつたものや、また、萬年筆が落ちて來たからと思つて拾つて帽を開けようとすると、眼の前で爆發するものなど、あるひはガソリンを雨のやうに飛行機からまいて、それに火をつけ、廣い區域を一樣に火の海と化すといつた具合に、最近は各國とも新しい威力のある投下彈を考へてゐます。

私は、爆彈はどんな威力を持つてゐるか、また、これを防ぐにはどうすればよいかといふことについて申し上げませう。

爆彈の種類と構造

爆彈には、重量五〇瓩から一瓲ぐらゐのものがありまして、特殊な目的には二瓲、三瓲といつたものも使用されてゐます。爆彈の形は圓壔型、流線型、茄子型の三種類に區別することが出來ます。いづれも爆彈の命中率をよくするために、彈のさきは流線型をしてをり、尾翼もついてゐます（第1圖）。

また爆彈の種類には、散開してゐる部隊や、一般民衆を彈片によつて殺傷するのを目的とした破片爆彈と、たくさんの火藥の大きな爆破力によつて物を破壞するのを目的とした地雷爆彈と、堅固な要塞や、艦船、あるひは高い鐵筋コンクリート建築物を破壞するために、出來るだけ深く侵入してから爆發する破甲爆彈の三種類があります。

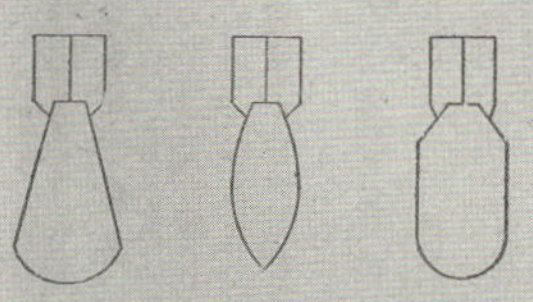

第1圖　爆彈の形

地雷爆彈の普通の構造は第2圖のやうでありまして、鐵製の彈體の中に全重量の約半分の炸藥が填まつてをり、彈頭に安全裝置と信管がついてゐます。爆彈によつて信管が彈尾の方にも、もう一つついてゐる場合もあります。破片爆彈や破甲爆彈になりますと彈體がもつと厚くなり、炸藥の量は減つてきます。

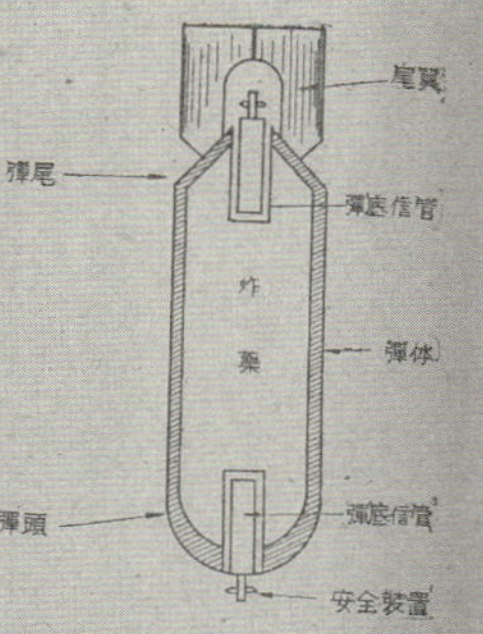

第2圖
爆彈の構造

炸藥としてはトリニトロ・トルエン、ピクリン酸などが用ひられてゐますが、いづれも炸藥だけでは衝擊をうけても爆發するとは限らないので、適當な起爆裝置をつけ、また命中から爆發までの時間、すなはち延期秒時を目標に應じて調節するための信管がつけてあります。

信管には物に衝突すると直ちに爆發する瞬發性信管と、衝突してから一秒の二〇分の一から一〇分の一ぐらゐ遲れて爆發する短延期性信管と、五分の一秒から四秒程遲れて爆發する長延期性信管があります。中には時計仕掛の信管の樣に、數分間から長いもので數日間經つて爆發する時限信管といふものがあります。

爆彈の彈道

爆彈が飛行機から投下されて、地上に落ちてくるみちを彈道といひます。飛行機から爆彈が投下されますと、爆彈は飛行機の航行速度と地球の重力、それと落下の際における空氣の抵抗力の作用をうけて、拋物線に似た彈道を描いて落ちてきます。

投下位置、飛行速度、彈の種類、爆擊法等がきまれば、落下地點はほゞきまつてきます。したがつて敵が爆擊を行ふ時は、飛行機から何處で投下した爆彈が自分の附近に落ちてくるか、ほゞ見當がつきます。第3圖は、時速三六〇粁の飛行機が一〇〇瓩彈を水平爆擊によつて投下した場合の彈道を示したものです。これによりますと、ある高度で水平爆擊した場合の彈の落下時間、落角、投下地點と落下地點の水平距離、自分のところに命中彈を投下する際の敵飛行機に對する仰角等がおわかりでせう。また、急降下爆擊では、爆彈はほゞ飛行機の直進方向へ落ちて來ること考へればよいのです。

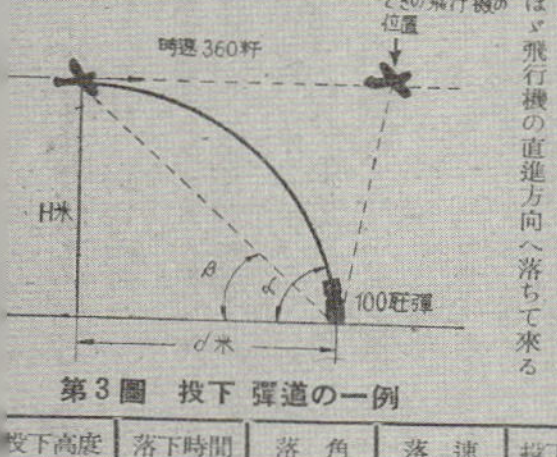

第3圖　投下彈道の一例

投下高度（H米）	落下時間（秒）	落角 α°	落速（米/秒）	投下水平距離（d米）	爆彈投下の飛行機に對する仰角（β°）
1000	15	57	155	1400	35
2000	21	67	189	1900	46
3000	26	72	210	2200	54
4000	31	76	223	2500	58
5000	36	78	229	2700	62

爆彈の侵徹

爆彈が厚い壁や、地面などに侵入することを侵徹といひます。瞬發性の信管のついてゐる爆彈ですと侵徹はしませんが、延期性信管の爆彈を

B
1943年（昭和18年）11月号
p4「爆弾の威力と防護」

爆撃を企てて来襲し、わが無敵制空部隊の猛攻にあって、その目的を果たさなかったばかりでなく、爆弾を抱いたまま若松市街の高須附近に撃墜され、敵アメリカが科学の粋を集めたというさしものB29も、わが新鋭戦闘機の前に完全に屈服したのである。」

B―29の航続距離は、サイパンの米軍基地と日本本土を往復するのにギリギリ。ちょっとでも迎撃に遭うと、帰投できないことが多かったのです。しかし、米軍は低空で夜間爆撃を行うようにするなど、戦術を変更。1945年（昭和20年）3月10日の東京大空襲では、B―29による焼夷弾の無差別爆撃で、11万5000人の死者が出ています。

1945年（昭和20年）2月、3月に行われた硫黄島の戦いで、米軍は甚大な損害を出しながら（米軍の戦死者、死傷者数は日本軍を上回りました）硫黄島を占領しましたが、その目的の1つはB―29の安全な運用でした。

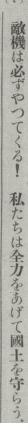

硫黄島を手に入れたことで、航続距離の短い戦闘機をB―29の護衛に付けられるよ

うになり、B—29は名前の通り、「スーパーフォートレス」になりました。数百機単位のB—29が日本本土爆撃を繰り返し、8月6日の広島、8月9日の長崎への原爆投下任務も担うことになります。

この時期、日本中の都市は日常的に空襲と隣り合わせでした。『子供の科学』でも爆弾の種類や構造から軌道まで、度々詳しく伝えています。1943年（昭和18年）11月号では「爆弾の威力と防護」について陸軍の中尉が図版付きで執筆していますⒷ。同じく11月号で「空襲と怪我」Ⓒと題し、取るべき姿勢についても解説。

「敵機は必ずやってきます。しかも昨年4月18日のようなあんな小さな、まるで空襲の見本のようなものではなく、非常に大規模な空襲を想像しなければなりません。」

淡々とした文章ではありますが、当時の小中学生たちの生活知識としてこんなことを教えなければいけなかったなんて、胸が痛いですね。

1944年（昭和19年）6月号では「敵前疎開も戦力増強だ」Ⓓとして、疎開の重要性を訴えています。

「空襲の被害を少なくすることは、それだけ日本の戦力を弱らせぬことになる。また都会から疎開して地方で食糧増産や工場に働けば、それだけ戦力の増強になる。疎開は戦力増強の原動力だ。疎開する人々は一刻も早く実行せよ。地方の人々は温かい心で受け入れよう。」

大都市の学童疎開が決定した当時らしい記事です。

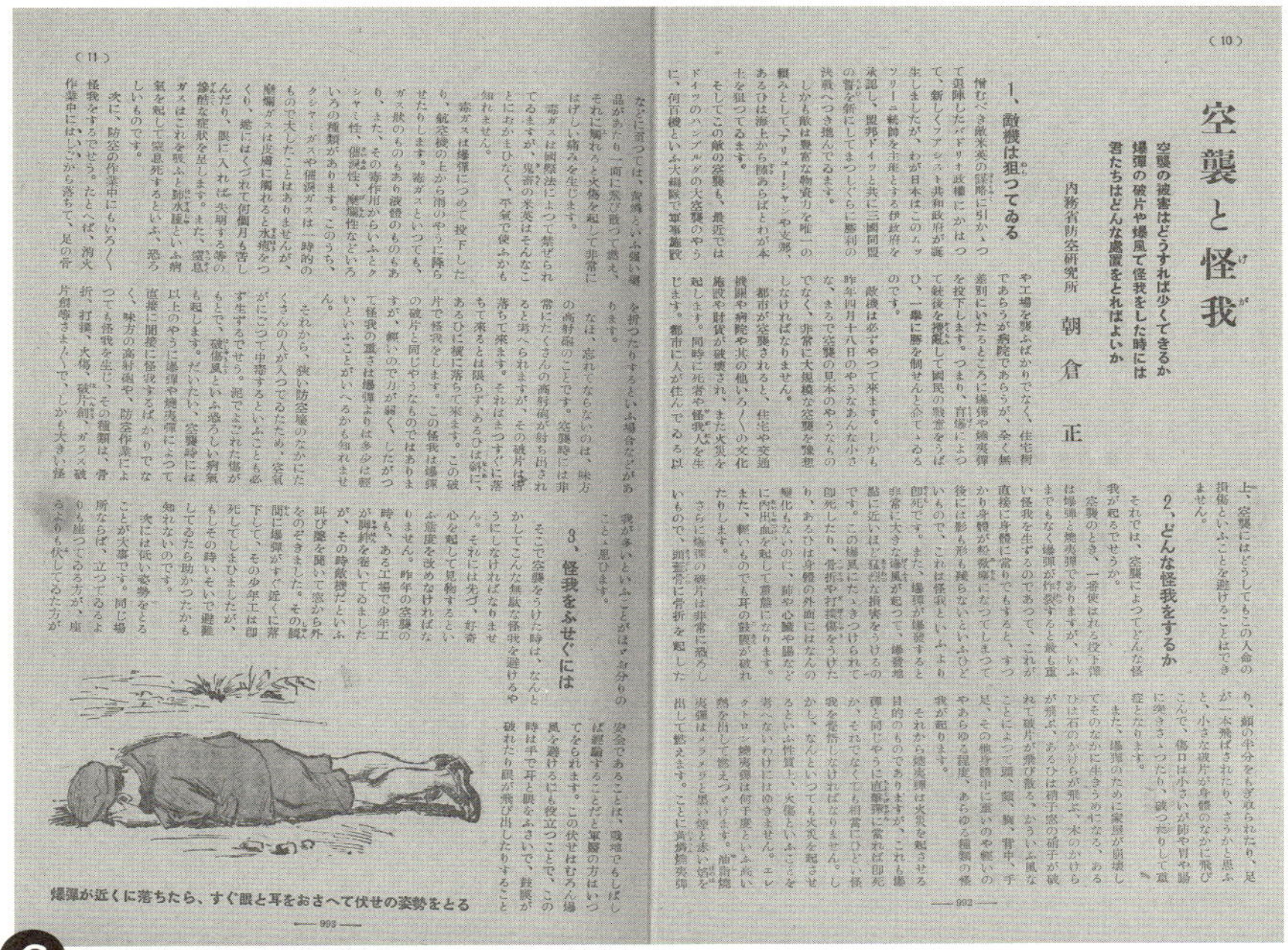

Ⓒ
1943年（昭和18年）11月号
p10「空襲と怪我」

「竹槍でB29」という揶揄は現代では右翼左翼問わず一般化した揶揄ですが、当時は意外と科学的かつ冷静に米軍の兵器の仕様を一般公開していたことが本誌を通してわかります。彼我の戦力差はあまりに大きいことはそれゆえ明らかで、にも関わらず戦争を続ける姿勢を続けていることにこそ狂気を感じます。

撃滅せよ！これが米英空軍の第一線機だ！

飯塚玲兒畫

西南太平洋或は支那大陸の空の決戰場において、量をたのむ敵空軍の反攻は、實に執拗を極め、日に夜をつぐ戰爆連合の大編隊で襲來してゐる。我が無敵の新鋭機はそのたび猛然むかへ撃ち、激烈なる空中戰をまぢへ、常にその多數を撃墜してゐるが、この畫集は、敵米英が對日反攻陣の最前線に持つてきてゐる新型機の代表的なものである。右上の五機は割合に近い距離の防空戰鬪用に使はれてゐるもので、英機はオーストラリヤ方面の防備に、他は主にソロモン方面の空中戰にさかんに使はれてゐる。左上の四機は、はじめ航空母艦用として設計されたものであるが、最近は陸上基地にも多數整備され、奇襲による艦船や重要施設の部分的攻撃を得意としてゐるらしい。中でもダグラスBT・一から進化したダグラスSBD・三は、ソロモン戰線におけるこの級の主力である。中二段の六機は、長距離爆撃を眼目とする大型機で、左の飛行艇のものは殊に長時間滯空による海洋哨戒を得意としてゐる。右側のボーイングB・一七は「空の要塞」として知られてゐるが、最近は同機と共に中央のコンソリデーテッドB・二四も多數現はれてきた。下二段の六機は、右下のコンソリデーテッド飛行艇以外は全部中型の爆撃機で、殊にマーチンB・二六とノースアメリカンB・二五は高速度による低空地上掃射や爆撃にすぐれた性能をもつてゐる。なほB・二五は在支米空軍の精鋭として、又ブレニムはビルマ反攻の英空軍の主力として使はれてゐる。これらがやつて來たら、われわれは斷乎撃墜あるのみである。

1943年(昭和18年)9月号
グラビア「撃滅せよ！これが米英空軍の第一線機だ！」

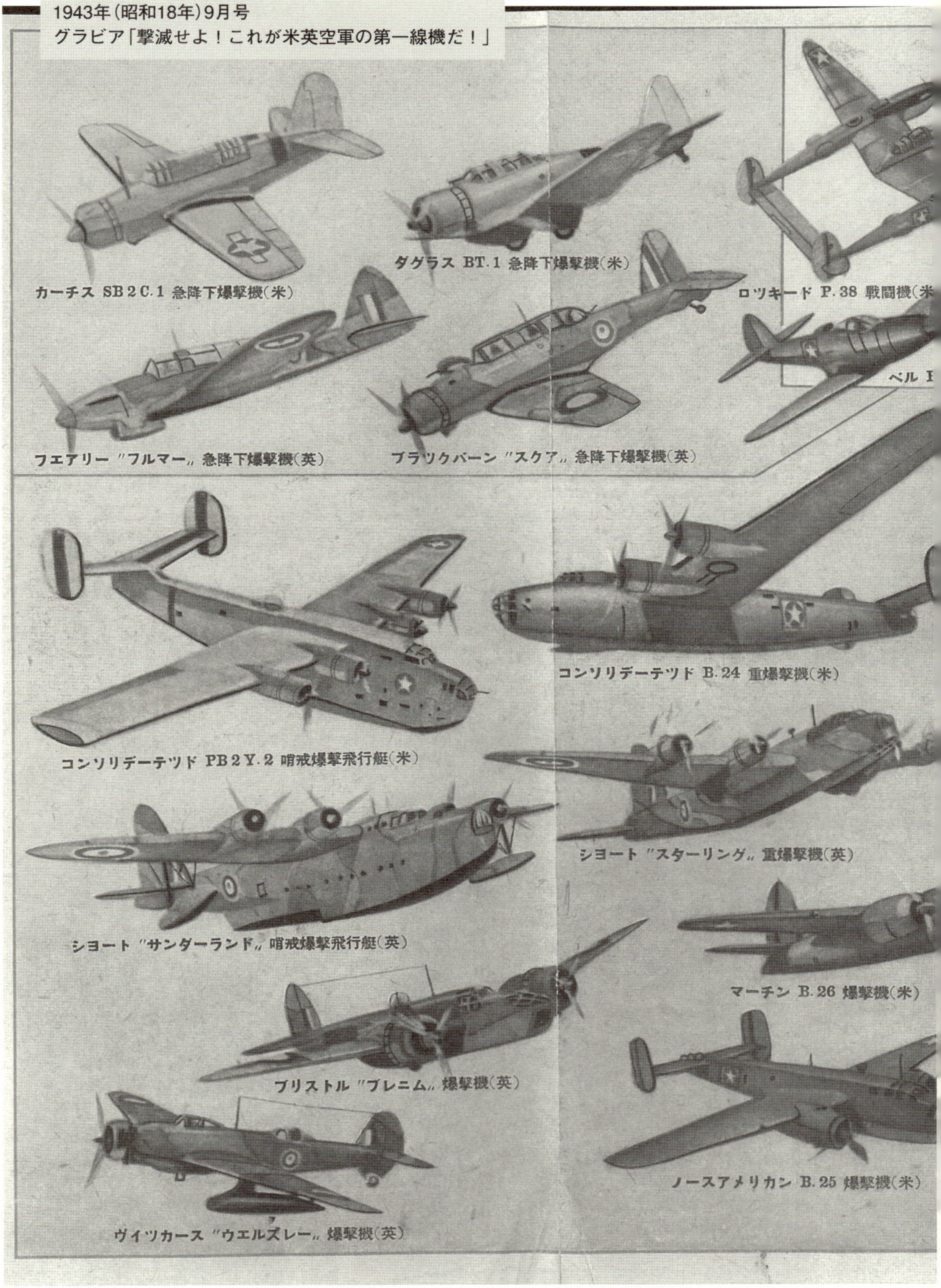

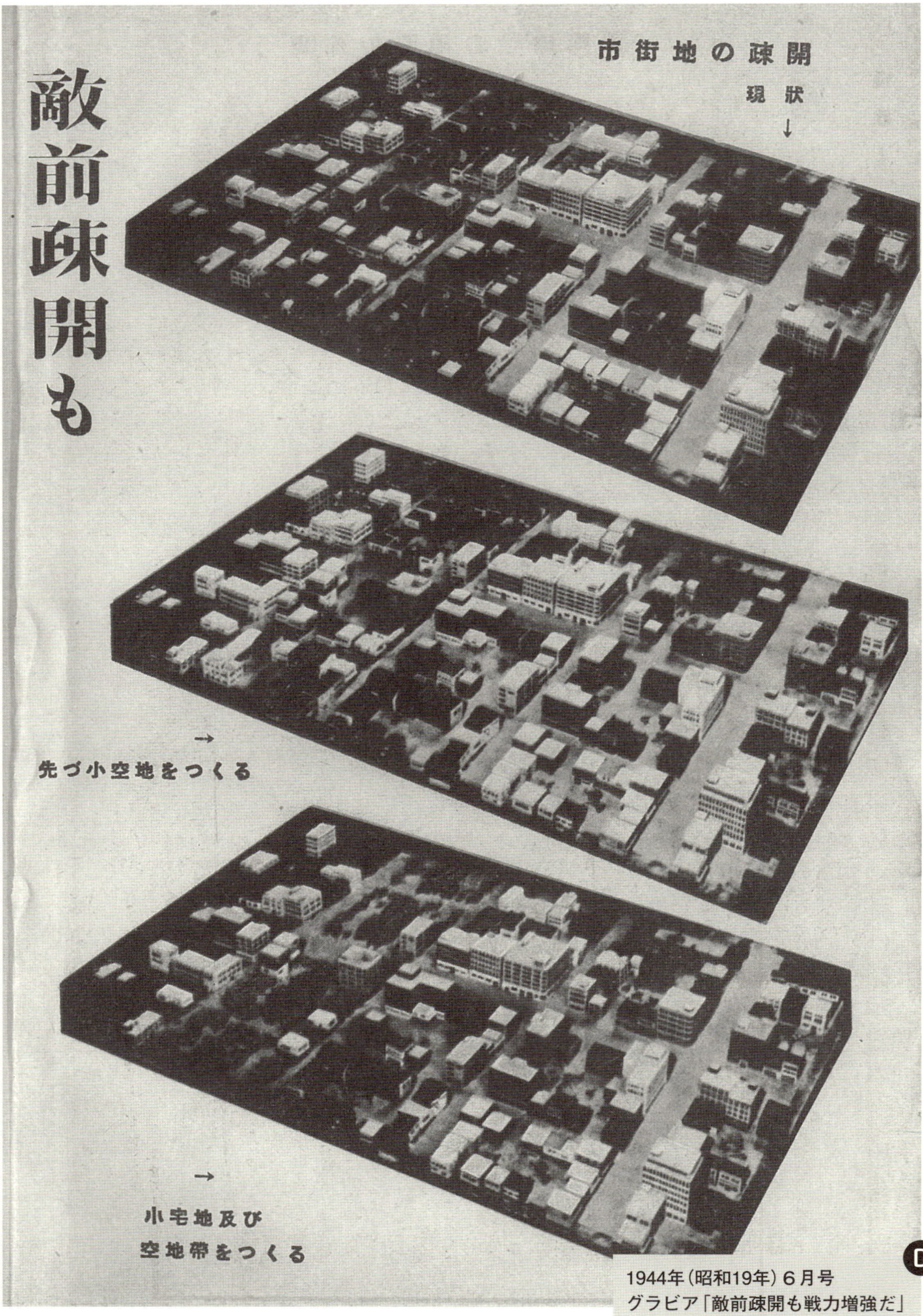

D

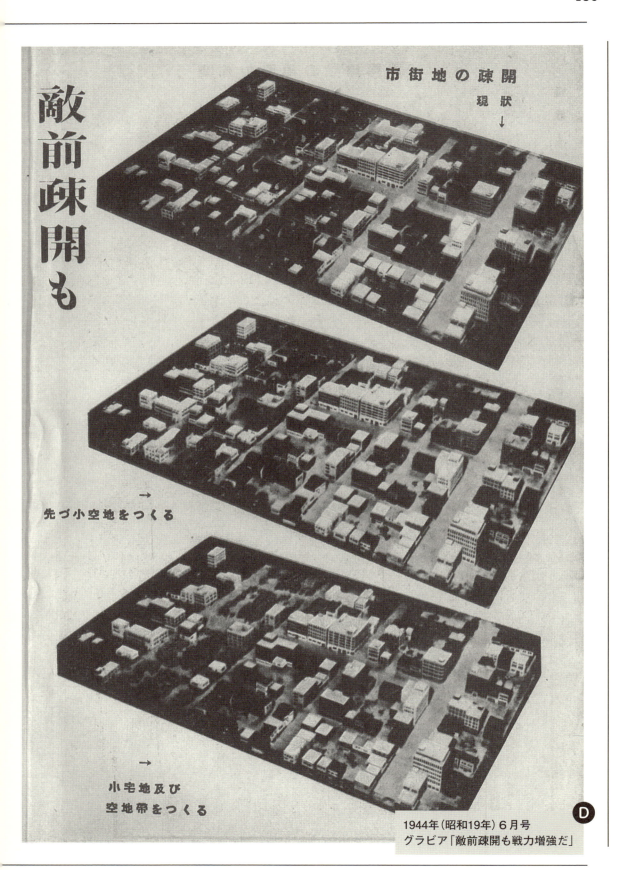

1944年（昭和19年）6月号
グラビア「敵前疎開も戦力増強だ」

D

戰力増強だ

重要施設の周圍の疎開

現狀↓

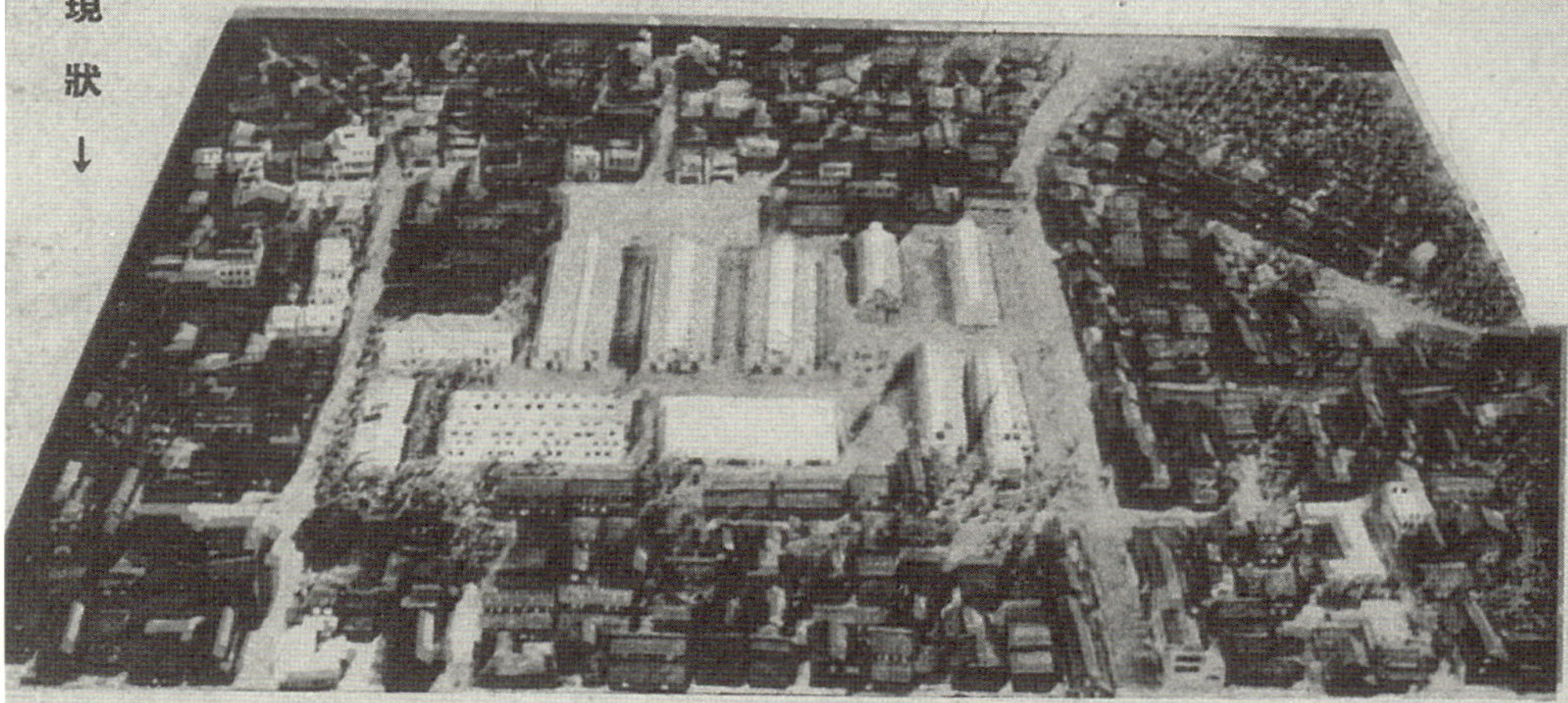

疎開後↓

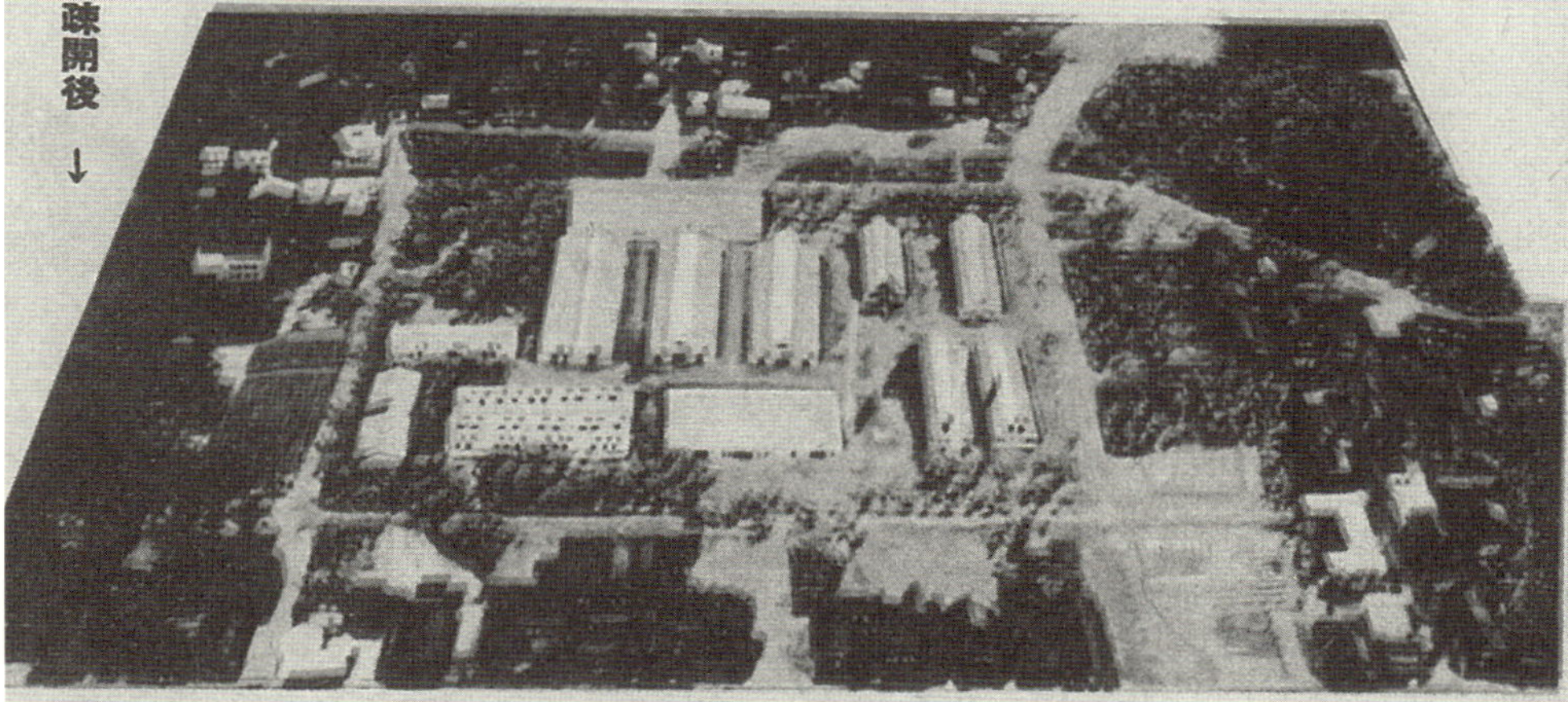

敵は皇土のすぐ近くまで迫つてきてゐる。空襲は必死だ。敵の空襲による被害を、できるだけ少くしよう。軍需工場その他の重要建物も、密集をさけて、どんどん地方へ分散せねばならぬ。重要建物の近くにある民家は、できるだけ取りはらつて、防火用の空地をつくれ！ぜひ都會にゐなければならぬ人々のほかは、早く地方へ疎開せよ！

かうして、敵前疎開の絶對命令が先づ京濱、中京、京阪神、北九州の四大重要地方に下つた。これに應じて、どんどん疎開が實行されてゐる。

空襲の被害を少くすることは、それだけ日本の戰力を弱らせぬことになる。また都會から疎開して地方で食糧増産や工場に働けば、それだけ戰力の増强になる。疎開は戰力増强の原動力だ。疎開する人々は、一刻も早く實行せよ。地方の人々は、温い心で受け入れよう、さあ、一億國民協力一致して米英撃滅へ突貫だ。

戦争と資源

1934-1944

戦時下に科学を学ぶ少年たちに最新兵器と同じくらい知って欲しかったこと、それは資源問題でしょう。誌面からは驚くほどの熱量のこもった特集が多数展開されています。

（28）

科學日本の八大計畫(4)

いよく實行される

重要國策　人造石油の製造

商工省燃料研究所技師　黑川眞武

第一圖　イギリスのビリンガムに於ける高温高壓容器の据付

☆

日本はどの位石油が出るか

皆さんは食物が無くては一日も生きてゐられない事はよく御承知の事でせうね。それと同じやうに國に燃料がなければ一日も存在する事が出來ないものなのです。どうです、今皆さんの周圍に眼を向けてごらんなさい。毎日の食物は燃料の力で煮たり燒いたりしてゐるでせう。又これを煮る鍋や釜は勿論、着てゐる着物や室の硝子、紙、化粧品に至るまで、みんな燃料の力で始めて出來たもの許りなのであります。家の中だけではありません。空を飛ぶ飛行機、陸の自動車、汽車、電車、海の發動機船、商船、軍艦等皆燃料によつて活動してゐるもの許りです。でありますから燃料を多く使ふ事が出來る國程強く、富んでゐる譯であります。國の文化の程度を進めるのも

A
1937年（昭和12年）1月号
p28「重要国策　人造石油の製造」

なんとしても欲しい石油、金属、石炭…

1931年（昭和6年）9月の満州事変以降、日本に対する各国の経済制裁が厳しくなっていきました。いわゆるABCD包囲網（A＝アメリカ、B＝イギリス、C＝中国、D＝オランダ）です。当初、アメリカは日本に対して中立的な立場を取っており、日本も石油資源をアメリカに依存していました。しかし、1937年（昭和12年）7月の盧溝橋事件、日中戦争勃発以降、アメリカの経済制裁は段階的に厳しくなっていきます。1940年（昭和15年）9月にはくず鉄の全面禁輸、1941年（昭和16年）8月には石油の対日全面禁輸が行われ、同年12月の日米開戦に繋がっていきました。

1928
治安維持法改正
第二次山東出兵

1929
世界恐慌

1930
ロンドン海軍軍縮条約調印

1931
満州事変

1932
上海事変
満州国建国
五・一五事件

1933
国際連盟脱退
ヒトラー政権成立（独）

1934
ワシントン海軍軍縮条約を破棄
ソ連が国際連盟に加盟

1936
二・二六事件

1937
盧溝橋事件

1938
国家総動員法公布

1939
ノモンハン事件
米の配給制始まる
賃金価格の統制始まる
ドイツ、ポーランドに侵攻

1940
日独伊三国軍事同盟調印
大政翼賛会成立

1941
在米日本人資産凍結
米、対日石油禁輸
真珠湾攻撃
小学校が国民学校になる

1942
ミッドウェー海戦で日本軍大敗
米軍が日本本土を空襲

1943
ガダルカナル島で日本軍大敗
学徒出陣始まる
イタリア降伏

1944
B29が東京を空襲
大都市学童の集団疎開始まる
中学校の勤労動員決定
砂糖の家庭用配給停止

1945
米軍、沖縄上陸
ドイツ無条件降伏
ポツダム宣言発表

燃料であり、強い國にするにも燃料が具らなければ出來ないことなのです。皆さんの中には先日來公開されてゐる「來る可き世界」といふ映畫をごらんになつた方があるでせう。あの映畫にも現はれるやうに、如何に立派な飛行機や自動車が完備

第二圖・高溫高壓用反應容器

し忠勇無比の軍隊をもつた國でも、いざ戰爭となつた時に一滴のガソリンも無くなつてしまつては、敵機の襲來を受けても味方の飛行機を飛ばすことも出來ず、たゞ〳〵敵のするがまゝにまかせ立派な都會も忽ちのうちに燒け野原となり、降伏しなければなりません。

そこで今我國の狀態を省みますと、燃料の中最も大切な石油が遺憾ながら極めて少しゝか産出しないのであります。では一體世界各國が幾何位石油を産出してゐるかを比較して見ると、昭和十年度には、ざつと次の通りであります。

アメリカ	一五八、三〇〇、〇〇〇竏
ソヴエート聯邦	二八、三〇〇、〇〇〇〃
ヴェネツエラ	二四、三〇〇、〇〇〇〃
ルーマニヤ	九、八〇〇、〇〇〇〃
イラン	八、四〇〇、〇〇〇〃
メキシコ	六、八〇〇、〇〇〇〃
オランダ領東インド	六、四〇〇、〇〇〇〃
コロンビヤ	二、八〇〇、〇〇〇〃
アルゼンチン	二、三〇〇、〇〇〇〃
ペルー	二、七〇〇、〇〇〇〃
トリニダット	一、八七〇、〇〇〇〃
インド	一、四七〇、〇〇〇〃
ポーランド	六〇〇、〇〇〇〃
サラワツク	二九〇、〇〇〇〃
日本	三五〇、〇〇〇〃
エクアドル	一九〇、〇〇〇〃
ドイツ	四九〇、〇〇〇〃
イラツク	三、四〇〇、〇〇〇竏
其他	一、〇五〇、〇〇〇〃
合計	二五九、八一〇、〇〇〇〃

日本の産油量は世界一の産油國である米國の四百六十分の一、ソヴエート聯邦の八十分の一であります。又イギリスやフランス等は本國内では殆んど産出しませんが、それ〳〵石油の出る大きな植民地をもつてをりますから、其處から充分に供給を受けることが出來るのであります。例へばイランやオランダ領東インド、インド方面はイギリスの勢力範圍であり、イラツク等はフランスの權力下にあります。

我國の石油産額は僅かに三十五萬竏足らずで世界石油産額の〇・一三％に過ぎません。しかも海外に石油の權利をもつてをりません。この三十五萬竏の石油は我國の陸奧級の戰艦一艘が全速力で航行する時は、一年以內で使ひ切つてしまふ程度の量なのです。僅かに軍艦一艘を一年間支へ切れない程度の産額の我國で燃料の心配をすることは、まことに當然のことと言はなければなりません。

日本で必要な石油の量

さて我國では一體一年にどの位の石油を必要としてゐるかといふと、およそ四百萬竏でありまして、ちやうどこの一割弱が漸く國內から産出し、殘り九割は莫大なお金を支拂つて、外國から買つ

『子供の科学』でも、1930年代半ばから資源についての危機感を訴える記事が増えていきます。特に石油にフォーカスした記事が多く、1934年（昭和9年）10月号では「非常時に大切な石油」、1937年（昭和12年）1月号では「重要国策人造石油の製造」Ⓐ、1939年（昭和14年）10月号では「石炭から石油が出来るまで」Ⓑと題した記事が掲載されています。人造石油というのは、石炭液化のこと。日本は自給できる石炭を使って、軍用燃料を作ることを目指していました。結局十分な人造石油工場の建設はできずに終戦を迎えることになるのですが。

石炭から石油が出來るまで

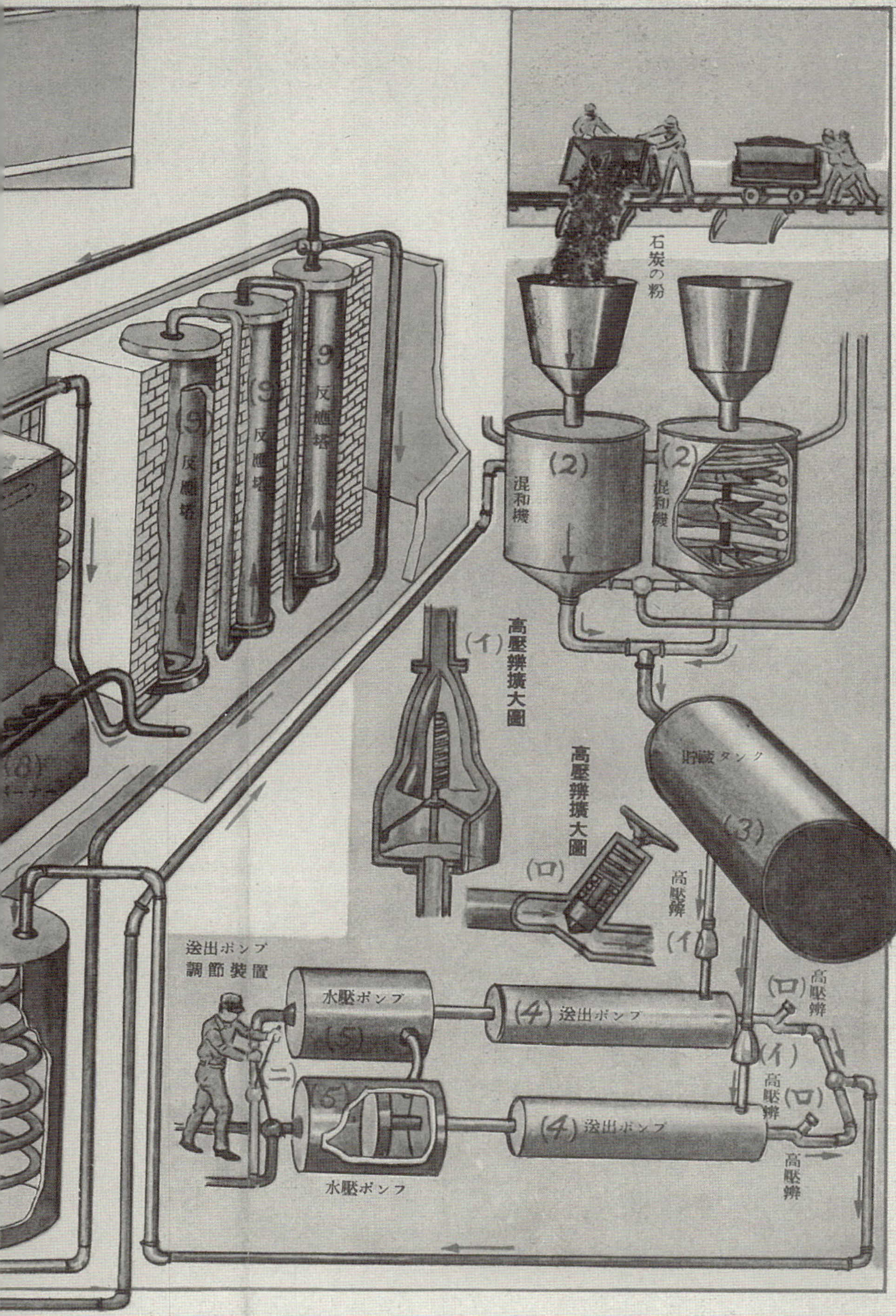

支那事變に於て、武力戰と並行して經濟戰を行つてゐる我國としては、當然、國內では物資統制や勤儉節約が行はれます。その一つとして、石炭から石油を造る行程を説明いたしませう。

先づ、齒磨粉の様に細かく砕いた石炭の粉(1)を、混和機(2)の中に入れ、油とまぜて糊の様なものを造ります。この石炭と油とで出來た糊狀のものを、強力なポンプでオートクレーブと言ふ丈夫な反應塔(9)の中に送つて水素と化合させますると石炭から油が出來るのです。石炭と水素との化合を容易にするために、糊狀のものの中に觸媒を混ぜたり、熱交換機(6)や、豫熱爐(7)の中を通して溫度を高めてやります。反應塔から出て來た油はまだ溫度が高いから、これを熱交換機に送つて石炭と油のまじつた原料を溫めるのに使ひ溫度が下つたものをタンクに送つてガソリンを造ります。またその中の一部分は、石炭にまぜる油としても使ひます。また、反應塔からは瓦斯も出ます。この瓦斯もまだ溫度が高いから、冷却機(10)で冷し、油の中を通して、瓦斯の中に殘つてゐるガソリンを吸收塔(11)で油に吸はせたり瓦斯洗滌塔(12)により水で洗つて炭酸ガスを洗ひ流して、純粹の水素だけにして、水素タンク(13)に送り、これを繰り返して石炭と化合させます。

B

1939年(昭和14年)10月号
グラビア「石炭から石油が出来るまで」

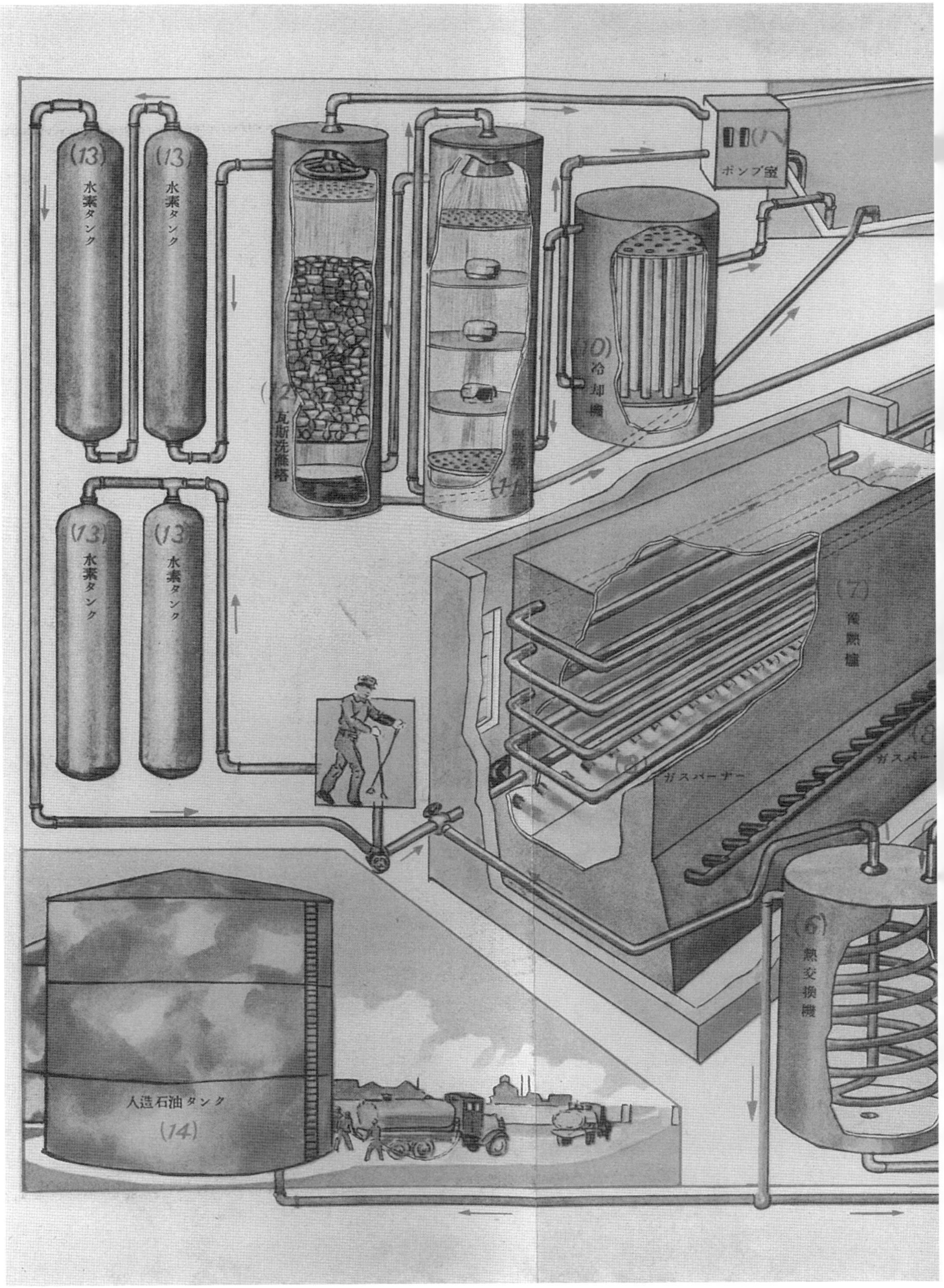
(13) 水素タンク
(13) 水素タンク
(13) 水素タンク
(13) 水素タンク
瓦斯洗滌塔
(10) 冷却機
ポンプ室
(7)
ガスバーナー
(6) 熱交換機
人造石油タンク
(14)

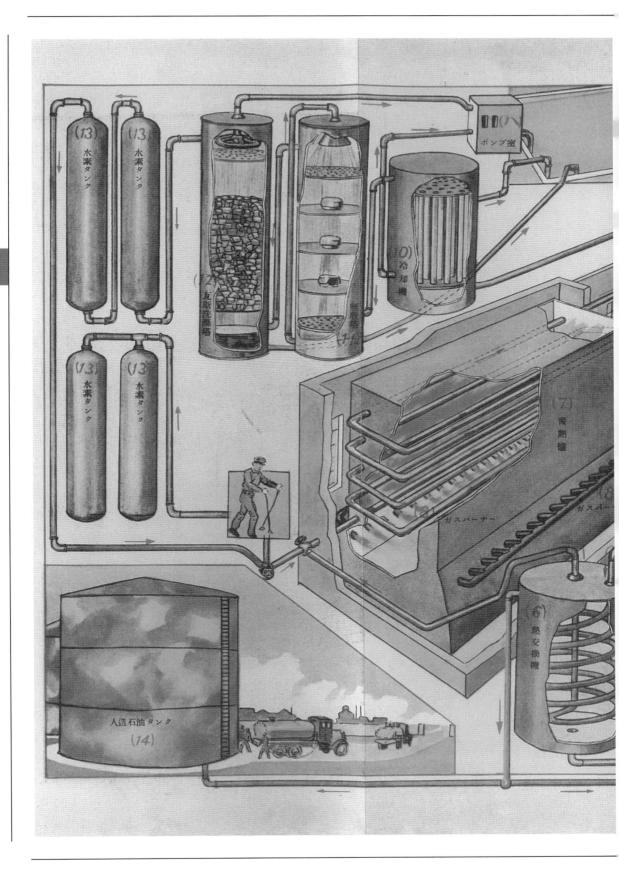

(628)

第一圖　今度の大戰で英佛側はドイツを封鎖して、原料がドイツに入らないやうにしてゐます。そこで、海上に於て完全に封鎖されたドイツは、陸上の門から原料をどし〳〵運び入れてゐます。しかし、果して何時まで續くでせうか。

物資が缺乏すれば……

戰爭と資源

資源をめぐる列國の鬪爭

理學士　作井誠太

戰爭と物

物が足りなくては戰爭は負けです。勇敢な兵隊と豐かな物資と、この二つが揃つて始めて國の護りは鐵壁の固さです。

最近のドイツの進擊の物凄さ、正に電擊作戰の名にそむきません。その作戰の中心となるのは機械化兵團です。その一ケ師團は三十トンの超重戰車四百臺を持ち、兵士たちは總て裝甲自動車ではこばれます。その上を重爆擊機の群が低空飛行で一緒に進んで行くのです。

また各師團が無數の火器を持つてゐることは言ふまでもなく、その彈藥や兵士たちの糧食をはこぶトラックは長蛇の列をなして進擊部隊のあとに續いてゐることでせう。同じことが英佛側の軍隊についても言へます。

このやうな機械化兵團同志のぶつかり合ふ時の物凄さを想像して下さい。ベルギー戰線では一つの戰場に、お互ひに三千づゝの戰車を使つたといふのですから、その壯烈さは言語に絶するものがあるでせう。そのときに、いろ〳〵の物資、例へば鐵・石炭・火藥などが使ひ盡される分量は、これもまた我々の想像の及ばぬ莫大なものです。

あまり機械化されてゐなかつた前の歐洲大戰に於ても、一人の兵士が年に三トンの鐵を使ひました。またソンムの會戰でイギリス軍の用意した砲彈の數は、三千萬發といふ驚くべき數字でした。これからの戰爭では、どれほど多くの物が入用であるか見當さへつきません。この無限に多數の物をどうしてつくるか。これが近代の戰爭でいちばん大切な點であり、またいちばんむづかしい所なのです。

1940年（昭和15年）7月号
p28「戦争と資源」

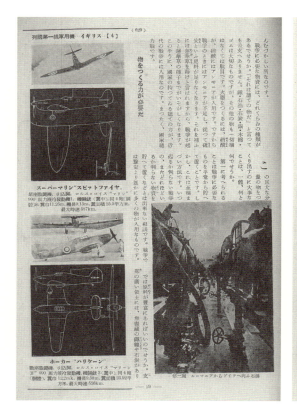

列國第一線軍用機　イギリス【4】

(629)

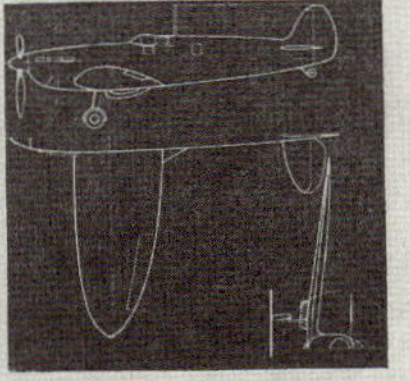

スーパーマリン"スピットファイヤ"

單座戰鬪機，引込脚，ロルス・ロイス"マリン"900 馬力液冷發動機1，機關銃（翼中），同4挺（胴體）8，翼巾11.25m，機長9.15m，翼面積25.5平方米，最大時速587km.

ホーカー"ハリケーン"

戰座戰鬪機，引込脚，ロルス・ロイス"マリーンII"900 馬力液冷發動機，機關銃3（翼中），同4挺（胴體），翼巾12.2mk，機長9.58m，翼面積23.92平方米，最大時速536km.

戰爭に必要な物資には、どれくらゐの種類があるでせうか。「それは總ての物だ」と言つても差支へありません。鐵・石油・石炭・銅・木綿・ゴムは大切なものですが、その他の物も一切揃はなくては駄目です。火藥をつくるには、硝酸が、硝酸にはアンモニアが入用です。ですから戰爭のときにはアンモニアが不足し、從つて硫安といふ肥料が足りなくなります。それを補ふには蓮華草を蒔けと言はれますから、戰爭が起ると蓮華草の種子までがいそがしくなります。

このやうに、國家の持つてゐる總ての力が、近代の戰爭には入用なのです。まつたく、國家總力戰です。

物をつくる力が必要だ

この巨大な分量の物をつくり出すのに大事なことは、一體、何と何でせうか。

第一に考へられることは戰爭に必要なものを平常から貯へて置くことです。しかし、これは至極まづい方法です。いつ起るか判らない戰爭の、またどれほどいるか判らない物資を貯へて置くなどとは出來ない相談です。戰爭では豫定より遙かに多くの物が入用なものです。

では原料が豐富にあればいいのでせうか。支那の廣い領土には、無盡藏の鐵鑛や石炭があり

第二圖　ルーマニアからドイツへ向ふ石油

— 29 —

(630)

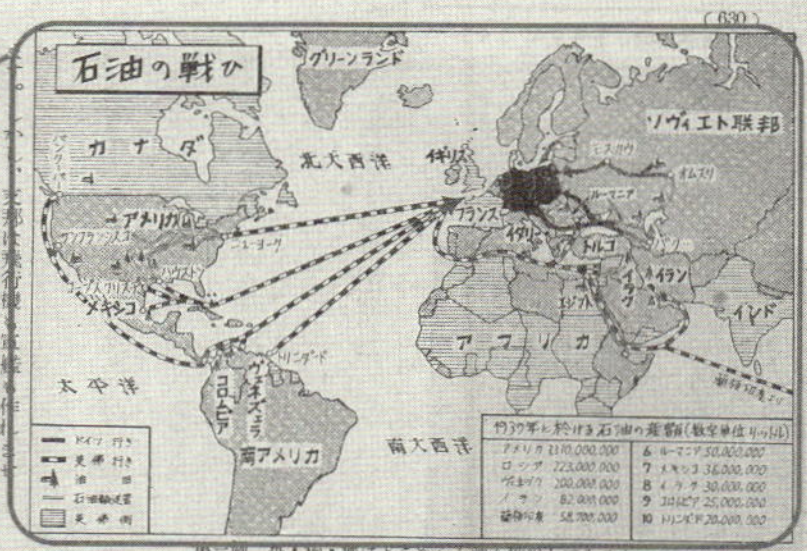

ます。しかし、支那は飛行機も戰艦も作れません。それは物をつくり出す力、即ち生産力がないからです。殊に工業が發達してないので、いくら原料があつても駄目です。工場のそばを通るとき、また林のやうに立並ぶ煙突を望むとき、思ひ出して下さい。工業こそは國の守りなのです。

そして資源も大切だ

ドイツは有名な工業國です。それがこの前の大戰では、食糧を始め武器も彈藥も不足して、そのために降伏しなくてはなりませんでした。生産力に不足はなかつたのですが、品物をつくる原料が聯合國のために、ドイツへ入らなくなつたからです。鐵を作るにも鐵鑛が、ガソリンをつくるにも原油がなくなつてしまつたのです。

以上の話で判るやうに、生産力と資源との二つの中いづれが缺けても、その國の軍隊は物の不足に苦しまねばならぬのです。日本はこの二つともがいづれも充分と言へないのは、いかにも殘念です。

ドイツは石炭は充分にあるのですが、問題となるのは鐵鑛と石油、殊に石油です。飛行機・戰車・裝甲自動車・火焰放射器・トラックなど、すべて石油がなくては役に立ちません。石油は血の一滴と言はれるのもそのためです。

不足で苦しめて、戰爭に勝たうとしてゐます。ドイツは工業が盛んな國ですが、原料のない國です。そこで英佛はドイツへ外國から原料が入らぬやうに努力してゐます。

英佛側は強大な海軍を持つてゐて、世界の海を支配してゐるのです。ですから、どこからでも自由に原料を買つて來ることが出來ます。これが英佛側の大きな強味です。例へば、イギリス本國は入用な石油の五十分の一しか産出しないのですが、世界の各國から集めることが出來ます。これに對して、ドイツは石油と鐵鑛の大不足の國で、その上、海軍もお話にならないくらゐ貧弱なのです。そこを英佛がねらつてゐるのです。

— 30 —

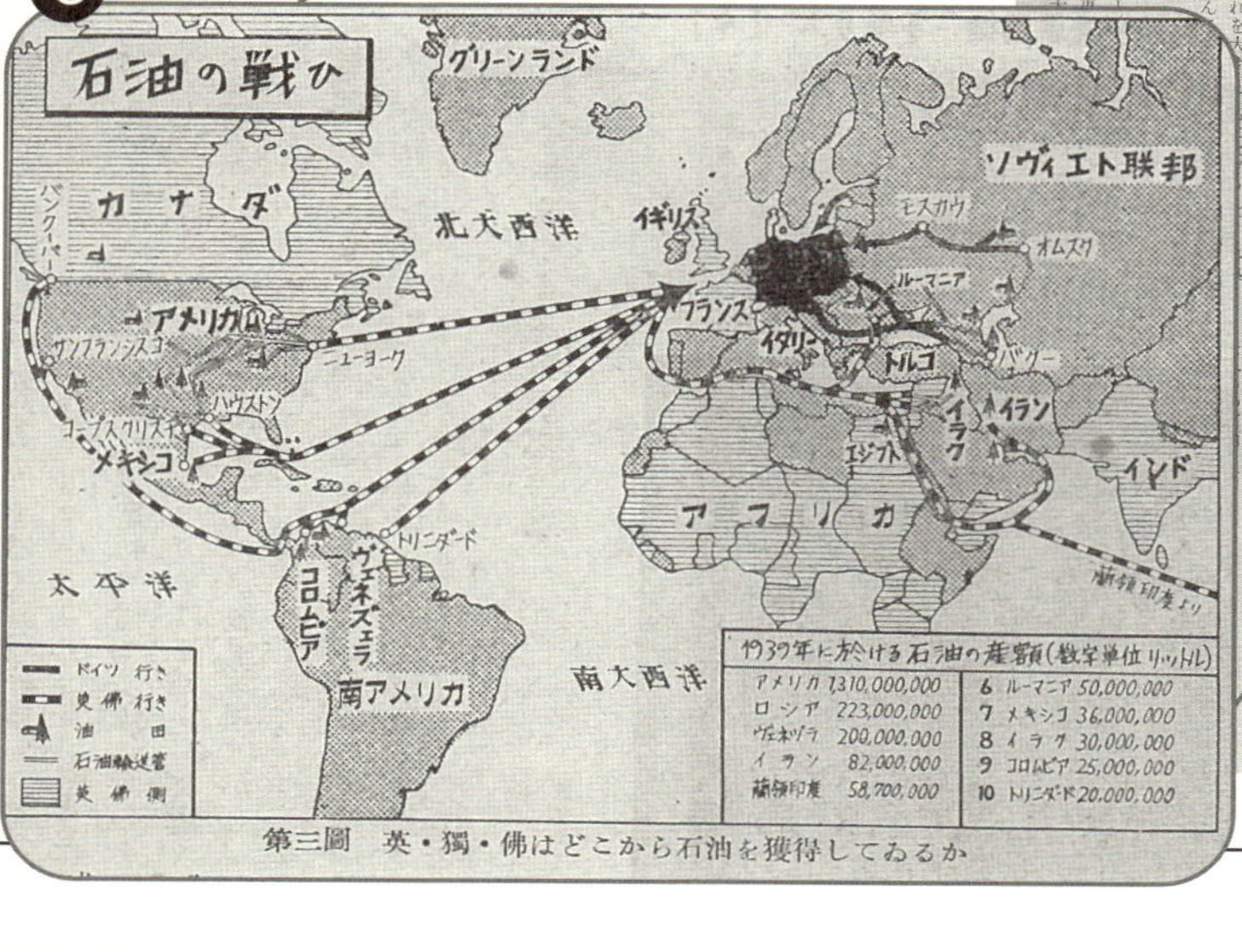

1939年に於ける石油の産額（數字單位リットル）

アメリカ	1,310,000,000	6 ルーマニア	50,000,000
ロシア	223,000,000	7 メキシコ	36,000,000
ヴェネズェラ	200,000,000	8 イラク	30,000,000
イラン	82,000,000	9 コロムビア	25,000,000
蘭領印度	58,700,000	10 トリンダード	20,000,000

第三圖　英・獨・佛はどこから石油を獲得してゐるか

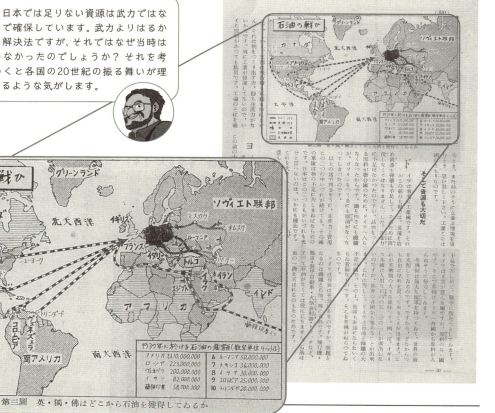

現代の日本では足りない資源は武力ではなく財力で確保しています。武力よりはるかによい解決法ですが、それではなぜ当時はそうしなかったのでしょうか？　それを考えていくと各国の20世紀の振る舞いが理解できるような気がします。

「物が足りなくては戦争は負けです」という書き出しで始まる1940年（昭和15年）『子供の科学』7月号「戦争と資源」Ⓒでは、資源の重要性を次のように説いています。

「戦争に必要な物資には、どれくらいの種類があるでしょうか。『それは総ての物だ』と言っても差し支えありません。鉄・石油・銅・木綿・ゴムは大切なものですが、その他の物も一切揃えなくては駄目です。火薬をつくるには、硝酸が、硝酸にはアンモニアが入用です。ですから戦争のときにはアンモニアが不足し、従って硫安という肥料が足りなくなります。それを補うには蓮華草を蒔けと言われますから、戦争が起こると蓮華草の種子までがいそがしくなります。このように、国家の持っている総ての力が、近代の戦争には入用なのです。まったく、国家総力戦です。」

1941年（昭和16年）『学生の科学』1月号「兵器と国防資源」Ⓓは、日本の不利な状況についてわかりやすいグラフで紹介しています。扉ページは次のようにこの知識の重要性を訴えています。

「要はこのグラフによって、各国が等しく必要としている資源がいかに偏在しているか、そして現在の日本がいかに資源の不公平なる配分を強要されているかを了解していただければ幸いである。」

1941年（昭和16年）12月に太平洋戦争が勃発してから、日本はインドネシアなど南方での支配地域を急速に広げ、連合国に対して有利な立場になります。1943年（昭和18年）の『学生の科学』10月号、「石油を手に入れた日本」Ⓔでは、

「日本はいまでこそ、南方の豊富な油田を手に入れて、今後戦争が何年つづこうが、石油に困るということは絶対にない、恵まれた、持てる国に仲間入りをすることができたのであるが、大東亜戦争前には日本も石油の不足でほんとうに困っていたのである」

「ところが、昭和十六年十二月八日、あの感激の大詔を拝して以来、わずかに三ヶ月の短い間に、南方石油を全部利用できることになったことは、何という力強いことであろう。私どもは、日本に生まれた幸福をしみじみ感ぜずにはいられません。」

と興奮した筆致で書かれています。しかし、戦線を広げすぎた日本は、1943年（昭和18年）終盤以降、急速に不利な状況に追い込まれていくことになりました。

このように日本は主に石油資源の確保を目指して、南方で戦線を拡大していったわけですが、ちょっと不思議に思いませんか？

石油確保のためにインドネシアなどを支配地域に収めようとしたのはわかりますが、日本の最大勢力範囲はアラスカのアリューシャン諸島や、ミクロネシアにまで及んでいます。当時の国力からは考えられないくらい広い海域を支配しようとしていました。

この疑問に対して、一部の研究者が唱えているのは食糧が目的だったという説です。確かに、1933年（昭和8年）7月号「日本人の漁業遠征地図」Ⓕを見ると、日本のトロール漁船などはこうした海域にまで遠征しています。

領海について国際的な取り決めが確立していなかった当時、武力によって実効支配することで、日本は食糧を確保しようとしていたというのですね。

D
1941年（昭和16年）『学生の科学』1月号
グラビア「兵器と国防資源」

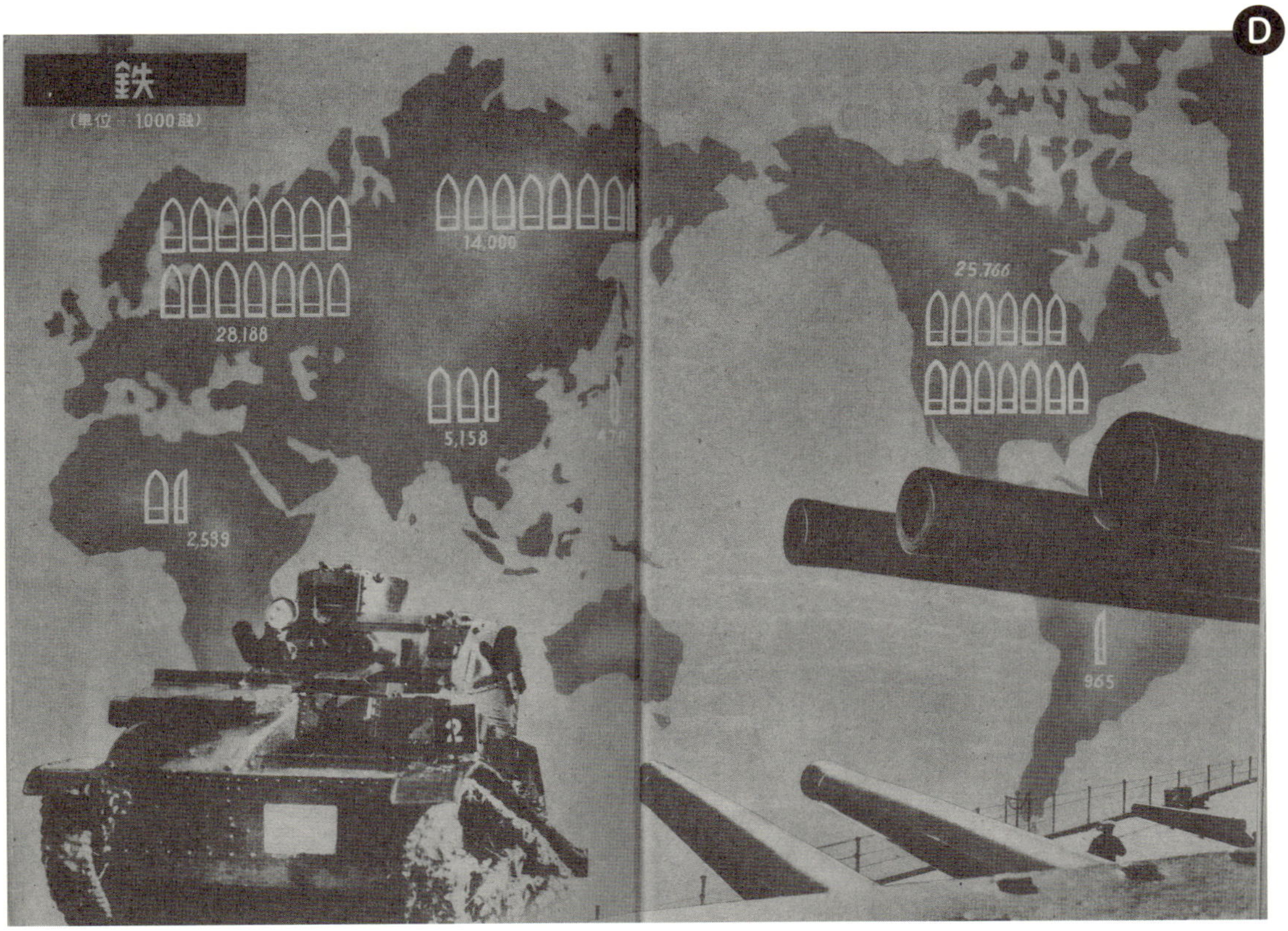
D
鉄
（単位 1000瓩）
28,188
14,000
5,158
2,539
25,766
965

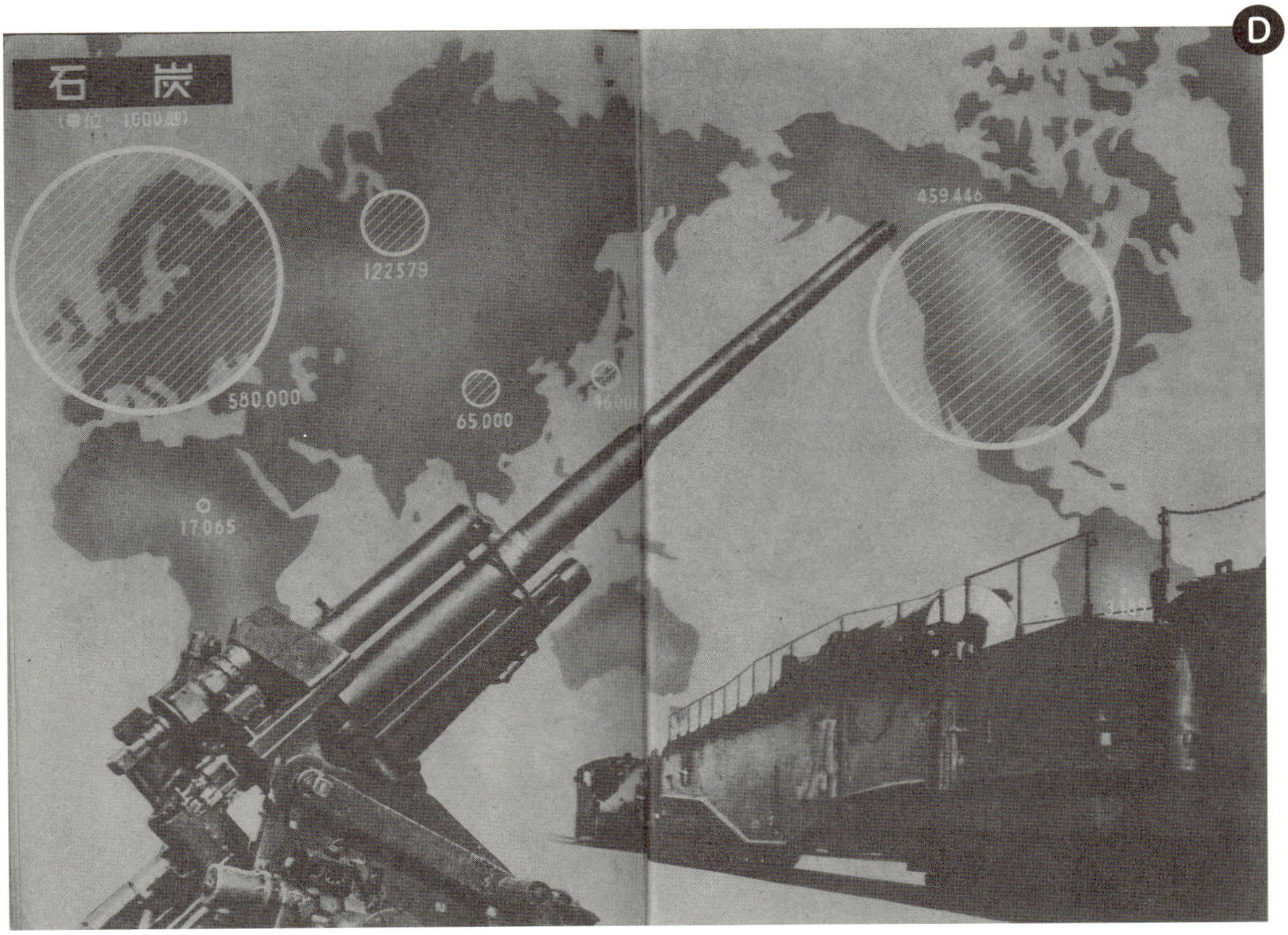
D
石炭
（単位 1000噸）
122,579
580,000
65,000
17,065
459,446

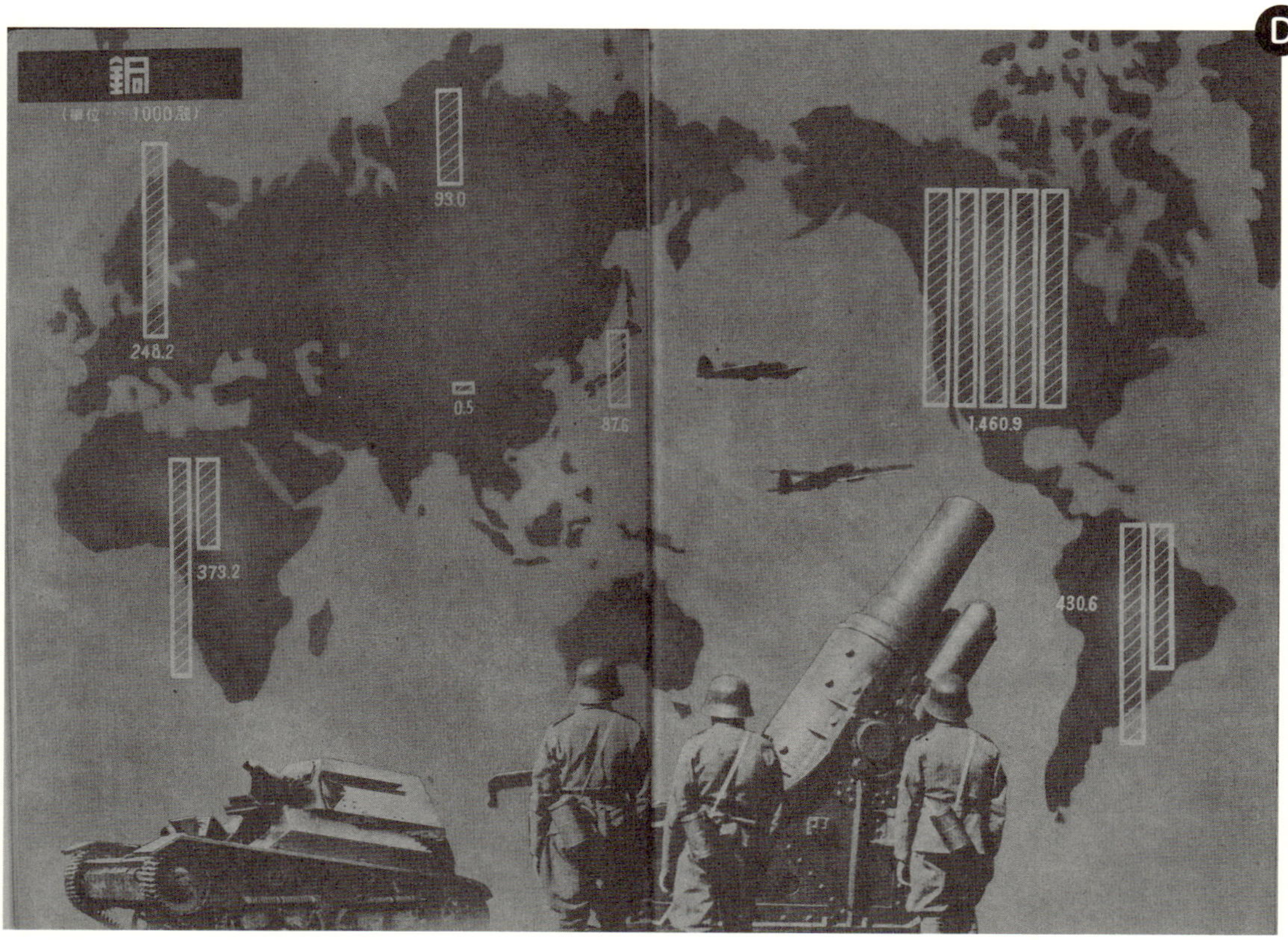
D
銅
93.0
248.2
0.5
87.6
1,460.9
373.2
430.6

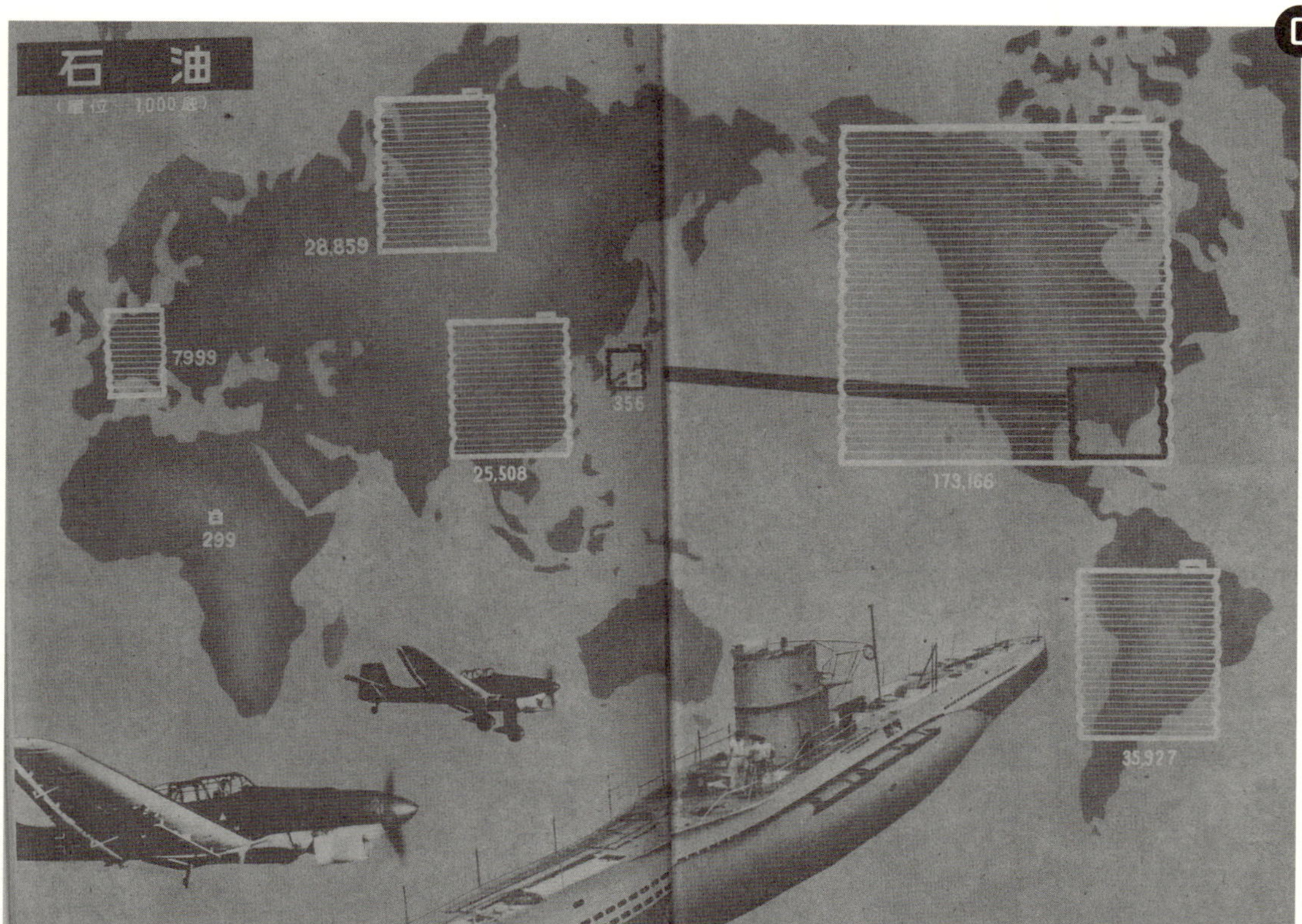
D
石　油
28,859
7999
25,508
356
173,166
299
35,927

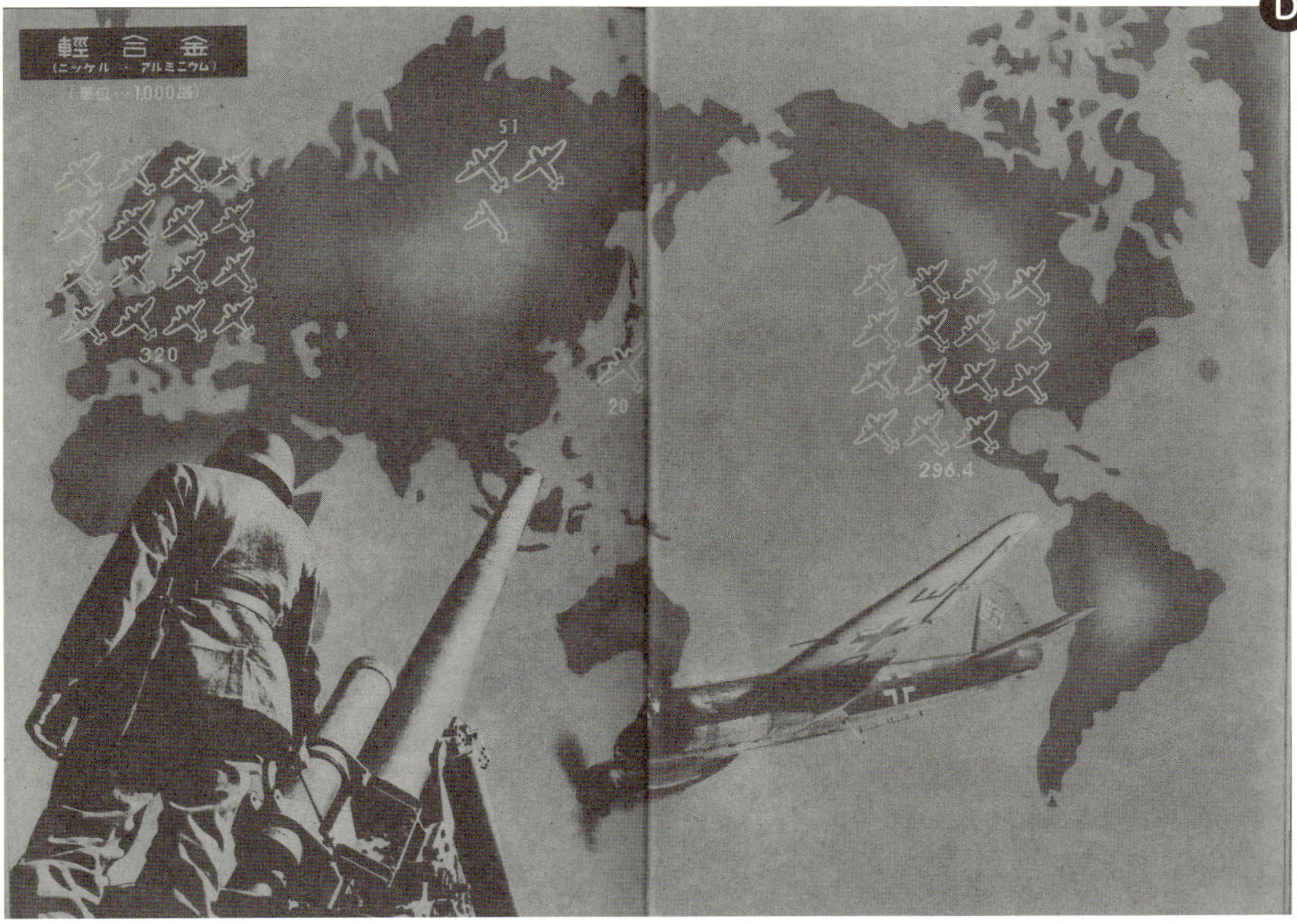
D
輕 合 金
（ニッケル ・ アルミニウム）
51
320
20
296.4

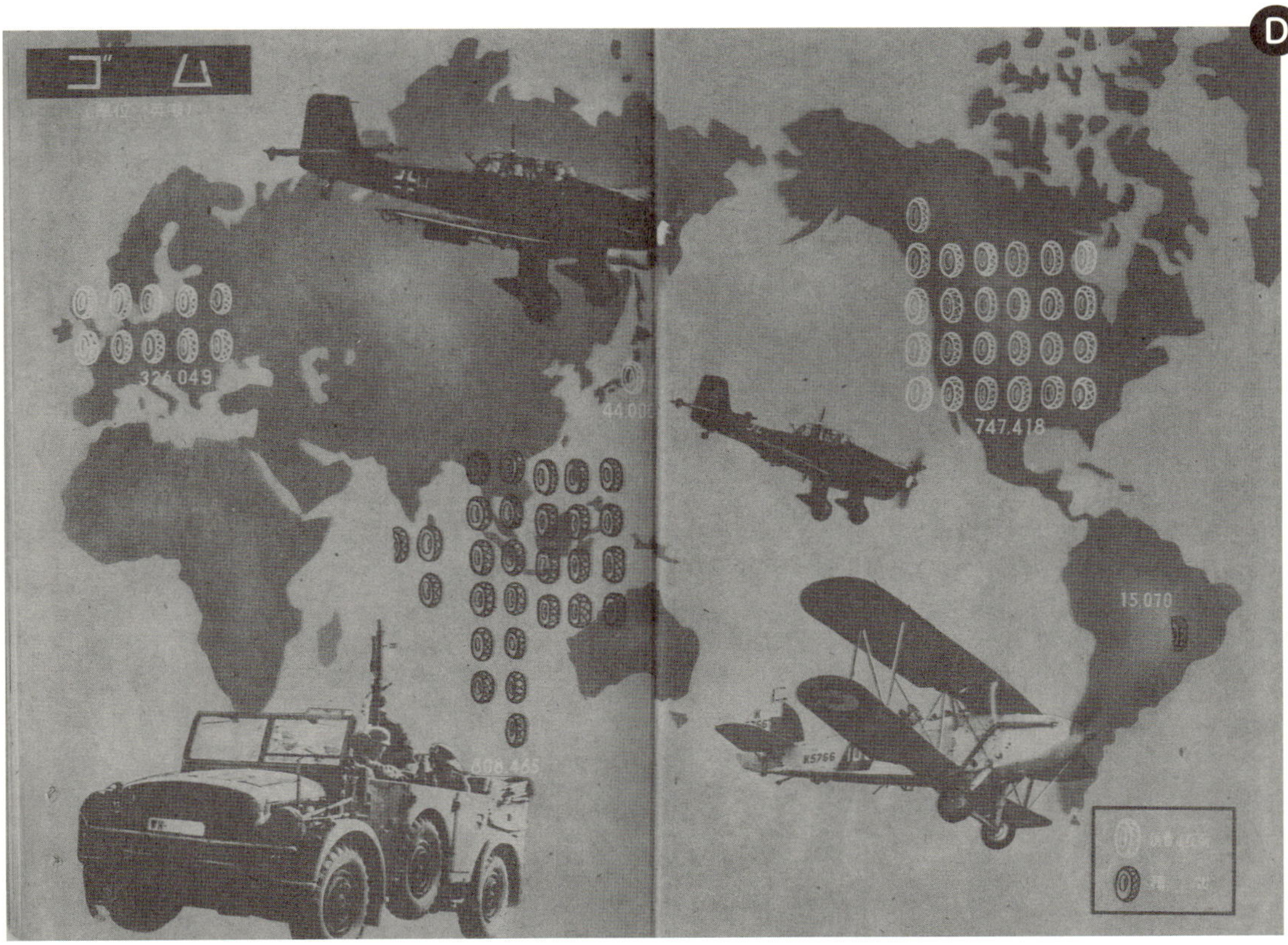
D
ゴ ム
747.418
15.070

(4)

科學戰と石油 ②

石油を手に入れた日本

敵アメリカは石油でわが國を滅ぼさうと企らんでゐた

宇井丑之助

前大戰の經驗で知つた石油の長所

その後、今度の歐洲大戰が始まるまで、約二十年ばかりの間に世の中が急に進歩し戰爭技術もまた非常に發達したので、戰爭にはよい石油を多量に必要とするやうになつた。量的ばかりでなく質的にみても戰時石油の重要性は增大したのである。このやうに、戰略的に石油の必要性が高まり、これに對する一般の認識も非常に深められてきた。

私共が覺えてゐるのでは、日本でも、石油とやかましくいはれるやうになつたのは、こゝ數年以來のことであつて、それまでは、日本の偉い人達も石油のことを餘り騷がなかつたのである。しかるに、英國やフランス等では、この前の大戰で石油の不足で痛い經驗もし、また石油の持ついろいろな長所をよく知つて、殊に軍艦の燃料には石油でなくてはならないと、しきりに唱へ始めた。この最も熱心な主張者はフィッシャー提督といふ海軍の軍人で、つひに石油狂ひとまで綽名されるやうになつたほどであつた。かうした先覺者があつたために、英國の本國には何等の石油資源がないのにかゝはらず、世界各地に石油資源の利權を手に入れ、今では、世界總產額の約十七パーセントを支配するやうになつた。ただ約十七パーセントといつてもピンと來ないかも知れないが、非常に大きな數量なのである。ではどのくらゐかといふと、昭和十五年における世界全體の石油產出量は約三億四千六百萬竏ほどであつた。十七パーセントといへば、ざつと五千九百萬竏になる。

盡忠無二のわが陸海將兵が、一命を國に捧げて戰ひ取つた豐富な南方油田を入れて、東亞共榮圈全體では約一千一百萬竏餘りの產油がある。さうすると、英國はこの約五倍もの石油を支配してゐたことになる。實に大きなものである。それも、これも、みんな、弱い、小さな國を嚇かしたり、

E

1943年（昭和18年）『学生の科学』10月号
p4「石油を手に入れた日本」

E

(15)

重爆撃機
1000馬力
85.6ガロン

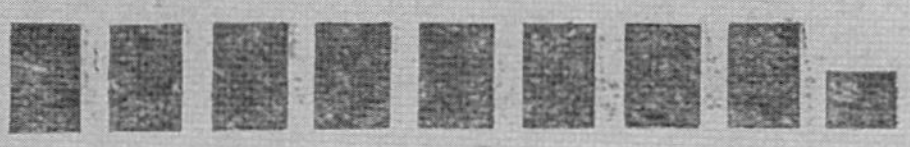

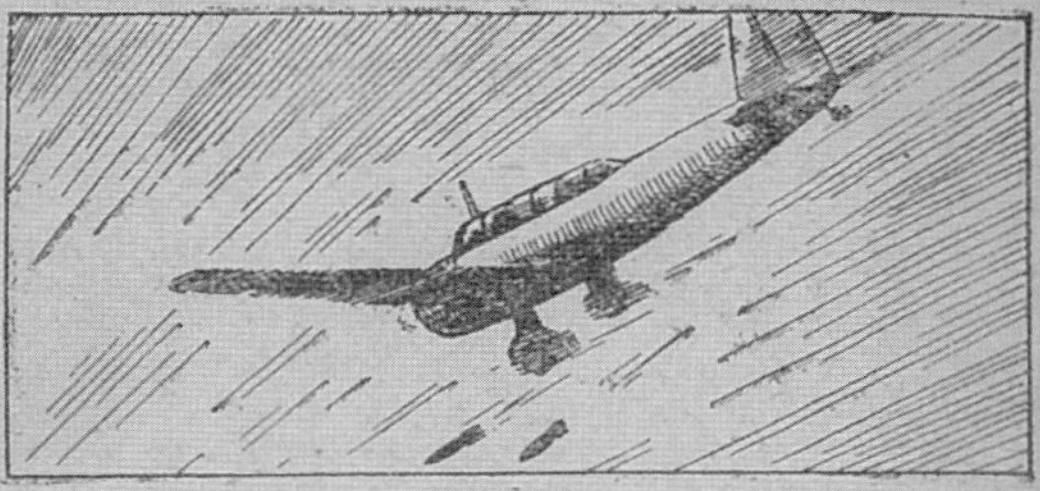

軽爆撃機
800馬力
71.4ガロン

賺したり、或ひは得んとすれば、まづ與へる式の猾い外交の力―これをギブ・アンド・テエイクの外交手段といふ―で自分のものとしてしまつたのである。しかし、この成功も英國には石油の必要に目覺めて、早くから輿論の力に訴へたフィッシャー提督のやうな人があつたからである。

しかも、當時石油の必要を説いたのは獨り英國ばかりではなく、フランスにクレマンソーあり、米國にフーヴァー大統領あり、かういふ人々は、早くから、石油の重要性を説いて、輿論を喚起し大勢の人々の賛成を得るやうにつとめたばかりでなく、實際に政治問題として取りあげたので、英國にしろ、米國にしろ、世界の石油資源の支配權を握る重大原因となつてゐるのである。そして、澤山の石油、しかも、自分の國だけでは使ひきれないほどの澤山の石油を持ちながら、石油がなくて困つてゐる國に賣らないで、その國を壓迫する道具に使つたのである。

日本に戰爭を賣りつけた米國

皆さんも既に御承知であらうが、日米通商航海條約破棄とか、輸出禁止だとか、資産凍結だとかがそれである。からすれば、石油が不足して困つてゐる國は戰爭ができなくなるから戰はないで降參して來るだらうといふのが米英の計略であつたのである。ロに正義人道を唱へながら國際正義を無視した、誠に卑劣なやり方といはねばならぬ。つまり、大東亞戰爭はかうして米英から賣りつけられた戰爭なのである。このことはもう少し先でまた説明したいと思ふが、日本はいまでこそ、南方の豐富な油田を手に入れて、今後戰爭が何年つゞかうが、石油に困るといふことは絶對にない、惠まれた、持てる國に仲間入りをすることができたのであるが、大東亞戰爭前には日本も石油の不足で、ほんたうに困つてゐたのである。國内には充分な石油の産出がなかつたし、外國からは石油を買ふことはできなかつたのに、一方では、いつ如何なるきつかけで戰爭が始まるかわからないといふ非常に危險な狀態、即ち準戰時態勢にあつたのである。それ故、軍備の擴充といふことが、何を措いても急がねばならない重大な問題となつたのである。從つて澤山の石油を必要としたのである。國内には餘り石油が出ないし外國からは買へないし、一方ではドン〳〵石油を使つて行くといふのが、大東亞戰爭直前の狀態であつた。それ故、大東亞戰爭が起つた最初の頃は一般の人が石油の手持ちが少く、果して、この大戰爭をつゞけることができるであらうかと、非常に心配してゐたのであるが、その當時手持ちしてゐた石油が、な

世界三大漁場
日本人の遠洋漁業地
タラ
ヒラメ
サケ
イワシ
サバ
マグロ
ニシン

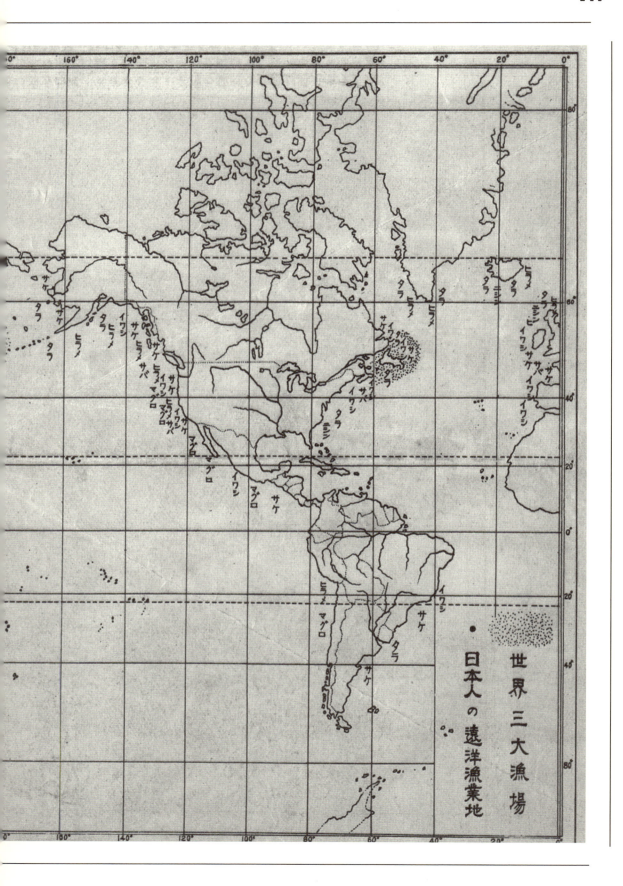

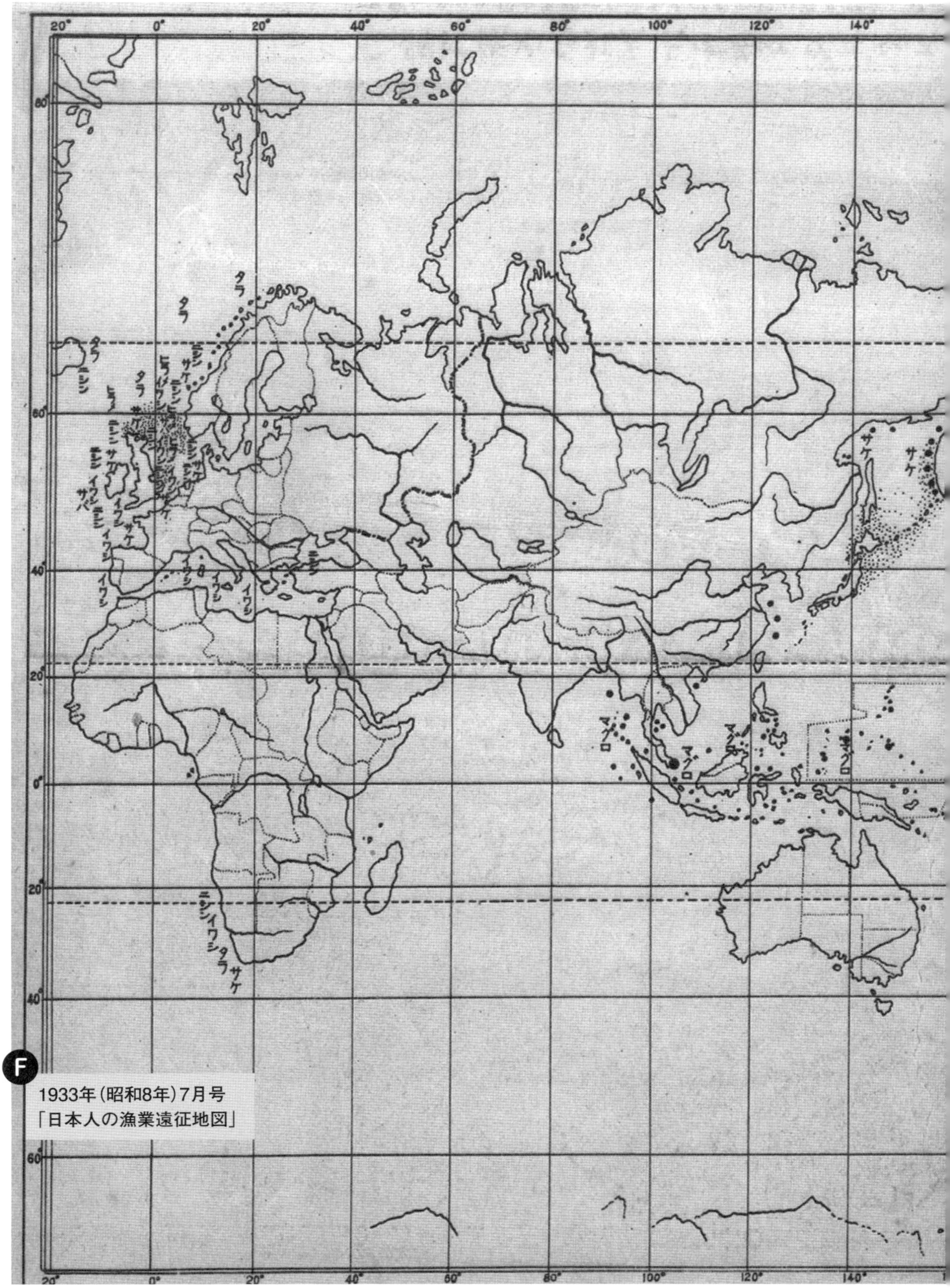

F
1933年（昭和8年）7月号
「日本人の漁業遠征地図」

昭和20年──敗戦直後の2冊

1945

本誌1月号印刷中に戦災に遭い、それから10月号まで発行できなかった1945年。やっと刊行された号は表紙からもう痛々しいですが、中身は意外なほど力強いんです。

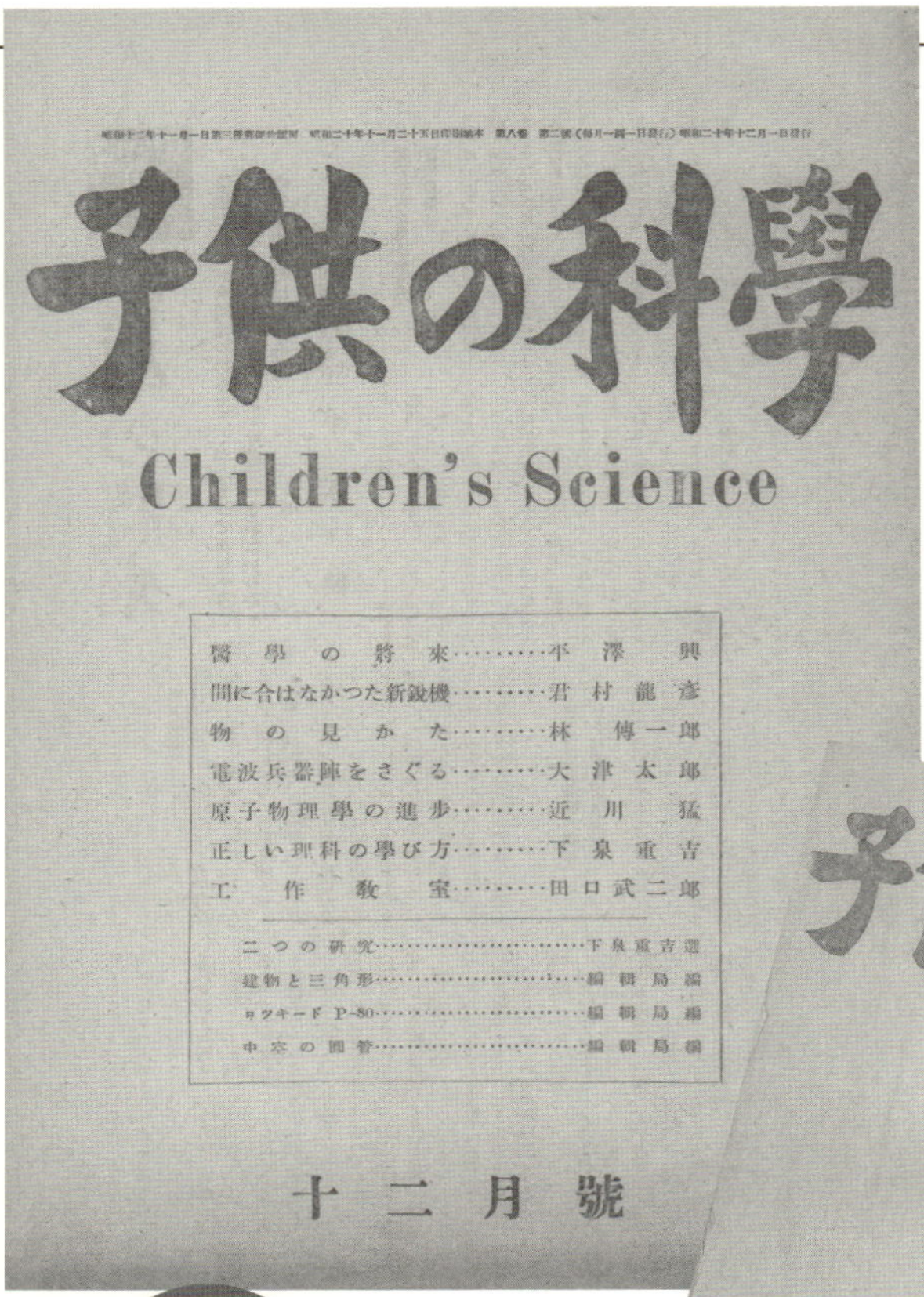
子供の科學
Children's Science

醫學の將來……平澤興
間に合はなかつた新鋭機……君村龍彦
物の見かた……林傳一郎
電波兵器陣をさぐる……大津太郎
原子物理學の進歩……近川猛
正しい理科の學び方……下泉重吉
工作教室……田口武二郎

二つの研究……下泉重吉選
建物と三角形……編輯局編
ロツキード P-80……編輯局編
中空の圖着……編輯局編

十二月號

Ⓑ 1945年（昭和20年）12月号表紙

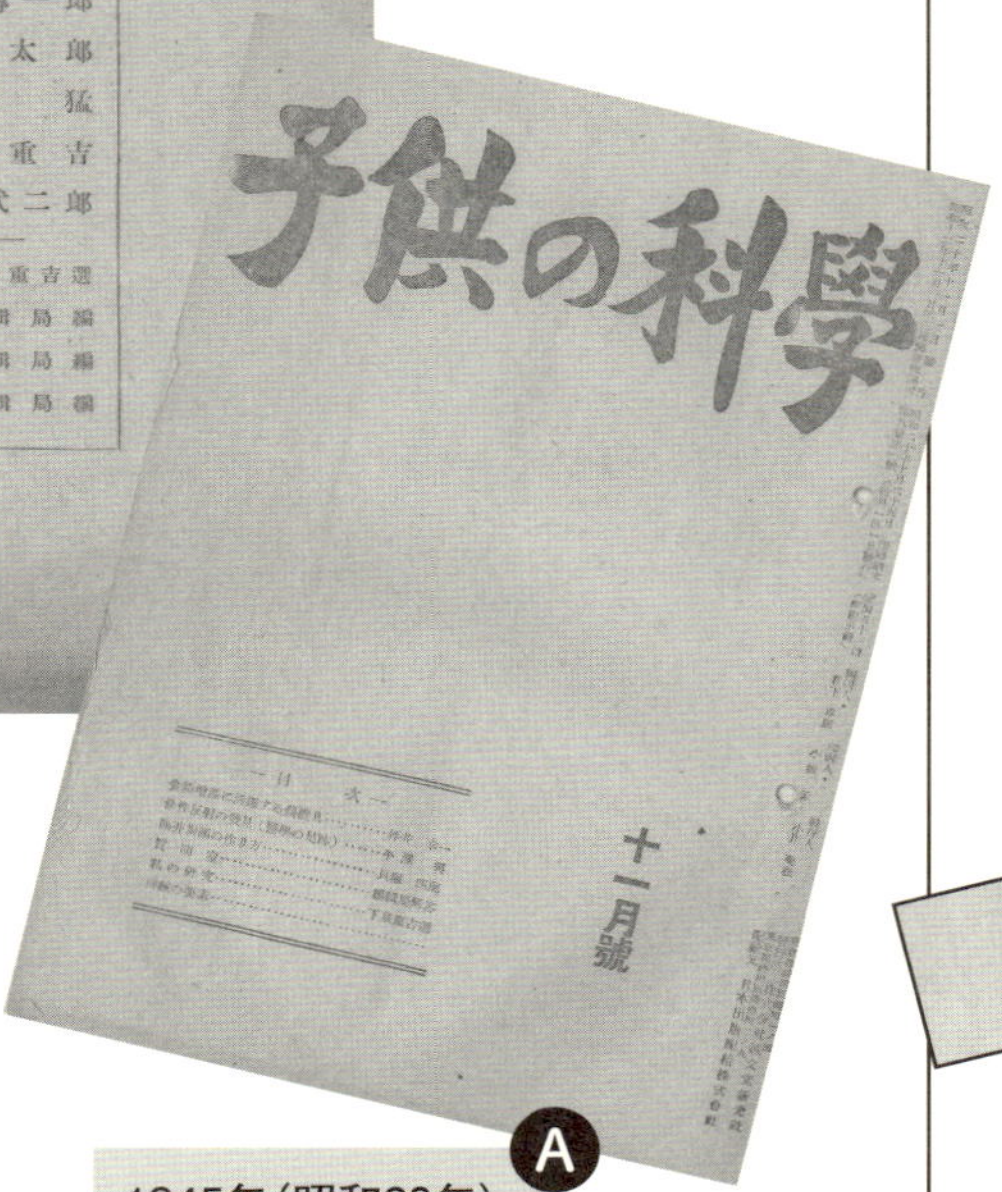
子供の科學
十一月號

Ⓐ 1945年（昭和20年）11月号表紙

12月号には早くも原爆解説、登場

ページ数はずいぶん少なくなったものの、1944年（昭和19年）は、毎月刊行されていました。しかし、第二次世界大戦も末期となる1945年（昭和20年）に発行されたのは11月号Ⓐと12月号Ⓑの2号のみ。

その11月号にしても、全16ページモノクロ、まったく広告は入っておらず、いつも最後にあった編集局だよりどころか奥付さえありません。戦争があったことすら書かれておらず、まるで平和な時代の通常号から抜いてきたようです。編集部にあった原稿を何とか印刷したというところでしょうか。

次の12月号もモノクロですが32ページと

Ⓒ 1945年（昭和20年）12月号
p6「間に合わなかった新鋭機ー秋水・櫻花・橘花・連山ー」

倍増し、表紙にはなんと「Children's Science」と大きく謳われています。前年まで「鬼畜米英」などといった文言が躍っていたのと同じ雑誌とは思えない豹変ぶりです。巻頭記事「医学の将来」には、次のように書かれています。

「日本に物が少なかったということも敗因の一つだといったが、しかし、実は日本人に考える力が充分にあれば恐らく戦争そのものを起こさなかったであろうと考えられ、だから物がないということよりも、何より日本に欠けていたのは正しくものを見たり、判断したりする力であった。日本には人がよいといえばよい、悪いといえば悪いというような丸のみをする人々が多すぎる。ものを正しく見、正しく判断して、ものの真なる姿を明らかにするのが実は科学の精神である。」

この12月号には、兵器関連の記事もいくつか掲載されています。

「間に合わなかった新鋭機」Ⓒでは、それまで機密にされていた秋水、櫻花、橘花、連山といった新鋭機について詳しく解説。秋水と櫻花はロケット機、橘花はジェット機です。ちなみに、第二次世界大戦中、ドイツではロケット機が実用化され、スピードで他の戦闘機を圧倒しました。しかし、ロケット機は運用がとてつもなく難しいという欠点があったため（航続距離が極端に短い、着陸後は自力で移動できない、燃料と酸化剤が爆発しやすい等々）、結局広く使われるには至りませんでした。

橘花は日本初の純国産ジェット機なのですが、なぜか記事中ではロケット機と記載されています。別記事の「外国科学ニュース」では、アメリカの新ジェット戦闘機（「噴

Ⓓ 1945年（昭和20年）12月号
p14「今は全く無用になった電波兵器陣をさぐる」

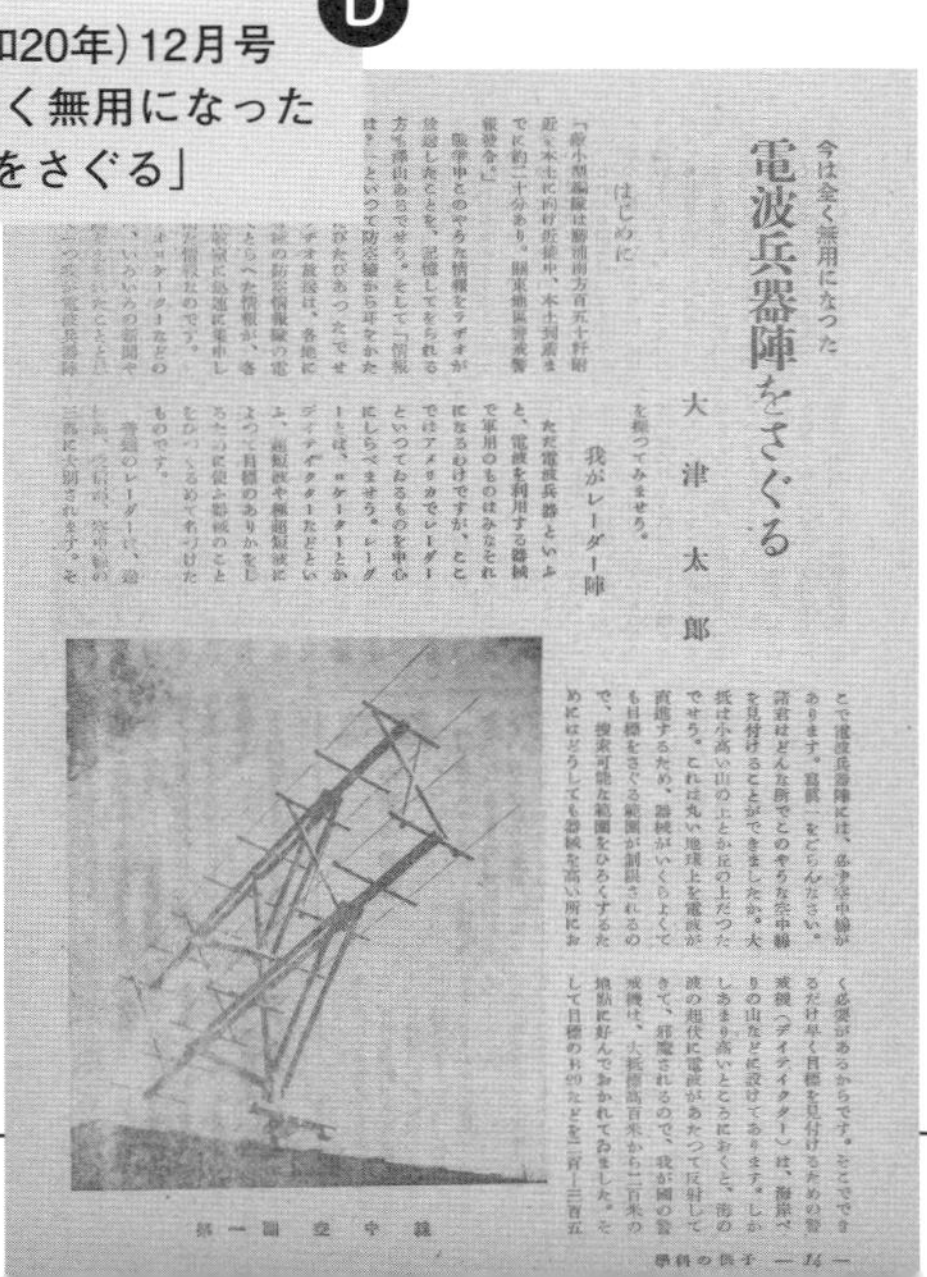

流推進」に「ジェット」とルビが振られているあたり、「厨二心」をそそられます）として「ロッキードP80シューティングスター」が紹介されていますから、ジェット機の存在は知られていたはずです。ただ、この当時はまだロケットとジェットの区別がそれほど知られていなかったのかもしれません。さて、このP—80（後にF—80と改称）は米軍初の実用ジェット戦闘機であり、確かにエポックメイキングな機種ですが、記事でのP—80の持ち上げぶりには少々違和感も感じてしまいます。

平和をもたらした
原子物理學の進歩

近川 猛

はじめに

戰爭は終り、平和がおとづれました。そして我々は科學の進歩が遂に原子爆彈の發明を成功させたことを知りました。さらに最近の海外ニュースによると、原子爆彈を完成した根本となる原理を應用すると、石炭や石油などの代りに、原子エネルギーを動力として輸送機關を動かすことができるといはれてゐます。

諸君は恐らく原子爆彈とか原子エネルギーのことが知りたいでせう。それには原子物理學の知識が必要であります。そこで一つ原子物理學の扉を開けてみませう。

原子の構造

諸君は色々な物質が合計九十種程の元素からできあがつてゐることを知つてゐるでせう。所がこれらの元素は何れもそれぞれの元素に特有な性質をもつてゐる極めて小さな粒子狀のものからできてゐるのです。この粒子狀のものを原子といひます。さらに原子は原子核と、その周りをそれぞれ一定の軌道を描いて運行する幾つかの電子とからできてゐます。これらの電子の數をそれぞれの原子の原子番號といひます。

原子の中には、原子内の電子の數と運行の狀態が同じでありながら、原子核の目方の違ふものがあります。しかしこれらの原子はいづれも同じ化學的性質をもつてゐます。したがつてそれぞれの原子からできあがつてゐる元素は、いづれも化學的の性質においては同じ元素になります。そこでこれらの元素を同位元素といひます。つまり同位元素といふのは、原子量は異ふが原子番號が同じ元素といふことです。ここで原子量といふのは、酸素原子のうちで一番輕い酸素原子の目方を十六として、これに對し他の原子の目方は幾何になるかといふ數値のことなのです。例へば、酸素には原子量が十六ほぼ十七、ほぼ十八などの數種類の酸素があつて、われわれが普通に取り扱つてゐる酸素は、原子量が十六の酸素とほぼ十七の酸素とほぼ十八の酸素との混り物なのです。

次に原子核の構造をしらべませう。學者の研究によりますと原子核といふものは、陽子(プロトン)および中性子(ニュウトロン)といふ二つの粒子狀のものがいくつがあつまつてできてゐるらしいといふことが分りました。さらに陽子といひ、中性子といひ、實は一つの粒子狀のものが異つた狀態において、陽子になつたり、中性子になつたりして表はれるものらしいといふことが分りました。さきに原子核の周りを幾つかの電子が運行してゐると申しましたが、この電子はどの原子のものも、又同一の原子内のどの電子も皆同じものでありまして、或る一定量の負の電氣を帶びてゐるのです。そして原子核はその周りの電子の帶びてゐる負電氣の總和に等しい量の正の電氣を帶びてゐて、原子全體としては中性になつてゐるのです。賢明な諸君は、それでは原子核内の陽子が電子と同じ量の正の電氣を帶びてゐて、これが電子の數だけあるのだらうと思ふでせう。その通りです。さうすると原子番號は陽子の數に等しいことになります。そして原子核が電子の帶びてゐる電氣の量の何倍の電氣を帶びてゐるかといふ狀態をあらはす數値と考へることができます。中性子は名前の通り中性であります。

陽子と中性子の數の和を質量數といひますが、これは原子量にほぼ等しい整數値でありまして、原子ごとにきまつた値をもつてゐるのです、それ故同位元素は、原子番號が同じで質量數の異る原子、すなはち陽子の數が同じで中性子の數が異る原子によつてできるわけです。

第一圖は一番簡單な原子構造をもつてゐる水素原子の想像圖でありま

子供の科學 — 18 —

「今は全く無用になった電波兵器陣をさぐる」Ⓓでは、警戒設備としてのレーダーを解説。

「レーダーは今次大戦によって発達したものですが、その働きからいって、今後船舶の安全な航行やそのほかへ補和的な目的のために、大いに使用されることと思います」

という予想は、完全に的中しました。

12月号の記事でやはり最もインパクトがあるのは、「平和をもたらした原子物理学の進歩」Ⓔでしょう。原子の構造から始まり、元素転換、そしてウラニウム原子爆弾の原理を解説しています。

「原子爆弾が非常に恐ろしい威力をもったものであることは、諸君はよく御存知のことと思います。従って原子爆弾の原理を利用した原子力機関がどんなにすばらしいものであるか想像がつくでしょう。」

この切替の速さには、さすがに驚かされます。今度はGHQの検閲でもあったので

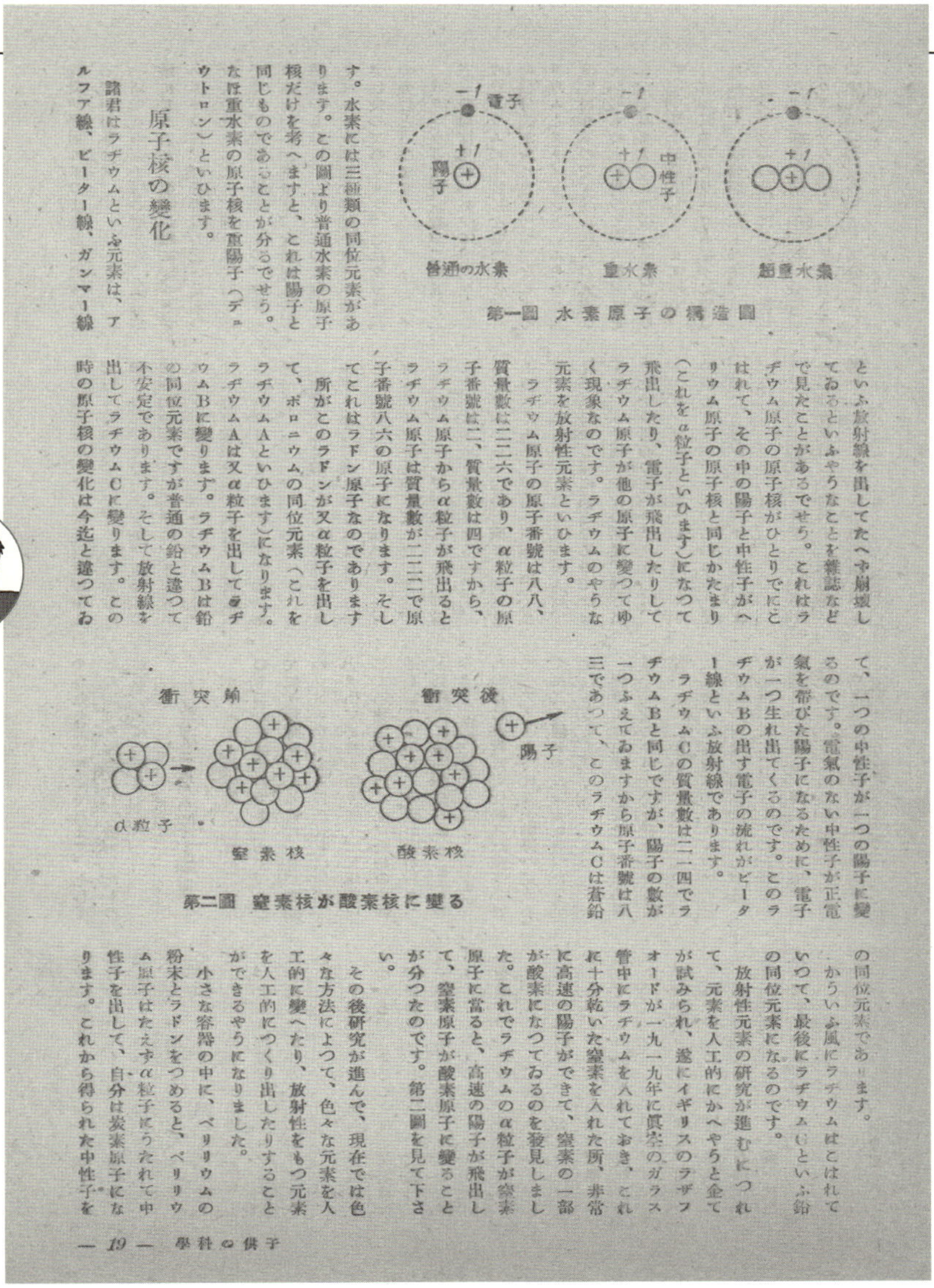

す。水素には三種類の同位元素があります。この圖より普通水素の原子核だけを考へますと、これは陽子と同じものであることが分るでせう。なほ重水素の原子核を重陽子（デュウトロン）といひます。

第一圖　水素原子の構造圖

原子核の變化

　諸君はラヂウムといふ元素は、アルフア線、ビーター線、ガンマー線といふ放射線を出してたへず崩壊してゐるといふやうなことを雑誌などで見たことがあるでせう。これはラヂウム原子の原子核がひとりでにこはれて、その中の陽子と中性子がヘリウム原子の原子核と同じかたまり（これをα粒子といひます）になつて飛出したり、電子が飛出したりしてラヂウム原子が他の原子に變つてゆく現象なのです。ラヂウムのやうな元素を放射性元素といひます。

　ラヂウム原子の原子番號は八八、質量數は二二六であり、α粒子の原子番號は二、質量數は四ですから、ラヂウム原子からα粒子が飛出るとラヂウム原子は質量數が二二二で原子番號八六の原子になります。そしてこれはラドン原子なのであります

　所がこのラドンが又α粒子を出して、ポロニウムの同位元素（これをラヂウムAといひます）になります。ラヂウムAは又α粒子を出してラヂウムBに變ります。ラヂウムBは鉛の同位元素ですが普通の鉛と違つて不安定であります。そして放射線を出してラヂウムCに變ります。この時の原子核の變化は今迄と違つてゐて、一つの中性子が一つの陽子に變るのです。電氣のない中性子が正電氣を帶びた陽子になるために、電子が一つ生れ出てくるのです。このラヂウムBの出す電子の流れがビーター線といふ放射線であります。

　ラヂウムCの質量數は二一四でラヂウムBと同じですが、陽子の數が一つふえてゐますから原子番號は八三であつて、このラヂウムCは蒼鉛の同位元素であります。

　かういふ風にラヂウムはこはれていつて、最後にラヂウムGといふ鉛の同位元素になるのです。

　放射性元素の研究が進むにつれて、元素を人工的にかへやうと企てが試みられ、遂にイギリスのラザフオードが一九一九年に眞空のガラス管中にラヂウムを入れておき、これに十分乾いた窒素を入れた所、非常に高速の陽子ができて、窒素の一部が酸素になつてゐるのを發見しました。これでラヂウムのα粒子が窒素原子に當ると、高速の陽子が飛出して、窒素原子が酸素原子に變ることが分つたのです。第二圖を見て下さい。

第二圖　窒素核が酸素核に變る

　その後研究が進んで、現在では色々な方法によつて、色々な元素を人工的に變へたり、放射性をもつ元素を人工的につくり出したりすることができるやうになりました。

　小さな容器の中に、ベリリウムの粉末とラドンをつめると、ベリリウム原子はたえずα粒子にうたれて中性子を出して、自分は炭素原子になります。これから得られた中性子を

— 19 —　子供の科學

大日本帝国が滅びても滅びなかった本誌。紙の配給で悩んだ時代を経て、すでに紙がなくとも雑誌が成り立つ時代になっていますが、100年後はどうなるでしょうか？

E
1945年（昭和20年）12月号
p18「平和をもたらした原子物理学の進歩」

しょうか……。

　翌1946年（昭和21年）には、『子供の科学』は毎月刊行に戻り、カラーページも復活します。そして、誌面には『日米会話手帳』の広告も。戦時中、誠文堂新光社は政府から優先的に印刷用の紙をまわしてもらっていたのですが、備蓄していた紙で『日米会話手帳』を刷って、これが大ベストセラーになったのです。

　状況を読む力、切替の速さ。『子供の科学』や『日米会話手帳』は、この時代に生きた日本人の強かさを感じさせます。

最後の3ページ目にはこう締められています。

「将来科学の進歩につれて、元素の人工的な作りかえが一層容易になり、原子力が人間に石炭や石油などに代わる熱の源として広く利用されていくでありましょう」

裏表紙にも時代が映る

広告で見る戦争の足音

『子供の科学』や『学生の科学』では、子供達にとって身近なメーカーの広告が裏表紙に入っていました。ここでは三菱鉛筆さんの広告を年代別に眺めてみます。コピーと絵柄に漂う当時の空気感をご覧ください。

昭和16年（1941年）

11月号

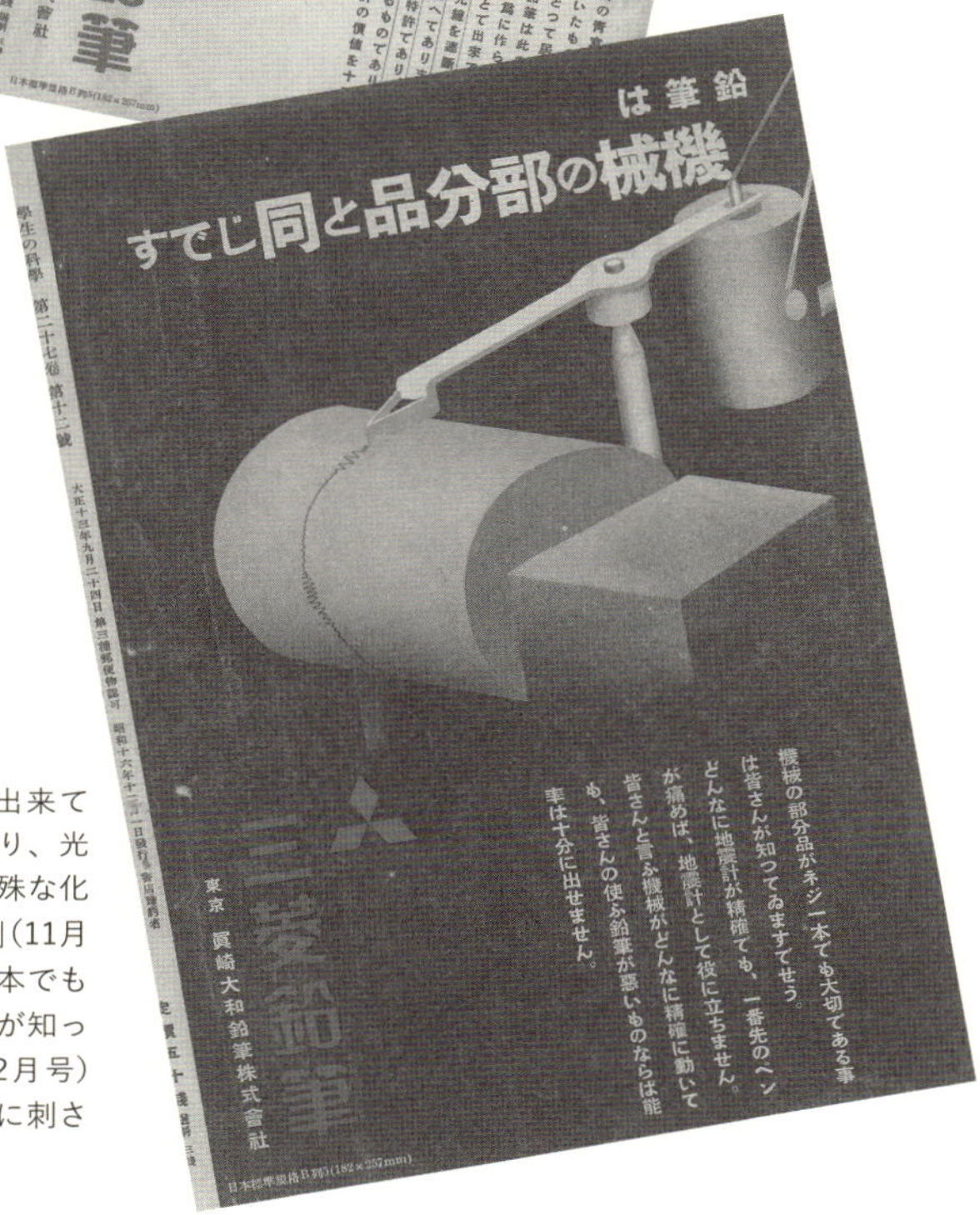

12月号

「ただ黒鉛と粘土とで出来ている普通の鉛筆と異なり、光線を遮断するための特殊な化合物を加えてあります」（11月号）「機械の部品ネジ一本でも大切である事は皆さんが知っていますでしょう」（12月号）など、科学雑誌の読者に刺さる解説がニクい。

昭和17年（1942年）

1月号

粗悪な鉛筆が近眼の原因、という切り口から品質をアピール（1月号）。絵柄はやや戦争を意識している？

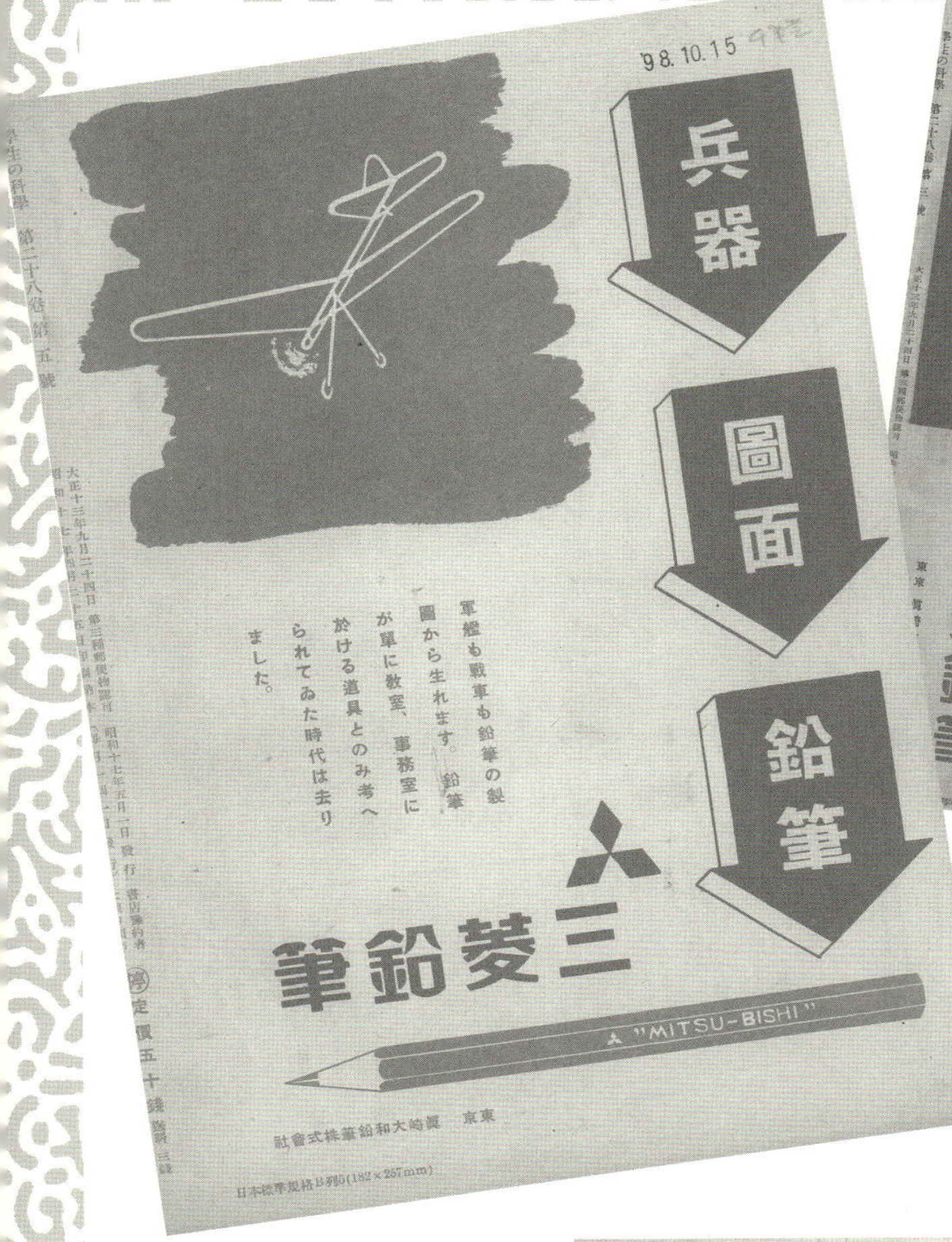

5月号

3月号

昭和17年(1942年)

戦争色強め。3月号は物資不足で紙の質が悪くなる→ということは高品質な鉛筆が必要という展開。5月号はストレートに兵器の製図に良い鉛筆を、という趣旨に。

8月号

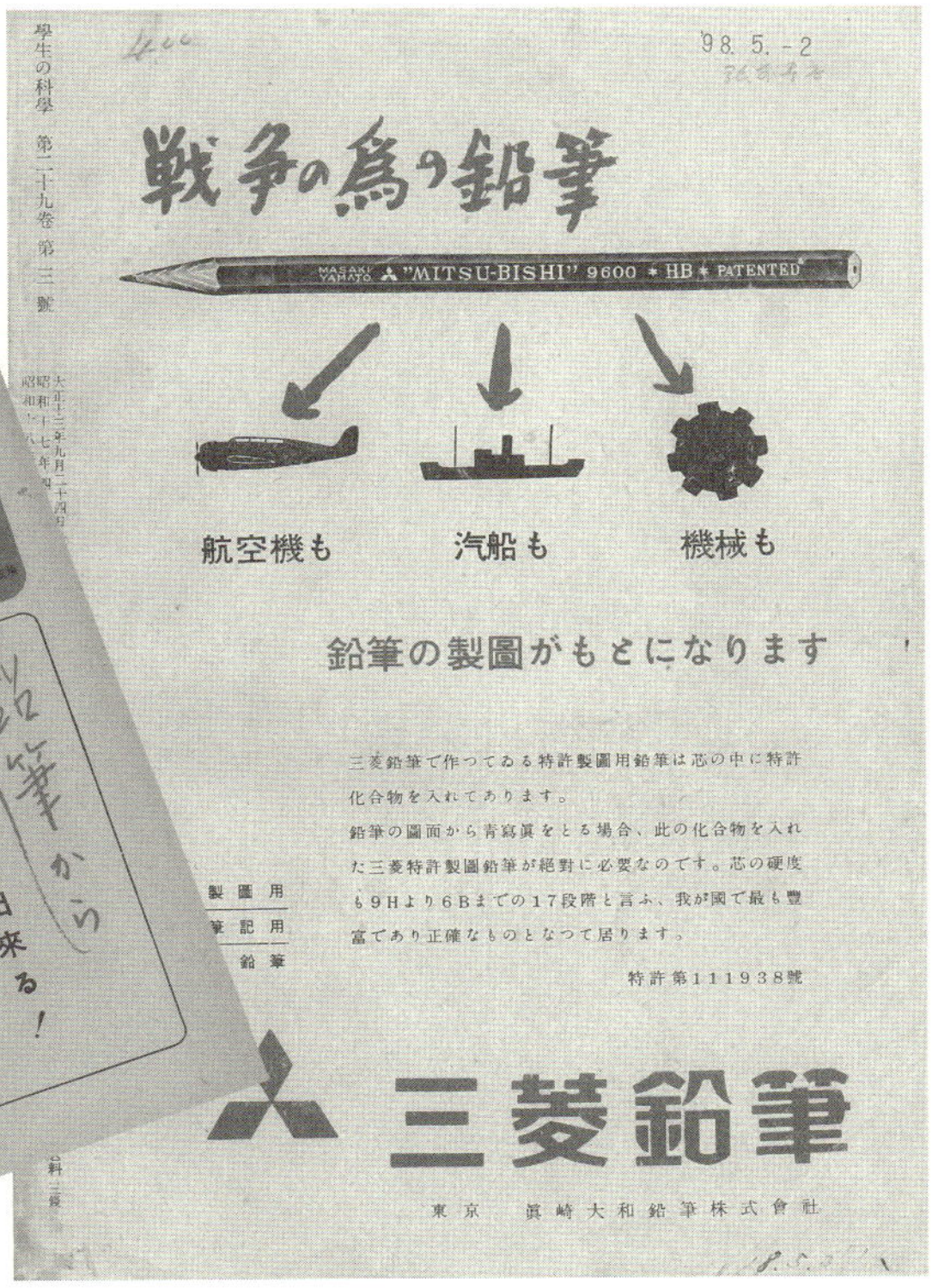

3月号

昭和18年(1943年)

3月号では図面の青写真をとるときにきれいにとれるの文が。芯の硬度が9Hから6Bまであることもアピール。8月号ではとうとう全面広告ではなくるが、やはり製図→青写真の用途と戦争を結びつけています。

なんと高密度な！

1932年（昭和7年）1月号

「二十世紀の驚異」

新年号らしい、にぎにぎしさが詰まったまとめ記事。
日に日に科学が進歩していくわくわくした気持ちを味わってください。

（47）

二十世紀の驚異

◇二十世紀は未だその最初の三分の一に終りを告たにすぎない。しかしながらこの最初の三分の一世紀間において、自然科學の領域にあつては、過去何世紀間かつて見られなかつた文明の華がさん然として開花した。そして更に將來への輝しい發展に我々の好奇心をそゝつてゐる。一九三二年の初頭に當つて、以下十項目に分つてこれらの遺業を瞥見してみやう。……◇

航空機

二十世紀の科學文明は、その交通機關が、特に航空機が目覺ましく發達した點で他の時代と異つてゐないであろうか。

スピードといふ言葉がすべての現代人の合言葉になつてゐるやうにさへ思はれる。

ライト兄弟の飛行機が十二秒間百フイートの高さに飛んだのは今から僅かに二十九年前の一九〇三年であつたが、當時誰が今日の盛況を豫想したであつたろう。一九二九年にはツエペリン伯號が二十一日間で悠々世界一週をやつてその偉大さを示せば、飛行機も亦一九三一年ポスト、ゲッテイの七日間世界一週、ハーンドン、パングボーンの太平洋横斷があつてその快翔を恣にした。スピードに於いて毎時六五七粁の驚異的記錄を出すかと思へば、空の怪物百五十人乘のドックス號が吾々をあつと云はせる。

今後研究の餘地あるものには、航空機にデイーゼルエンジンを採用することや垂直飛行等の問題がある。デイーゼルエンジンではガソリンの代りに重油を用ひるから燃料費は三分の一になり航續力もそれに比例し、高層飛行、耐寒飛行等も出來るやうになる。オートジロ、ヘリコプターの原理が發達すれば屋上からも自由に垂直に飛行することが出來て廣い飛行場は不必要となる。

現在を見てライト兄弟の當時を追想するとまるで覺醒の感があるけれども、しかしながら、今日の航空時代は將來の發達を豫約する第一歩にすぎない。航空機の實用時代、充實時代は未だ將來にのこされた大きな問題である。

探検

暗國大陸アフリカの姿が十九世紀の後半に致りリビングストン、スタンリー等の人々によつて明るみにさらし出されてより、二十世紀になつては、地球の兩極である北極と南極との探險がやみがたい人類の慾望となつた。一九〇九年四月九日アメリカのペアリー少佐は、初めて眞の北極に到達し星條旗を樹てた。北極をもつとも精細に調査したのはノルウエーのアムンゼンで、何度かの探險の後一九二六年イタリーのノビレ少將と共に航空船ノルゲ號によつてスピッツベルゲンから北極點を過ぎてアラスカに飛んだ。一九三一年夏ツエペリン伯號及びウイルキンスの潛航艇による探險は耳新しいことである。

南極地方の探險は北極よりもおくれて初められたが、アムンゼンは一九一一年十二月十六日南極點に到達する最初の榮譽を得た。此間我白瀬中尉の南極探險は日本のために萬丈の氣を吐いた。一九二八年より二九年に亘つてアメリカのバード少將の飛行機による探險はその大規模なこと、もたらした效果の諸點において從來かつて見られないものであつて、この探險により南極の地理はかなり明るくなつた。

パナマ運河

おびたゞしい多數の人々と久しい年月を費して建設した太古の數々の大土木工事も、すばらしい浚渫船や巨大な起重機を自由に操る二十世紀の大土木工事に較べると、足もとにも及ばないものである。

近代の大土木事業を代表するものにスエズ運河とパナマ運河の二つがあるが、中でも閘門といふ特別の裝置によつて、大軍艦も樂々と山を乘り越えて向ふ側の海へ行けるパナマ運河こそ、もつとも發達した大運河と云ふべきであろう。パナマ運河では水面は十數個の

南極探檢のバード少將

階段狀になつており、その境にある閘門によつて船艦は順次に階段を經て向ふ側へ下りることが出來る。

原子構造論

廿世紀に入つてから原子に關する學說程目覺しく進步したものは外にはない。物は皆小さな粒から出來てゐるといふことは二千年も昔のギリシア時代の學者が述べてゐたが、それ以後特別には進步してゐなかつた。一九〇四年、長岡博士は原子は土星のやうな構造のものだと云はれたのが抑々の始めで、眞空管放電、ラジウム、X線、スペクトルなどの研究によつて廿世紀の三分の一も過ぎない間に原子の性質につき色々のことが知れて來た。この殊勳者は澤山あるが何と云つてもボアー（デンマーク人）を擧げなければならない。これを助けたゾムマフエルト（ドイツ人）も大きな貢獻をした。原子說はこのまゝ大成するかと思ふうちにまた最近四五年間に大きな革命が起きて來た。それは原子も光の樣な一種の波動であるといふ考方である。卽ち物は波動でその振動の仕方の一番激しい所に吾々が原子とか又は電子といふものを認めるといふ考へ方である。

金屬材料の發達

二十世紀の文明の礎を築いたものが、鋼鐵であるなら、この上に組立てられるのは輕合金でなければならない、鋼鐵と輕合金との發達がなかつたなら、總ての機械は考へることさへ出來なかつたらう。十九世紀の末に發明された轉爐と平爐から二十世紀の鋼ははき出された。その鋼には、ニツケル、クローム、タングステン、バナジユームなぞ十九世紀の人の夢想もしなかつた金屬が加へられて、一平方粍當り、精々四、五十瓩の抗張力よりなかつた鋼は、今日では四百瓩にも達する合金鋼となつた。他方、十九世紀の終りには今の白金程に貴重にせられたアルミニユームも今では吾々の臺所になくてならないものになり、夫に銅やマグネシユームを加へてデユラルミン其他の鋼にも比敵するやうな强い合金が發明され、今やマグネシユームが、次第にアルミニユームの領分を犯し、更に輕くて强い合金が二十世紀文明を完成するやうになりませう。

ナウエン無電局のアンテナ

電氣通信活動寫眞

毎日新聞を見る、朝から晩迄ラヂオを聞く、毎週トーキーを鑑賞する、これが現代文化生活だとすれば、諸君は眞空管の發明者に負ふ所大きい事を感じるだらう。國防的には短波長で大電力の無電臺を設けて自國のニユースを外國に送り、外交を援け音樂の交換等を行ふ等、眼に見えぬ電波により競爭が盛になつた、新聞は電信と電送寫眞を利用して遠方の記事寫眞を家々へ配布する。更に、テレビイジョンは將來もつと／＼地球をせまいものにしてしまふだらう、活動寫眞も最近は物を言ふトーキーになつた。天然色映畫といつて色も着いた。芝居其まゝの光景がフイルムにされて諸々方々へ運ばれる、こうして仕舞へば電氣は機械に生命を吹き込んで、人間の代りに物を言はせたり、働いたりさせる。世の中を段々面白くさせるのは電氣である、其の中でも弱電氣の研究、發明が輝かしい將來を持つ。

X線

X線は一八九六年ドイツ人レンチエンによつて發見された。その學問に及ぼした影響は甚だ大きく、又その實生活に及ぼしたことも極めて多い。

一九一二年ラウエが結晶體によるX線の廻折を發見してから、一つにはX線が電磁

アインスタイン塔

波なることが證明され、電磁波に關する概念を擴め、一つには結晶體内の分子配列を知ることが出來るやうになつた。一九一三年にモズリーがX線のスペクトルを研究し、その波長と原子番數との關係を發見してから、X線が原子構造の研究に貢獻したことは又莫大である。

實際問題への應用としては、結晶の構造を知り得る所から金屬材料の研究に應用され、又醫學上診察に療養に用ひられることは衆知の所である。昨今X線の應用は益々實用化され、稅關等で包の內容物を包のまゝで取調べる。レールや鑄物の出來の惡い所を探る。瀨戸物、人造齒牙の檢査、鑛石中の鑛物の含有量を鑑定する。動物は勿論、植物の體內の有樣を生きたまゝで見る。繪畫の鑑定に使用する。尙靴屋で靴の合ひ具合を見るためにX線を用ひると聞くに致つては驚きの外はない。X線の大家カイエーは彼の著書「X線の應用」中で「今にコダックを使ふやうに何人もがX線寫眞を使ふやうになるであろう」と云つてゐる。

ラジウム

一八九六年は物理學上に多事な年であつた。それはX線が發見され、ウラニウム元素がX線に類似した一種の放射線を出してゐることがベッケルにより發見され、又空氣が初めて液化された年である。その翌々年卽ち一八九八年にキューリー夫妻はウラニウムよりも遙かに強い放射線を出す新元素ラヂウムを發見した。

その後、ラヂウムの放射線はα、β、γの三種類よりなることが分つた。α線は陽電氣を帶びたヘリウム原子で、β線は電子で、γ線はX線よりも更に波長の短かい電磁波である。ラヂウムはこれ等の放射線を出して他の原子量のより小さい元素に變遷して行く。

この發見は、元素は永久に一定不變であるといふ考を覆したのである。ひいて一九一九年ラサフォールドは窒素原子にα線を衝突させて水素を得るに至つた。これが最初の元素の人工崩壞である。

ラヂウムは又尠からざる實用上の用途を持つてゐる。その放射線は特殊の生理作用を起すので醫療に用ひられる。近來その用途の激增した發光塗料は、硫化亞鉛に微量の放射性物質(主としてラジウムの祖先であるウラニウム)を混じ、これに膠著劑を加へたものである。

相對性原理

光はエーテルといふ媒質を傳はつてくる一つの波動である。地球はこのエーテルの中を運動してゐる。そしてそれは地球に對して絶體靜止であらねばならない。つまり地球から見たエーテルは、これに對して流れてゐる筈である。これを實證したいために、一八八七年マイケルソンとモレーは有名な實驗をした。がその結果はこの流れを見出すことは出來なかつた。云ひ換へれば、光は運動體に關係することなく、ある一定不變の速度をもつてゐるのであつた。

しかし人間の思考は次のやうなことが許容されるであろう。即ち圖で光が一點Mから出て一秒にCだけ進むとすると、K_2のやうにVなる速さで左に動いてゐるものに對しては、光の速度はc-vといふことになる。しかるに實驗は同じくCなることを要求してゐる。この矛盾を如何にしたら解決し得るか。これが一九〇五年二十六歳の青年科學者アインスタインによつて相對性原理といふ命題の下に氷解されたのである。その結果は從來の物理學は根本から書き換へられなければならぬ程の變革をもたらされた。即ち先づ特殊相對性原理によれば、時間及び空間の概念が、その絶對性を失つて全然相對性になつた。つまり運動によつて、物の長さはその方向に縮み時計は遲れることになり、昔の力學では全然獨立的なものであつたエネルギーと質量とが密接な關係にあることが要求された。物の目方はエネルギーの増減によつて變化するといふことになつたのである。

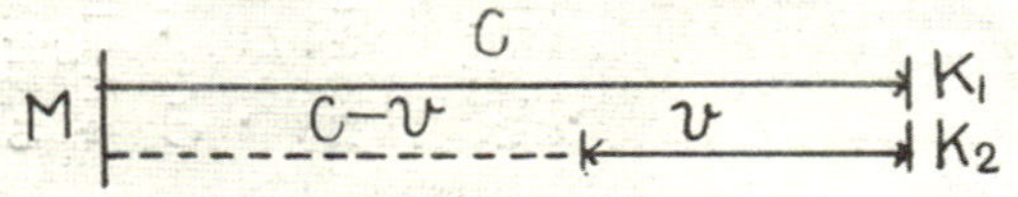

アインスタインは、一九一六年に更にこの理論を一般化して、運動と重力とに驚異すべき關係を見出したのである。所謂一般相對性原理によれば、加速度運動と重力とは同等であり、ニュートンの萬有引力則が訂正されなければならなくなつた。光の場合に於いても、一直線に進むべき光が、加速度運動體に於ては屈折することになり、從つて重力によつても光は屈つて見える筈と思はれた。これは一九一九年五月の日蝕を利用した太陽の引力によつて相對性原理の要求する光の屈曲の正しいことが實證されたのである。

今や相對性原理による新しい見解は、物質を始め全宇宙の構造に就ての人智の一大躍進を招來せしめつゝあるのである。

空中窒素の固定

植物は地中から窒素の含まれてゐる色々のものを吸收して蛋白質に變へ動物は其植物や其植物を喰べた動物の肉などを喰べて生活に必要なだけの窒素を攝取する。地球に人口が増加し耕す土地も狹くなるにつれて同じ土地から出來るだけ澤山の收獲を得なければならない。そのためには土地に植物が吸收し易い窒素を含む物即ち肥料を施さねばならぬ。そして此問題は空中窒素固定工業によつて救はれたのである。空中には非常に澤山に窒素があり之を植物が吸收出來る物に變化させる方法は、廿世紀になつて續々發見せられた其方法は大別すると三種になる。

一、ビルケランドとアイデ（スエーデン人）が行つた空中で大きな火花を飛ばして硝酸を作る事（一九〇五）二、數百氣壓に壓搾した水素と窒素の混合氣體を熱してアムモニアを作るハーバー（ドイツ人）の方法、三、カーバイド（炭化石灰）を作り之を千度位に熱して窒素を通じ出來たものを水で分解してアンモニアによる方法。

Part 3

対談 子供の科学と私

私以外の読者OBにもご登場願うことにします。

科学テクノロジーに造詣が深い方の視点で、昔の雑誌を一緒に読むのは楽しいひとときでした。

今の子供たちにどうやって科学を伝えればいいのか、自分が好きなことを見つけて突き進むにはどう育てたらいいのかということにも話題が及びました。


（撮影／深澤慎平）

themes

稲見昌彦
（東京大学先端科学技術センター副所長）

浮川和宣　浮川初子
（ジャストシステム創業者夫妻）

小飼弾 × 稲見昌彦

東京大学先端科学技術研究センター
副所長・教授

先端技術の研究者と

100年前の未来予測に想いを馳せる

『子供の科学』には今も昔も第一線の研究者が登場しています。
東京大学の稲見先生も「光学迷彩」や「6本目の指」など
SFの世界を形にしたような研究で読者をワクワクさせている研究者の一人です。
そんな稲見先生と大正昭和初期のバックナンバーを読み返してみました。

創刊号に見る『子供の科学』の精神

稲見　本日小飼さんにお越しいただいた先端研は、かつて1938年5月に世界最長距離飛行を達成した「航研機」を開発した航空研究所があった場所なんですよね。常に時代の最先端の科学技術を研究しているキャンパスなのです。

小飼　わずか2か月後の子供の科学1938年（昭和13年）7月号で大々的に紹介されているんですよね。（P176ページ参照）

2023年（令和5年）5月号で紹介された稲見先生が主導する「6本目の指」プロジェクト

――最先端技術といえば稲見先生も対象を透明化する「光学迷彩」など、ユニークな研究を行われています。最近では、「第6の指」を2023年『子供の科学』5月号で紹介したところ、読者から大変な反響があったとか。今回の取材に先立って創刊号から終戦までのバックナンバーをご覧いただきましたが、どんな記事に興味を持たれましたか？

稲見　まず、1924年（大正13年）10月号、つまり創刊号の巻頭言です。

「およそ天地の間は、びっくりするような不思議なことや、面白いことで、満ちているのでありますが、これを知っているのは学者だけで、その学者のかたは、研究がいそがしいものですから、皆さんにお知らせするひまがありません」

と、科学が面白いものだということを強調しながら、

「しかし、この雑誌の一番大切な目的は、ほんとうの科学というものが、どういうものであるかを、皆さんに知っていただくことであります。ちかごろは、「科学科学」とやかましくいいますが、ほんとうに科学というものを知っている

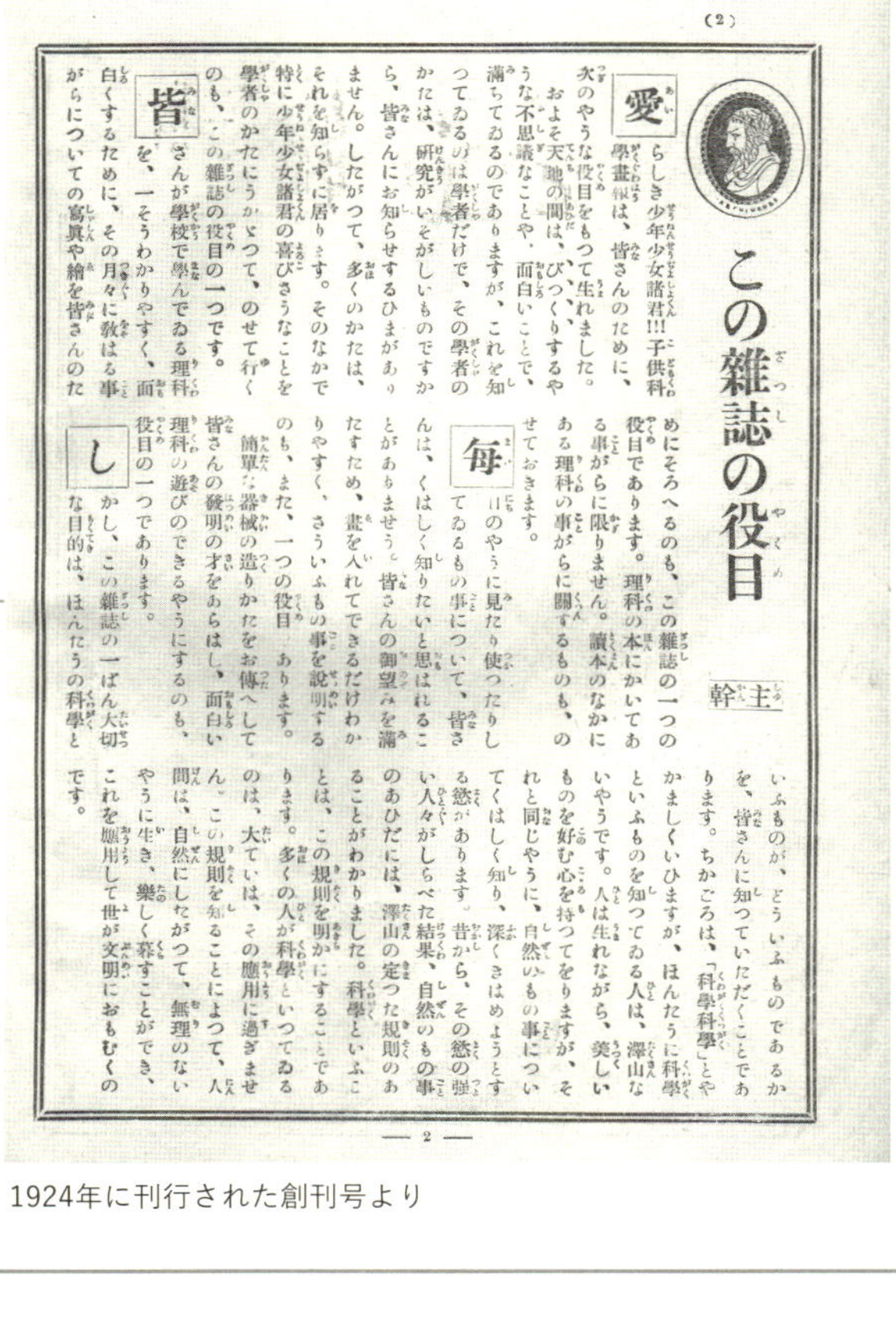
（2）

この雑誌の役目

主幹

愛らしき少年少女諸君!!! 子供科學畫報は、皆さんのために、次のやうな役目をもつて生れました。およそ天地の間は、びつくりするやうな不思議なことや、面白いことで、滿ちてゐるのでありますが、これを知つてゐるのは學者だけで、その學者のかたは、研究がいそがしいものですから、皆さんにお知らせするひまがありません。したがつて、多くのかたは、それを知らずに居ります。そのなかで特に少年少女諸君の喜びさうなことを學者のかたにうかゞつて、のせて行くのも、この雜誌の役目の一つです。

皆さんが學校で學んでゐる理科を、一そうわかりやすく、面白くするために、その月々に教はる事がらについての寫眞や繪を皆さんのためにそろへるのも、この雜誌の一つの役目であります。理科の本にかいてある事がらに限りません。讀本のなかにある理科の事がらに關するものも、のせておきます。

毎日のやうに見たり使つたりしてゐるもの事について、皆さんは、くはしく知りたいと思はれることがあるでせう。皆さんの御望みを滿たすため、畫を入れてできるだけわかりやすく、さういふもの事を説明するのも、また、一つの役目であります。

簡單な器械の造りかたをお傳へして皆さんの發明の才をあらはし、面白い理科の遊びのできるやうにするのも、役目の一つであります。

しかし、この雜誌の一ばん大切な目的は、ほんたうの科學といふものが、どういふものであるかを、皆さんに知つていただくことであります。ちかごろは、「科學科學」とやかましくいひますが、ほんたうに科學といふものを知つてゐる人は、澤山ないやうです。人は生れながら、美しいものを好む心を持つてをりますが、それと同じやうに、自然のもの事についてくはしく知り、深くきはめようとする慾があります。昔から、その慾の強い人々がしらべた結果、自然のもの事のあひだには、澤山の定つた規則のあることがわかりました。科學といふことは、この規則を明かにすることであります。多くの人が科學といつてゐるのは、大ていは、その應用に過ぎません。この規則を知ることによつて、人間は、自然にしたがつて、無理のないやうに生き、樂しく暮すことができ、これを應用して世が文明におもむくのです。

― 2 ―

1924年に刊行された創刊号より

人は、沢山ないようです」と、釘を刺しています。

このあたりは、今でもそのまま通じます。今はネットなどでいろんな人が自由に発信できるようになりましたが、きちんとした体系的な科学知識やエビデンスに基づく情報が適切に発信されているとは限りません。

小飼　むしろ、最近は悪化しているような気がします。

稲見　確かに、SN比（意味のある情報（シグナル）とノイズの比率）が悪くなっている印象があります。しかし、大正時代でもすでにそうした問題意識があったわけです。その意味で、これは我々にとって古くて新しい問題ですし、科学的な情報を適切に発信することはますます重要なのだと感じます。

私自身、インタビューや講演会、それにSNSなどで研究内容を伝えようとしてきましたが、研究者である私の声が届くのは元々科学や技術に興味を持っている層であり、科学に興味がない人には届いていないと感じていました。思い返してみれば、自分が子供だった頃、科学好きはマイノリティでした。今は少子化が進んでいますし、科学・技術に興味を持った人だけを対象にしていると、縮小再生産になっていく可能性があります。そこで最近では情報発信の仕方についても意識し、「第3、第4の腕」はダンサーによるパフォーマンスとともに発表しました。エンジニアリングに関して言えば、エンタメ方面から攻めるやり方はうまく働いています。

――昔の『子供の科学』からは、一般の人が科学知識を取り入れようとする貪欲さを感じます。

稲見　産業史を研究している知人の話で面白かったのが、日本には米騒動はあったけど、イギリスと違い、ラッダイト運動（19世紀初頭のイギリスで起こった機械打ち壊し運動）がなかったという指摘です。大正時代の日本人にとって、科学・技術をしっかり身につけて、キャッチアップしていかなければいけないという気持ちは今以上に強かったんでしょう。民間もラッダイト運動を起こしている余裕がなかった。このあたりの科学・技術観は、現在とは相当違ったのではないかと思います。

小飼　明治維新以来、日本は富国強兵を進めてきましたが、科学・技術というのはまさに「富国」に対応する部分でした。強兵を実現するために、富国でなければならなかった。

わかりやすくしすぎることも、問題だ

小飼　僕が愕然としていることは、今の日本政府の科学リテラシーがあまりにもひどいこと。もちろん、科学の振りをした疑似科学は昔からたくさんありましたよ。それがいまだに続いていて、例えば日本政府が科学的な根拠のない技術を海外にアピールしたり、自衛隊がインチキな製品を購入していたりする。そういえば、イージスアショアの導入計画では、防衛省が縮尺の異なる断面図を分度器で測って角度を求めていたものだから、報告書がデタラメで、結局計画は頓挫しました。こんなにひどかったのかと。

稲見　厄介なことに、科学や技術を知っているからといって、疑似科学に引っかからないとは限りません。我々はそういう例をすでにたくさん見てきました。

一般向けに科学を語る際、注意しなければならないことの1つが「わかりやすさ」です。確かに、科学に興味のない人に対してわかりやすく説明することは重要ですが、同時に「わかりやすさ」はすぐに安易な物語になってしまう。科学や技術の体系は、日常的なメタファーで説明できないことも多く、誰もが簡単に理解できるとは限りません。

「今はまだ理解できないかもしれないけど、この先には素晴らしい知が待っている」、そんな風に険しい山の入口として、平易な説明をするのはよいでしょう。けれど、本来とても難解なことなのに、重要なことを省いて単純なストーリーにしてしまうと、陰謀論に繋がっていくこともありえます。

よく「自分の頭で考える」というじゃないですか。でも、体系的な知識を得るトレーニングをせず、いきなり自分の頭で考えようとすると、変な方向に行ってしまう可能性があります。

小飼　本来、科学者というのは「何を知らないか」を知っている人であり、エンジニアは「何ができないか」を知っている人のはず。しかし、疑似科学や陰謀論にハマった皆さんは、「答え」を最初から持ってしまっている。

稲見　そういう人たちは、「答え」に合わせて、説明の体系を作っていってしまいます。

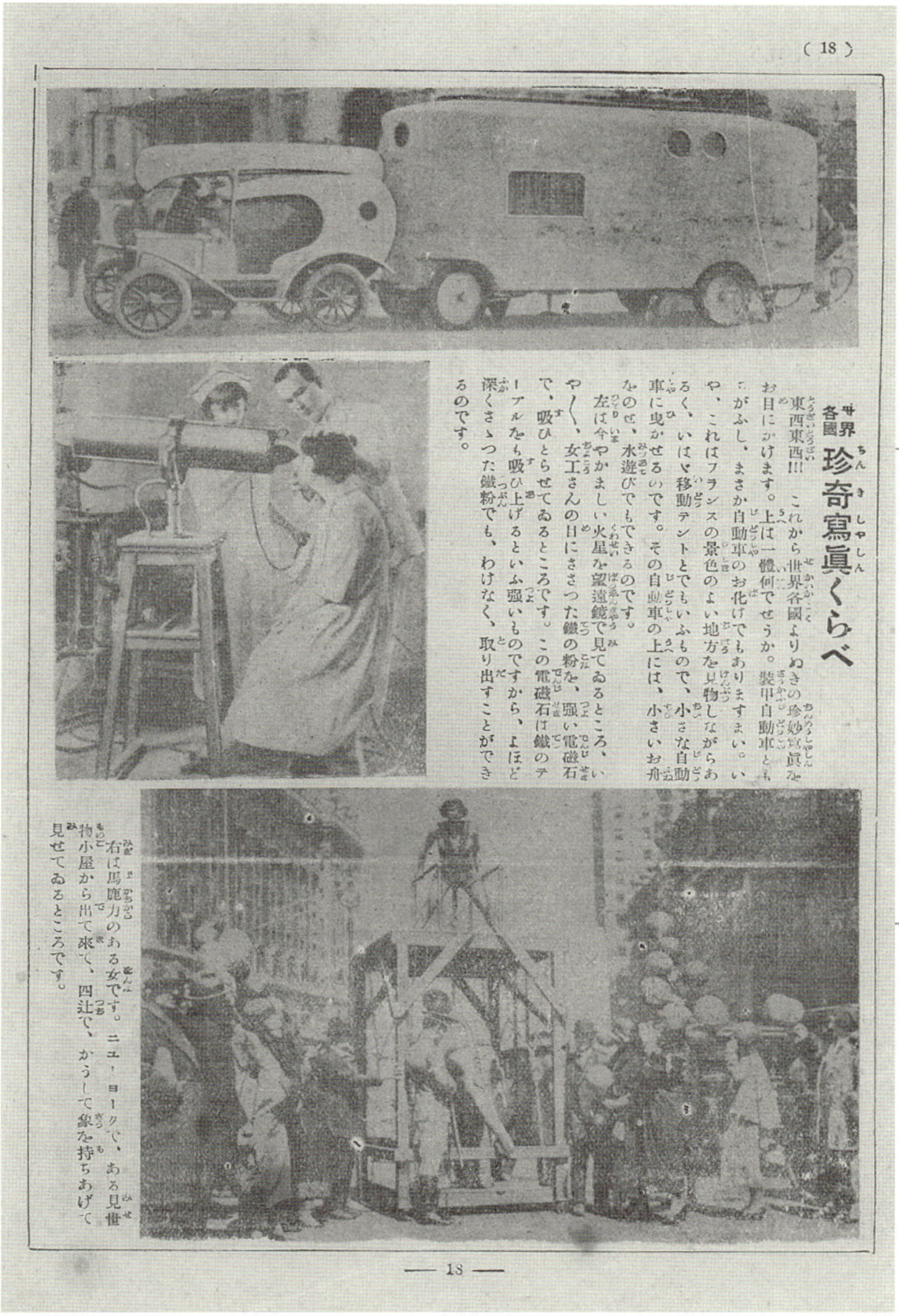
（18）

世界各國 珍奇寫眞くらべ

東西東西!!! これから世界各國よりぬきの珍妙寫眞をお目にかけます。上は一體何でせうか。裝甲自動車ともちがふし、まさか自動車のお化けでもありますまい。いや、これはフランスの景色のよい地方を見物しながらあるく、いはゞ移動テントとでもいふもので、小さな自動車に曳かせるのです。その自動車の上には、小さいお舟なのせ、水遊びでもできるのです。

左は今やかましい火星を望遠鏡で見てゐるところ、いやく、女工さんの目にさゝつた鐵の粉を、強い電磁石で、吸ひとらせてゐるところです。この電磁石は鐵のテーブルでも吸ひ上げるといふ強いものですから、よほど深くさゝつた鐵粉でも、わけなく、取り出すことができるのです。

右は馬鹿力のある女です。ニューヨークで、ある見世物小屋から出て來て、四辻で、かうして象を持ちあげて見せてゐるところです。

— 18 —

1924年（大正13年）10月号「世界各国 珍奇写真くらべ」

「まなざし」によって世界の見え方は違ってくる

稲見　バックナンバーを見ていて面白いのは、当時の人がどんなことに関心を持っていたのかが見えてくることです。例えば、1924年（大正13年）10月号「世界各国珍奇写真くらべ」や同11月号「世界各国珍奇づくし」。「自動車の上にたてた立派な家で、これで旅行をして歩くのです」という表現でキャンピングカーを紹介していたりします。先住民や障害者を面白おかしく紹介していたりして現在の視点からするとポリコレ的

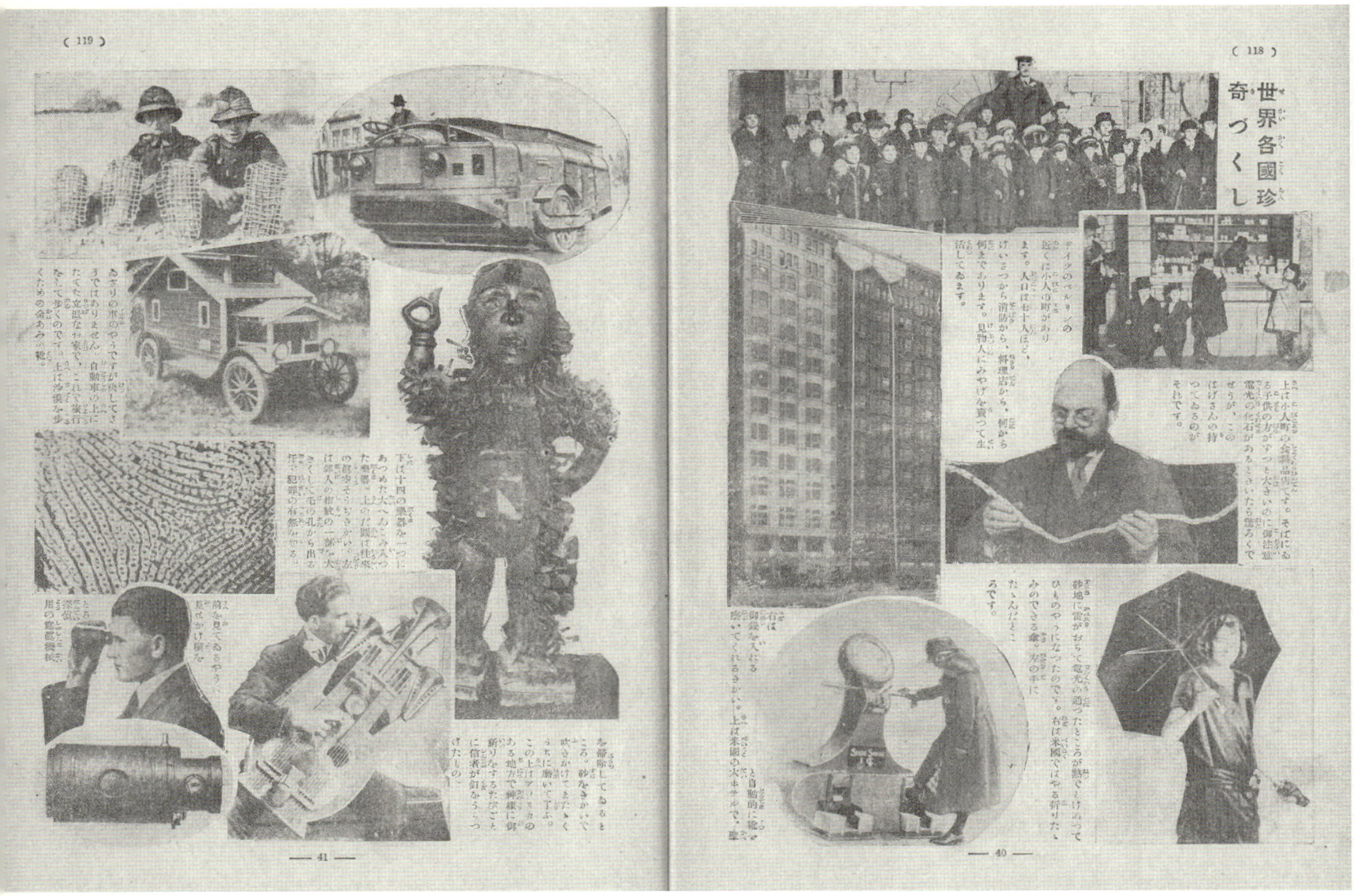

1924年（大正13年）11月号「世界各国珍奇づくし」

に問題のある内容も多いですが、当時の人は一体どういうことに驚いていて、何がすごいと思っていたのかを追体験できます。

どういう「まなざし」で見るかによって、世界の見え方は違ってくる。科学も世界を解釈するための手法の1つと言えるでしょう。「知識や学問は世の中を面白く見るための、拡張現実メガネのようなもの」――私は学生たちにそう言います。知識のあるなしで、同じモノを見ていても解像度が全然違うんですよ。

自分たちの知らないところにもいろんな多様性がある、当時の編集者はそういうことを子供たちに味わわせようとしていたんじゃないでしょうか。

――世界の楽しみ方を伝えるのも、科学雑誌の役目ということですね。

稲見　そうですね。また、科学的な見方と一口にいっても実は多面的です。例えば、スポーツを科学でどう分析するか。野球ボールの軌跡を物理学的に解析することもよく行われますが、「カメラで見るとボールの投球がなぜストライクと判定されるのか」とか「なぜバッターは神経の反応速度よりも速く変化球に対応できるのか」といったことになると物理学的な手法だけでは対応しきれません。審判の判定にはキャッチャーのフレーミング技術も影響するでしょうし、バッターの選球眼は投球モーションの微妙な差を見ているのかもしれません。そうなってくると、センサーでボールを測ればいいということではなく、認知科学的なアプローチも必要になってきます。もちろん、センサーで測定するということも1つの考え方ですが、人間相手のスポーツなんだから人間が感じたことを優先するという考え方もありえるわけです。

小飼　そう、スポーツは人間を楽しませるためのものなんですから。

稲見　ビデオゲームにしても物理

法則を厳密に再現すればいいとは限らなくて。（「スーパーマリオ」でマリオが空中に飛び上がったところで、グッと敵を踏んだら高くジャンプしてほしいわけです（笑）。

小飼　iPhoneのソフトウェアキーボードにしても、実際に表示されるキーの位置と、タップする箇所は実はちょっとずれているんだけど、そちらの方が人間の感覚に合っています。

稲見　もちろん、モノを対象にした工場のラインではダメですが、人間を対象にしたモノやサービスではそういう認知科学的な手法をうまく使った方がよいことは多いですね。

手を動かしてモノを作る

稲見　実際に手を動かして工作する記事も多いですね。例えば、1924年（大正13年）12月号の「クリスマスに因む玩具の作り方」。紙の表と裏に描いた絵をクルクル回すと2つの絵がいっしょに見えるとか、サンタクロースが上下するといった工作が紹介されています。12月号だからクリスマスをモチーフにするというのは季節感もあっていいじゃないですか。

――主幹の原田三夫は、手を動かして何かを作ることが仕組みの理解に繋がると言っていたそうです。

稲見　物理学者のリチャード・ファインマン（1918年－1988年）も、"If I cannot create, I do not understand"（作れないのなら、それを理解しているとは言えない）と言ってますね。そういう精神を『子供の科学』で実践していたのでしょう。

また、先ほど挙げたクリスマス工作の著者は、東京女子高等師範学校、つまり後のお茶の水女子大学の講師です。女性に対しても科学や技術をきちんと教えようとしていた人が、こういう記事を書い

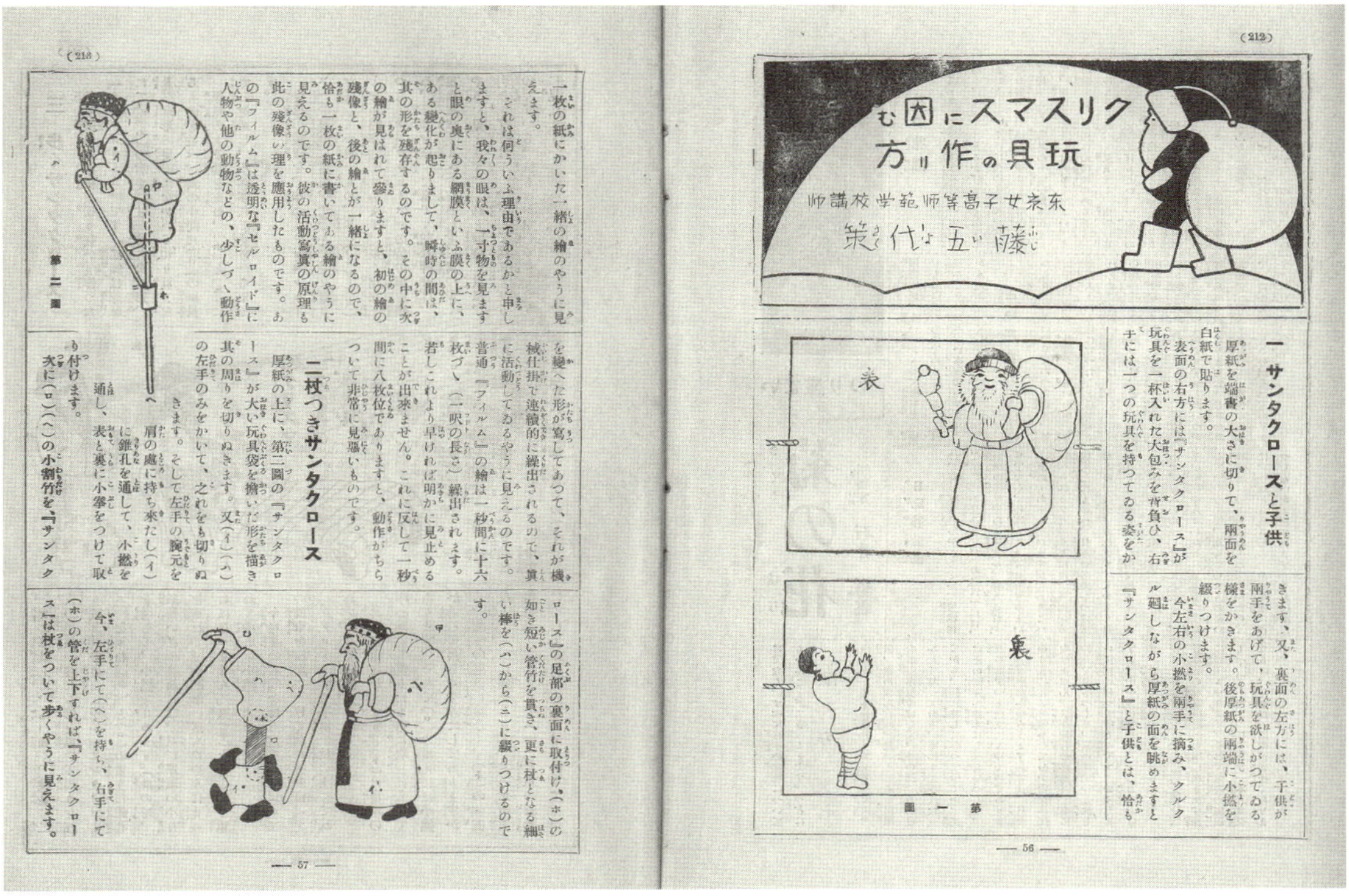
（212）

クリスマスに因む玩具の作り方

東京女子高等師範学校講師　藤五代策

一　サンタクロースと子供

厚紙を端書の大さに切りて、兩面を白紙で貼ります。

表面の右方には『サンタクロース』が玩具を一杯入れた大包みを背負ひ、右手には一つの玩具を持つてゐる姿をかきます、又、裏面の左方には、子供が兩手をあげて、玩具を欲しがつてゐる樣をかきます。後厚紙の兩端に小撚を綴りつけます。

今左右の小撚を兩手に摘み、クルクル廻しながら厚紙の面を眺めますと『サンタクロース』と子供とは、恰も一枚の紙にかいた一緒の繪のやうに見えます。

表

裏

第一圖

— 56 —

（213）

それは何ういふ理由であるかと申しますと、我々の眼は、一寸物を見ますと眼の奥にある網膜といふ膜の上に、ある變化が起りまして、瞬時の間は、其の形を殘存するのです。その中に次の繪が見はれて參りますと、初の繪の殘像と、後の繪とが一緒になるので、恰も一枚の紙に書いてある繪のやうに見えるのです。彼の活動寫眞の原理も此の殘像の理を應用したものです。あの『フィルム』は透明な『セルロイド』に人物や他の動物などの、少しづゝ動作を變へた形が寫してあつて、それが機械仕掛で連續的に繰出されるので、眞に活動してゐるやうに見えるのです。

普通『フィルム』の繪は一秒間に十六枚づゝ（一呎の長さ）繰出されます。若しこれより早ければ明かに見止めることが出來ません。これに反して一秒間に八枚位でありますと、動作がちらついて非常に見惡いものです。

第二圖

二　杖つきサンタクロース

厚紙の上に、第二圖の『サンタクロース』が大い玩具袋を擔いだ形を描き其の周りを切りぬきます。又(イ)(ハ)の左手のみをかいて、之れをも切りぬきます。そして左手の腕元を肩の處に持ち來たし(イ)に錐孔を通して、小撚を通し、表と裏に小拳をつけて取り付けます。

次に(ロ)(ヘ)の小割竹を『サンタクロース』の足部の裏面に取付け、(ホ)の如き短い管竹を貫き、更に杖となる細い棒を(ハ)から(ニ)に綴りつけるのです。

今、左手にて(ヘ)を持ち、右手にて(ホ)の管を上下すれば、『サンタクロース』は杖をついて歩くやうに見えます。

— 57 —

1924年（大正13年）12月号「クリスマスに因む玩具の作り方」

ていたことには注目したいですね。

——ほかにも、1925年（大正14年）1月号の「禮治夫君の簡易受話器」ではラジオを作っていたりと、なかなか高度な工作を読者にさせています。

稲見　工作記事ではありませんが、通信の文脈では、1932年（昭和7年）10月号の「秘密電話」もありました。

——この秘密電話では、音のスペクトラム（周波数成分の分布を示したもの）を変換して、盗聴できないようにすると。

小飼　『子供の科学』はこのあたりの情報通信技術の解説が少ないですね。今の『子供の科学』でも、情報工学系の話題をもう少し増やしてほしい。ちなみに、スペクトラムを変換する技術は電波を効率的に使う技術として発展して、携帯電話でも当たり前に使われています。

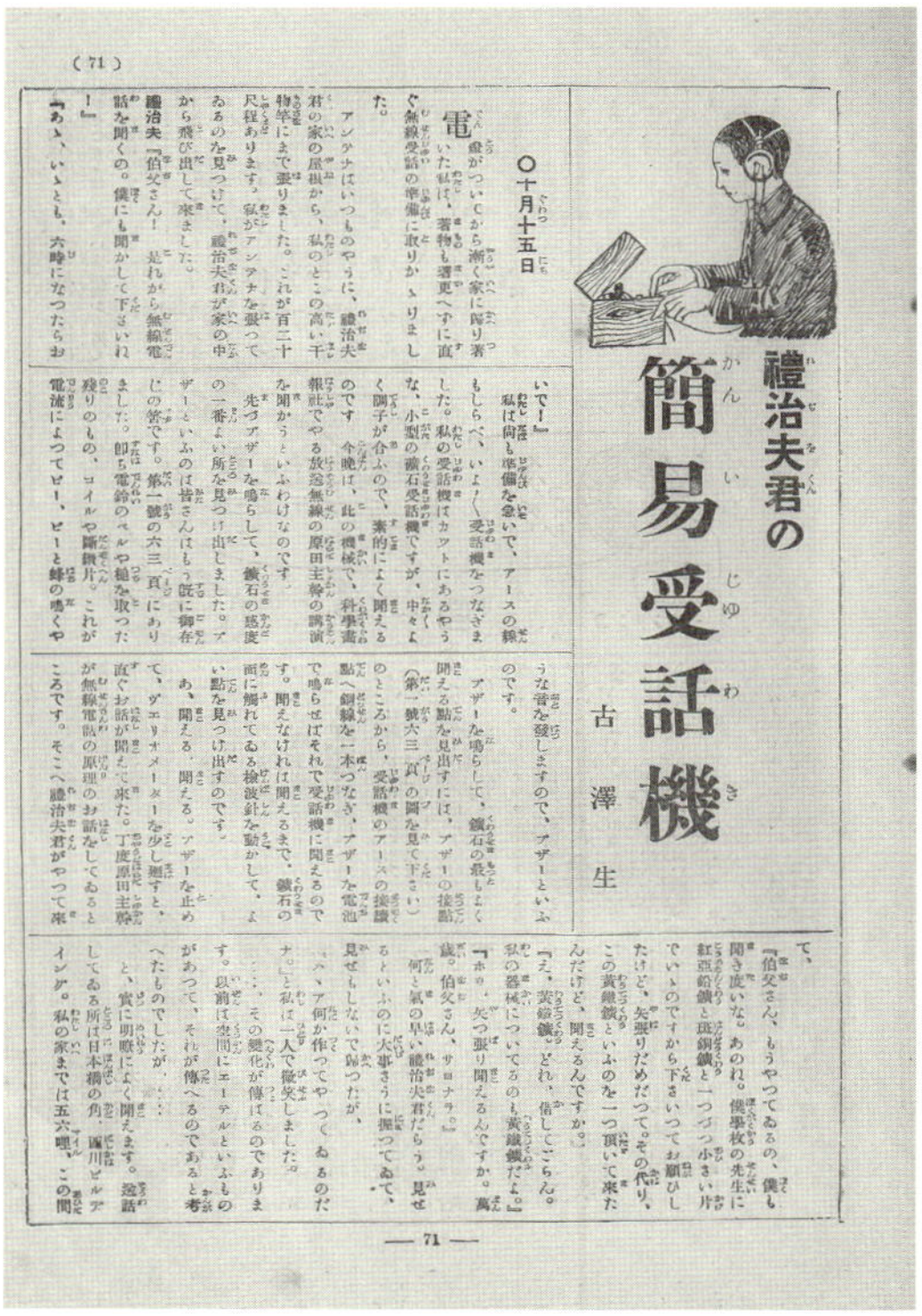
（71）
禮治夫君の簡易受話機
古澤生
〇十月十五日
— 71 —

1925年（大正14年）1月号「禮治夫君の簡易受話機」

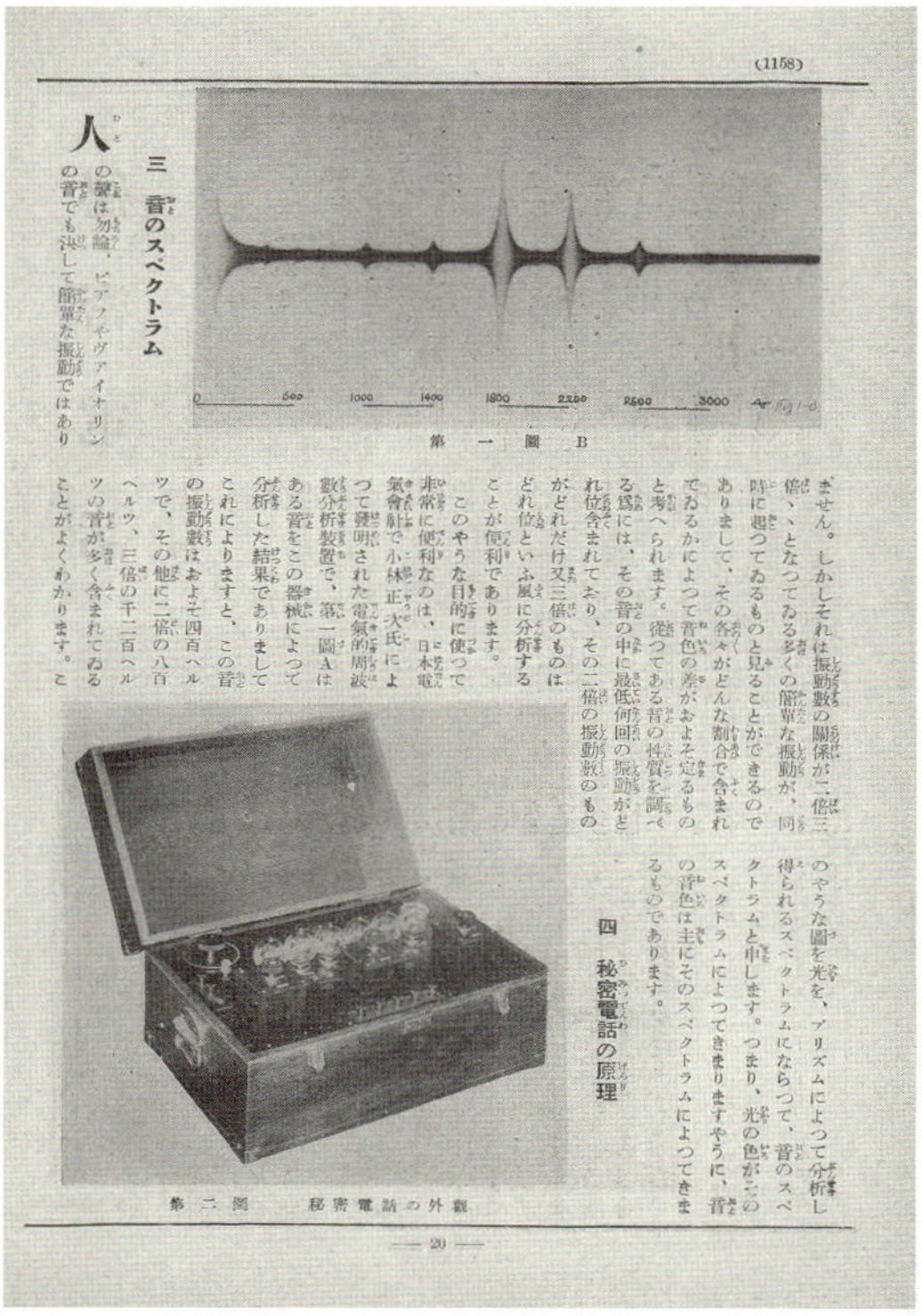
(1158)
三　音のスペクトラム
第一圖B
四　秘密電話の原理
第二圖　秘密電話の外觀
— 20 —

1932年（昭和7年）10月号「秘密電話」

内燃機関と電気に萌える

——大正13年の創刊号から『子供の科学』は、内燃機関推しでした。

稲見　今でも、小さなものを使って、大きなものをボカンと動かすのは面白いですからね。そういう仕組みに対して、私たちは危険を感じると同時に、惹かれてしまいます。蒸気機関はちょっと石炭を燃やすだけで、ものすごく大きな力を発揮して人や貨物を運ぶ。ガソリンエンジンなどの内燃機関は、その蒸気機関よりもさらに効率がよくなっているわけですから注目されるのもわかります。

1894年には世界初の自動車レースがパリ～ルーアン間で開催され、ガソリン自動車が優勝しました。その後もこのレースは何回か開催され、ガソリン自動車が優勢になっていきました。内燃機関が凄いということは、当時の日本

（215）

關流算法の祖
關孝和先生

帝國大學史料編纂室　森銑三

關孝和先生の像

□古今獨歩の名人

皆さん！　今から二百年も前、徳川時代の中頃に、當時の世界中のどんな數學者と較べても、ひけを取らないほどの立派な數學の大先生が出てゐますが御存じですか？　それは關孝和、呼名を新助といつた人です。

孝和は上野國藤岡の生れでした。父は内山永明といつて、幕府の旗本でした。孝和は後に、やはり旗本の關といふ家へ養子に行きましたので、それで關氏を名乗つたのです。小さい時からふしぎなほど頭のいゝ子供で、ことに物を數へることをよくしました。六つの歳――六つといへば、まだ一から二十までも數へられない子供が多いでせう――に、大人の人達が算盤をしてゐるのを見てゐて、

『やあ、七右衛門さんは二桁目が違つた。八兵衛さんは一桁が違つてる。』などといひました。

調べて見ますと、それがみんな孝和のいふ通りなので、大人の人達は頭を

— 47 —

1926年（昭和元年）10月号「関流算法の祖 関孝和先生」

にも伝わっていたでしょう。

――電気の記事も次第に増えていき、1928年（昭和3年）4月号には「二十世紀は電気の世界」（32p参照）という記事が掲載されています。

稲見　当時の人にとっての電気は、今の情報技術のような位置づけにあったのでしょう。エネルギーが一瞬で伝わるわけですから。この後、1940年代になるとノーバート・ウィーナーが、情報通信やエネルギー、機械制御などを統一的に扱うサイバネティクスを提唱します。実はサイバネティクスはすごくエポックメイキングな分野で、私の研究にも繋がってるんですけど。

小飼　その少し後には、クロード・シャノンが情報理論を提唱し、情報の世界に熱力学のエントロピーの概念を導入しました。シャノンの情報理論はコンピュータ技術の基礎になっていますが、実は彼の理論はデジタルでなくても成立す

るんですね。

稲見　はい。ワットの蒸気機関には調速器という、機関の出力を一定に保つ仕組みが備わっています。なぜこんな小さな仕組みで、蒸気機関の大きなエネルギーを調整できるのか。ウィーナーはそういった疑問から制御理論を構築していきました。蒸気機関は、調速器を介して「情報」をやり取りして、エネルギーを調節していると見なすことができます。

――わずかな電流を使って、信号を増幅するトランジスタに通じるものがあります。

稲見　あれも、小さな変化をボカンに変える仕組みですね。化学反応もそうですし、ずっと昔から人をドキドキさせてきた科学の面白さだと思います。

小飼　『子供の科学』を見ていて感じたのは、設計図はいっぱい出てくるんですが、数式が出てこないこと。

稲見　確かに、数学の話題はあまり見ませんね。１９２６年（昭和元年）10月号に「関流算法の祖 関孝和先生」という、和算についての記事がありますが、あくまで関孝和についてのエピソードです。アメリカの科学雑誌には、数学マジックや、電卓で円周率を計算しようといった記事もよく掲載されているのですが。昔でも、そろばんで円周率を計算させるというのはあってもよかったんじゃないでしょうか。

小飼　ライプニッツの公式なら『子供の科学』でもギリギリ解説できるかな。$\pi/4=\arctan 1$という単純な式を使って円周率を求める公式なんですが、これを展開すると、

$$\pi/4=1-1/3+1/5-1/7+1/9-\cdots\cdots$$

となります。ものすごく収束は遅いですが、こんな簡単な計算で円周率にたどり着けるというのはなかなか感動です。

稲見　そうやって手を動かして計算すると、収束の概念もわかって面白いでしょうね。

意外に精度の高い未来予測、ただし「情報」が抜けている

稲見　１９２８年（昭和３年）２月号には、「百年後の都市」という未来予測記事が掲載されています。当たっているところ、当たっていないところの両方があって、それぞれ面白い。昔の未来予測記事で欠けているのは、先にも挙げた「情報」です。

小飼　スマートフォン的な装置をまったく予測していない。これは『子供の科学』に限らなくて、（22世紀から24世紀を舞台にしたＳＦシリーズの）『スタートレック』に登場するコミュニケーターにしても、スマホよりはるかに性能が低い。

稲見　そういう意味で、情報技術はみんなの予想をはるかに超えて進歩しました。

小飼　エネルギー使いたい放題よりも先に、パケット使いたい放題が実現したというのは驚きです。

――エネルギーに関していうと、太陽光発電はないものの、太陽熱利用についてはよく登場します。

小飼　この当時は半導体がなかったから、光を電気に直接変える発想がなかったのは当然でしょうね。

稲見　とはいえ、太陽のエネルギーをうまく活用したいと考えていたと思うんですよ。昔の記事を見るときは、ＳＦと同じで、「ＨＯＷ」を考えすぎない方がいいでしょう。当時の人たちが未来に「ＷＨＡＴ」、何を解決してほしいと思っていたのかという視点で見た方が面白い。例えば、当時少子高齢化という概念はなかったんじゃないでしょうか。

テレビジョンやカメラの解説

稲見　テレビの技術解説は、すご

く力が入ってます。1929年（昭和4年）3月号「野球やフットボール戦がお家で見物出来るテレヴィジョンの実現」ではニプコー円板を使った機械式テレビジョンの原理、1932年（昭和7年）6月号では、「早稲田大学式」、「浜松高工式」に分けて詳細な仕組みが解説されています。

小飼　記事を読むと、浜松高工式が現代のNTSCに近いかな。

稲見　ここに書かれているケルセルって何だろう。（ネットを調べながら）ケルセルとは、光を外部から与えた電圧通りに変調する技術……ソニー創業者の井深さんは早稲田でケルセルを研究していたんですね。すごい、こうした研究がソニーに繋がっているんだ。

　私の研究に関係のあるところでいえば、写真関連の記事も面白かったですよ。1925年（大正14年）8月号「浮き出す写真」では立体写真の仕組み、1934年（昭和9年）6月号「レンズなしで写

（645）

レンズなしで寫る

針孔寫眞と細隙寫眞

九州帝國大學教授　理學博士　鈴木清太郎

スリツト寫眞の一例

針孔寫眞

四つ五つといふ幼い頃に經驗した事柄は、印象の餘程深いものでないと記憶には殘らないものであるが、一度深く腦底に刻みつけられると一生消へ去らぬものである。確か小學校へ行く前の頃であつたと思ふが、母に連れられて親類の内に泊つたことがあつた。翌朝眼を醒ますと壁一面に異樣な畫がある。よく見ると竹藪が實物そのものと云つた工合に逆かさに畫かれている。然かも不思議なことには枝が風に搖れて動くのである。漸くすると馬の顏が現はれて頸を振る。驚いて聲をあげたが、これは夢でも幻でもなく、雨戸の細孔によつて内庭の景色が壁に投影せられたのであつた。

　この現象を利用して出來たのが針孔寫眞で、レンズ寫眞よりも餘程以前、事によると人類の現はれた初め頃に發見されたものかも知れない。この針孔寫眞は、高價なレンズなどを使はずして、暗箱の一側面の中央に小孔を穿つて、それに對する側面の裏に、乾板又はフヰルム又はブロマイド紙を張つておけばよいのである。小孔は一糎の數分の一位の程度であれば、一時間餘も露出せねば感光しないから、人物を寫すには困難を感ずるが、不動の景色ならばレンズ寫眞より像が自然に近く、然かもレンズと異つてどんな廣い景色でも景色が歪まずにとれるので、パノラマ寫眞の製作にも適するわけである。但し、

第一圖

第二圖

— 9 —

1934年（昭和9年）6月号「レンズなしで写る針孔写真と細隙写真」

（290）

テレビジョンの器械で見た像で、話してゐれば口の動くのもわかり、煙草を飲めば烟も見えます

野球やフットボール戰がお家で見物出來る「テレヴィジョン」の實現

日本放送協會　苫米地貢

◇テレヴイジョンとは何か

玆に、私が御話し致します處の器械『テレヴイジョン』と申す一種のラヂオ器械は、繪で御示ししてある通り、遠方の出來ごとが、御宅に居ながらにして、見る事が出來る大變便利な器械であります。

此器械がどんなに面白く働くか、またどうして、景色や人物が活動寫眞の樣に映るのか、其理を判り易く御話いたしませう。

耳に聽くラヂオは、音の波の強さ弱さに應じて、電氣を或は弱く或は強くして、ラヂオの波を四方に放送して、皆樣の器械で受けて頂くのですが『眼で視るラヂオ』卽ちテレヴイジョンは、光を強く弱くすることに依つて物の像を顯すのであります。此點を詳はしく申上げると、反つて皆樣に判り惡くなりますゆゑ、寧ろ誰でも判る實驗と考へ方をいたして見ませう。

皆樣、今一枚の日本紙を銅貨でも銀貨でもの上に平に置いて下さい。其上を鉛筆で何度も何度も橫に線を引いて一面に鉛筆を塗つて下さい。ね、すると銅貨の面型が其儘に映り出ませう。此は銅貨の面に凹凸があるからであります。

◇テレヴイジョンの原理

『テレヴイジョン』では、此鉛筆の代りに、光の點々を物體一面に投射さして映し出すのです。

其光の點々を反射さして、光電池管と申すラヂオの球の樣な、眞空管に導きま

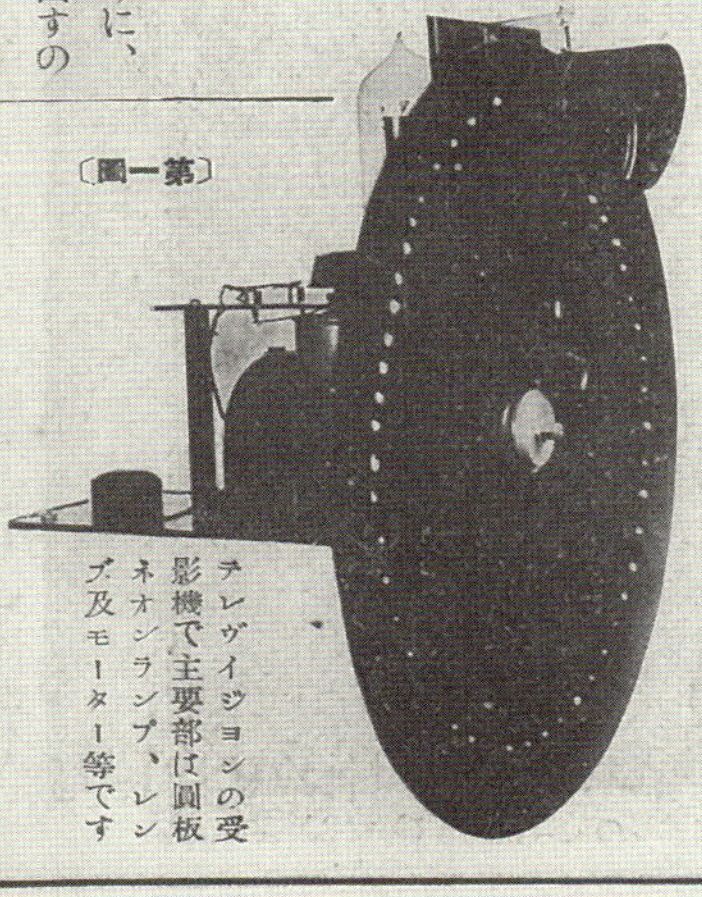

〔第一圖〕

テレヴイジョンの受影機で主要部は圓板ネオンランプ、レンズ及モーター等です

— 34 —

1929年（昭和4年）3月号「野球やフットボール戦がお家で見物出来るテレヴィジョンの実現」

る針孔写真と細隙写真」でピンホールカメラやスリットカメラを解説しています。「針孔」や「細隙」にルビを振って「ピンホール」「スリット」と読ませているのも、少年ジャンプっぽくてかっこいい（笑）。

小飼　「超電磁砲」と書いて「レールガン」と読ませるノリですね（笑）。『子供の科学』にはこういうのがたくさんあって、「急降下爆撃」に「ヘルダイバー」とルビが振ってあったりします。

稲見　このあたりの記事を読むと、オプティクス（光学）の基本原理が一通り学べるようになっていますね。

昔の技術には、今に通じるヒントがたくさん眠っている

——稲見先生が研究を進める場合、必要な要素技術をどうやって見つけるのでしょう？

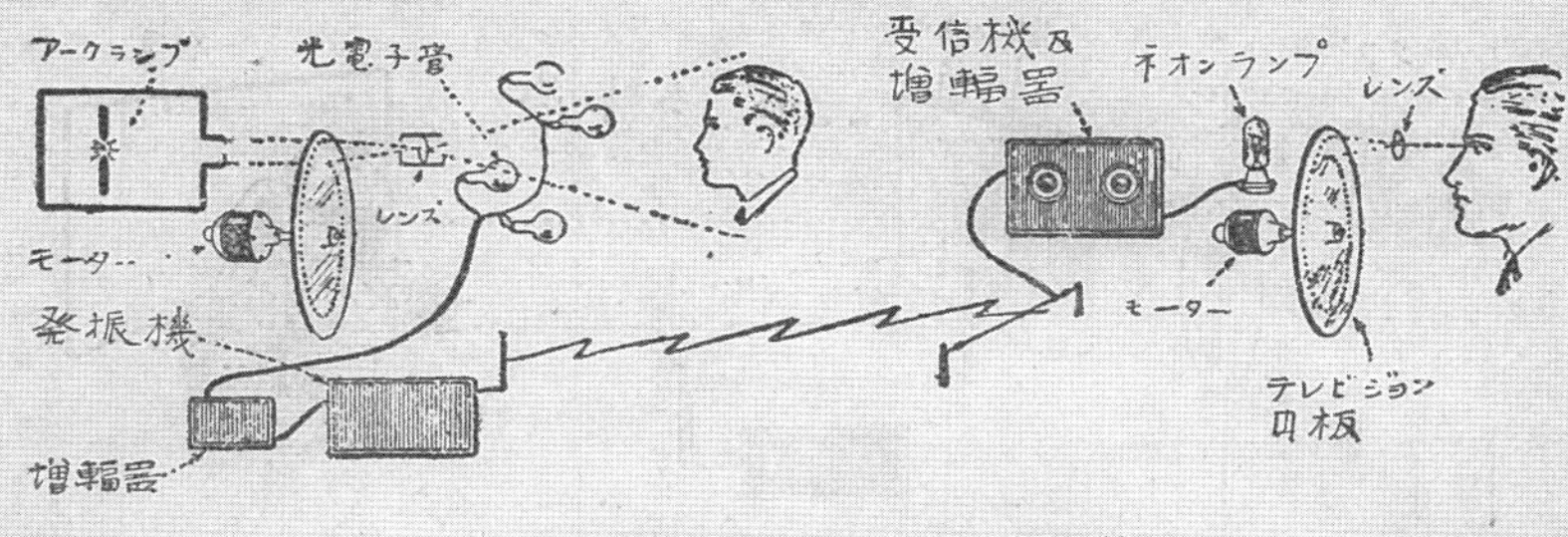

〔第二圖〕テレヴイジヨン送受の原理を示す

左は送る方、アークランプからの強い光は、廻轉してゐる圓板の穴を通り、更にレンズを通つて人の顔を照します。圓板の廻轉により、その光は顔の各部へ順次に當ります。そして、その顔から反射した光が、光電子管に當ると、光電子管の中に電氣が起ります。それを増幅器で擴大し、發振機から電波として送り出します。

右は受ける方、アンテナに來た電波を受信機に受け、更に擴大してネオンランプにかけると、送る方の光電子管に強い光が當つた時はネオンランプが明るく光り、弱い光の當つた時は、受ける方のネオンランプは暗くなる。今送る方と、受ける方との圓板が同じ速さで廻つてゐると、受ける方のレンズから覗いてゐると、始めて人の顔が見えます。

すと、光の強さや弱さに應じて電氣が或は強く或は弱く流れるのであります。此強い弱い電流に應じて、電波が四方に擴がります。此電波を普通のラヂオと同じ様な器械で受け、ラッパ又は受話器を接續る處に『ネオンランプ』と申すものを装置しますと、其『ランプ』は受けた電波の強さ弱さに應じて或は明るく、又暗く光るのです。此光の明暗を圖にある様な回轉する圓板

〔第三圖〕最新式のテレヴイジヨン發振機で椅子に掛けてゐる人が、その顔の像を送つて貰ふ人です。電燈の傘のやうな四個の器が、光電子管の保支器です。

稲見　昔の技術で参考になるものは多いですよ。例えば、「光学迷彩」についていえば、昔の『ゴジラ』や『2001年宇宙の旅』などでも使われている「フロントプロジェクション」（俳優の背後にスクリーンを設置し、そこに投影した映像と俳優の演技を同時に撮影する）がベースにあります。コンピュータを使ってリアルタイムに映像の変換を行いプロジェクターで投影すると、光学迷彩になるというわけです。

　ほかにも、舞台でホログラムと勘違いされがちなハーフミラーを使った効果が使われていますが、元になる「ペッパーの幽霊」という視覚トリックは19世紀に発明されました。そこにデジタルやプロジェクションといった今様の技術を組み合わせると、体験として新しいものになります。私は子供の頃、引田天功監修の『手品・奇術入門』で「ペッパーの幽霊」を知りました。それこそ、ヒントにな

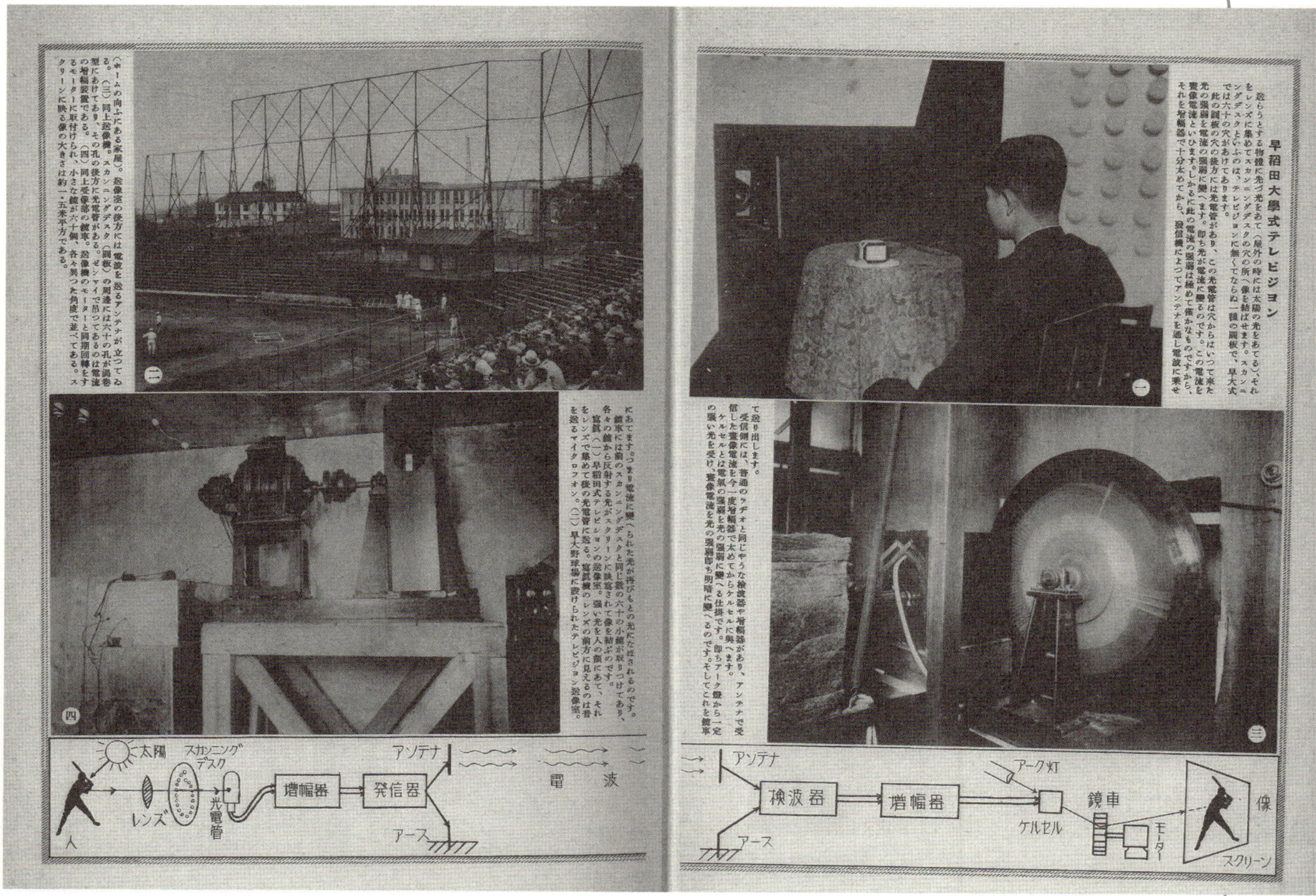

早稲田大學式テレビジョン

送らうとする物體に先づ光をあて（屋外の時には太陽の光をあてる）、それをレンズに集めてスカンニングデスクの穴の所へ像を結ばせます。スカンニングデスクといふのは、テレビジョンに無くてならぬ一種の圓板で、早大式では六十の穴があけてあります。

此の圓板の穴の後方には光電管があり、この光電管は穴からはいつて來た光の強弱を電流の強弱に變へます。即ち光が電流に變るのです。この電流を畫像電流といひます。しかるに此の電流の強弱は極めて僅かなものですから、それを增幅器で十分太めてから、發信機によつてアンテナを通し電波に乗せて送り出します。

受信側には、普通のラヂオと同じやうな検波器や增幅器があり、アンテナで受信した畫像電流を今一度增幅器で太めてからケルセルに與へます。ケルセルとは電氣の強弱を光の強弱に變へる仕掛です。即ちアーク燈から一定の強い光を受け、畫像電流を光の強弱即ち明暗に變へるのです。そしてこれを鏡車にあてます。つまり電流に變へられた光が再びもとの光になほされるのです。

鏡車には前のスカンニングデスクと同じ數の六十の小鏡が取りつけてあり、各々の鏡から反射する光がスクリーンに映寫されて像を結ぶのです。

寫眞（一）早稲田式テレビジョンの送像室。強い光を人の顔にあて、それをレンズで集めて後の光電管に送る。寫眞機のレンズの前方に見えるのは音を送るマイクロフオン。（二）早大野球場に設けられたテレビジョン送像室。（ホームの向ふにある家屋）。送像室の後方には電波を送るアンテナが立つてゐる。（三）同上送像機。スカンニングデスク（圓板）の周邊には六十の孔が渦巻型にあけてあり、その孔の後方に光電管がある。ゼンマイで吊つてあるのは電流の增幅裝置である。（四）同上受像部の鏡車。送像機のモーターと同期回轉をするモーターに取付けられ、小さな鏡が六十個、各々異つた角度で並べてある。スクリーンに映る像の大きさは約一・五米平方である。

1932年（昭和7年）6月号　早稲田大学式テレビジョン

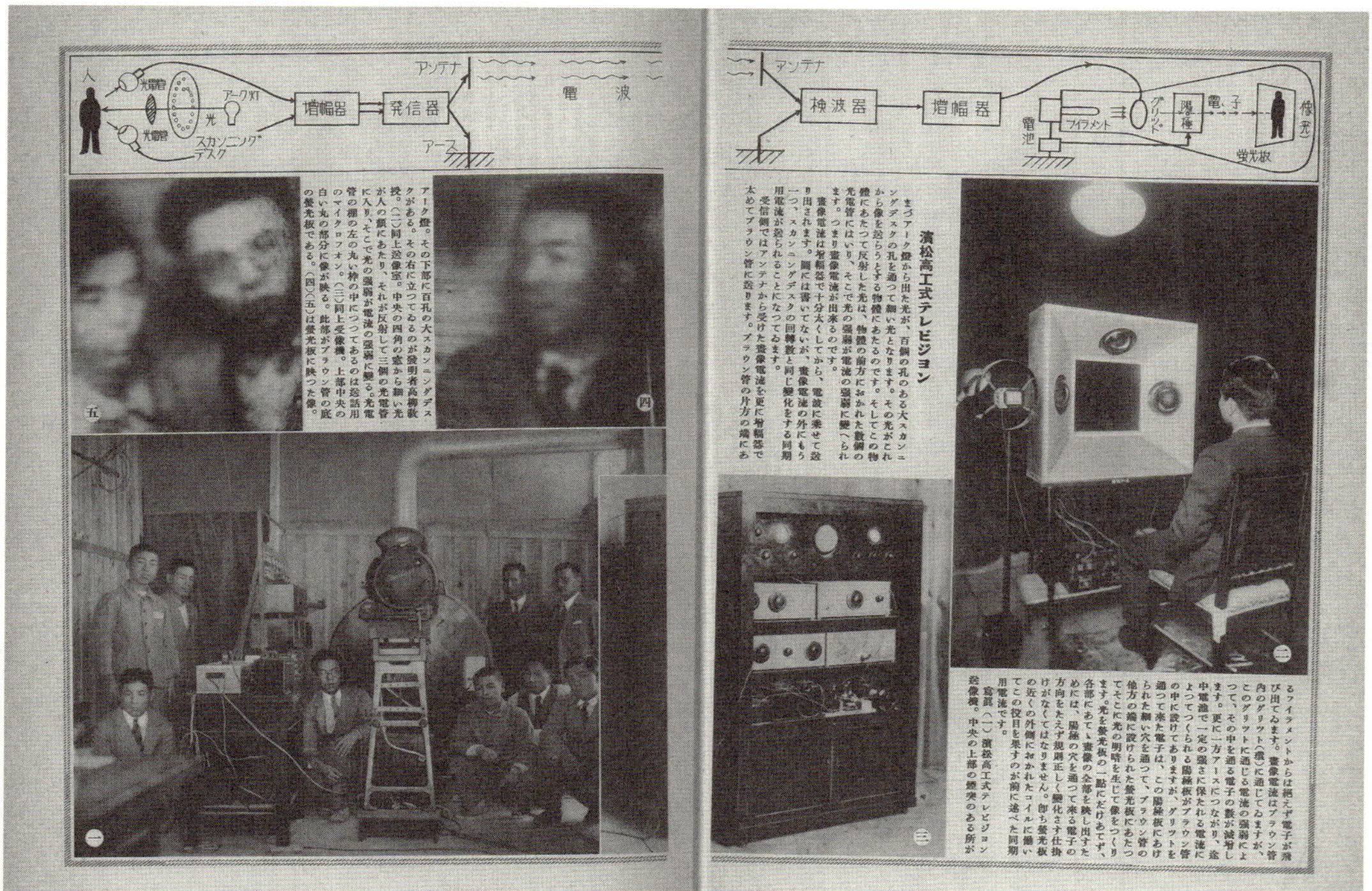

濱松高工式テレビジョン

まづアーク燈から出た光が、百個の孔のある大スカンニングデスクの孔を通つて細い光となります。その光がこれから像を送らうとする物體にあたるのです。そしてこの物體にあたつて反射した光は、物體の前方におかれた數個の光電管にはいり、そこで光の強弱が電流の強弱に變へられます。つまり畫像電流が出來るのです。

畫像電流は增幅器で十分太くしてから、電波に乗せて送り出されます。圖には書いてないが、畫像電流の外にもう一つ、スカンニングデスクの回轉數と同じ變化をする同期用電流が送られることになつてゐます。

受信側ではアンテナから受けた畫像電流を更に增幅器で太めてブラウン管に送ります。ブラウン管の片方の端にあるフイラメントからは絶えず電子が飛び出てゐます。畫像電流はブラウン管内のグリツト（環）に通じてゐますが、このグリツトに通じる電流の強弱によつて、その中を通る電子の數が減增します。更に一方アースにつながり、途中電池で一定の強さに保たれる電流によつてつくられる陽極板がブラウン管の中に設けてありますが、グリツトを通つて來た電子は、この陽極板にあけられた細い穴を通つて、ブラウン管の他方の端に設けられた螢光板にあたつてそこに光の明暗を生じて像をつくります。光を螢光板の一點にだけあてず、各部にあて、畫像の全部を映し出すためには、陽極の穴を通つて來る電子の方向をたえず規則正しく變化さす仕掛けがなくてはなりません。即ち螢光板の近くの外側におかれたコイルに働いてこの役目を果すのが前に述べた同期用電流です。

寫眞（一）濱松高工式テレビジョン送像機。中央の上部の煙突のある所がアーク燈。その下部に百孔の大スカンニングデスクがある。その右に立つてゐるのが發明者高柳敎授。（二）同上送像室。中央の四角の窓から細い光が人の顔にあたり、それが反射して三個の光電管に入り、そこで光の強弱が電流の強弱に變る。光電管の棚の左の丸い枠の中につつてあるのは送話用のマイクロフオン。（三）同上受像機。上部中央の白い丸の部分に像が映る。此部がブラウン管の底の螢光板である。（四）（五）は螢光板に映つた像。

1932年（昭和7年）6月号　浜松高工式テレビジョン

る技術は、アルキメデスやヘロンといった古代ギリシアにまでさかのぼることも出来ます。

私の場合、昔の記事や本を見たとき、「今の技術でこれをやったらどうなるだろう」と考えます。今の技術で置き換えるのもそうですが、コンピュータなしで機械的・光学的に実現していた方法を突き詰めればそちらの方が性能を上げられる可能性もあります。昔の計測工学の教科書は、今読んでも面白いですよ。

——新しいやり方が常に優れているとも限らないと。

稲見　やはりロストテクノロジーになってしまったものはありますから。例えば、蒸気機関にしても、失われたノウハウはあるでしょう。

——昔の『子供の科学』では飛行船をやたら推していましたが、結局主流になりませんでした。

稲見　そういう当たらなかった未来予測にも意味があるんですよ。技術の進化系統樹で袋小路に入ってしまったものが、現代の異なる問題意識で再発明すると魅力的だったりすることもあります。例えば、東京大学生産技術研究所の山中俊治教授はデザインの観点から機構学を復興させ、モノを動かすのでなく人の心を動かすための機構を3Dプリンターなどで構築するという取り組みをされています。モノは知恵の結晶、そう私は考えています。その結晶がどういう過程を経て出来たのかを自分なりにイメージしてみる。そういう経験の積み重ねが、新しいモノを作るときの絵の具になるんです。

——たんに知識として頭に入れておくだけではなく、自分で手を動かして作った経験なども重要と。

稲見　そういう経験がないと、やはり絵の具として使いこなすことが出来ません。エンジニアリングには、意外と身体性が大切です。

小飼　まさにそうした経験が「第6の指」に繋がっているんですね。それにしても、6本目の指を生やして慣れたところで取り外すと、喪失感を感じるというのは大発見です。これは心底すごいと思いました。

稲見　ありがとうございます。すごく嬉しいです（笑）。

小飼　イカのように光学迷彩を実際に行っている生物は数億年前から存在します。しかし、指を生やすというのは本当に凄い発想で。エンジニアリングとして面白いだけでなく、エンジニアリングによって人間の認知についての新しい知見を得た、まさにサイエンスです。

——第6の指をずっと使い続けると脳も変化するんでしょうか？

稲見　それほど長期間でなくても、脳に変化が起きるという研究がいくつか出てきています。さらに、第6の指を使う前の状態には完全には戻れないという説もあります。

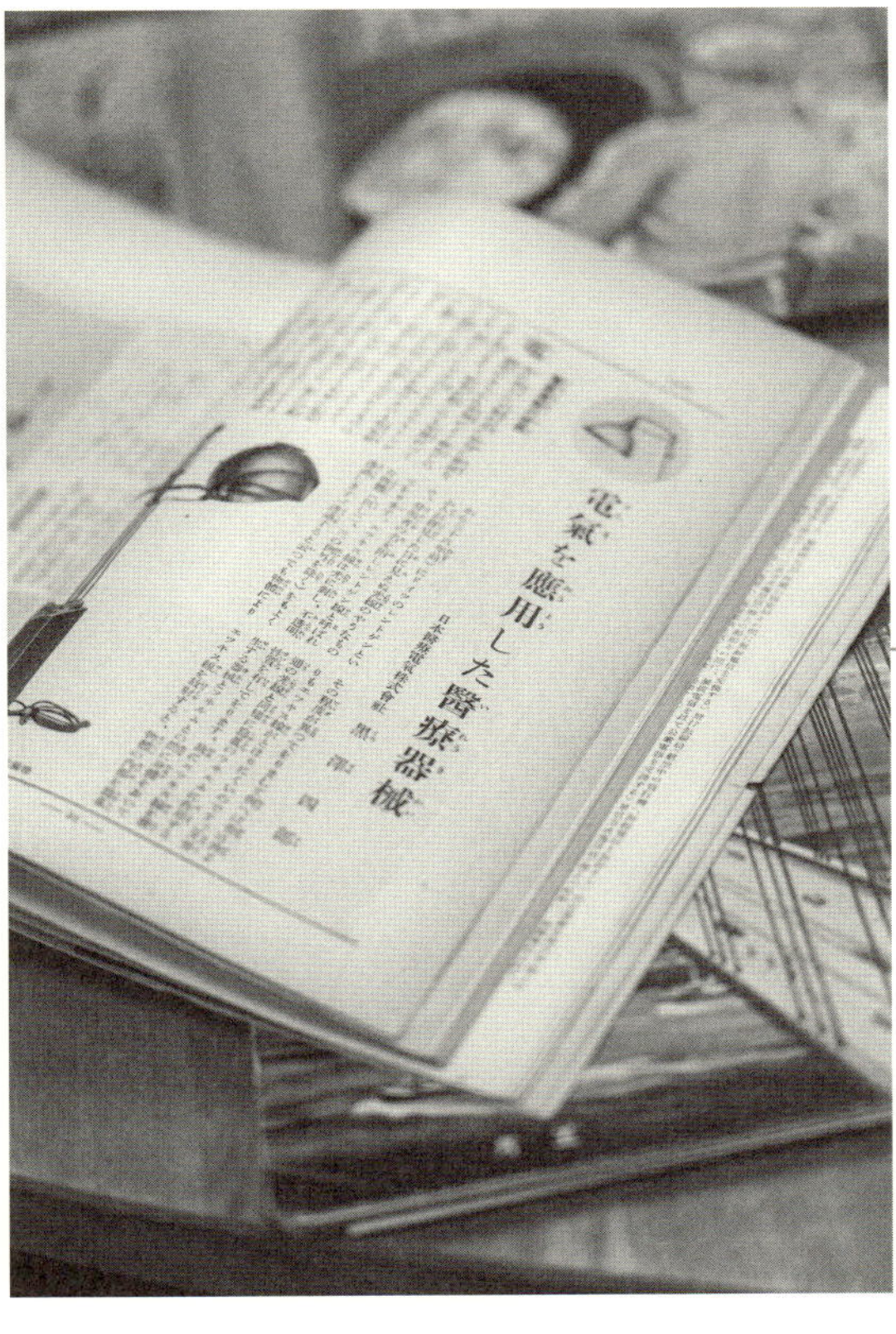

小飼　四肢動物の指は元々7本だったという仮説がありますが、それが本当なら第6の指は失われた指を取り戻していると言えるのかもしれない。7本以上に指を増やして、その指を取り外した時になお喪失感があるのかどうか興味が湧きました。

稲見　未知の身体部位を脳が学習したということですね。

――エンジニアリングの成果から、新しい科学的知見が得られるというのは非常に面白いです。

稲見昌彦（いなみ・まさひこ）
1972年東京生まれ。東京大学先端科学技術研究センター教授。代表的な研究として、SF作品『攻殻機動隊』に登場する技術をモチーフにした「光学迷彩」や、自分の身体のように動かせる「第3・4の腕」など。情報技術や認知科学の知見を活用することで、身体に組み込まれた技術を自在に操れるようにする「人機一体」を目指す。

稲見　最新の計測器を作っている人たちから、私たちが学ぶことも多いですよ。最近のスマホのカメラはコンピュテーショナルフォトグラフィといって、AIを使って画像処理を行っていますが、こうした技術は元々X線天文学などで使われていました。

小飼　最近だと、イベント・ホライズン・テレスコープ（地球上の8つの電波望遠鏡を結合させた国際協力プロジェクト）による「ブラックホールの写真」に驚きました。あの「写真」は計算結果によるもので、光学的に撮像しているわけではありません。本当にあれは「写真」なのかまだ半信半疑です。

稲見　「見えるとは何だろう問題」ですね（笑）。中学生の頃、ハレー彗星を「見た」時、私はがっかりしました。さまざまな人が彗星が尾を引いている写真を発表するわけですが、実際のハレー彗星は肉眼ではほとんど見えません。写真にしても、長時間露光で撮影し、増感現像といったテクニックを駆使することで、きれいな彗星が撮れる。だけど、写真できれいに撮れることは「見た」ということになるのだろうか、そう感じたんです。すばる望遠鏡にしても接眼レンズが付いているわけではありませんが、それが出力する画像をみんな「見た」と信じています。

小飼　それでいえば、人間の目も単なる撮像機ではなく、かなり情報を加工しており、それを私たちが「見て」いる。

稲見　AIが画像を補完してお絵描きしているのと同じように、私たちの脳みそがお絵描きしているだけとも言えますね。

技術を楽しむ子供を後押しする

――科学・技術は、どうやって子供たちに教えていくのがよいと思われますか。

稲見　どのあたりまで教えるべきなのかは私も常に悩んでいます。教育という話になると、結局他の科目とのリソースの取り合いになりますから、優先順位を付けざる

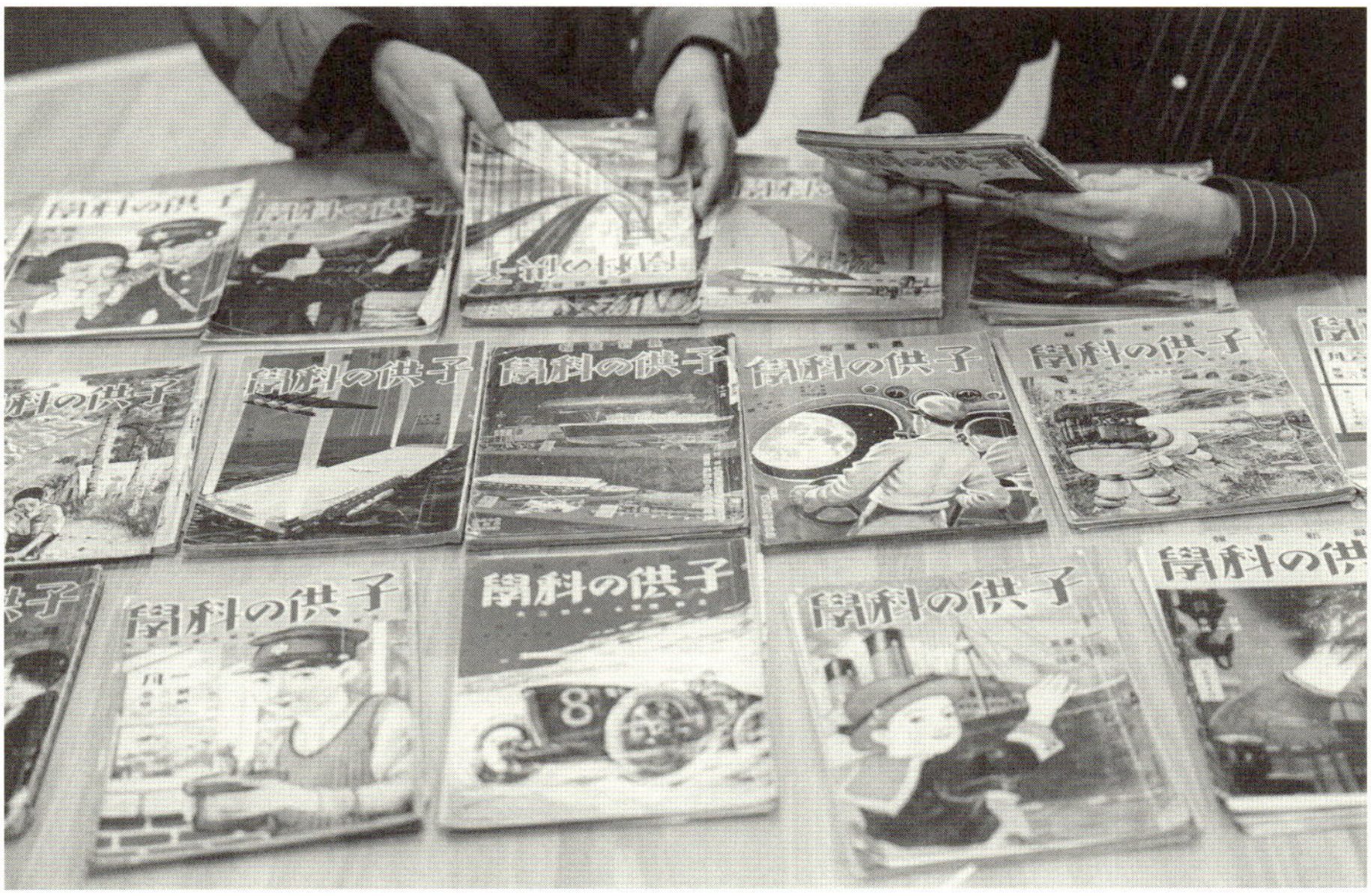

「半導体がなかったから太陽光を電気に変える発想はないね」（小飼）

「でも太陽をうまく活用したいとは考えていたんでしょう
HOWではなく解決したいWHATに注目すると面白いんですよ」（稲見）

を得ないんですよ。

——極端な話、火を起こせる人だってそうはいませんしね。

稲見　火の起こし方を知っていてできる人は10人に1人くらいとして、マッチの作り方を知っている人は100人に1人もいないでしょう。

小飼　そういえば、弓を使った火起こしはやったことがありました。レンズで太陽光を集めて着火できれば充分かな。

稲見　原理を理解して、モノを作ることをみんながやらなくてもいいとは思います。クラスに1人くらい、何だかよくわからないことを楽しそうにやっている子供がいて、周りもその子に少し感化される、それくらいのバランスでいいんじゃないかな。今なら、マインクラフトにハマって、世界と繋がる子供もいたりしますし。

大事なのは、そうやって熱中して遊ぶことのがかっこいいことだ、そう周りの大人が言ってあげることでしょう。

1938年（昭和13年）
世界最長距離記録を達成した「航研機」

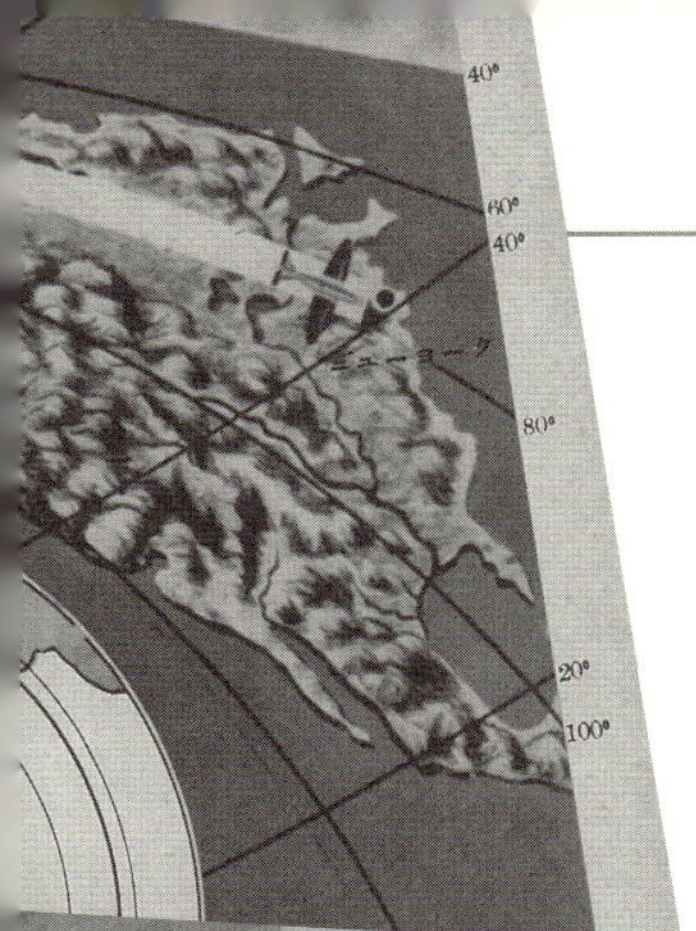

☆…機上と地上との…☆
☆…連絡と協力…☆
かうして世界記録は生れた

輝やく大記録一一、六六七粁二八の大飛行を完成した航研機の偉業は搭乘者藤田少佐等と地上勤務員との連絡と協力とのなみ〳〵ならぬ苦心と努力の賜である。こゝにはその二、三を示した。

木更津監視所　こゝでは國際航空聯盟（ＦＡＩ）の日本委員の加治木中佐立會の下に寫眞に見るやうな觀測用ポールに二本の白線を張り、下からにらんで飛行機の上空通過の瞬間の時刻を測る。〔寫眞①〕

地上と飛行機との通信　航研機には無線電信機を搭載してゐないから、必要の際には何らかの方法で通信を交さなければならない。飛行機よりは通信筒下の方法を採用した。地上よりは、判斷により機體その他の異狀の有無などを、晝間は白の布板二枚を適宜組合せ機上より見やすい場所に敷いて信號する。夜間は一種の花火のやうな發火信號を用ひ、その色別（白・赤・青）で種々な信號をした。寫眞③は神奈川縣平塚航空燈臺下の海岸に敷いた狀態で十字に組合せた白布は〃異常なし〃の信號で、第一回通過より終回まで、この信號のまゝで通した。②は群馬縣太田中島飛行機製作所の屋上に敷いた狀況で、こゝでも平塚と同樣異狀なしのまゝ終つた。④は銚子における夜間發火信號で、犬吠埼燈臺下廣場で機影發見と同時に點火した白色信號（異狀なし）で、終止この一色のみを使用した。

航研機に積込んだ航空食糧　⑤の寫眞は藤田少佐ら三勇士が空で三日間頑張るために積込だ食糧の殘部を着陸後機體より降して撮つたものである。後列の瓶は右側より葡萄液（空）、シャンペン（二本空）、リンゴ液「ニッカ」（空）、その前側のチューブは葡萄酒と日本酒（積込んだ內ごくわづかしか用ひなかつた）。その他のものは榮養劑「ホルゲン」、セロファンで包んだ糯米辨當、奈良漬、飴玉、みかん、チューインガム、ドロップ、乾パン等で、この他に井戸水、リンゴ、バナ、、サンドウッチ、壽司等を積込んだがみな使つてしまつた。

脚を引込める瞬間　⑥⑦⑧の寫眞は航研機が脚を引こめるところで、飛行機は離陸直後內翼下面の引込脚覆扉を開いて脚引込操作を始める。引込を終ると同時にこの扉を閉め、脚の機構が空氣の抵抗とならないやうな構造となつてゐる。

1938年（昭和13年）7月号グラビア

ちなみに航研機の飛んだ距離とほぼ同じ距離の東京-ニューヨークシティ間に毎日定期便が飛んでいます。

浮川初子
一太郎を開発したプログラマー／MetaMoJi専務

浮川和宣
ジャストシステム創業者／MetaMoJi代表取締役社長

×

小飼弾

快適な日本語入力を発明したお二人と語り合う

コンピュータの過去と未来

私が尊敬してやまないご夫妻と拙宅で鼎談が実現したのは喜ばしい限り。『子供の科学』を読んでいた和宣氏の少年時代はもちろん、画期的だった「一太郎」誕生秘話の話も盛り上がりました。60歳をすぎてまた新たに画期的な事業を起こされたお二人の行動力にも驚くばかりです。

コンピュータと日本語を結びつけた「一太郎」

小飼　ようこそ、いらっしゃいました。僕は手書きで文字を書くのが本当に苦手なんですが、その僕がコンピュータさえあれば曲がりなりにも日本語を打てる。それは、お二人の生み出したワープロ「一太郎」や、かな漢字ソフト「ATOK」（エイトック）のおかげ！　コンピュータで日本語、いや非アルファベット圏の文字入力の基本スタイルが作られたからですよ。ローマ字で文字を打ち、それをスペースキーで漢字に変換する。これは、何度考えてもすごいことだと思います。

浮川和宣　ATOKのコンセプトは、世界中どこにいっても、一般的に使われている（アルファベットの）キーボードで日本語を打てるということにあります。

日本の学校では小学校からローマ字を教えていますから、アルファベットのキーボードでローマ字を入力して、漢字に変換するソフトを作ろうと考えました。日本では皆がローマ字を知っているからこそ、ワープロが急速に普及したという面もあるでしょう。

英語では単語を空白で区切りますからスペースキーを多用しますが、日本語は空白なしで文字を続けて入力していく。それならスペースキーを漢字への変換に使おうと。このアイデアは、かなり早い段階から持っていました。

『子供の科学』の模型飛行機に夢中になった

——和宣さんは『子供の科学』を愛読していたとうかがいました。

和宣　小学4年生の頃、担任の先生に『子供の科学』を勧められたんですよ。両親は共働きで昼間は家に誰もいませんでしたから、母の勤務先だった市役所に送ってもらっていました。母親が持って帰ってくる日が本当に楽しみで。

浮川初子　そういう日は朝からそわそわして、ご飯もろくに食べずにこたつに入って、ずっと『子供の科学』を読んでたと言ってましたね。

——どんな記事がお好きでしたか？

和宣　何と言っても、模型飛行機です。飛行機の図面が付録になっていて、竹ひごなどで作っていくんですね。中でもデルタ翼の飛行機がお気に入りだったのをよく覚えています。実際作ってみると、重心がいい位置に来るようバランスを取って飛ばすのはけっこう難しいんですよ。イヤホンで聞ける鉱石ラジオなども作りました。真空管ラジオにも憧れましたけど、当時真空管は高価だったので高嶺の花でした。

——初子さんも、『子供の科学』

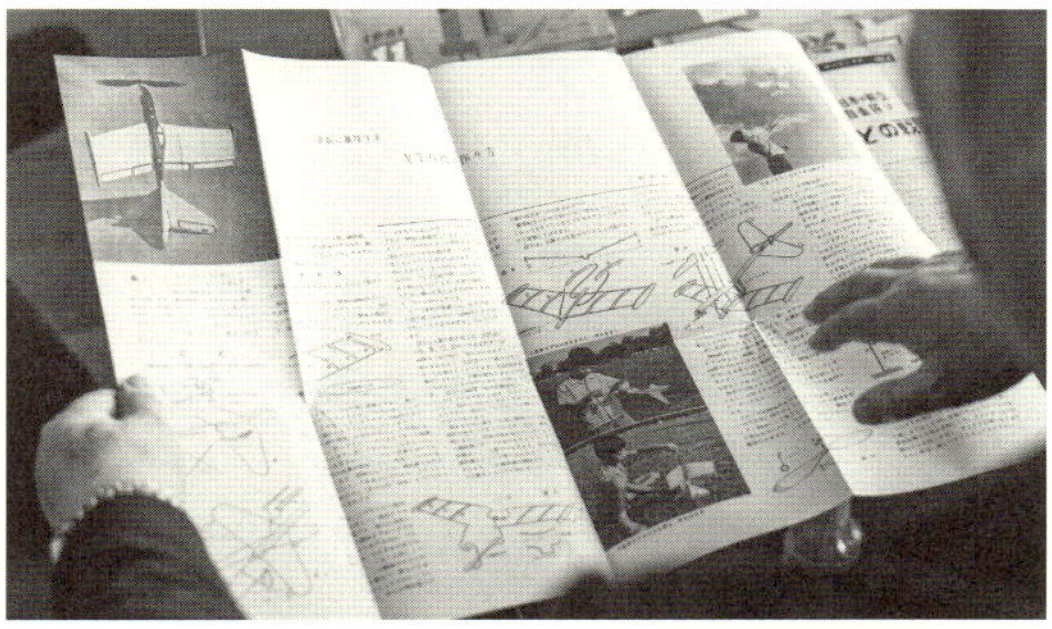

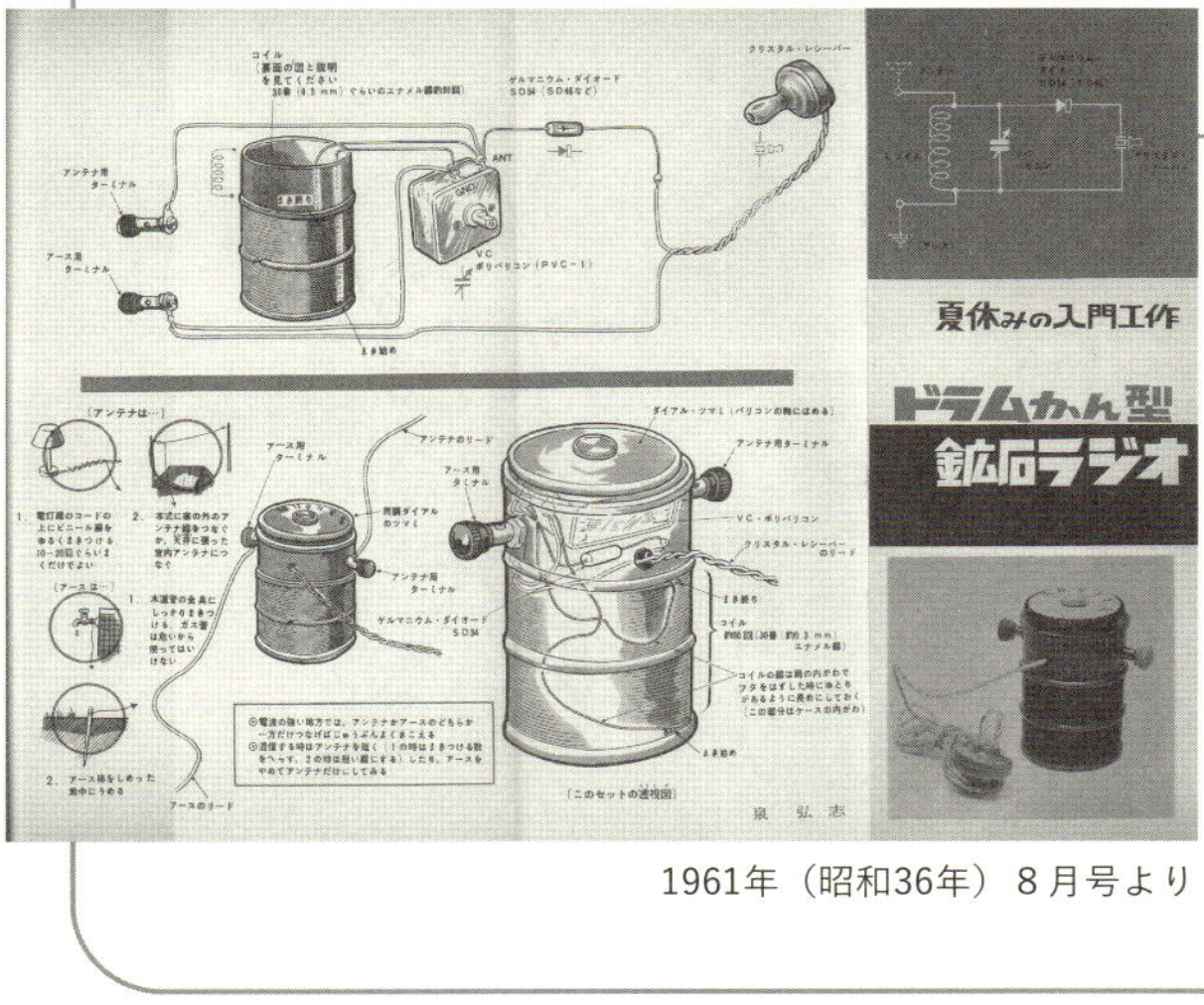

1961年（昭和36年）8月号より

を読まれていましたか？

初子　いえ、全然（笑）。子供の頃は、おままごとをしたり、マンガを描いたりしてました。

小飼　その女の子が、将来、世界有数のプログラマーになるとは！

エンジニアを目指す二人の出会い

——お二人とも愛媛大学に進まれて、それぞれ電気工学、電子工学を専攻されたとお聞きしました。

和宣　父が機械エンジニアとして働いているのをずっと見ていましたから、自分もそういう方面に行くだろうとは漠然と考えていました。そこで愛媛大学の電気工学科に進んだのですが、モーターや発電機の講義ばかり。自分がやりたかったのは、ラジオなど電子工学分野ではないかと思い始めたのです。そこで学内を見て歩いていると、アマチュア無線部というのがあり、電気回路も電子回路も教えてくれるというので入部しました。そのアマチュア無線部で知り合ったのが、初子です。

初子　高校生の時、理系と文系の選択があったのですが、国語が好きではありませんでした。自分が思っているのとはまったく違うことを感想文に書かないといけなかったり（笑）。文系はダメだから、理系に行くことにしたんです。

　その頃、目にした雑誌に、理系女性の就職先という記事が載っていました。そこで紹介されていた職業が、コンピュータプログラマーです。当時、普通の人はコンピュータなんて見たこともありません。私の父は銀行でコンピュータを導入する責任者だったので、COBOL（主に金融関係で使われるプログラミング言語の一種）のマニュアルを見たことはありますが、さっぱりわけがわかりませんでした。だけど、その記事には、コンピュータプログラマーは紙と鉛筆さえあれば仕事できるし、力も要らない。男性以上に働けると書いてあって、なるほどなと思いました。

　よしコンピュータプログラマーになろうと決めたところ、高校で進路指導をしていた歴史の先生が「本当にコンピュータをやりたいのなら、コンピュータサイエンスを教えてくれる学科に行け」と言うんです。ちょうど愛媛大学が電子工学科の第一期生を募集しているところでしたから、そこを受験することにしました。あの先生がいなかったら、電子工学科には絶対行ってないでしょう。

小飼　その時代に、そのアドバイスをする先生はすごい！

紙と鉛筆でプログラミング

小飼　お二人が大学を卒業、就職

出会ったころのお二人。

当時の『子供の科学』ではこんな風に紹介していた。1971年（昭和46年）9月号より

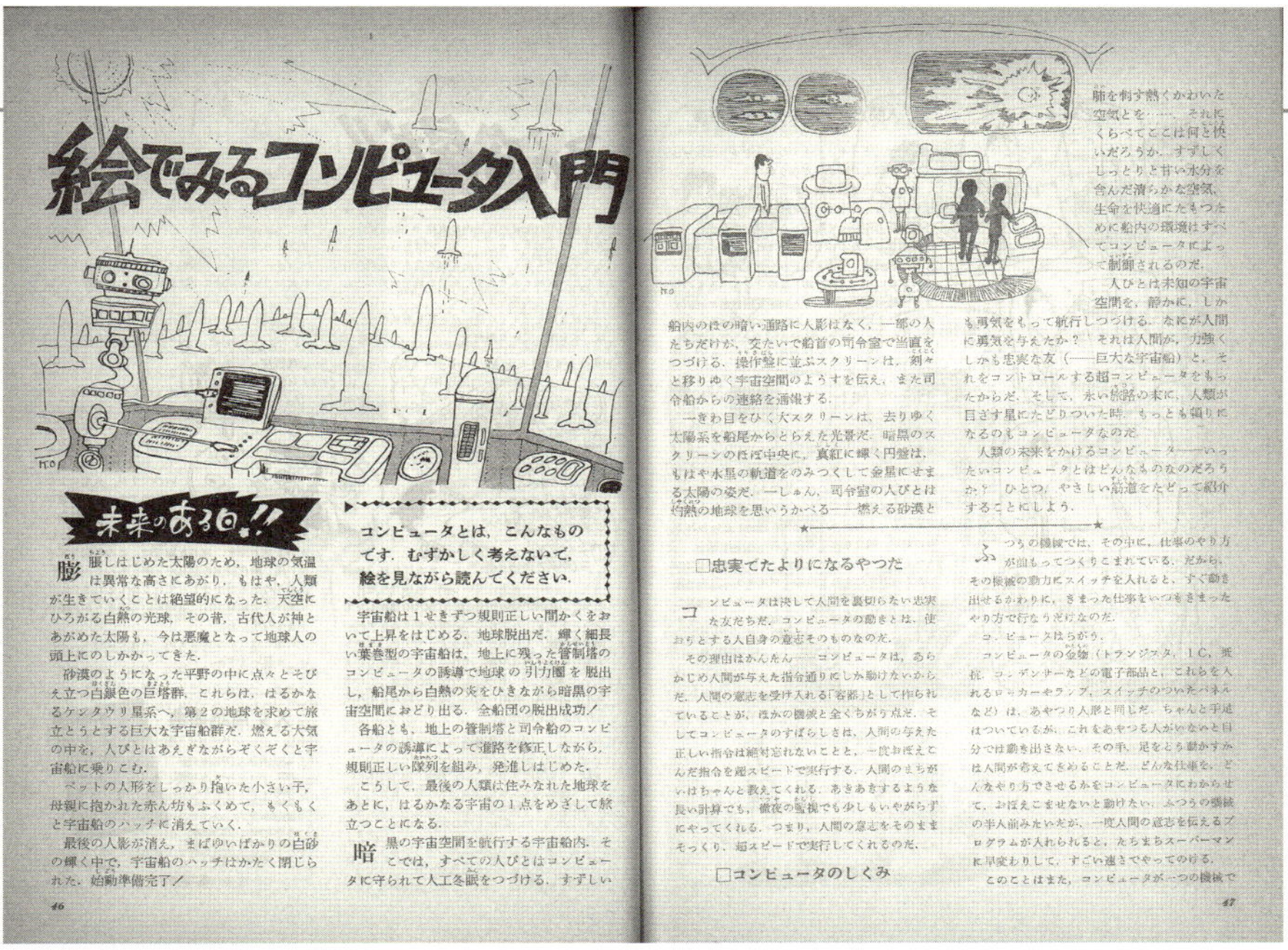

絵でみるコンピュータ入門

未来のある日！！

膨脹しはじめた太陽のため，地球の気温は異常な高さにあがり，もはや，人類が生きていくことは絶望的になった．天空にひろがる白熱の光球，その昔，古代人が神とあがめた太陽も，今は悪魔となって地球人の頭上にのしかかってきた．

砂漠のようになった平野の中に点々とそびえ立つ白銀色の巨塔群，これらは，はるかなるケンタウリ星系へ，第２の地球を求めて旅立とうとする巨大な宇宙船群だ．燃える大気の中を，人びとはあえぎながらぞくぞくと宇宙船に乗りこむ．

ペットの人形をしっかり抱いた小さい子，母親に抱かれた赤ん坊もふくめて，もくもくと宇宙船のハッチに消えていく．

最後の人影が消え，まばゆいばかりの白砂の輝く中で，宇宙船のハッチはかたく閉じられた．始動準備完了！

コンピュータとは，こんなものです．むずかしく考えないで，絵を見ながら読んでください．

宇宙船は１せきずつ規則正しい間かくをおいて上昇をはじめる．地球脱出だ．輝く細長い葉巻型の宇宙船は，地上に残った管制塔のコンピュータの誘導で地球の引力圏を脱出し，船尾から白熱の炎をひきながら暗黒の宇宙空間におどり出る．全船団の脱出成功！

各船とも，地上の管制塔と司令船のコンピュータの誘導によって進路を修正しながら，規則正しい隊列を組み，発進しはじめた．

こうして，最後の人類は住みなれた地球をあとに，はるかなる宇宙の１点をめざして旅立つことになる．

暗黒の宇宙空間を航行する宇宙船内，そこでは，すべての人びとはコンピュータに守られて人工冬眠をつづける．すずしい

46

肺を刺す熱くかわいた空気とを……．それにくらべてここは何と快いだろうか．すずしくしっとりと甘い水分を含んだ清らかな空気，生命を快適にたもつために船内の環境はすべてコンピュータによって制御されるのだ．

人びとは未知の宇宙空間を，静かに，しかも勇気をもって航行しつづける．なにが人間に勇気を与えたか？　それは人間が，力強くしかも忠実な友（――巨大な宇宙船）と，それをコントロールする超コンピュータをもったからだ．そして，永い旅路の末に，人類が目ざす星にたどりついた時，もっとも頼りになるのもコンピュータなのだ．

船内のほの暗い通路に人影はなく，一部の人たちだけが，交たいで船首の司令室で当直をつづける．操作盤に並ぶスクリーンは，刻々と移りゆく宇宙空間のようすを伝え，また司令船からの連絡を通報する．

一きわ目をひく大スクリーンは，去りゆく太陽系を船尾からとらえた光景だ．暗黒のスクリーンのほぼ中央に，真紅に輝く円盤は，もはや水星の軌道をのみつくして金星にせまる太陽の姿だ．一しゅん，司令室の人びとは灼熱の地球を思いうかべる――燃える砂漠と

人類の未来をかけるコンピュータ――いったいコンピュータとはどんなものなのだろうか？　ひとつ，やさしい筋道をたどって紹介することにしよう．

□忠実でたよりになるやつだ

コンピュータは決して人間を裏切らない忠実な友だちだ．コンピュータの動きとは，使おうとする人自身の意志そのものなのだ．

その理由はかんたん――コンピュータは，あらかじめ人間が与えた指令通りにしか動けないからだ．人間の意志を受け入れる「容器」として作られていることが，ほかの機械と全くちがう点だ．そしてコンピュータのすばらしさは，人間の与えた正しい指令は絶対忘れないことと，一度おぼえこんだ指令を超スピードで実行する．人間のまちがいはちゃんと教えてくれる．あきあきするような長い計算でも，徹夜の監視でも少しもいやがらずにやってくれる．つまり，人間の意志をそのままそっくり，超スピードで実行してくれるのだ．

□コンピュータのしくみ

ふつうの機械では，その中に，仕事のやり方が前もってつくりこまれている．だから，その機械の動力にスイッチを入れると，すぐ動き出せるかわりに，きまった仕事をいつもきまったやり方で行なうだけなのだ．

コンピュータはちがう．

コンピュータの全体（トランジスタ，ＩＣ，抵抗，コンデンサーなどの電子部品と，これらを入れるロッカーやランプ，スイッチのついたパネルなど）は，あやつり人形と同じだ．ちゃんと手足はついているが，これをあやつる人がいないと自分では動き出さない．その手，足をどう動かすかは人間が考えてきめることだ．どんな仕事を，どんなやり方でさせるかをコンピュータにわからせて，おぼえこませないと動けない．ふつうの機械の半人前みたいだが，一度人間の意志を伝えるプログラムが入れられると，たちまちスーパーマンに早変わりして，すごい速さでやってのける．

このことはまた，コンピュータが一つの機械で

47

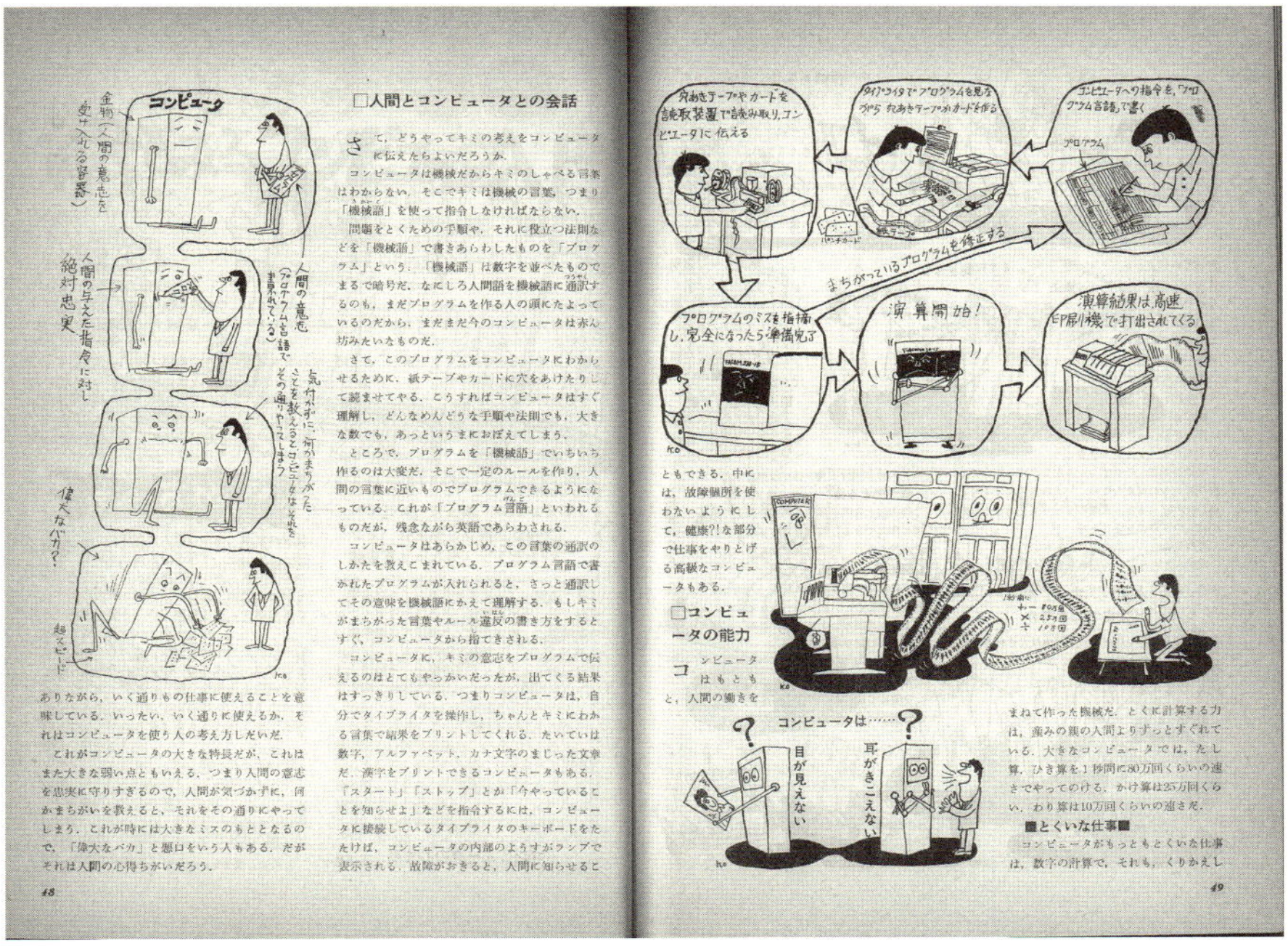

ありながら，いく通りもの仕事に使えることを意味している．いったい，いく通りに使えるか，それはコンピュータを使う人の考え方しだいだ．

これがコンピュータの大きな特長だが，これはまた大きな弱い点ともいえる．つまり人間の意志を忠実に守りすぎるので，人間が気づかずに，何かまちがいを教えると，それをその通りにやってしまう．これが時には大きなミスのもととなるので，「偉大なバカ」と悪口をいう人もある．だがそれは人間の心得ちがいだろう．

48

□人間とコンピュータとの会話

さて，どうやってキミの考えをコンピュータに伝えたらよいだろうか．

コンピュータは機械だからキミのしゃべる言葉はわからない．そこでキミは機械の言葉，つまり「機械語」を使って指令しなければならない．

問題をとくための手順や，それに役立つ法則などを「機械語」で書きあらわしたものを「プログラム」という．「機械語」は数字を並べたものでまるで暗号だ．なにしろ人間語を機械語に通訳するのも，まだプログラムを作る人の頭にたよっているのだから，まだまだ今のコンピュータは赤ん坊みたいなものだ．

さて，このプログラムをコンピュータにわからせるために，紙テープやカードに穴をあけたりして読ませてやる．こうすればコンピュータはすぐ理解し，どんなめんどうな手順や法則でも，大きな数でも，あっというまにおぼえてしまう．

ところで，プログラムを「機械語」でいちいち作るのは大変だ．そこで一定のルールを作り，人間の言葉に近いものでプログラムできるようになっている．これが「プログラム言語」といわれるものだが，残念ながら英語であらわされる．

コンピュータはあらかじめ，この言葉の通訳のしかたを教えこまれている．プログラム言語で書かれたプログラムが入れられると，さっと通訳してその意味を機械語にかえて理解する．もしキミがまちがった言葉やルール違反の書き方をするとすぐ，コンピュータから指てきされる．

コンピュータに，キミの意志をプログラムで伝えるのはとてもやっかいだったが，出てくる結果はすっきりしている．つまりコンピュータは，自分でタイプライタを操作し，ちゃんとキミにわかる言葉で結果をプリントしてくれる．たいていは数字，アルファベット，カナ文字のまじった文章だ．漢字をプリントできるコンピュータもある．

「スタート」「ストップ」とか「今やっていることを知らせよ」などを指令するには，コンピュータに接続しているタイプライタのキーボードをたたけば，コンピュータの内部のようすがランプで表示される．故障がおきると，人間に知らせるこ

ともできる．中には，故障個所を使わないようにして，健康?!な部分で仕事をやりとげる高級なコンピュータもある．

□コンピュータの能力

コンピュータはもともと，人間の働きをまねて作った機械だ．とくに計算する力は，産みの親の人間よりずっとすぐれている．大きなコンピュータでは，たし算，ひき算を１秒間に80万回くらいの速さでやってのける．かけ算は25万回くらい，わり算は10万回くらいの速さだ．

■とくいな仕事■

コンピュータがもっともとくいな仕事は，数字の計算で，それも，くりかえし

49

された1970年代前半といえば、まだTSS（タイムシェアリングシステム：1台のコンピュータを複数のユーザーで同時に使う仕組み）は普及していませんね。

初子　私は高千穂バロース（現BIPROGY）の相模原研究所に就職しましたが、当時のプログラマーが使うのは、紙と鉛筆だけ。キーボードも使いません。プログラマーが紙に書いたプログラムコードをオペレーターの方に渡すと、パンチカードや紙テープに穴を開けてくれるので、それをコンピュータに読み込ませていました。2000行のプログラムともなると、けっこうパンチカードも重くて。プログラマーになっても、やっぱり力仕事しなくちゃいけないじゃないと文句を言ってました（笑）。

和宣　大学卒業後、私は姫路にある西芝電機（東芝のグループ企業）に就職しました。学科の教授が「これからは船舶関係が伸びるはずだし、お前は好きなことができ

る会社の方が活躍できるから、西芝に行け」と。当時は、大学の教授がそう言ったら従うしかありません。

西芝電機ではプログラムを書いた紙をコンピュータ室に持っていくんですが、オペレーターがパンチングしてくれるのは1日1回だけ。翌日社内電話で「出来ました」と連絡が来るので、取りに行くと、ものすごく大きな出力用紙に、1行ずつエラーメッセージ（プログラムに問題があることを示す通知）がひたすら印字されていたりする。「何やってんだ！」とよく怒られてました。

小飼　お二人に比べたら、僕なんてコンピュータについてニワカもいいところですよ。小学生の頃、友達の持っていたAppleⅡに触らせてもらったことはありますが、自分で初めて買ったパソコンはMacintosh SE（1987年発売）ですから。当時、アメリカの大学で学んでいたのですが、500ドルで買った中古の初代ホンダシビックを650ドルで売り払って、Macintosh SEを買いました。

和宣　初代ホンダシビック！　私も乗ってましたよ（笑）。

ジャストシステム創業

――そして、1979年にジャストシステムを創業されたと。

初子　当時80歳を過ぎていた私の祖母が「コンピュータの販売店を四国でやったら？」と言い出したんです。「四国の会社相手なら、今からでも商売になるんじゃないの」と。

――おばあさまが!?

初子　商売屋の娘だったので、自分たちで商売を始めるというのは祖母にとって自然なことだったんですよ。浮川は営業の経験がまったくないから無理だろうとは思いましたが、本人に聞いてみたら「やってみようかな」って。

和宣　いずれはコンピュータのビジネスをやってみたいと思ってましたから、妻の実家の応接間を本社に、オフコンの営業を始めました。これがジャストシステムの始まりです。半年くらいはまったく売れませんでしたが、吉成種苗という会社から最初の注文をいただきました。

初子　この頃発売された日本ビジネスコンピューターのオフコンでは漢字が扱えるようになっており、それが購入の大きな理由だったようです。

和宣　種や苗の名前がカタカナだとわかりにくいですが、漢字で書かれていればパッとわかりますからね。営業に出向いたら、すぐに見積を出してくれと言われて驚きました。

初子　それからはいろんな人に紹介してもらったりして、順調にオフコンが売れるようになりました。年間に10台くらい売れていましたから、これならやっていけそうだという感触がつかめてきました。その頃、出始めの16ビットパソコンを浮川が買ってきて、BASIC（プログラミング言語の一種）で何やらプログラミングして遊びまくっているんですよ。こっちは取引先に請求書や見積書を出さなくていけなくて大忙しなのに、浮川は「ワープロを作るぞ！」って（笑）。

和宣　1979年には東芝が初めてのワープロであるJW―10を発売していましたが、ピアノくらいあるような専用機で普通の人が使うものではありませんでした。誰でも簡単に使える、パソコン用のワープロソフトを作りたいと考えるようになったんです。

ワープロソフト「一太郎」

――そこから、本格的なワープロソフト開発に進んだのですか？

初子　最初に取り組んだのは、ロジック・システムズ・インターナショナルという会社のパソコン、iBEX－7000／8000シリーズ向けのかな漢字変換システムです。ジャストシステムはロジック・システムズ・インターナショナルの販売代理店でしたが、iBEX－7000／8000シリーズは海外に売ることを前提にした製品で日本語に対応していません。プリンターをつなげばいちおう日本語の印刷はできたものの、とにかく入力が面倒くさかったんです。

私は高千穂バロースでOSの開発に関わっていたこともあって、OSのアーキテクチャ（構造）を知っていました。OSのレベルでかな漢字変換の仕組みを組み込めば、そのOS上で動くどのアプリケーションでも日本語を入力できるようになるはず、と思い付いたんです。iBEX－7000／8000シリーズはCP／Mというエスを使っており、そのソースコードさえ見られれば、かな漢字変換を組み込めそうだと見当が付きました。

私たちがロジック・システムズ・インターナショナルの営業部長に提案したところ、ぜひやって欲しいということで発注をいただきました。

小飼　OSとアプリケーションの間に入ってさまざまな処理を行う

初代「一太郎」のパッケージ。太郎の文字は社長直筆。

店頭で山積みされた一太郎と社長・専務。

ソフトウェアのことをミドルウェアと言いますが、そのかな漢字変換システムはミドルウェアの見事な先駆けですね。この当時はまだミドルウェアという言葉はなかったと思いますけど。

和宣　そのロジック・システムズ・インターナショナルの営業部長が、後にフューチャーを創業する金丸恭文さんです。1982年、私たちのかな漢字変換システム「KTIS」をバンドルしたパソコン「NCR9005」が日本NCRから発表されました。

初子　日本語入力機能が備わったパソコンがいきなり発表されたことに驚いたのが、アスキーマイクロソフトの古川享さんです。当時のアスキーマイクロソフトは、16ビットパソコン用OSのMS―DOSを販売していました。古川さんに呼ばれてアスキーマイクロソフトを訪問したところ、アスキー創業者の西和彦さんらがいて、NECが発売予定の16ビットパソコンPC―100を見せてもらいました。1983年、ジャストシステムが開発したワープロソフト「JS―WORD」と「KTIS」がバンドルされたPC―100が発売されました。

小飼　その頃僕は中学生で家出中だったんですが、PC―100は秋葉原で見ましたよ。憧れでした。

和宣　残念ながらPC―100は売れませんでしたけどね（笑）。その後、日本IBMのパソコンIBM JX（1984年発売）にワープロソフトをバンドルすることになり、「jX―WORD」を開発。これのNEC PC―9801シリーズ用が「jX―WORD太郎」で、1985年に発売しました。この時にKTISは名前を「ATOK」と改めています。

jX―WORD太郎という名前は長ったらしいので、新バージョンを出す際に「一太郎」と改名しました。「太郎よ、お前は日本一になるんだ」という意味を込めています。

初子　一太郎は発売直後から、すごい売れ行きでした。

コンピュータに日本人のこだわりを込める

――コンピュータでの日本語の扱いは、一太郎やATOKを機に大きく進歩した印象があります。

初子　KTISやATOKの初期の頃は、変換用の辞書を浮川が自分で作っていたんですよ。毎日、日経新聞などを読みまくって、頻度のチェックをしていたよね。

和宣　日本語には同音異義語が多いのですが、ユーザーが使いやすいように、例えば「公園」と「講演」のどちらが先に候補として出るかといった順番を決めていました。

初子　ただ毎日のように新しい言葉は出来てきますし、浮川も社長業が忙しくなってきたので、1992年に「ATOK監修委員会」を作りました。

和宣　自分の感覚だけで変換辞書を作るのに限界を感じるようになったんです。作家の紀田順一郎さんを始め、日本語の専門家にATOK監修委員会に参加してもらい、どうやって辞書を作っていくべきか議論していただきました。こうやって作った成果は、きっと将来にも残るに違いないと思って、一生懸命やりましたよ。

国際文字コードの規格策定に参加する

――私がジャストシステムの功績として大きいと思うのは、国際的な文字コードの規格であるUnicodeのコンソーシアムに積極的に参加されたということです。現在、スマホやパソコンを含め、ほとんどのコンピュータでは文字コード（コンピュータで文字を扱う際、どの文字にどの数値を割り当てるかを決めた体系）としてＵｎｉｃｏｄｅを採用しています。そのおかげで、どんなパソコンやスマホでもあらゆる言語の文字を正確に表示できるようになりましたし、最近では絵文字も当たり前のように使われています。しかし、Ｕｎｉｃｏｄｅも初期の頃は米国のメーカーが中心となって規格を作っており、非アルファベット圏の文字に対する理解が不足していました。

初子　１９９５年７月、ジャストシステムはＵｎｉｃｏｄｅコンソーシアムの正会員になりました（正会員はＵｎｉｃｏｄｅの規格についての投票権を持ちます）。当時ジャストシステム社員だった小林龍生さんを私が担当に指名しました。彼や、サン・マイクロシステムズの樋浦秀樹さんが頑張ってくれたおかげで、異体字セレクタに関する提案をＵｎｉｃｏｄｅに入れることが出来ました。例えば、「渡邉」の「邉」には微妙に字形が異なる異体字がたくさんありますが初期のＵｎｉｃｏｄｅ規格ではこれらの異体字を別のものとして扱えませんでした。異体字セレクタがＵｎｉｃｏｄｅ規格に入ったことにより、より正確に文字情報をやり取りできるようになりました。

――多くの日本企業はこうした国際規格に参画して提案を行うことが苦手な印象があります。

小飼　Ｕｎｉｃｏｄｅでいえば、絵文字が象徴的です。絵文字は元々ＮＴＴドコモのｉモードで利用するために作られましたが、当時は携帯電話キャリア間で互換性がありませんでした。２０１０年には絵文字がＵｎｉｃｏｄｅに収録され、世界中で使われるようになっていきます。僕も関わったから知っているのですが、日本の携帯電話キャリアはＵｎｉｃｏｄｅへの絵文字収録に関して、本当に驚くほど何もしませんでした。コンソーシアムに人材を送り込んでもいない。

初子　日本のＩＴ業界は、ちょっと残念なところがありますね。せっかく日本で培われてきた素晴らしいものがあるのですから、ＩＴ業界もそれを活かしてほしいと思います。

小飼　日本人は、押し問答が必要なところで押すのが苦手なのかもしれません。実は、Ｕｎｉｃｏｄｅが登場する以前、コンピュータの文字コードで日本は最先端でした。日本が策定したＪＩＳコードを参考に、韓国や中国も文字コードの国家標準を決めていったんです。だけど、Ｕｎｉｃｏｄｅのような国際規格を主導することができなかった。

和宣　日本企業は、規格を標準化して世界で闘うという発想が弱いですね。どうしても日本の中だけで競争しようとしてしまう。

初子　ドコモはもっと世界戦略を考えてほしかったと思います。ｉモードにしてもあんなに日本国内を席巻したのに、今はもう使えなくなってしまいました。

60歳からの新たな挑戦

――２００９年、お二人はジャストシステムを離れ、ＭｅｔａＭｏＪｉを設立されました。

初子　ジャストシステムから研究部門をスピンアウトさせたのですが、さあ何をやろうかと考えていた時、出てきたのがｉＰａｄでした。

和宣　ペンがあれば、老若男女、誰でもコンピュータを使えるようになる、そう強烈に感じました。特にお年寄りがコンピュータを使う際、一番ネックになるのは文字入力です。キーボードでローマ字を打ち込んで漢字に変換するということがどうしても苦手な人がいますが、そういう人でも手書きならいくらでも書けます。そう考えて、手書き入力を活かした個人や法人向けのアプリを開発しています。

――最近では、生成AIが話題になっていますね。

初子　プログラミングや文章を書くことのパラダイムが大きく変わっていくと感じています。もちろんハルシネーションの問題はありますが、プロンプト（生成AIに対する指示）を工夫すれば、かなりよい出力が得られます。私が新卒だった頃より、マシな文章を作れるようになっていますね（笑）。リサーチに活用するなど、生成AIはこれから必須になっていくでしょう。同時に、生成AIに足りない部分を補完する技術も作っていく必要があると思います。例えば、プロのクオリティの文章を生成できるよう、おかしな出力を検知できるようにならないといけません。

小飼　ハルシネーション※をAI自身が検知できるようにするというのは、今まさに我々が直面している課題ですね。

初子　MetaMoJiでは、建設業界向けにeYACHOというソリューションを提供しています。これは、タブレットを使って現場の報告書や指示書を効率的に作成したり、書類作成業務を自動化するためのものです。このeYACHOに、新しく「安全AI」の機能を追加しました。

　今の現場監督は非常に若い人が多いのですが、彼らが年上の作業者に細かく指示を出さないといけません。現場監督が指示書を作ろうとすれば、大量の法令を調べて何日もかかりますし、それでも漏れが出てしまうんですね。安全AIを使うと、施工計画書や作業指示書を元に、こういう作業をしなさいというチェックリストを自動で作成してくれます。

和宣　私が昔手がけていた船舶や、土木・建設といった分野は、何か問題があればすぐ人命に関わってきます。そうした分野の安全対策

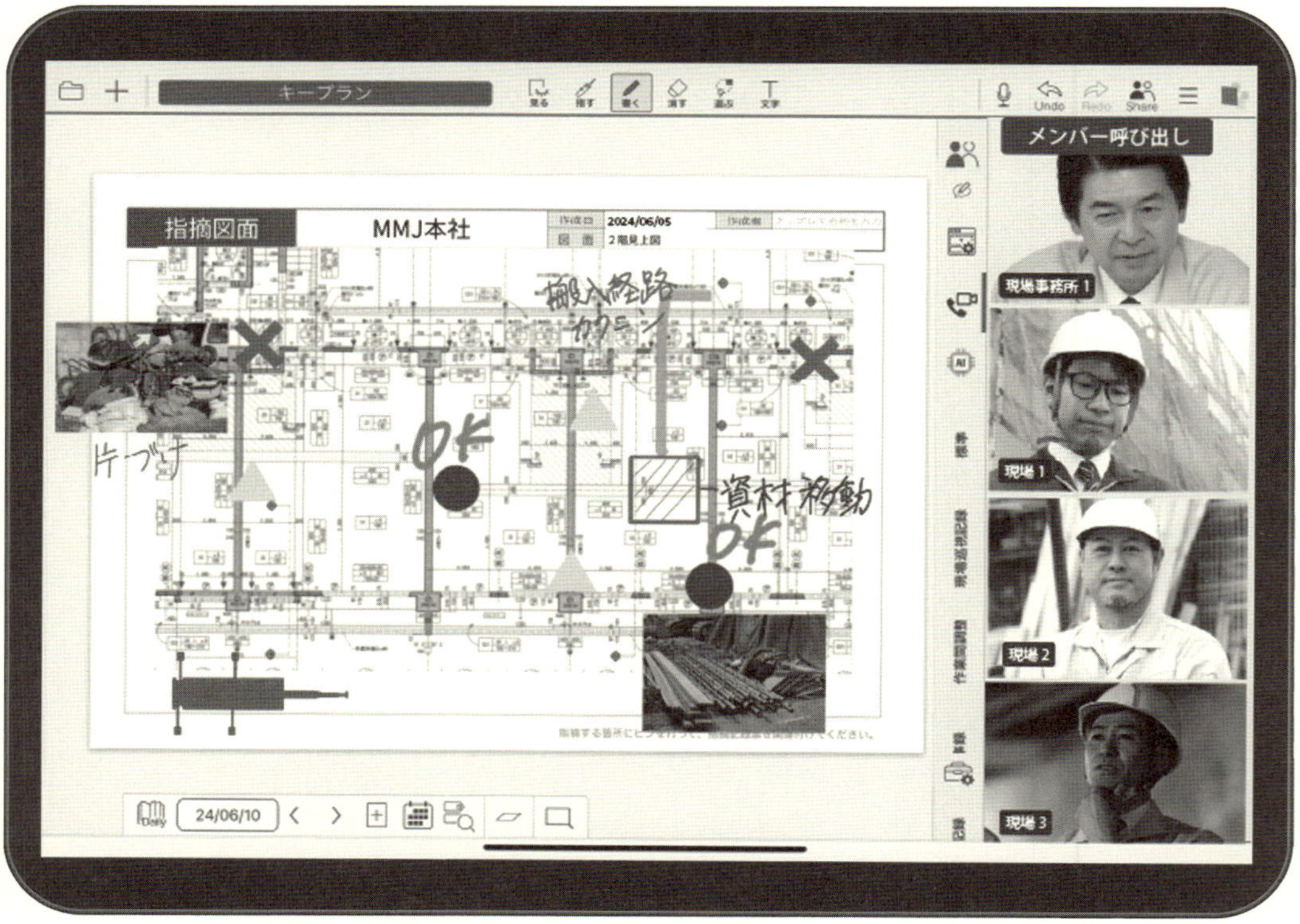

タブレット1つで様々な現場業務を集約して行える施工管理業務支援アプリ「eYACHO」の使用イメージ。

には、AIの利用が欠かせません。

初子　MetaMoJiは以前から建設業向けのソリューションを手がけており、法令などのデータやノウハウを蓄積してきました。そうしたリソースを活用してAIモデルを作っています。

私たちはジャストシステムの頃から、必要な情報を引き出せるナレッジマネジメントシステムを作ろうとしてきましたが、ようやく本物ができたと思います。

情報過多の時代、好きを見つけるには？

――お二人は、常に新しいことに好奇心を持ってチャレンジしてきました。今の子供たちが自分の面白いと思ったことを追究できるようになるために、アドバイスをいただけますか？

和宣　やはり情報過多が問題でしょう。テレビやネットから膨大な情報が直接入ってきて、自分で考える余裕が持てない。なおかつ、今の子供たちは、学校でいろいろ勉強しないといけないし、親からも勉強しろ勉強しろと言われるし、すごく大変です。私が子供の頃は、学校から帰ってきたらランドセルを放り投げて、パーッとどこかへ遊びに行ったり、模型飛行機を作ってましたけど。

初子　あなたは田舎育ちだからそんなことができたけど（笑）、都会でどうやって子供を成長させるのか、親も悩むでしょうね。偏差値の高い学校に入れないといけないというプレッシャーもあるでしょうし。

ただ、子供は新しいことをすぐに覚えて、YouTubeのライブ配信をやったりもする。そうやっていろんなことをやっている中から、いいものも出てくるのでしょう。

コンピュータについていえば、今はスマホで何でも簡単にできすぎてしまいます。もっと子供があれこれいじって遊べる、いい具合のコンピュータがあったらいいのにと思います。

和宣　子供の頃、母親が「あれが北斗七星」「あれがカシオペア座」と星座を教えてくれたんですが、昔の人は想像力がすごいですね。物語として楽しむだけでなく、航海する際に自分の位置を知るという実用的な目的もあったんでしょう。

そういうことでいえば、『子供の科学』は子供にとってすごく有益です。文字を読んだり、図を見て、そこから空想を広げていける。書かれているのはたんなる作り事ではなくて、現実の世界と結びついているから、自分で実際に調べたり比べたりできる。

それが「科学」だし、その考え方はすべてに通じると思います。

※　AIが生成したもっともらしい誤情報。完全に防ぐ方法がまだ見つかっていない。

浮川和宣（うきがわ・かずのり）

1949年愛媛県生まれ。株式会社MetaMoJi代表取締役社長。愛媛大学工学部電気工学科を卒業し、西芝電機に入社。1979年にプログラマーで夫人の初子氏とともにジャストシステムを創業した。日本語ワープロソフト「一太郎」や日本語入力システム「ATOK」などをヒットさせ、日本を代表するIT（情報技術）企業に育てた。2009年にMetaMoJiを創業。

浮川初子（うきがわ・はつこ）

1951年徳島県生まれ。株式会社MetaMoJi専務。愛媛大学工学部電子工学科を卒業し、高千穂バロースに入社。1979年に夫の和宣氏とともにジャストシステムを創業。最高技術責任者として「一太郎」「ATOK」など数々の開発を主導。2009年にMetaMoJiを創業。タブレット向けソフト開発を手掛ける。

おわりに ― for the Centuries to Come

『子供の科学完全読本 1924―1945』いかがだったでしょうか？

『子供の科学』よりずっと後に創刊された『科学朝日』もなくなり、『学研の科学』もキット付きでやっと復刊した一般向け科学雑誌受難の国で、どうしてどうやって文字通り戦災に焼かれながらも百年もの間続いたのか、本書の編纂を通してその秘訣が少し解けたような気がします。ちなみに米国では1872年創刊のPopular Science も1845年創刊の Scientific American も普通に続いています。後者は何と幕末から！ 彼我の差を改めて痛感します。

話を『子供の科学』に戻すと、続いた理由は「絶妙な商魂」。Part2でも紹介しましたが1942年1月号の「サア邁進だ！ 国防国家建設を目指して！」の清々しいまでの白々しさときたら！ それでいて日本が無条件降伏して連合国の占領下に入るや否やしれっと残った紙で『日米会話手帳』を刷りまくって売りまくったのですから。創刊者原田三夫や、発行人である小川菊松の商魂のたくましさには呆れつつも、これこそが同業他誌に足りなかったものという思いは年々強くなっております。「子供」も「科学」も戦後の価値観においては絶対的善であり、それだけに尊重されて当たり前と感じがちなだけに、どちらも尊重するためには先立つものがなければダメだということを忘れてはならぬと、皮肉にも右肩下がりの二十一世紀日本の科学行政が示しているのですから。

その意味で、筆者は『子供の科学』の模範読者ではまるでありませんでした。およそ四十年前、学校に通うのをやめた中坊時代、その代わりに私が通っていたのは図書館でした。開館と同時に入り浸り、閉館時には家族の名義まで使って本や雑誌を借りれるだけ借りて帰宅する……そこで最もよく借りていたのが科学雑誌のバックナンバーでした。最新号以外は貸し出しの対象だったので今は亡き『科学朝日』や当時はまだ「日経」がついていなかった『サイエンス』、そして『子供の科学』……子供向けなのに一番「硬派」だったのが中坊心に不思議だったのですが、今思えば戦前から伝統だったのかもしれません。とにもかくにも筆者は購買もせず広告の品を買うわけでもないフリーライダーだったわけです。

そんなフリーライダーだった筆者に本書の企画を持ってきた誠文堂新光社の柳千絵さんには原田三夫に勝るとも劣らない狂気を感じたのですが、その狂気にも似た熱意にあてられてそれを受けられたのは、『弾言』以来いくつもの著者を共に手がけてきたプロ編集者の山路達也さんの手を今回も借りることが出来たから。そして何よりも創刊号から終戦年まで揃った「素材」あってこそ。それでもダメな部分は筆者たる小飼弾に帰すると言えましょう。

そのダメを承知で紙面の幅が足りずに涙を飲んで割愛したのが「子供による科学」。ご覧のとおり本書のほとんどは「当時の大人が子供に見せたかった科学」で占められています。21年分のダイジェストという本書の性格を考えるとどうしても「映える」記事で埋まりがちなのですが、当時も今も変わらないのが『子供の科学』によせる子供たちの質問と研究。１９４５年の「復刊」第2号には早くも小学生と中学生による研究を掲載し、「質問室」への投稿を再募集しています。

そう。紙幅。本書には電子版も用意されますが基本は紙版。物理的な制約を強く受けるのです。その代わり「回し読み」も容易で筆者もその恩恵を受けた一人。本書自体、古の『子供の科学』を回し読みするための本と言えなくもありません。古が意外と「古でもなかった」点に気づいていただけるだけでも筆者冥利に尽きます。

そんな筆者が図書館を通じて回し読みしてきた『子供の科学』はもちろん戦後の平和憲法の元、軍事技術記事がもうないものでしたが、戦前からの硬派で父性的な印象はそのままでした。というと現在の「ＫＯＫＡ」の読者は信じられないかも知れません。これほど腰が低く母性的な科学雑誌はありえないぐらいなのですから。これまた『子供の科学』的な生存戦略と言えそうですが、筆者が見る限りこの変貌はうまく行ってるようです。

この調子で、『子供の科学』はこの先、生き残れるでしょうか？もしかして紙版はなくなり電子版のみになってるかも知れませんし、日本すらなくなってるかも知れません（『子供の科学』はすでに経験済み！）。それでも何らかの形で『子供の科学』は受け継がれている気がしてなりません。

そこに「子供」がいる限り。

そこに「科学」がある限り。

２０２４年８月　小飼弾

参考文献

『情報の歴史21』（松岡正剛 監修／編集工学研究所）

『最新世界史図説タペストリー』（帝国書院）

『山川詳説 日本史図録』（山川出版社）

『日本人のための第一次世界大戦史』（板谷敏彦／KADOKAWA）

『科学史年表 増補版』（小山慶太／中央公論新社）

『それでも、日本人は「戦争」を選んだ』（加藤陽子／朝日新聞出版社）

『この世界の片隅に』上・中・下（こうの史代／双葉社）

映画『この世界の片隅に』（監督・片渕須直　原作・こうの史代）

時代がわかる 表紙図譜

1924年から1945年までの21年間で計241点の『子供の科学』が発行されました。本書で紹介できた記事はほんの一部。せめて表紙だけでも全ラインナップを見てください！鮮やかな表紙絵からは、むせかえるほど時代の空気が香っていると思いませんか？

1920s

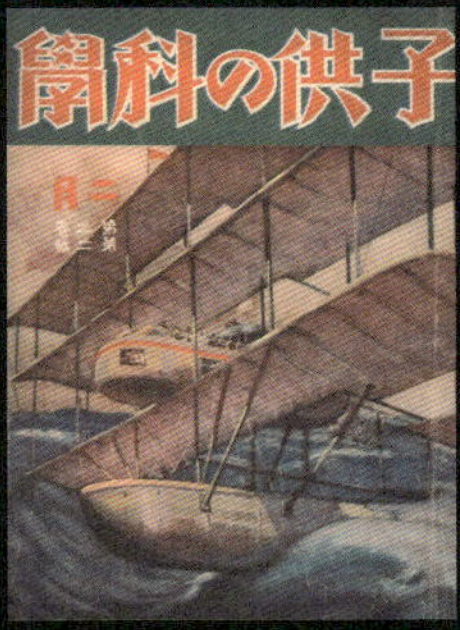

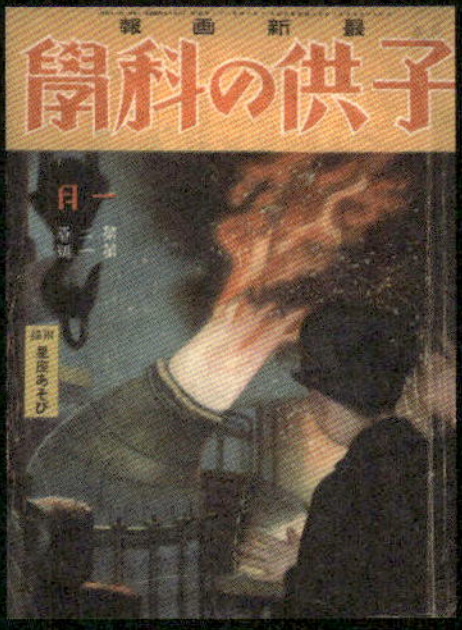

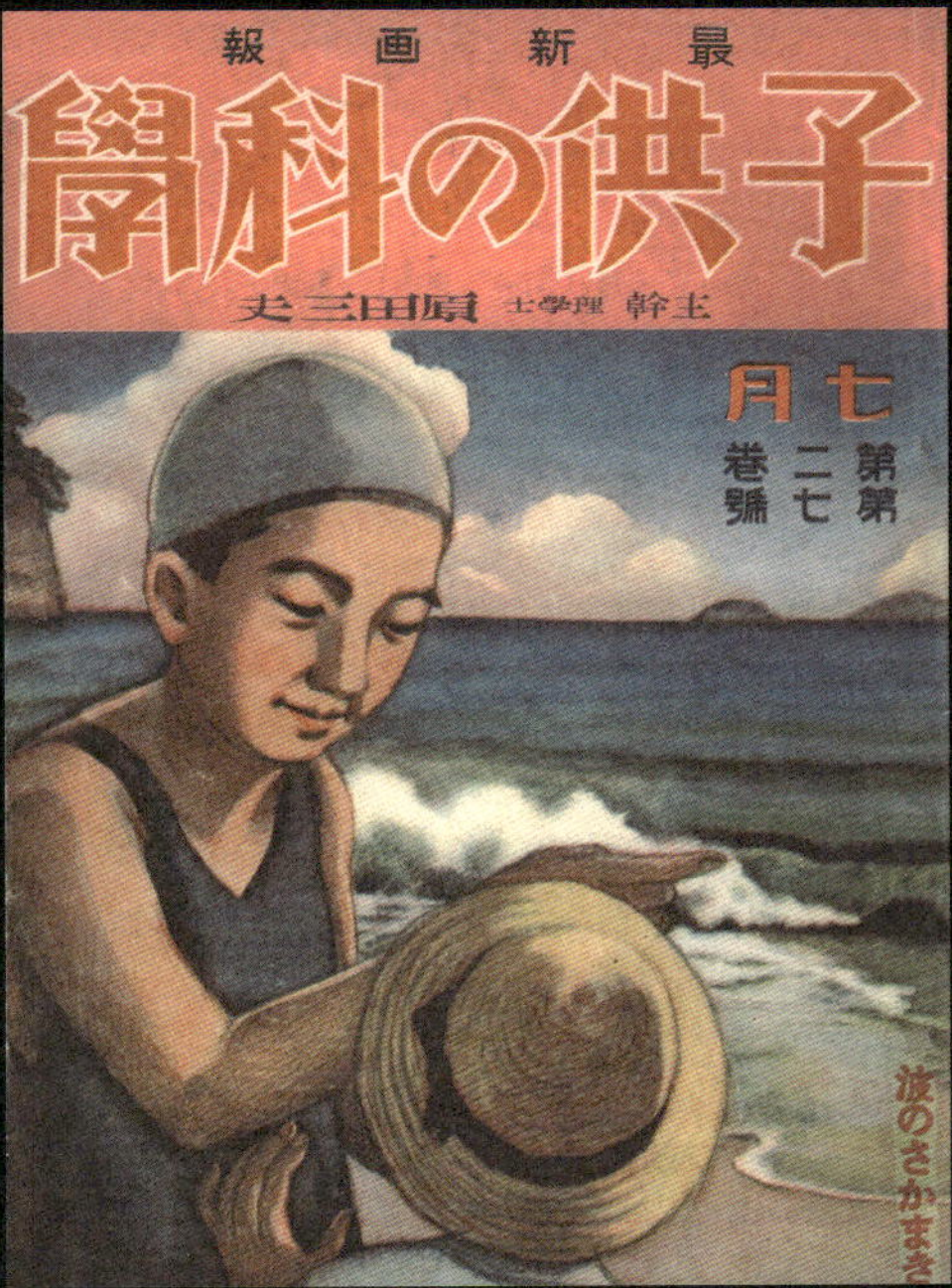

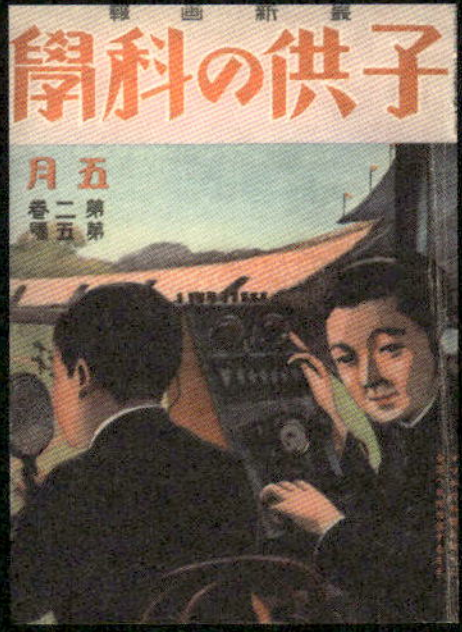

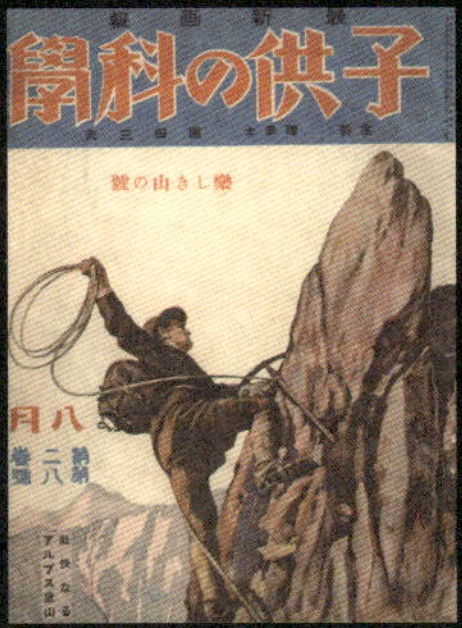

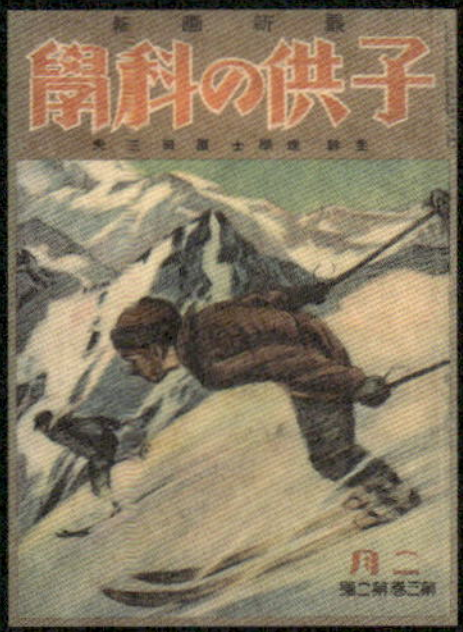
子供の科學

子供の科學

子供の科學

子供の科學

子供の科學

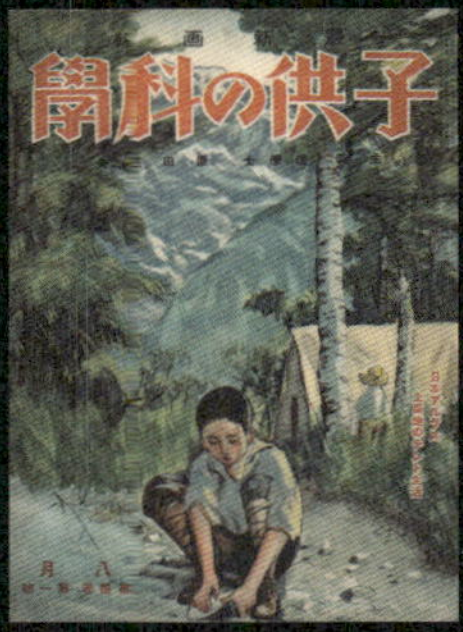
子供の科學

子供の科學

最新画報
子供の科學
主幹理學士原田三夫
六月
第三巻第六號

子供の科學

子供の科學

子供の科學

子供の科學

最新画報
子供の科學
主幹理學士原田三夫
五月
第五巻第五號

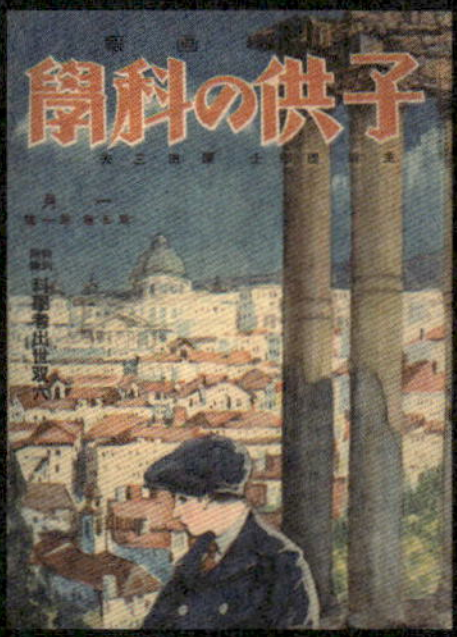
子供の科學

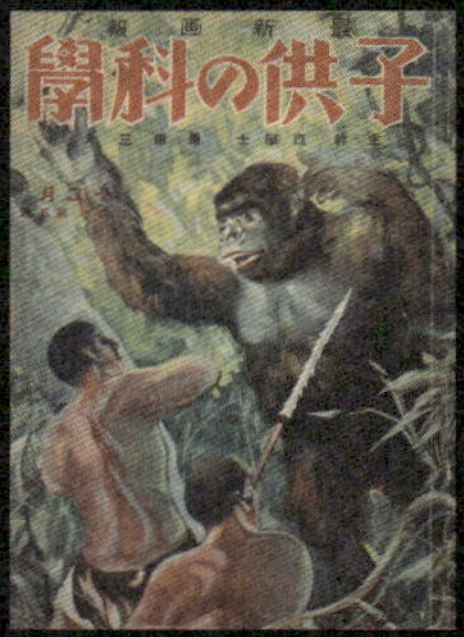
子供の科學

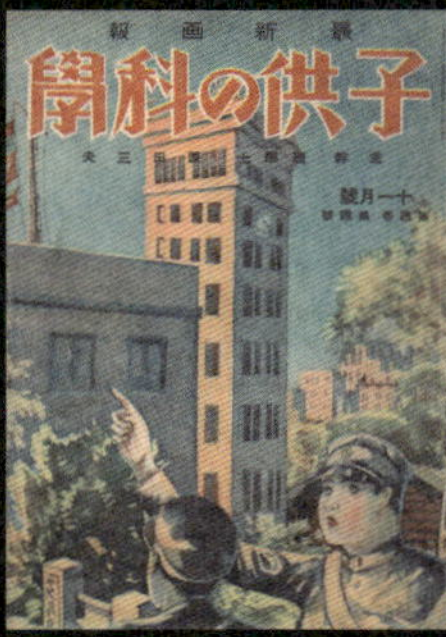
子供の科學

子供の科學

子供の科學

子供の科學

子供の科學
十月
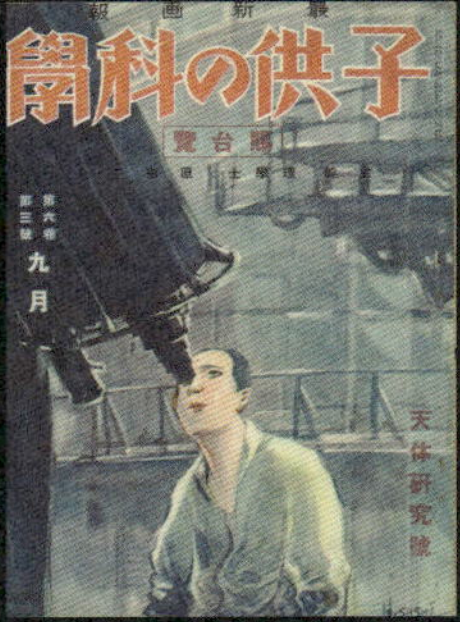
子供の科學
九月
天体研究號
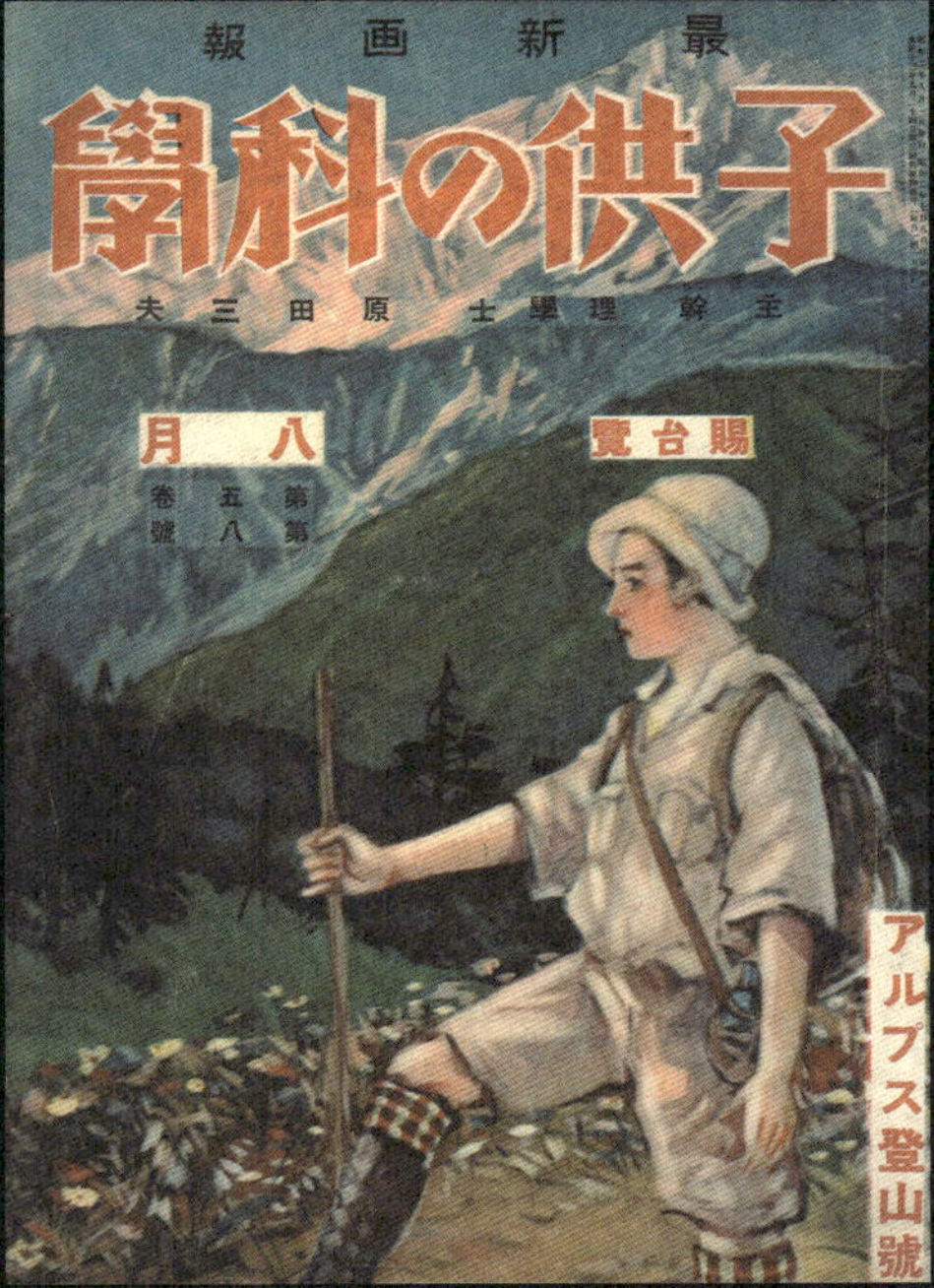
最新画報
子供の科學
主幹 理學士 原田三夫
賜台覽
八月
第五巻
第八號
アルプス登山號
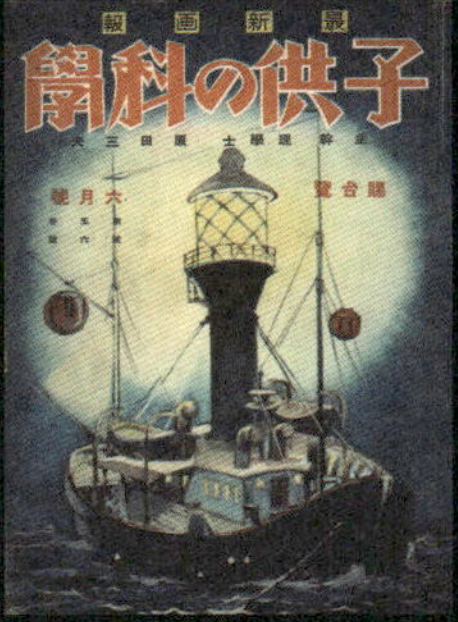
子供の科學
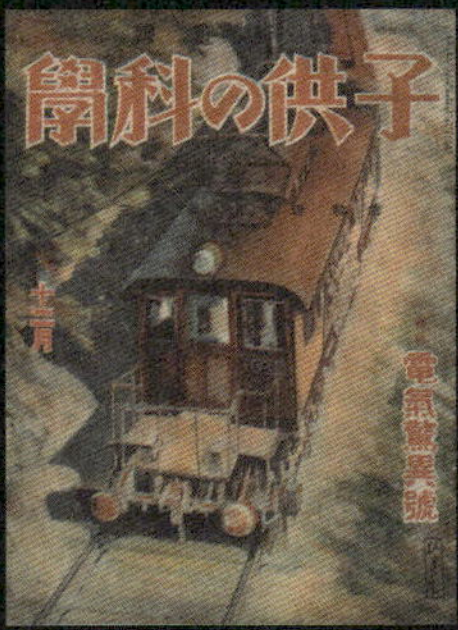
子供の科學

最新畫報
子供の科學
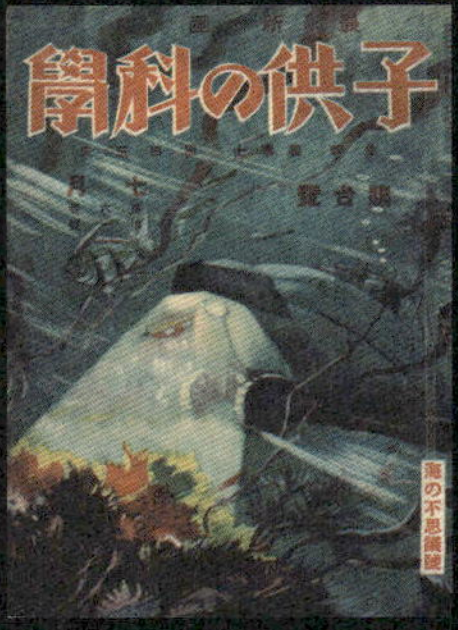
子供の科學

子供の科學
五月
春の野外研究と採集號

子供の科學
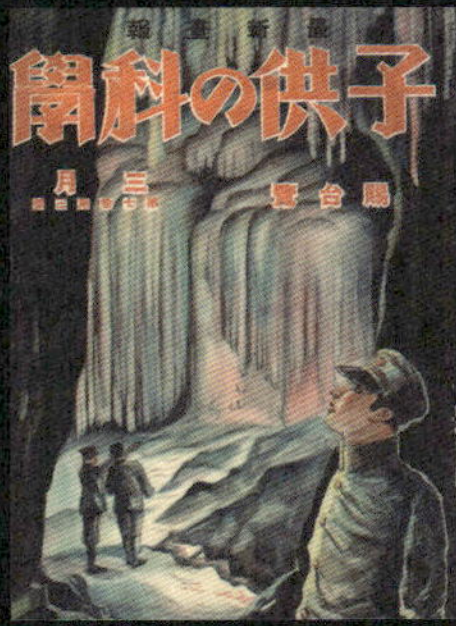
子供の科學
賜台覽

子供の科學
二月

子供の科學
未來文明の驚異

最新畫報
子供の科學
賜台覽
十二月

子供の科學
賜台覽
八月
趣味の天體と山岳

子供の科學
初夏と海の科學

子供の科學
六月
賜台覽
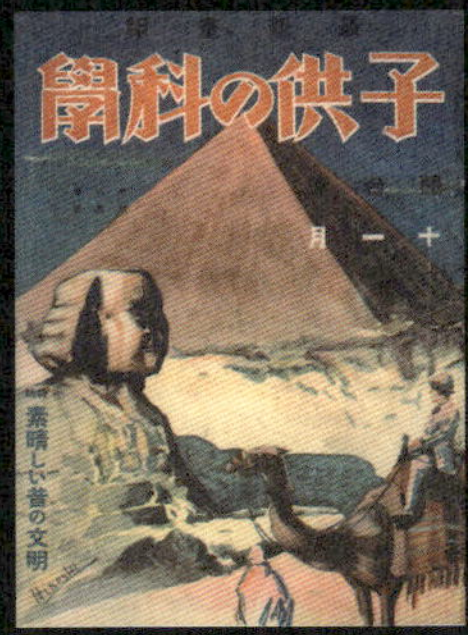
子供の科學
十一月
素晴しい昔の文明

最新畫報
子供の科學
賜台覽
十月
OPEL

最新
子供の科學
賜台覽
九月

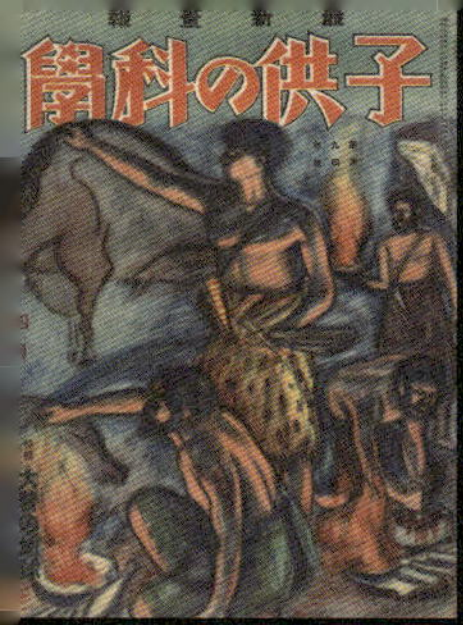
最新畫報
子供の科學

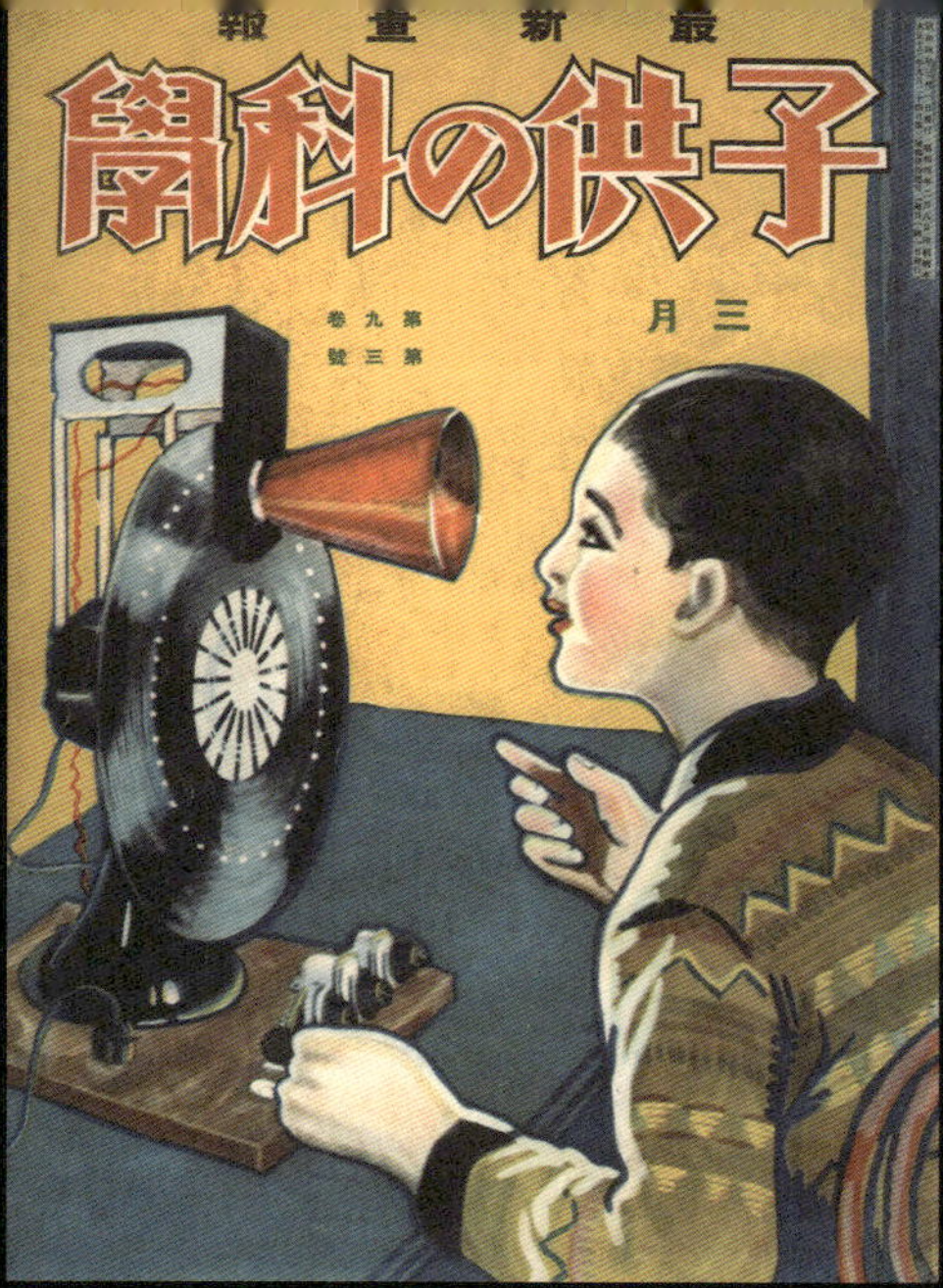
最新畫報
子供の科學
三月
第九巻
第三號

子供の科學

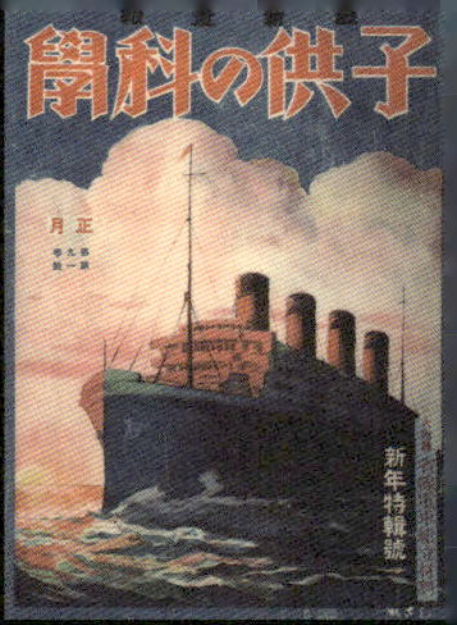
子供の科學
新年特輯號

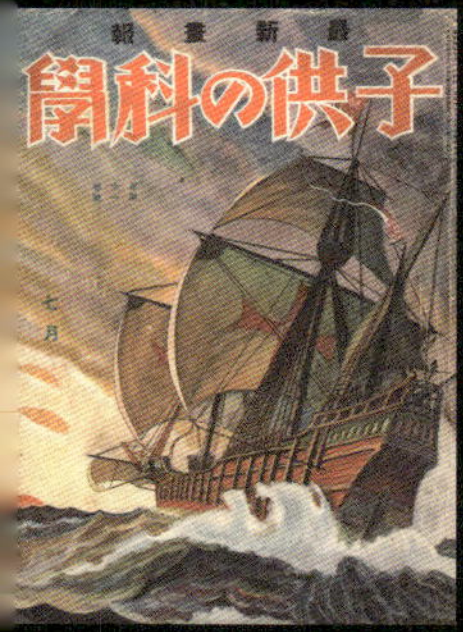
最新畫報
子供の科學

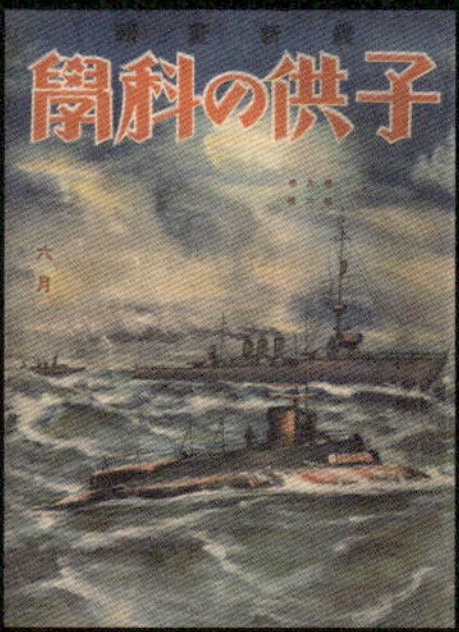
最新畫報
子供の科學

最新畫報
子供の科學
五月

最新畫報
子供の科學
十月

最新畫報
子供の科學

最新畫報
子供の科學
第十巻
第二號
八月
山の科學

最新畫報
子供の科學

最新畫報
子供の科學
十一月

1930s

最新畫報
子供の科學

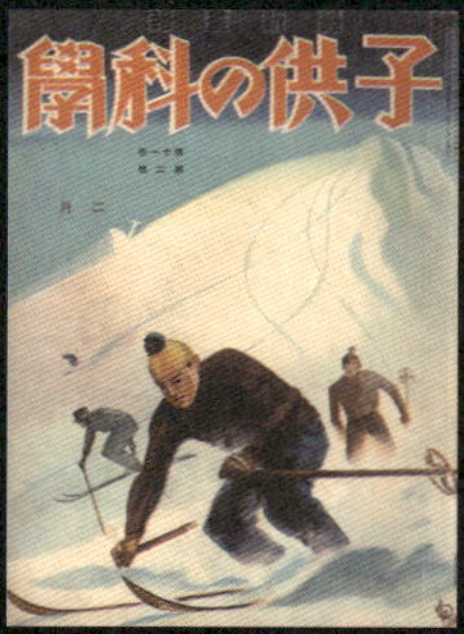
子供の科學

最新畫報
子供の科學
第十一卷
第一號
正月
大附錄 自働自轉車組立圖

最新畫報
子供の科學

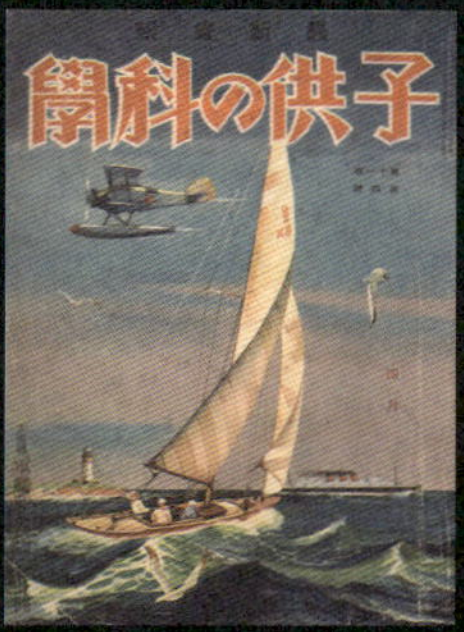
子供の科學

子供の科學

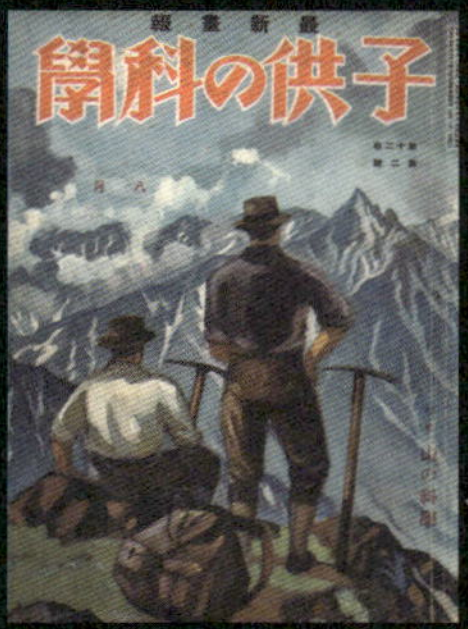
最新畫報
子供の科學

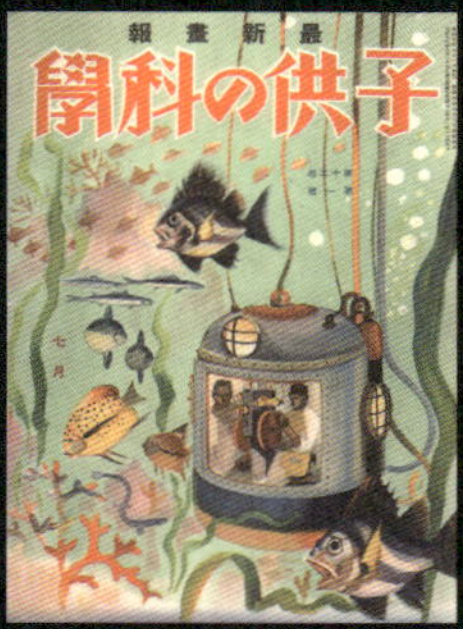
最新畫報
子供の科學

最新畫報
子供の科學
第十一卷
第六號
六月

最新畫報
子供の科學
第十二卷
第五號
十一月

最新畫報
子供の科學

子供の科學

最新畫報
子供の科學
一月

子供の科學

子供の科學

子供の科學

最新畫報
子供の科學
五月

子供の科學

子供の科學

子供の科學

子供の科學

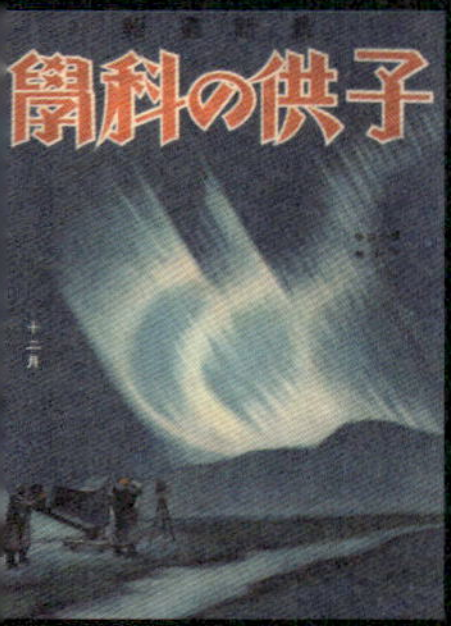
子供の科學

子供の科學

最新畫報
子供の科學
第十四巻
第四號
十月

子供の科學

子供の科學

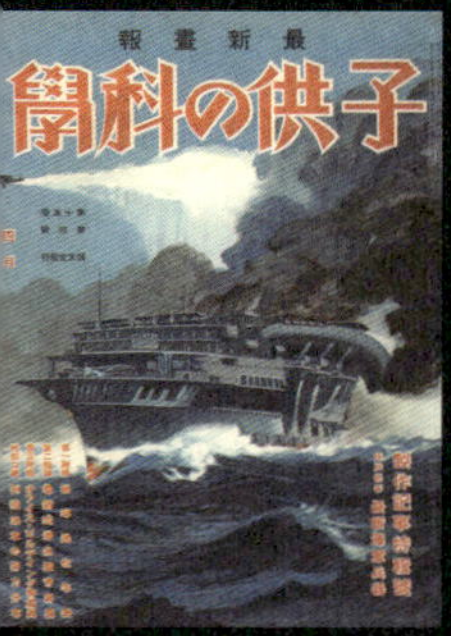
子供の科學

子供の科學

最新畫報
子供の科學

最新畫報
子供の科學

最新畫報
子供の科學
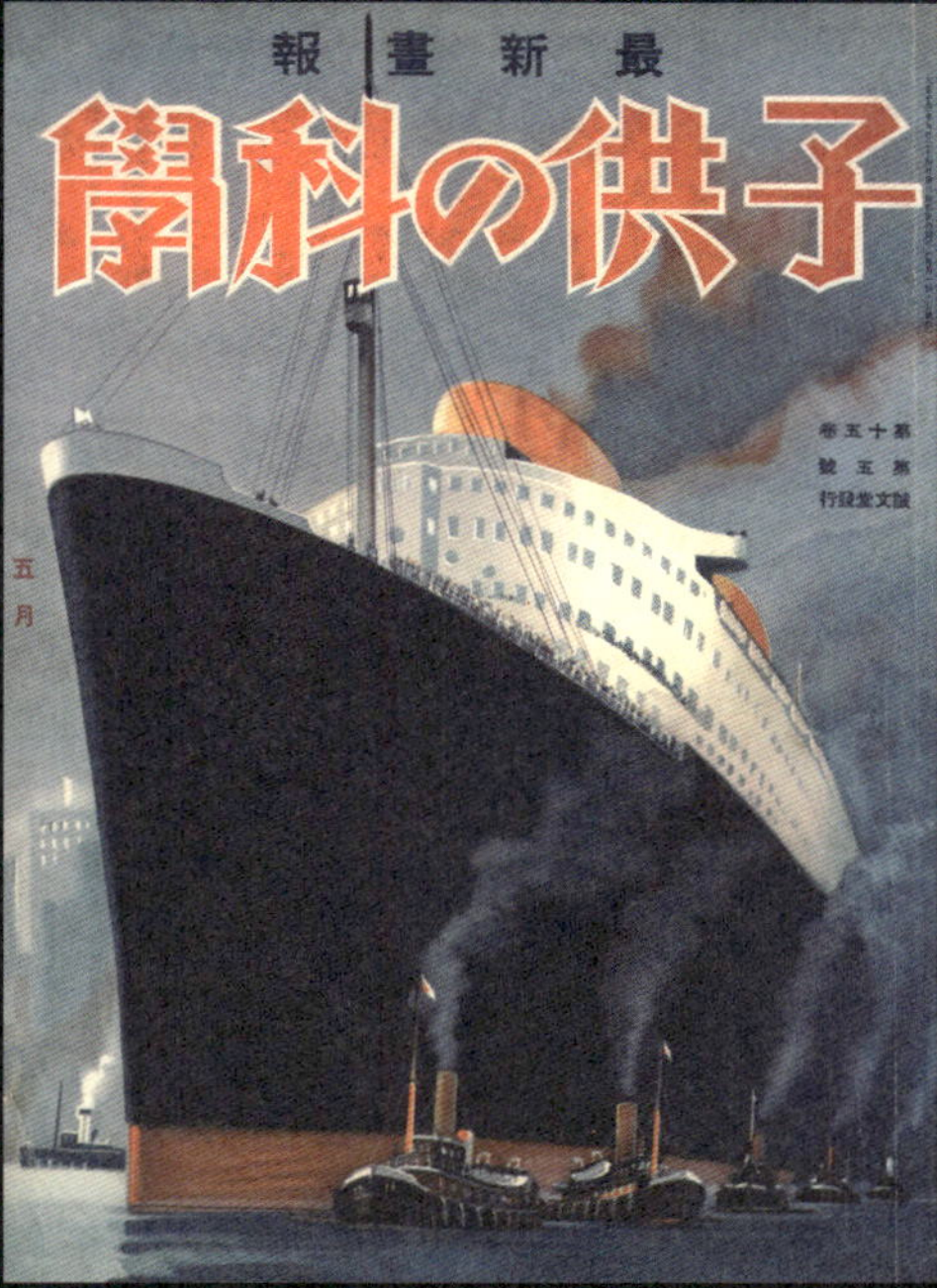
最新畫報
子供の科學
第十五巻
第五號
誠文堂發行
五月

最新畫報
子供の科學
十月
第十六巻
第四號
誠文堂發行

最新畫報
子供の科學

最新畫報
子供の科學

最新畫報
子供の科學

最新畫報
子供の科學
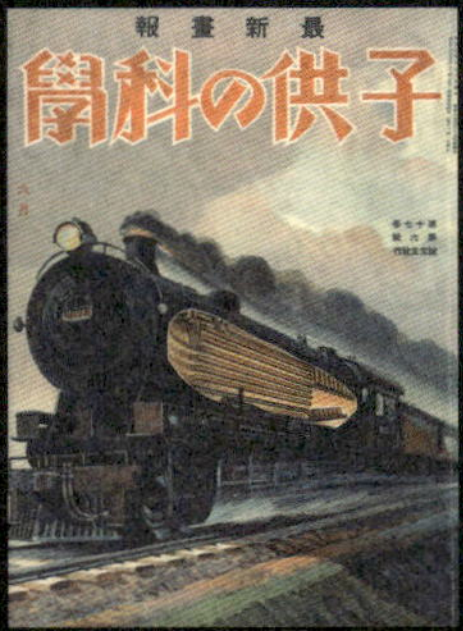
最新畫報
子供の科學

最新畫報
子供の科學

最新畫報
子供の科學
第十七巻
第四號
誠文堂發行
四月
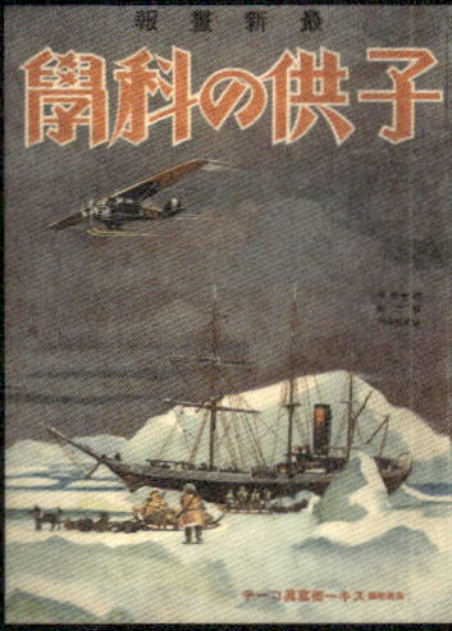
最新畫報
子供の科學
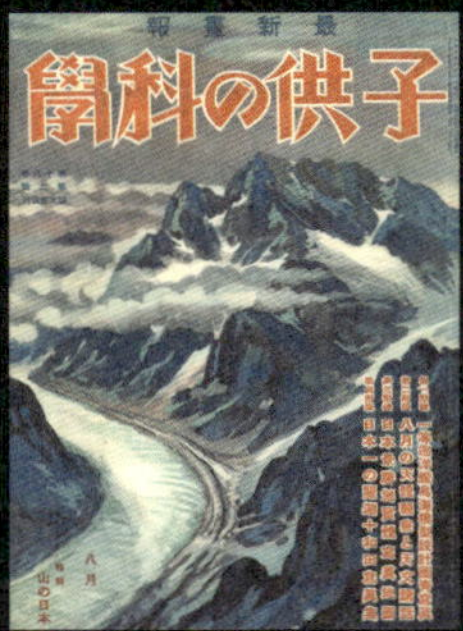
最新畫報
子供の科學
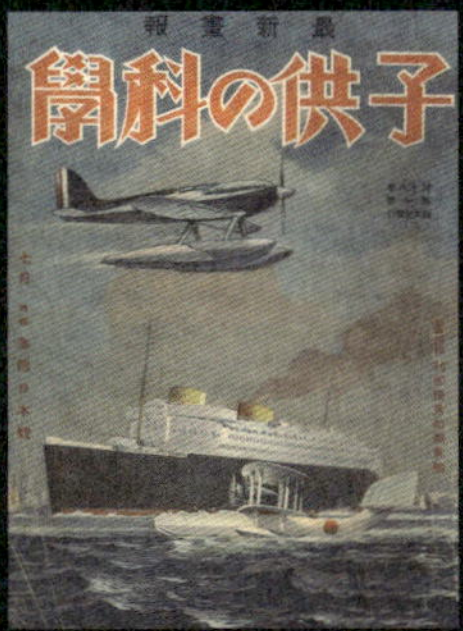
最新畫報
子供の科學

子供の科學

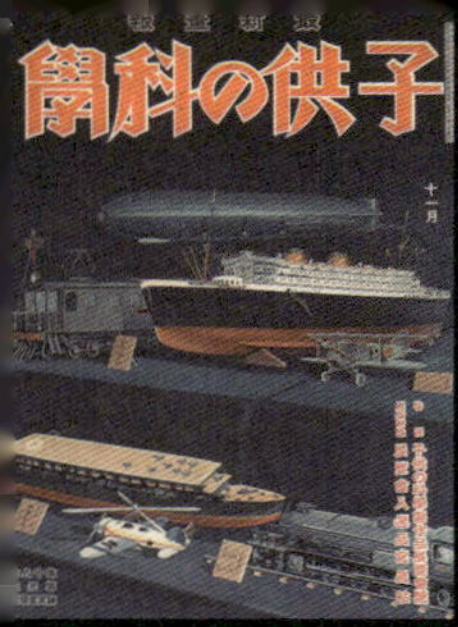
子供の科學

最新畫報
子供の科學

最新畫報
子供の科學
九月
特輯
天文號
第十八卷
第三號
誠文堂發行

最新畫報
子供の科學
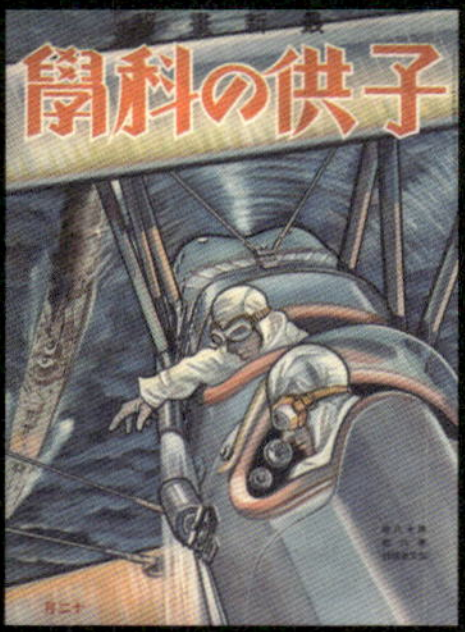
子供の科學

最新畫報
子供の科學

最新畫報
子供の科學

最新畫報
子供の科學

最新畫報
子供の科學
第十九卷
第六號
誠文堂發行
六月
附錄別冊
模型製作のABC

最新畫報
子供の科學
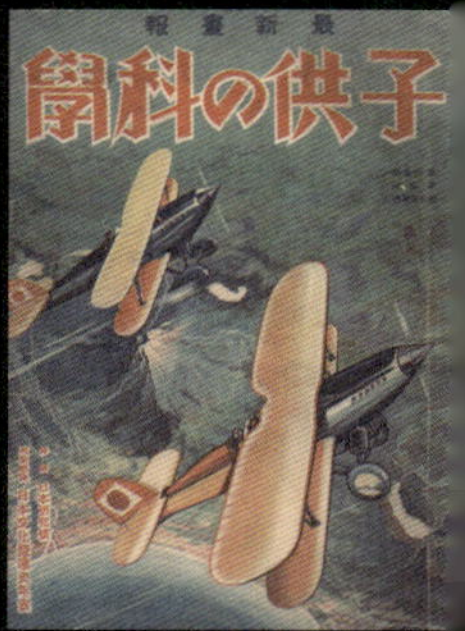
最新畫報
子供の科學

最新畫報
子供の科學

最新畫報
子供の科學

子供の科學

最新畫報
子供の科學
十一月
第二十卷 第五號 誠文堂發行
最新畫報
子供の科學
四月
第二十一卷 第四號 誠文堂發行
製作特輯號
最新畫報
子供の科學
八月
「海と科學」號

最新畫報
子供の科學
七月
山岳號
三月
十二月
九月 火山
二月
一月
五月

最新畫報
子供の科學
八月
海の號
中學生の科學雜誌
子供の科學
七月

學生の科學雜誌
子供の科學
五月
航空讀本
宇宙旅行

子供の科學

學生の科學雜誌
子供の科學

學生の科學雜誌
子供の科學
二月
附録
航空讀本
天文讀本

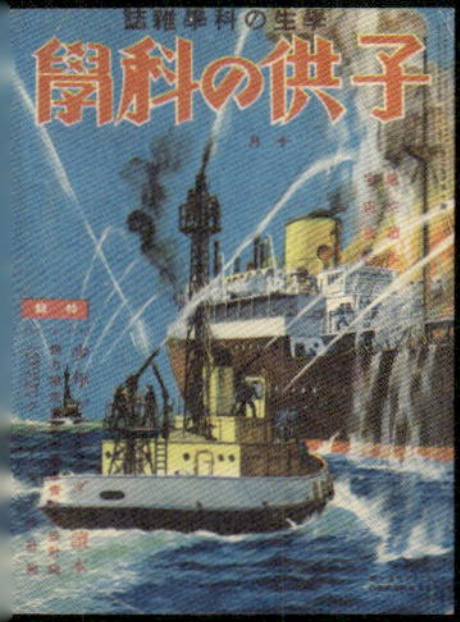

學生の科學雜誌
子供の科學

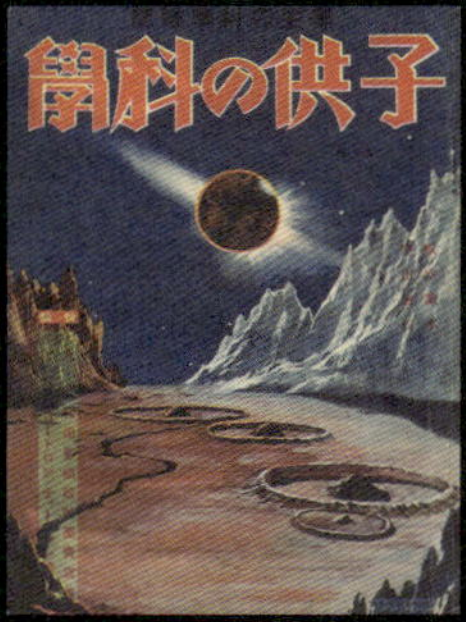

子供の科學

學生の科學雜誌
子供の科學

學生の科學雜誌
子供の科學

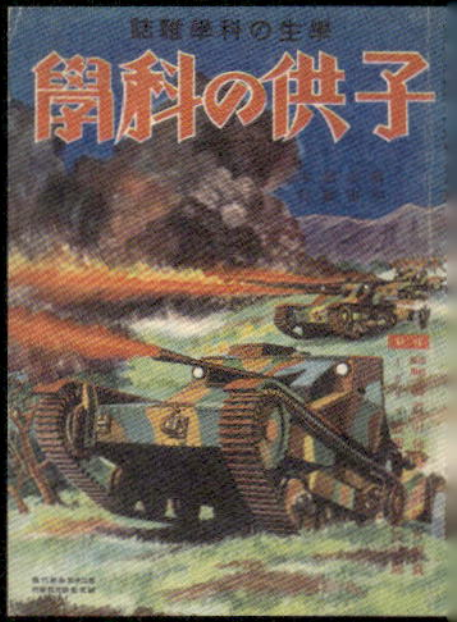

學生の科學雜誌
子供の科學

學生の科學雜誌
子供の科學
三月
航空讀本
宇宙旅行

學生の科學雜誌
子供の科學

1940s

學生の科學雜誌
子供の科學

學生の科學雜誌
子供の科學
二月

學生の科學雜誌
子供の科學

子供の科學
學生の科學
子供の科學
三月號
子供の科學
子供の科學
新年號
子供の科學
學生の科學
九月
宇宙旅行
子供の科學
五月號
子供の科學
四月號
子供の科學
八月號
子供の科學
七月號
子供の科學
六月號
子供の科學
一月號
子供の科學
十二月號
子供の科學
十一月號
子供の科學
十月號
子供の科學
九月號

子供の科學
五月號

子供の科學
四月號
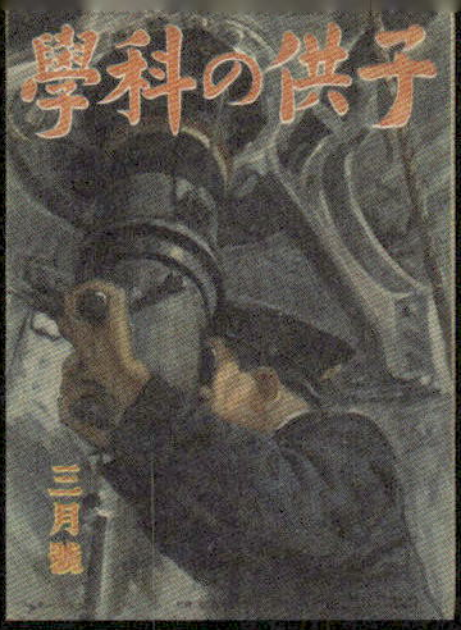
子供の科學
三月號

子供の科學
二月號
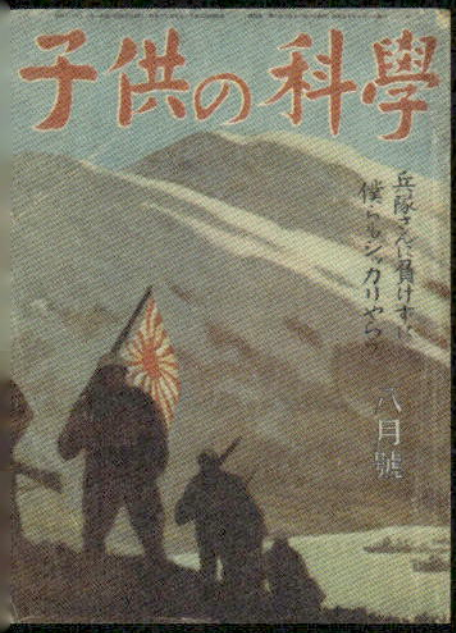
子供の科學
八月號
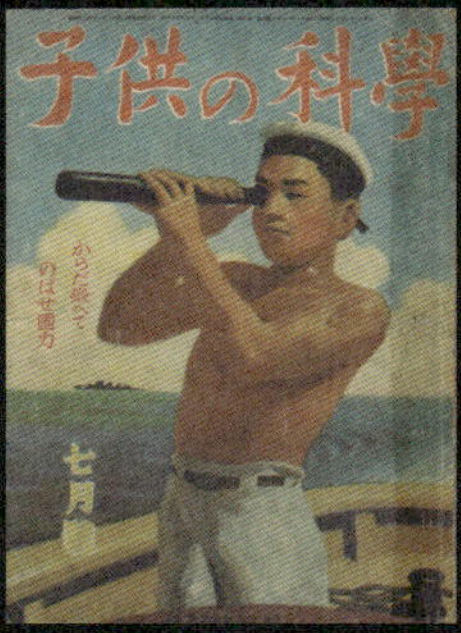
子供の科學
七月
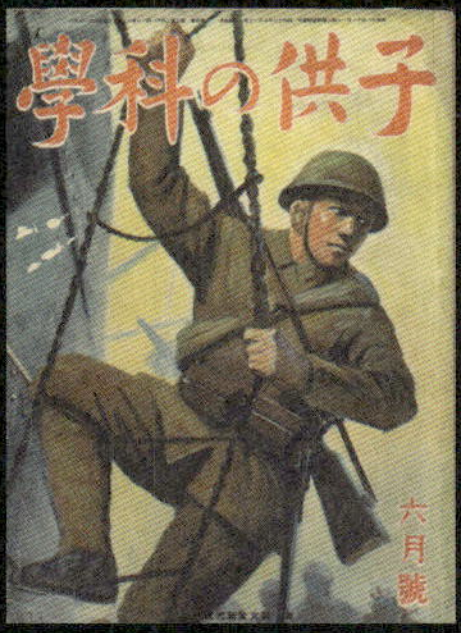
子供の科學
六月號

子供の科學
1
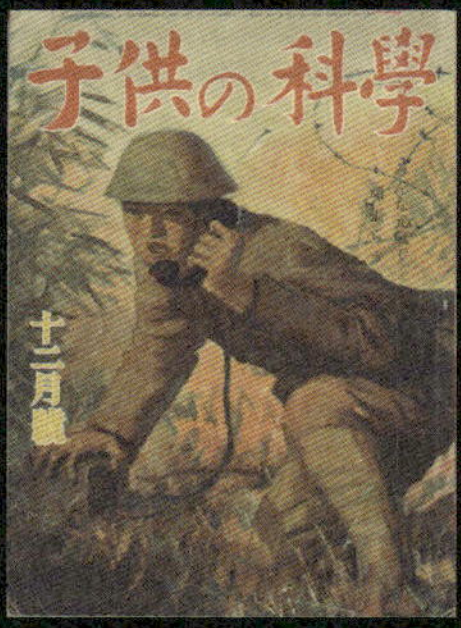
子供の科學
十二月號
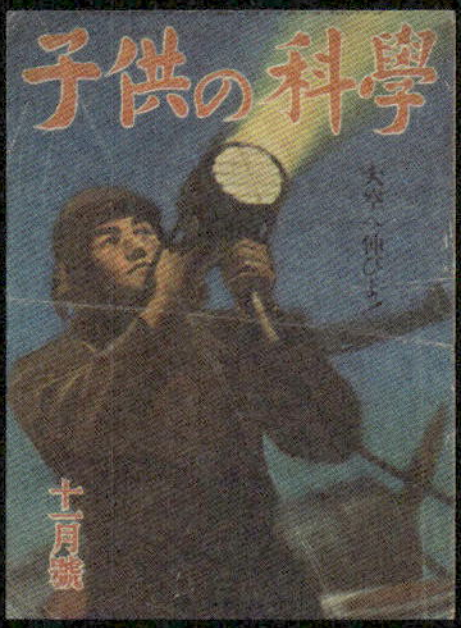
子供の科學
十一月號
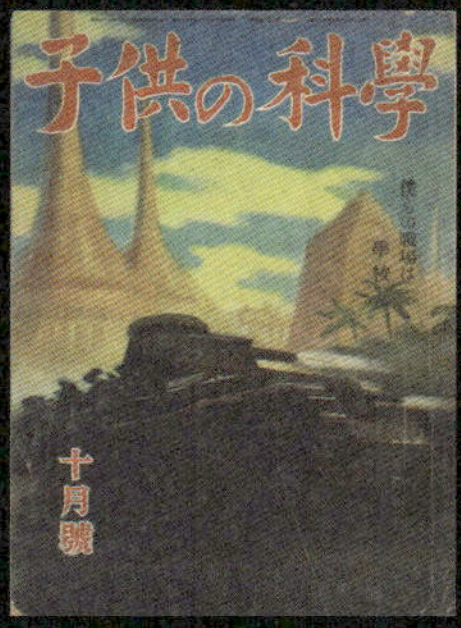
子供の科學
十月號

子供の科學
九月號
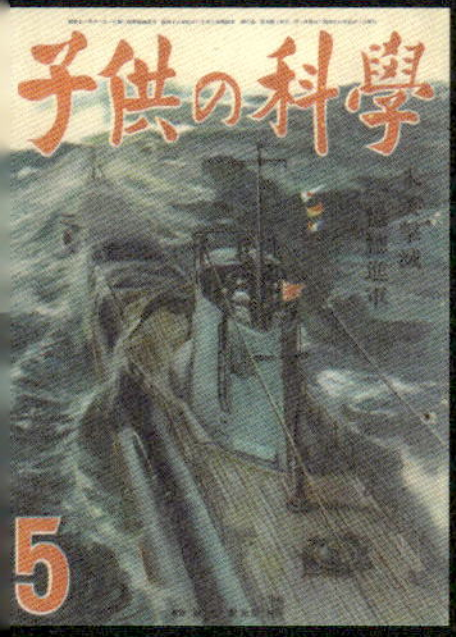
子供の科學
5

子供の科學
4

子供の科學
撃ちてし止まん
3

子供の科學
寒さに負けるな
2

子供の科學
8

子供の科學
7

子供の科學
6

子供の科學
12

子供の科學
11

子供の科學
10

子供の科學
航空決戰に勝抜かん
九月二十日・航空日
9

子供の科學
2

子供の科學
1

子供の科學
海軍記念日
五月二十七日
5

子供の科學
4

子供の科學
3

子供の科學
10

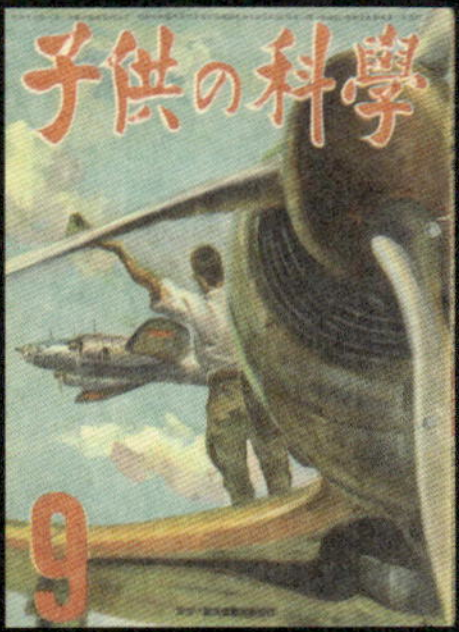
子供の科學
9

子供の科學
8

子供の科學
米英鬼を倒す
七月十日は
海の記念日
7

子供の科學
6

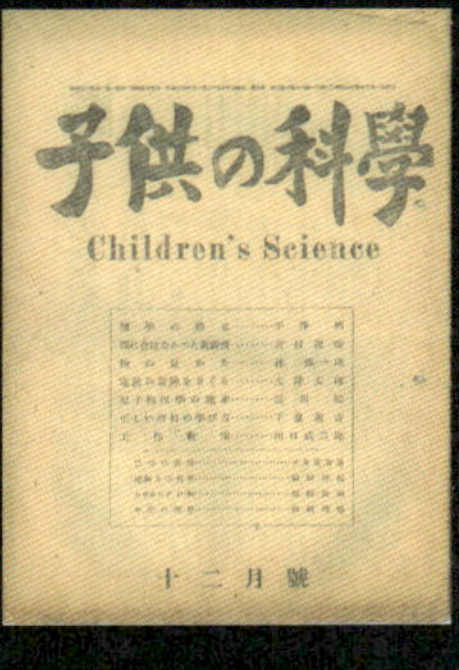
子供の科學
Children's Science
十二月號

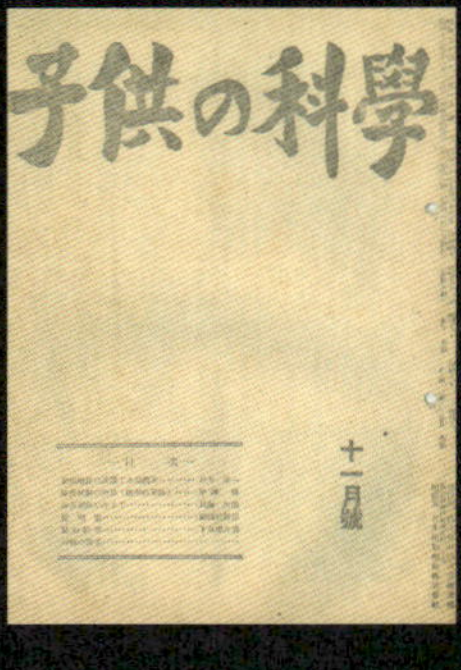
子供の科學
十一月號

子供の科學
12

子供の科學
11

小飼 弾（こがい　だん）
投資家、プログラマー。㈱オン・ザ・エッヂ（後のライブドア）の取締役最高技術責任者（CTO）を務め、同社の上場に貢献。著書に『小飼弾の「仕組み」進化論』（日本実業出版社）、『「中卒」でもわかる科学入門』『未来予測を嗤え！』（いずれもKADOKAWA）など。ニコニコチャンネル「小飼弾の論弾」で、毎月２回、時事ニュース解説や科学・IT解説などをライブ配信中。
x.com/dankogai

編集協力／山路達也
ブックデザイン／熊谷昭典（SPAIS）　宇江喜桜
校正／佑文社

大正から昭和へ 100年前から読み直して学ぶ 教養としての科学史
子供の科学完全読本 1924－1945

2024年9月18日　発　行　　NDC402

著　　者　小飼　弾
発 行 者　小川雄一
発 行 所　株式会社 誠文堂新光社
〒113-0033 東京都文京区本郷 3-3-11
電話 03-5800-5780
https://www.seibundo-shinkosha.net/
印 刷 所　株式会社 大熊整美堂
製 本 所　和光堂 株式会社

ISBN978-4-416-72336-4